高性能计算技术丛书

Programming in Parallel with CUDA
A Practical Guide

CUDA
并行编程实战

[英] 理查德·安索奇(Richard Ansorge) 著

顾海燕 译

机械工业出版社
CHINA MACHINE PRESS

图书在版编目（CIP）数据

CUDA 并行编程实战 /（英）理查德·安索奇
(Richard Ansorge) 著；顾海燕译 . -- 北京：机械工
业出版社，2024. 9. --（高性能计算技术丛书）.
ISBN 978-7-111-76463-2

I. TP311.11

中国国家版本馆 CIP 数据核字第 2024ZJ8337 号

机械工业出版社（北京市百万庄大街 22 号　邮政编码 100037）
策划编辑：刘　锋　　　　　　　　责任编辑：刘　锋　章承林
责任校对：孙明慧　杨　霞　景　飞　　责任印制：任维东
三河市骏杰印刷有限公司印刷
2024 年 11 月第 1 版第 1 次印刷
186mm × 240mm · 27 印张 · 601 千字
标准书号：ISBN 978-7-111-76463-2
定价：139.00 元

电话服务　　　　　　　　　　网络服务
客服电话：010-88361066　　机 工 官 网：www.cmpbook.com
　　　　　010-88379833　　机 工 官 博：weibo.com/cmp1952
　　　　　010-68326294　　金 书 网：www.golden-book.com
封底无防伪标均为盗版　　机工教育服务网：www.cmpedu.com

  亲爱的读者，非常荣幸由我来向大家介绍本书的中文版。这是一本由剑桥大学卡文迪许实验室名誉大学高级讲师、菲茨威廉学院名誉导师和研究员 Richard Ansorge 所著的经典之作。作者以其丰富的经验和卓越的学术成就，为我们带来了关于 CUDA（Compute Unified Device Architecture）的深入而实用的指南。

  随着计算机科学的不断进步，GPU（图形处理器）的崛起成为近年来最引人瞩目的硬件发展之一。在这一激动人心的背景下，CUDA 作为 GPU 编程的主流语言，为科学计算领域带来了翻天覆地的变革。本书不仅仅是一本技术书籍，更是一份关于如何利用 CUDA 解决实际问题的实用指南。

  在踏上 CUDA 编程之旅时，或许你会有一些痛点，这些痛点也是我们共同面临的挑战。首先，作为一种高度并行的编程模型，CUDA 可能会令初学者感到陌生和复杂。其次，由于 GPU 编程相对于传统的 CPU 编程具有独特的要求，因此学习者可能会遇到性能优化、内存管理等方面的困扰。正是基于这些痛点，我们希望通过翻译本书，为你提供深入而易于理解的指导，助你成功克服这些挑战。

  通过对书中内容的深入研究，读者将深刻理解如何利用 CUDA 在个人计算机上完成以往需要大量 PC 集群或高性能计算设施才能实现的任务。从医学、物理学到金融建模，再到大数据应用，CUDA 在 STEM 社区的应用十分广泛。本书对于希望深入了解 GPU 计算并提升科学计算方面的竞争力的读者来说，是一本非常宝贵的参考资料。

  在翻译过程中，我们格外注重保持原著的原汁原味，并力求将其丰富的经验传达给国内读者。我们还特别关注了 C++ 编码风格，追求代码的紧凑、优雅和高效。为了让读者更好地学习和实践，作者在 GitHub 提供了示例代码库和丰富的支持材料，这些资源可以在线获取，便于读者构建自己的项目，以及深入理解 CUDA 编程的精髓。

  作为 GPUS 开发者社区的发起人，我深知 GPU 技术的重要性和应用的广泛性。我希望通过本书中文版，让更多的开发者更加深入地了解和应用 CUDA，推动 GPU 计算在各个领域的创新和发展。

最后,感谢你选择本书。愿它为你带来深入学习和实践的乐趣,并为你在 GPU 编程领域的旅程提供强大的支持。

祝学习愉快!

　　本书主要是为需要强大计算能力的人编写的，包括那些需要这种能力对数据进行获取、处理、分析或建模的科研人员。对于需要处理更大数据集与更复杂图像数据的医疗数据人员，他们也会发现本书对其很有帮助。

　　在我的整个研究生涯中，我一直在面对复杂而苛刻的计算，首先是在高能物理学实验中，最近是在医学成像的各种应用中。GPU 计算的出现是我所见过的最激动人心的发展之一，撰写本书的一个原因就是要与读者分享这种兴奋。

　　这似乎是摩尔定律的必然结果——对计算能力的需求增长总是超过当前可用的水平。自 20 世纪 80 年代初期 PC 时代开启以来，供应商一直在提供附加卡以提高渲染显示的速度。这些卡现在被称为图形处理单元（Graphic Processing Unit, GPU），在 PC 游戏行业需求的推动下，它们已经成为非常强大的计算引擎。2007 年，NVIDIA 推出的 CUDA 工具包彻底改变了游戏规则，该工具包可以用来编写出利用 GPU 强大性能的科学应用软件。我们的计算能力突然提高了 100 倍，不再遵循过去每 18 个月翻一倍的规律。从那时起，GPU 性能也随着时间的推移继续呈指数级增长，超越了摩尔定律。因此，现在开始了解如何在 GPU 上进行编程，与在 2007 年一样有用。事实上，你现在想在世界级超级计算机上进行高性能计算（HPC），就必须了解如何使用 GPU。

　　大约在 2002 年之前，PC 计算能力的指数级增长主要依赖于时钟速度的提高。然而从那时候起，时钟速度稳定在 3.5 GHz 左右，但 CPU 芯片中的核心数量在稳步增加。因此，并行编程（使用同时运行的多个协作核心来分担单个任务的计算负载）对于从现代硬件中获益至关重要。GPU 将并行编程提升到一个新的水平，允许数千甚至数百万个并行线程在计算中进行协作。

　　科学研究难度大并且竞争激烈，可用的计算能力往往是一个限制因素。将一个重要的计算加快 200 倍可能会改变游戏规则，将原本需要一周的运行时间缩短到 1 h 以内，那么一天之内就可以进行结果分析。将需要 1 h 的运行时间缩短到 18 s，这样就可以探索复杂模型的参数空间。将几 s 的运行时间缩短到几 ms，就可以对计算机模型进行交互式研究。本书对个人研究者和小团队应该特别有用，他们可以为自己的内部 PC 配备 GPU，并获得这些性能上的好处。即使是可以轻松访问大型 HPC 设施的团队，也可以从在他们自己的台式机上使用非常快速的工具来探索其结果而受益。

当然，本书也适合任何有兴趣深入了解 GPU 和并行编程的读者。即使你已经对该主题有所了解，我们相信你也可以从研究我们的编码风格与选择的示例中受益。

具体而言，本书主要介绍使用 C++ 对 NVIDIA GPU 进行编程。自 2007 年以来，NVIDIA 已成为 HPC 领域的主导力量，最近还成为 AI 领域的主导力量，这不仅由于 GPU 的成本效益，还由于 CUDA 语言使用类似于 C++ 的优雅特效。我知道一些科学编程仍然使用 Fortran 的各种版本（包括 Fortran IV，这是我在 20 世纪 80 年代初期非常喜欢的一种语言），但在我看来，C++ 更具表现力。Fortran 的粉丝可能会指出使用指针优化 C++ 代码存在技术问题，但这些问题随着在 C11 中引入 restrict 关键字，已在 C++11 中得到解决。现代 C++ 编译器也支持这个关键字，并且在我们的许多示例中都使用它。

示例是本书区别于当前其他关于 CUDA 书籍的一个特点，我们的示例是从有趣的现实世界应用中精心制作的，包括物理和医学成像，而不是在其他地方找到的相当基础的常见问题。本书区别于其他书籍的另一个特点是，我们在编写代码的外观方面是非常用心的，在适当的地方使用现代的 C++ 来减少冗余并保持简洁，我认为这真的很重要。根据我的经验，许多人会通过修改其他人的代码来学习计算机编程，尽管目前流通的大部分 CUDA 示例代码都有效，但谈不上优雅。这可能是因为在 2007 年推出 CUDA 时，是作为 C 的扩展而不是 C++，最初的 SDK 示例大多以冗长的 C 风格编写。不幸的是，许多在线的 CUDA 教程和书籍中仍然是这种风格。事实上，CUDA 一直支持一些 C++，现在 CUDA 完全支持 C++17（尽管有一些限制）。2019 年 11 月，（*NVIDIA C Programmers Guide*）被更名为（*NVIDIA C++ Programmers Guide*），尽管指南的内容没有发生重大变化，但它标志着 NVIDIA 对代码的态度改变了，自 2020 年以来，一些更高级的 C++ 用法开始出现在 SDK 示例中。

本书的目标不是从零开始教授 C++，我们假设你具有一些 C++ 的基本知识。然而附录 I 会讨论我们示例中使用的一些 C++ 特性。现代 C++ 实际上有点庞大，具有许多支持面向对象和其他高级编程风格的新特性。在本书中不使用这些特性，因为我们认为它们不适合实现在 GPU 上运行的算法代码，我们还是更喜欢模板函数而不是虚拟函数。

要充分利用本书，你需要使用配备支持 CUDA 的 NVIDIA GPU 的 PC（许多 PC 都支持）。这些示例是在配备 4 核 Intel CPU 和 NVIDIA RTX 2070 GPU(2019 年价格为 480 英镑）的 Windows 10 PC 上开发的。Linux 系统也可以，我们所有的示例都可以在不需要修改的情况下运行。无论你使用什么系统，都需要一个当前版本的（免费）NVIDIA CUDA Toolkit。在 Windows 上，你还需要 Visual Studio C++（免费的社区版也可以）。在 Linux 上，gcc 或 g++ 都可以。

不幸的是，我们不推荐在 macOS 上进行 CUDA 开发，因为苹果系统上不使用 NVIDIA 显卡，其驱动程序不支持最新的 NVIDIA 显卡。此外，NVIDIA 自 2020 年 5 月发布的 Toolkit 版本 11.0 开始，就不再支持 macOS。

所有示例代码都可以从 https://github.com/RichardAns/CUDA-Programs 下载，这里还包含一些勘误信息。顺便说一句，欢迎读者反馈有关错误或其他评论。我的电子邮件地址是 rea1@cam.ac.uk。该网站将持续被维护，我还希望不时添加一些附加示例。

希望你阅读我的书像我写书一样愉快。

目　录 *Contents*

第 1 章 *Chapter 1*

GPU 内核与硬件介绍

本书旨在介绍如何使用图形处理单元（GPU）和计算统一设备架构（CUDA）来加速你的科学计算任务。根据我们的个人经验，学习一门新语言的最好方法是，去相关的国家生活并让自己沉浸在当地的文化中。因此，我们选择以一个有趣问题的完整实例来作为本书的开头，并展示三个版本的代码。第一个版本是单个中央处理器（CPU）线程的标准 C++ 实现；第二个版本是多线程 CPU 版本，适用于多核 CPU 的每个核心上运行一个或两个线程，总共 4~16 个线程；第三个版本使用 CUDA 来运行数千个并发线程。我们不指望读者立即掌握 CUDA 代码中的所有细微差别——这是本书其余部分的目的。相反，我希望你会看到所有三个版本中的代码有多么相似，并相信 GPU 编程并不困难，而且会带来巨大的回报。

在讨论完这些介绍性示例后，我们会继续简单地回顾传统 PC 的架构，然后介绍一下 NVIDIA GPU 的硬件特性与 CUDA 编程模型。

1.1　背景

目前一个现代 PC 处理器有两个、四个或更多的 CPU 计算核，为了从这样的硬件中获得最佳效果，你的代码必须能够在所有可用资源上并行运行。在有利的情况下，OpenMP 或 C++11 的 <thread> 中定义的线程类等工具允许你在每个硬件核心上启动协作线程，以获得与核心数量成比例的潜在加速。这种方法可以扩展到 PC 集群，使用诸如消息传递接口（MPI）之类的通信工具来管理 PC 之间的通信。PC 集群现在确实是高性能计算（HPC）中的主流架构，至少需要 25 台带有 8 核 CPU 的 PC 集群，才能使性能提升 200 倍。这虽然可行，但成本高昂，并且会产生大量的电力和管理开销。

另一种选择是，为你的计算机配备一个现代化的、相对高规格的 GPU。本书中的示例基于 2019 年 3 月的 NVIDIA RTX 2070 GPU，有了这样一个 GPU，再搭配 NVIDIA 类似 C++ 的 CUDA 语言，在一台 PC 上只需相当小的努力，就可以获得 200 倍甚至更高的速度。GPU 的另一个优点是它的内部内存比普通 PC 快大约 10 倍，这对受内存带宽而非 CPU 功率限制的问题非常有帮助。

任何 CUDA 程序的核心都是一个或多个内核程序，其中包含实际在 GPU 上运行的代码。这些内核程序是用标准 C++ 编写的，带有少量扩展和限制，我们相信这提供了一种非常清晰和优雅的方式来表达你的程序的并行内容，这就是我们在本书中选择 CUDA 来介绍并行编程的原因。本书与其他 CUDA 书籍的主要区别是，我们非常谨慎地为我们的 CUDA 示例提供了有趣的现实世界问题，我们还使用现代 C++ 的特性对这些示例进行编码，以编写简单但不失优雅和紧凑的代码。大多数当前可用的 CUDA 在线教程或教科书，都使用大量基于 NVIDIA 软件开发工具包（SDK）所提供的示例，这些示例非常适合演示 CUDA 特性，但大多采用冗长、过时的 C 风格编码，通常隐藏了其潜在的简单性 [1]。

为了从 CUDA 程序（实际上，任何其他编程语言中）获得最佳效果，有必要对底层硬件有一个基本的了解，这是本章的主题。但在此之前，我们先从一个实际的 CUDA 程序示例开始，这是为了让你预先体验一下即将发生的事情——这里提供的代码的细节信息将在后面的章节中全面介绍。

1.2　第一个 CUDA 示例

这是我们展示 CUDA 可能性的第一个示例，使用梯形法来计算 $sin(x)$ 从 0 到 π 的积分，基于该函数在这个范围内的大量等间距评估的总和来估算。代码中的步骤数量由变量 steps 表示，我们故意选择了一种简单但计算成本高昂的方法来估算 $sin(x)$，通过对由变量 terms 表示项数的泰勒级数进行求和。将 sin 值的总和累积，并根据端点进行调整，然后进行缩放以得到积分的近似值，预期答案为 2.0。用户可以从命令行设置 steps 和 terms 的值，测量性能会使用非常大的值，通常在 CPU、GPU 上分别使用 10^6 或 10^9 步，以及 10^3 项。

示例 1.1　用 cpusum 单 CPU 计算正弦积分

```
02 #include <stdio.h>
03 #include <stdlib.h>
04 #include "cxtimers.h"

05 inline float sinsum(float x, int terms)
06 {
       // sin(x) = x - x^3/3! + x^5/5! ...
07    float term = x;   // first term of series
```

```
08    float sum  = term; // sum of terms so far
09    float x2   = x*x;
10    for(int n = 1; n < terms; n++){
11      term *= -x2 / (float)(2*n*(2*n+1));
12      sum += term;
13    }
14    return sum;
15  }

16  int main(int argc, char *argv[])
17  {
18    int steps = (argc >1) ? atoi(argv[1]) : 10000000;
19    int terms = (argc >2) ? atoi(argv[2]) : 1000;

20    double pi = 3.14159265358979323;
21    double step_size = pi/(steps-1); // n-1 steps

22    cx::timer tim;
23    double cpu_sum = 0.0;
24    for(int step = 0; step < steps; step++){
25      float x = step_size*step;
26      cpu_sum += sinsum(x, terms);   // sum of Taylor series
27    }
28    double cpu_time = tim.lap_ms(); // elapsed time

29    // Trapezoidal Rule correction
30    cpu_sum -= 0.5*(sinsum(0.0,terms)+sinsum(pi, terms));
31    cpu_sum *= step_size;
32    printf("cpu sum = %.10f,steps %d terms %d time %.3f ms\n",
                             cpu_sum, steps, terms, cpu_time);
33    return 0;
34  }

D:\ >cpusum.exe 1000000 1000
cpu sum = 1.9999999974,steps 1000000 terms 1000 time 1818.959 ms
```

　　我们将展示此示例的三个版本。第一个版本 cpusum 如示例 1.1 所示，用简单的 C++
编写，在主机 PC 的单个线程上运行。第二个版本 ompsum 如示例 1.2 所示，为第一版添加
了两条 OpenMP 指令，将积分步骤的循环拆分成多个 CPU 线程。这些线程将分布在计算机
CPU 的多个核心上运行，这算是我们在多核 CPU 上所能做到的最好的实现了。第三个版本
gpusum 如示例 1.3 所示，我们将积分循环拆分到 GPU 的 10^9 个线程中。

示例 1.1 的说明

　　这是 cpusum 程序的完整代码清单，后面为了节省篇幅，这种程序代码就不会列得这
么详细了，将会省略标准的头文件之类的语句。请注意，我们在关键函数 sinsum 里面使
用 4 字节的 float 而不是 8 字节的 double 来做运算。简单说是因为 float 的运算能提高运算
速度、减少存储器带宽占用，至于选用 float 的详细原因，等到本章后面再说。很多科学计
算，一般不需要超过 IEEE 的 32 位浮点格式的精度太多，差不多是 10^{-8} 量级（IEEE 的 4 字
节浮点格式所对应的单比特误差大约为 2^{-24} 或 6×10^{-8}）。但是我们必须小心，误差不会随

着计算的进展而传播。在主例程中的变量 cpusum 使用 8 字节的 double 类型，就是一种预防措施。

- 第 2~4 行：包含了 cx 工具箱中的头文件 cxtimers.h，这是我们用 C++11 中的 std::chrono 库构建的跨平台计时器。
- 第 5~15 行：这是 sinsum 函数，使用规范的泰勒级数展开来计算 sin(x)。第一个参数 x 是弧度值，第二个参数 terms 则代表了级数展开的项数。
- 第 7~9 行：初始化一些辅助变量，term 是泰勒级数中当前项的值，sum 是从第一项到本项的累加和，x2 则是 x^2。
- 第 10~13 行：这是整个计算的核心，循环内的第 11 行依次计算每个展开项，然后在第 12 行完成这些展开项的累加。注意，所有耗时的计算都发生在第 11 行。

第 16~35 行就是主函数，简洁地构成了整个计算过程，其中：

- 第 18~19 行：通过命令行的可选输入，给定参数 steps 和 terms。
- 第 21 行：通过 steps 变量来决定要在 0 到 π 之间所拆分出来的步长标量。
- 第 22 行：声明并启动 tim 计时器。
- 第 23~27 行：在 for 循环中调用 steps 次的 sinsum 函数，同时递增 x 以覆盖所需范围，最终累加的结果存放在 double 类型的 cpu_sum 变量中。
- 第 28 行：将第 22 行启动（挂钟）所经历的时间存储在 cpu_time 中。这个成员函数还会重置这个计时器。
- 第 30~31 行：为了得到 sin(x) 的积分值，对 cpusum 进行端点校正并用 step_size（即 dx）进行缩放。
- 第 32 行：显示计算结果与使用的时间 (ms)。注意，尽管在 sinsum 函数中使用了单精度，但该结果精确到了 9 位有效数字。

最后演示的是一个典型命令行，给定 10^6 步与每步 10^3 展开项，其结果精确到 9 位有效数字。第 11、12 行运行 10^9 次，共耗时 1.8 s，相当于每秒 10 亿次浮点运算的性能。

在示例 1.2 的第二个版本中，我们使用现成的 OpenMP 库，在主机 CPU 核心上同时运行的多个线程之间共享计算。

示例 1.2　用 ompsum OMP CPU 计算正弦积分

```
02    #include <stdio.h>
03    #include <stdlib.h>
03.5  #include <omp.h>
04    #include "cxtimers.h"
05    float sinsum(float x, int terms)
06    {
. . . same as (a)
15    }

16    int main(int argc, char *argv[])
. . .
```

```
19.5  int threads = (argc >3) ? atoi(argv[3]) : 4;
      . . .
23.5  omp_set_num_threads(threads);                      // OpenMP
23.6  #pragma omp parallel for reduction (+:omp_sum)     // OpenMP
24    for(int step = 0; step < steps; step++){
      . . .
32    printf("omp sum = %.10f,steps %d terms %d
          time %.3f ms\n", omp_sum,steps,terms,cpu_time);
33    return 0;
34  }

D:\ >ompsum.exe 1000000 1000 4    (4 threads)
omp sum = 1.9999999978, steps 1000000 terms 1000 time 508.635 ms
D:\ >ompsum.exe 1000000 1000 8    (8 threads)
omp sum = 1.9999999978, steps 1000000 terms 1000 time 477.961 ms
```

示例 1.2 的说明

我们只需要在前面的示例 1.1 中添加三行代码。

- 第 3.5 行：添加头文件 omp.h，这样就能使用 OpenMP 的所有必要定义。

- 第 19.5 行：添加用户可设置的变量 threads，设置 OpenMP 使用的 CPU 线程数。

- 第 23.5 行：这实际上只是一个函数调用，告诉 openMP 要使用多少个并行线程，如果省略的话，则使用硬件核心数作为默认值。如果你想在代码的不同部分使用不同的核心数，则可以多次调用此函数。这里使用变量 threads。

- 第 23.6 行：这一行设置了并行计算。通过一个编译时指令（或者称为 pragma），告诉编译器紧随其后的 for 循环将被分成多个子循环，每个子循环的范围都是总范围的一个适当部分，每个子循环在 CPU 的不同线程上并行执行。为了做到这一点，每个子循环将获得一个单独的循环变量集，包括 x 和 omp_sum（注意：在这部分代码中，我们使用 omp_sum 而不是 cpu_sum）。变量 x 在每次循环中都会被设置，不依赖于之前的循环，因此并行执行不会出现问题。然而，变量 omp_sum 就不是这样，它会累积所有 sin(x) 值的总和，这意味着子循环必须以某种方式进行合作。事实上，对大量变量进行求和是经常发生的，无论是在数组还是在循环执行过程中，这被称为归约（reduce）操作。归约是一个并行原语的示例，这是我们将在第 2 章中详细讨论的主题，关键点是最终的总和不依赖于加法的顺序。因此，每个子循环可以累积自己的部分和，然后这些部分总和可以相加，以在并行 for 循环之后计算出 sum_host 变量的最终值。指令的最后一部分告诉 OpenMP，循环确实是在变量 omp_sum 上进行的归约操作（使用加法）。OpenMP 将每个线程的 omp_sum 副本累积的部分和相加，并在循环结束时将最终结果放入我们代码的 omp_sum 变量中。

- 第 32 行：这里我们只是简单地修改了现有的 printf，使其也输出 threads 的值。

此示例末尾显示了两个命令行启动，第一个使用 4 个 OMP 线程，第二个使用 8 个 OMP 线程。

在具有超线程的 Intel 四核处理器上运行 ompsum 的结果，显示在使用 4 个或 8 个线程的示例底部。其中 8 个线程加速了 3.8 倍，真是不费吹灰之力的好回报。请注意，用 8 个线程（物理 4 核心，每个核心通过超线程提供 2 个逻辑线程）的时候，只比 4 个线程具有微弱提升，并不到 2 倍。

在 Visual Studio C++ 中还需要用属性对话框，告诉编译器我们正在使用 OpenMP，如图 1.1 所示。

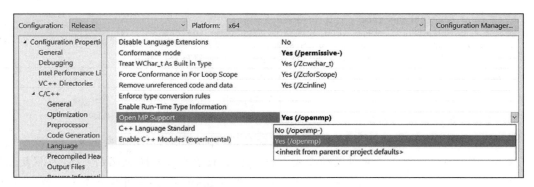

图 1.1　如何在 Visual Studio C++ 中启用 OpenMP

我们在示例 1.3（第三个版本）中使用 GPU 和 CUDA，再次通过在第 24～27 行的循环中使用多个线程来并行化代码，但是这次我们为循环的每次迭代使用一个单独的线程，此处显示本案例共有 10^9 个线程。GPU 计算的代码更改比 OpenMP 更烦琐一点，但作为继续阅读的动力，我们发现这里的性能提升了 960 倍而不是 3.8 倍！这种巨大的收益就是为什么 GPU 经常用于 HPC 系统的一个例子。

示例 1.3　用 gpusum GPU 计算正弦积分

```
01   // call sinsum steps times using parallel threads on GPU
02   #include <stdio.h>
03   #include <stdlib.h>
04   #include "cxtimers.h"           // cx timers
04.1 #include "cuda_runtime.h"       // cuda basic
04.2 #include "thrust/device_vector.h"  // thrust device vectors

05   __host__ __device__ inline float sinsum(float x, int terms)
06   {
07     float x2 = x*x;
08     float term = x;   // first term of series
09     float sum = term; // sum of terms so far
10     for(int n = 1; n < terms; n++){
11       term *= -x2 / (2*n*(2*n+1));  // build factorial
12       sum += term;
13     }
14     return sum;
15   }
```

```
15.1 __global__ void gpu_sin(float *sums, int steps, int terms,
     float step_size)
15.2 {
       // unique thread ID
15.3   int step = blockIdx.x*blockDim.x+threadIdx.x;
15.4   if(step<steps){
15.5     float x = step_size*step;
15.6     sums[step] = sinsum(x, terms);   // store sums
15.7   }
15.8 }

16   int main(int argc, char *argv[])
17   {
       // get command line arguments
18     int steps = (argc >1) ? atoi(argv[1]) : 10000000;
19     int terms = (argc >2) ? atoi(argv[2]) : 1000;
19.1   int threads = 256;
19.2   int blocks = (steps+threads-1)/threads;   // round up

20     double pi = 3.14159265358979323;
21     double step_size = pi / (steps-1); // NB n-1
       // allocate GPU buffer and get pointer
21.1   thrust::device_vector<float> dsums(steps);
21.2   float *dptr = thrust::raw_pointer_cast(&dsums[0]);
22     cx::timer tim;
22.1 gpu_sin<<<blocks,threads>>>(dptr,steps,terms,
                         (float)step_size);
22.2 double gpu_sum =
            thrust::reduce(dsums.begin(),dsums.end());
28     double gpu_time = tim.lap_ms(); // get elapsed time
29     // Trapezoidal Rule Correction
30     gpu_sum -= 0.5*(sinsum(0.0f,terms)+sinsum(pi, terms));
31     gpu_sum *= step_size;
32     printf("gpusum %.10f steps %d terms %d
            time %.3f ms\n",gpu_sum,steps,terms,gpu_time);
33     return 0;
34   }

D:\ >gpusum.exe 1000000000 1000
gpusum = 2.0000000134 steps 1000000000 terms 1000 time 1882.707 ms
```

示例 1.3 的说明

　　此处的描述是为了完整起见。如果你已经对 CUDA 有所了解，那么它会很有意义。如果你是 CUDA 的新手，那么请暂时跳过此描述，等你阅读完我们关于 CUDA 的介绍后再来看该描述。在这一点上，要记住的信息是 CUDA 可以实现潜在的大规模加速，至少在我看来，代码优雅、富有表现力和紧凑，并且编码工作量很小。此处使用的 CUDA 方法的详细信息将在后面详细介绍。但是，现在你应该注意到大部分代码没有变化。CUDA 是用 C++ 编写的，使用一些额外的关键字，并不需要学习晦涩的汇编语言。计算的所有细节都在代码中可见。在这个代码清单中，没有小数点的行号，和示例 1.1 中的代码行完全相同，只是我们在某些变量名中使用 gpu 而不是 cpu。

　　● 第 1~4 行：这些包含语句与示例 1.1 中的相同。

- 第 4.1 行：这是所有 CUDA 程序所需的标准包含文件，一个简单的 CUDA 程序只需要这个，但是还有其他文件会在需要的时候介绍。

- 第 4.2 行：这个包含文件是 Thrust 库的一部分，提供了对 GPU 上 Thrust 版本的向量支持。Thrust 的向量对象和标准 C++ 的 std::vector 非常像，但请注意，CUDA 对 CPU 内存与设备内存使用不同的 thrust 向量类进程处理。

- 第 5～15 行：这个与示例 1.1 中的 sinsum 函数是一样的，唯一的不同是我们同时使用 __host__ __device__ 来修饰这个函数声明，这会让编译器分别生成适用于 GPU 与适用于 CPU 上运行的两个版本（CPU 版本与前面的一样）。CUDA 的这个 __host__ __device__ 修饰特性相当不错，字面上相同的代码就能同时用于主机与设备，这样就消除了错误的主要来源[2]。

- 第 15.1～15.8 行：这里定义 CUDA 内核程序 gpu_sin，用于替代原始程序中第 24～27 行的循环。OpenMP 使用少量主机线程，而 CUDA 使用大量 GPU 线程。在这种情况下，我们使用了 10^9 个线程，原始 for 循环中的每个 step 值都有一个独立的线程。内核程序使用关键字 __global__ 声明，并由主机代码启动。内核程序可以从主机接收参数，但不能返回值，因此它们必须声明为 void。参数可以按值传递给内核程序（适用于单个数值），或者作为指向先前分配的设备内存的指针传递。参数不能通过引用进行传递，因为正常情况下 GPU 不能直接访问主机内存。

内核程序的第 15.3 行是特别值得注意的，因为它包含 CUDA 和 MPI 中并行编程的核心要点，你必须想象内核程序的代码同时运行在所有线程上。第 15.3 行所包含的魔法公式，就是指出每个实际执行线程所需要使用的 step 索引值，有关这个公式的详细信息将在表 1.1 中进行讨论。第 15.4 行是越界检查，因为启动的线程数量会向上取整为 256 的倍数，因此这个步骤是必需的。

- 内核程序的第 15.5 和 15.6 行：这些对应于 for 循环的主体（即示例 1.1 的第 25～26 行）。一个重要的区别是，将结果并行地存储到 GPU 全局内存的一个大数组中，而不是按顺序求和到一个唯一的变量，这是避免并行代码中的串行瓶颈的常用策略。

- 第 19.1～19.2 行：这里我们定义了 threads 和 blocks 这两个新变量，我们将在编写的每个 CUDA 程序中用到这些变量。NVIDIA GPU 以块的形式处理线程，我们的变量定义了每个块中的线程数（threads）和线程块数（blocks），线程值通常是 32 的倍数，线程块的数量可以很大。

- 第 20～21 行：与示例 1.1 中的相同。

- 第 21.1 行：这里在 GPU 内存中分配一个大小为 steps 的 dsum 数组，与 std::vector 的使用类似，但是我们使用 CUDA 的 thrust 类，这个数组在设备上将初始化为 0。

- 第 21.2 行：这里创建一个指向 dsum 向量内存的 dptr 指针，适合于内核程序的参数。

- 第 22.1～22.2 行：这两行替代了示例 1.1 中第 23～27 行的 for 循环，在循环内串行调用 steps 次的 sinsum 函数。在第 22.1 行启动 gpu_sin 内核程序，使用 steps

个独立的 GPU 线程并行调用 sinsum 以计算所有所需的 x 值，个别结果存储在设备数组 dsums 中。在第 22.2 行调用 thrust 库中的归约函数，来加总存储在 dsums 数组中的所有值，然后将结果从 GPU 复制回主机变量 dsum[3]。

● 第 28～34 行：这些剩余的行与示例 1.1 相同，要注意第 30 行，这里调用主机版本的 sinsum 函数。

最后一点是，CUDA 版本的结果稍微不如主机版本精确，这是因为 CUDA 版本在整个计算过程中都使用 4 字节的浮点数，包括最终的归约步骤。而主机版本使用 8 字节的双精度浮点数来计算 10^6 个步骤的累积结果。虽然 CUDA 的结果精确到 8 位有效数字，但是对于大多数科学应用来说已经足够精确。

示例 sinsum 被设计成需要大量计算，而只需要很少的内存访问。由于读取和写入内存通常比执行计算慢得多，因此我们希望主机 CPU 和 GPU 在此示例中以最佳效率执行。我们在第 10 章讨论性能分析时，将看到 GPU 在示例中提供了几个 TFlops/s 的性能。虽然这个示例使用的 sinsum 函数并没有特别吸引人的地方，但在这里使用的暴力积分方法可以用于任何能通过适当网格的点跨度计算的函数。在这里我们使用 10^9 个点，足以对一个三维笛卡儿坐标系上的函数进行采样，每个坐标轴上都有 1000 个点。能够轻松扩展到只能在普通 PC 上合理进行二维处理的问题的三维版本，是学习 CUDA 的另一个重要原因。

为了有效地为你的 GPU（或 CPU）编写程序，有必要对底层硬件的能力有一定的了解，这是我们下一个将要讨论的主题。因此，在快速查看 CUDA 代码和它的功能之后，是时候回到起点，重新学习计算机硬件的基础知识了。

1.3　CPU 架构

只要简单地遵循所使用语言的形式规则，就能编写出正确的计算机代码。然而，编译后的代码实际上是在物理硬件上运行的，因此了解硬件约束对设计高性能代码是很有帮助的。本节将简要概述传统 CPU 和 GPU 的重要特性，传统 CPU 架构的示意图如图 1.2 所示。

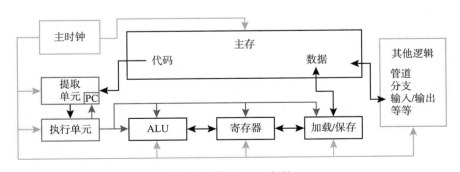

图 1.2　传统 CPU 架构

简要说明：

- 主时钟（Master Clock）：时钟的作用就像管弦乐队的指挥，只是演奏的曲子很无聊。时钟脉冲以固定频率发送到每个单元，使这些单元执行下一步。CPU 处理速度与这个频率成正比，IBM 于 1981 年推出的第一台 PC 的时钟频率为 2.2 MHz，然后频率每三年左右翻一倍，到 2002 年，达到 4 GHz 的峰值。事实证明，4 GHz 是英特尔能够可靠产生的最快频率，因为功耗（以及所产生的热量）与频率成正比。当前英特尔 CPU 通常在大约 3.5 GHz 的频率运行，有时能用涡轮技术加速到 4 GHz。

- 主存（Main Memory）：主存同时存放程序数据以及编译器从高级代码生成的机器代码指令。换句话说，你的程序代码仅被视为另一种形式的数据。内存的数据可以通过加载 / 保存单元或程序提取单元进行读取，但通常只有加载 / 保存单元可以将数据写回主存 [4]。

- 加载 / 保存（Load/Save）：这个单元从主存读取数据，并将数据发送到主存。这个部分是由执行（Execute）逻辑控制的，每个步骤都会指定是从主存读取数据还是将数据写入主存，有问题的数据被传输到寄存器文件中的一个寄存器中。

- 寄存器文件（Register File）：这是 CPU 的核心，数据必须存储在一个或多个寄存器中，以便由 ALU 操作。

- ALU 或算术逻辑单元：这个设备会对寄存器中存储的数据进行算术和逻辑运算。在每个步骤中，由执行单元指定所需要的操作。这是一块实际进行计算的硬件！

- 执行单元（Execute）：这个单元会解码由指令提取（Fetch）单元发送的指令，对输入数据进行组织，再传输到寄存器文件，指示 ALU 对数据执行所需操作，然后将最终组织的结果传输回内存。

- 提取单元（Fetch）：提取单元从主存中提取指令并将其传递给执行单元。这个单元包含保存程序计数器（PC）[5] 的寄存器，这个程序计数器包含当前指令的地址。PC 通常是每一步增加一条指令，以便顺序执行指令。但是，如果需要分支，则提取单元将 PC 更改为指向分支点处的指令。

1.4 CPU 的计算能力

如图 1.3 所示，CPU 计算能力随着时间的推移得到了惊人的提高。从 1970 年开始，每个芯片的晶体管数量一直遵循摩尔定律呈指数增长。CPU 频率在 2002 年停止上升，每个核心的性能继续缓慢上升，但最近的增长是由于设计创新而不是频率增加。自 2002 年以来，单芯片性能的主要贡献来自多核技术。尽管最近具有数百个核心的 Intel Xeon-phi 设计得很像 GPU，但 GPU 并没有出现在图中。值得注意的是，自 2002 年以来，单个设备的功耗也没有增加。数据来自 https://github.com/karlrupp/microprocessor-trend-data。

值得花点时间来思考这个图中讲述的故事。在过去 30 年中，单个设备的计算能力增长

超过 10^6 倍，而且设备数量的增长速度更快。现在许多人在智能手机、笔记本计算机、汽车和家用电器里拥有大量计算设备，而互联网巨头经营着庞大的服务器群，每个服务器群的处理器数量都必须达到数百万。同样，在科学计算方面，最近的 TOP500 超级计算机名单中最强大的系统也有数百万个处理核心。这些发展，特别是在过去 15 年左右的时间里，已经改变了整个社会——这个过程才刚刚开始，没有迹象表明图中显示的趋势即将停止。我在写这本书时的一个希望是，学习 GPU 和并行编程将对跟上即将到来的变化有所帮助。

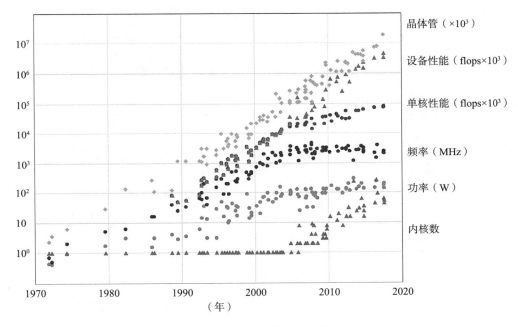

图 1.3　CPU 的摩尔定律

1.5　CPU 内存管理：利用缓存隐藏延迟

数据和指令不会在图 1.2 所示的块之间立即移动。相反，它们会按照时钟步进的方式，从来源区到目的区逐个通过每个硬件寄存器，这样就会在发出数据请求与数据到达之间产生延迟问题。这种固有的延迟，在 CPU 上通常是几十个时钟周期，在 GPU 上则是几百个时钟周期。幸运的是，对于延迟可能带来的潜在的灾难性的性能影响，大部分可以通过缓存和管道的组合进行隐藏。其基本思想是利用这样一事实，即存储在顺序物理内存中的数据在计算机代码中大多是按顺序处理的（例如，当循环遍历连续的数组元素时）。因此，当存储器加载单元请求一个数据元素时，硬件实际上在连续的时钟周期上发送这个元素和多个相邻元素。因此，尽管最初请求的元素可能造成一定延迟，但随后的连续元素在连续的时钟周期内是可用的。将数据沿着图 1.2 所示的线流动，就像水通过你家的管道流动一样，这是一个有效的比喻——当你打开热水龙头时，热水需要一段时间才能到达（延迟），然后就会一直有热水流出。

实际上，PC 使用许多内存缓存单元来缓冲来自主存中多个位置的数据流，如图 1.4 所示。

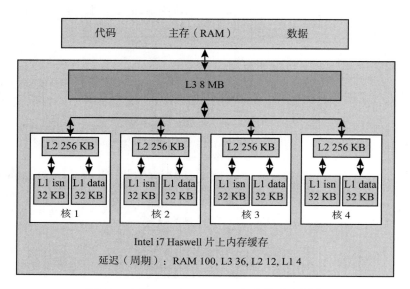

图 1.4　4 核 Intel Haswell CPU 上的内存缓存

请注意，图 1.4 中的三种缓存都在芯片上，还有独立的 L1 缓存供数据和指令使用，主存在芯片外。

程序指令也在管道中从主存流向指令获取单元。如果出现分支指令，这个管道就会被破坏，而 PC 硬件使用一些复杂的技巧，例如，推测执行（speculative execution）来将影响降到最低。在推测执行中，PC 在确认分支结果之前，执行一条或多条分支路径上的指令，然后在分支路径确认后，使用或丢弃结果。不用说，这些技巧所需的硬件非常复杂。

图 1.4 所示的是现代 CPU 多核芯片的典型缓存方案，总共有三级的缓存内存，全部集成在 CPU 芯片中。首先，第 3 级（L3）缓存有 8 MB，相对比较大，由 4 个 CPU 核共享。每个核还有速度越来越快的第 2 级（L2）和第 1 级（L1）缓存，其中 L1 缓存还区分为用于数据与指令的独立缓存。

硬件通常以 64 或 128 字节的缓存行（cache line）数据包传输缓存数据。在当前英特尔处理器上的缓存行为 64 字节，但硬件通常一次传输两个相邻行，有效大小为 128 字节。缓存行中的数据对应于主存的连续区块，起始地址是缓存行大小的倍数。

1.6 CPU：并行指令集

在讨论 GPU 强大的并行能力之前，值得注意的是，英特尔 CPU 还具有一些有趣的向量指令形式的并行能力，这些指令首次出现在 1999 年左右的奔腾 III SSE 指令集中。这些指令使用了 8 个新的 128 位寄存器，每个寄存器能够容纳 4 个 4 字节的浮点数。如果一组 4 个这样的浮点数存储在连续的内存位置，并在 128 字节的内存边界上对齐，那么可以被视为一个 4 元素向量，这些向量可以在一个时钟周期内从 SSE 寄存器中加载与储存。增强版的 ALU 也同样可以在单个时钟周期内执行向量运算。因此，使用 SSE 可能会将某些浮点计算速度提高 4 倍。多年来 SSE 不断发展，许多最新的英特尔 CPU 已经支持到 AVX2，其使用 256 位寄存器以支持多种数据类型。目前英特尔的最新版本是 AVX-512，使用 512 字节的寄存器，能够保存多达 16 个浮点数或 8 个双精度数的向量。附录 D 将详细讨论在英特尔 CPU 上 AVX 的使用。

1.7 GPU 架构

在本节中，我们将更详细地介绍 GPU 计算的总体发展，特别是 NVIDIA 硬件上的发展。

1.7.1 回顾历史

最初 GPU 是为高性能计算机图形而设计的。在现代游戏中，正常屏幕尺寸是 1920×1080 像素，并以 60 Hz 频率刷新。每个像素都需要根据游戏的瞬间状态和玩家的视角进行大约每秒 1.25×10^8 像素的计算。虽然在现代处理器是勉强可行的，但在一二十年前人们对 PC 游戏产生兴趣时，这明显是做不到的。请注意，这是一个大规模并行计算的问题，因为像素值都可以独立计算。游戏卡作为专用硬件出现，配置大量简单的处理器来执行像素计算。一个重要的技术细节是，表示图像的像素数组存储在数字帧缓冲区的二维数组中，通常每个像素用 3 字节来表示像素的红色、绿色和蓝色（RGB 编码）强度。帧缓冲区是特定的计算机内存（视频内存），可以像普通内存那样读取或写入，但有个额外的端口，允许专用视频硬件独立扫描数据，并将合适的信号发送到显示器。

人们很快就注意到，一种廉价的卡可以进行强大的并行计算，并将结果发送到计算机内存，它可能具有游戏以外的应用。于是在 2001 年左右，出现了 GPGPU（图形处理单元上的通用计算），并诞生了 gpgpu.org 网站。2007 年，NVIDIA 推出了它们的 GPU 编程工具包，将 GPU 编程从一项困难的小众活动变成了主流。

1.7.2 NVIDIA 的 GPU 型号

NVIDIA 生产三类的 GPU：

（1）GeForce GTX、GeForce RTX 或 Titan 品牌型号，例如 GeForce GTX1080，这些是最便宜的，针对的是游戏市场。这些型号对 FP64 的支持通常比同级的科学计算版本少，并且不使用 ECC 内存。但是在 FP32 计算性能方面，可以匹配甚至于超过科学计算用的显卡。Titan 品牌型号是最强大的，可能有更强大的 GPU。截至 2021 年 3 月发布的所有 NVIDIA 卡中，RTX 3090 拥有最高的 FP32 性能。

（2）Tesla 品牌型号，例如 Tesla P100，这些产品面向高端科学计算市场，具有良好的 FP64 支持，并使用 EEC 内存。Tesla 卡没有视频输出端口，不能用于游戏。这些卡适合部署在服务器群中。

（3）Quadro 品牌 GPU，例如 Quadro GP100，这些本质上是附加图形功能的 Tesla GPU，面向高端桌面工作站市场。

从 2007 年到 2020 年，NVIDIA 推出了 8 代不同的 GPU，每一代都有更多的软件功能，并且以著名科学家的名字命名，每一代通常都有几个型号，在软件功能上可能有所不同。特定 GPU 的能力称为计算能力或 CC，由递增的数字指定。最新一代是 CC 值为 8.0 的 Ampere 架构。本书中的示例是使用 CC 为 7.5 的 Turing RX 2070 GPU 所开发的。更完整的说明可以在附录 A 中找到。

1.8　Pascal 架构

NVIDIA GPU 是由大量基本计算核心分层构建而成的，Pascal 一代的 GTX1080 的布局如图 1.5 所示。

（1）基本单元是一个简单的计算核心，能够执行基本的 32 位浮点和整数运算。这些核心没有单独的程序计数器。

（2）通常，将 32 个核心聚合成一个 NVIDIA 所谓的"32 核处理块"——我个人更喜欢使用"warp-engine"这个术语。因为如软件部分所述，在 CUDA 内核程序中，执行的线程被分为 32 个线程组，NVIDIA 将其称为"warp"，可以将其视为 CUDA 内核程序中的基本执行单元。给定 warp 的所有线程都以锁步方式运行，在每个时钟周期内执行相同的指令。事实上，给定 warp 的所有线程都在同一个 warp-engine 上运行，该 warp-engine 维护一个程序计数器，用于将通用指令序列发送到属于该 warp-engine[6] 的所有核心。

重要的是，warp-engine 增加了其核心共享的额外计算资源，包括用于快速计算超越函数（如 sin 或 exp）的特殊功能单元（SFU）和双精度浮点单元（FP64）。在 PascalGPU 中，warp-engine 有 8 个 SFU 和 16 个或 1 个 FP64 单元。

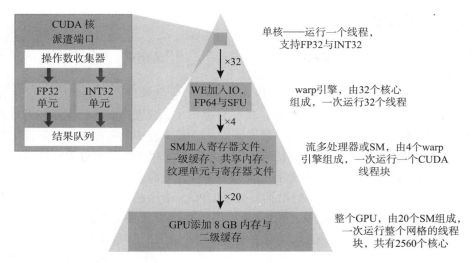

图 1.5　NVIDIA GTX1080 中计算核心的分层排列

（3）warp-engine 本身被组合在一起，形成 NVIDIA 所谓的对称多处理器或 SM。Pascal 架构的 GPU 有两个（仅 Tesla GP100）或四个 warp-engine（其他型号），因此一个 SM 通常具有 128 个计算核心。CUDA 内核程序中的线程被分为若干个固定大小的线程块。事实上，每个线程块都在一个 SM 上运行，但不同的线程块可能在不同的 SM 上运行。这解释了为什么同一个线程块中的线程可以彼此通信，例如，使用共享内存或 __syncthreads()，但不同线程块中的线程就不能这样处理。

SM 还增加了纹理单元与 warp-engine 之间平等共享的各种片上内存资源，包括 64 K 的 32 位字的寄存器文件、96 KB 的共享内存和 24 KB 或 48 KB 的 L1/ 纹理缓存。

（4）最后，将多个 SM 组合在一起就构成最终的 GPU。例如，GTX 1080 有 20 个 SM，总共包含 20 × 128=2560 个计算核心。请注意，这些核心全都位于同一硬件芯片上。在这个级别上还提供一个 4 GB 或 2 GB 的 L2 缓存，由所有 SM 共享。

NVIDIA 面向游戏市场制造了一系列有不同 SM 数量的 GPU，例如，经济型 GTX 1030 只有 3 个 SM 单元。游戏卡也可能具有不同的时钟速度和内存大小。

图 1.5 的左侧显示了单个计算核心，能对通过核心的数据执行 32 位浮点或整数运算。硬件首先将核心分为 32 个核心的"warp"，由"Warp-Engine"（WE）处理，这个引擎增加了共享资源，包括 IO、双精度单元（1 或 16）和 8 个特殊功能单元（SFU）。SFU 计算 32 位的超越函数，如 sin 或 exp。任何 CUDA 特定 warp 中的所有线程都在同一个 WE 中运行，然后将一小群 WE（通常为两个或四个）组合成一个 SM 单元。最后，将多个 SM 组合在一起形成 GPU。

1.9　GPU 内存类型

GPU 内存也以类似于核心的分层方式组织，也如图 1.5 所示，GPU 主存位于金字塔底部，上面是各种专用内存和缓存。内存类型如下：

- 主存：这类似于 CPU 的主存，程序本身和所有数据都驻留在这里。CPU 可以将数据写入 GPU 主存并从中读取数据，这些通过 PCI 总线进行交换，速度相对较慢，因此 CUDA 程序的设计应尽量减少数据传输。GPU 主存中的数据在内核调用之间被保留，因此可以被连续的内核重复调用而无须重新加载。内存传输也可以与内核执行并行进行（即异步传输），这在数据处理任务中很有帮助，例如，处理电影的帧，在处理当前帧的同时，将下一帧数据传输到 GPU。请注意，由于纹理和常量数据存储在 GPU 主存中，因此可以从 CPU 写入，即使在 GPU 上是只读的。

- 常量（Constant）内存：GPU 主存中特别保留 64 KB 作为常量内存使用。常量内存有一个绕过 L2 缓存的专用缓存，因此当来自 warp 的所有线程都读取相同内存位置时，就可以像读取寄存器的数据一样快。实际上，最新版的 NVCC 编译器通常可以检测到代码中的这种情况，并自动将变量放入常量内存中。在适当的地方使用 `const` 和 `restrict` 会有所帮助，不需要过度担心显式使用常量内存。另外需要注意的是，这种内存相当有限，并不适合用于大型的参数表格。

- 纹理（Texture）内存：这个特性与 GPU 的图形处理起源有直接关系。纹理内存用于存储最多三维的数组，并针对二维数组的局部寻址进行了优化。这种内存是只读的并且有自己的专用缓存。纹理可以通过 `tex1D`、`tex2D` 和 `tex3D` 等特殊查找函数进行访问，这些函数能够对纹理内的任意输入位置，执行非常快速的一维插值、二维双线性插值或三维三线性插值，这对图像处理任务有很大帮助，我强烈建议在任何有帮助的地方使用纹理查找。我们的许多示例将说明如何使用纹理。

最新的 CUDA 版本支持额外的纹理功能，包括分层纹理（一维或二维纹理的可索引堆栈）和 GPU 可以写入的表面。

- 本地（Local）内存：这些是每个独立执行线程的私有内存块，当线程可用的寄存器不足时，本地内存可以作为中间临时结果中局部变量的溢出存储，由编译器处理这部分资源的分配和使用。与其他数据一样，本地内存是通过 L2 和 L1 缓存进行缓存的。

- 寄存器文件（Register file）：每个 SM 都有 64 K 的 32 位寄存器，由 SM 上并发执行的线程块平均共享，这可以看作是非常重要的内存资源。事实上，每个 SM 可以执行的最大并发 warp（相当于 2 K 线程）数量被限制为 64，这意味着如果编译器允许线程使用超过 32 个寄存器，则 SM 上运行线程块的最大数量（即占用）会减少，从而有可能损害性能。NVCC 编译器有一个 `--maxrregcount <number>` 开关，可用于通过权衡线程计算性能来调整整体性能。

- 共享（Share）内存：每个 SM 提供 32～64 KB 的共享内存[7]。如果内核程序需要共享内存，可以在内核程序启动时或编译时声明其大小。SM 上的每个并发执行的线程块都获得相同大小的内存块，如果你的内核程序所需要的共享内存超过最大数量的一半，则 SM 占用率将降低到每个 SM 一个线程块。实际的内核程序通常要求不超过可用内存的一半。

　　共享内存很重要，因为它速度非常快，而且为线程块内的线程提供了相互通信的最佳方式，我们的许多示例都使用共享内存。

　　许多早期的 CUDA 示例强调，共享内存比主存（当时缓存性能较差）的内存访问速度更快。较新的 GPU 提供更好的内存缓存，因此使用共享内存来提高访问速度就变得不那么重要了。当需要大量共享内存时，平衡使用共享内存与减少 SM 占用率所带来的性能提升之间的关系很重要。

　　当前 GPU 使用 L1 和 L2 缓存以及高占用率，有效地隐藏主存访问的延迟。如果 warp 的 32 个线程访问最多 32 个相邻内存位置中的 32 位变量，并且起始位置在 32 字内存边界上对齐，那么缓存在这些条件下的工作是最有效的。这种内存寻址模式在 CUDA 文档中称为内存合并，早期的文档非常强调这个主题，因为早期的 GPU 缓存很差或没有缓存。现代的 GPU 更加宽容，因此你可能只需要坚持黄金法则：相邻的线程（或 CPU 上的索引）访问相邻的内存位置。内存排列如图 1.6 所示。

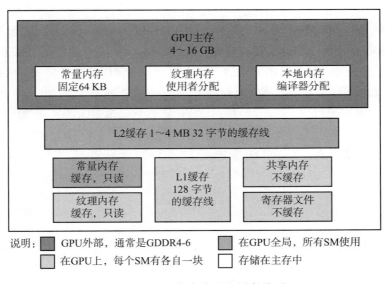

图 1.6　GPU 内存类型和缓存排列

1.10　warp 和 wave

　　GPU 的架构体现在 CUDA 内核程序设计与主机软件调用的方式上。要设计一个匹配特定问题的优良内核程序，需要技巧和经验，这也是本书后面部分的基本内容。一旦你做对了，就能看到你的代码执行速度提升好几个量级，这会非常令人满意。首先你必须决定要使用多少个线程，就是 Nthreads。选择合适的 Nthreads 值是设计 CUDA 内核程序时所做出的重要选择之一，当然，Nthreads 的选择是特定于问题的。在示例 1.3 的 gpusum 程序中，我们使用与步数相等的 Nthreads 值。因此，对于 10^9 个步骤，我们使用了 10^9 个线程，与我们在 CPU 上可以并行运行的 8 个线程相比，这大多了。在后面章节中，我们会讲很多关于图像处理的内容。要处理 nx×ny 像素的二维图像，令 Nthreads=nx×ny 是一个不错的选择，关键是 Nthreads 应该很大，可以说是尽可能大。

如果你是 CUDA 初学者，可能希望将 Nthreads 设置为 GPU 的核心数 Ncores，这样就能让 GPU 保持完全占用，事实上，这并不正确。NVIDIA GPU 的一个非常巧妙的功能是，硬件可以通过在线程之间快速切换并在数据可用时立即将数据用于特定线程，来隐藏内存访问或其他硬件管道中的延迟。

具体来说，我们大多数示例使用的 GPU 是 RTX 2070，这个卡有 36 个 SM 单元（Nsm = 36），每个 SM 单元都有处理两个 32 线程 warp 的（Nwarp = 2）硬件。因此对于这个 GPU，Ncores = Nsm×Nwarp×32 = 2304。不太明显的是，每个 SM 单元在内核程序处理期间都有 Nres 个大量的常驻线程。以 RTX 2070 为例，Nres =1024 相当于 32 个 warp。在任何时刻里，32 个 warp 中有两个处于活动状态，其余的可能被挂起，等待未决的内存请求得到满足，这就是 NVIDIA 硬件中延迟隐藏的实现方式。当我们启动一个有 10^9 个线程的内核程序时，这些线程以 Nwave=Nres×Nsm 线程的波形式运行，在 Nwave = 36 864 的 2070 GPU 上需要 27 127⊖ 个波，而最后一个波是不完整的。理想情况下，调用任意内核程序的最小线程数应该是 Nwave，如果可能有更多线程，就应该是 Nwave 的倍数。

请注意，Turing GPU 的 Nres = 1024 是非常态的，NVIDIA 其他最近几代 GPU 的 Nres = 2048，是 Turing 值的 2 倍，而这些 GPU 的 Nwarp = 2 与 Turing 相同，Nwaves 是 Turing 值的 2 倍。请注意，对于任何特定的 GPU 世代，Nsm 会随型号而变化，例如，RTX 2080 GPU 的 Nsm = 46，但 Nwarp 则保持一致。因此，Nwave 与 Nsm 都随着 GPU 不同世代的型号而变化。

1.11　线程块与网格

线程块在 CUDA 中是一个关键概念，是一组被批处理在一起并在同一 SM 上运行的线程。线程块的大小通常是 warp 大小的倍数（当前 NVIDIA 所有 GPU 为 32），最大硬件规模为 1024。在内核程序代码中，同一线程块里的线程可以通过共享或全局设备内存相互通信，必要时还可以相互同步。不同线程块中的线程在内核程序执行期间无法通信，系统无法在不

⊖　$10^9 ÷ 36\ 864 = 27\ 126.73$。——译者注

同线程块的线程之间执行同步。注意，线程块大小通常是 1024 的因数，经常是 256。在这种情况下，SM 在内核程序执行期间，最多能并存 4 个（非 Turing 架构的 GPU 可能是 8 个）不同线程块的 warp，尽管这些线程块可能同时存在于同一个 SM 上，但它们仍然无法通信。

当我们启动 CUDA 内核程序时，我们使用线程块大小和线程块数量这两个值去指定启动配置。CUDA 文档将其称为启动线程块网格（grid），而网格大小仅为线程块的数量。在我们的示例中，我们将一直使用变量名 threads 和 blocks 这两个值，因此线程总数隐式指定为 Nthreads=threads×blocks。注意，Nthreads 必须是线程块大小 threads 的倍数。如果你实际希望内核程序运行的线程数是 N，那么 blocks 就必须足够大，以便使得 Nthreads ≥ N。这就是示例 1.3 中第 19.2 行对 blocks 向上取整的目的，即确保至少有 steps 个线程。由于向上取整，我们必须在内核程序代码中执行超出范围的检查，以防止排名 ≥ N 的线程运行。这就是示例 1.3 第 15.4 行测试的目的。

CUDA 文档没有过多地明确谈论 wave，我们找到的唯一参考是 Julien Demouth 在 2014 年发表的博文（https://developer.nvidia.com/blog/cuda-pro-tip-minimize-the-tail-effect/）。这很有趣，因为它意味着线程被分派到 SM，用于在可能的情况下以完整的波次执行，这反过来意味着 blocks 是所用 GPU 上 SM 数量的倍数很重要。

1.12　占用率

NVIDIA 定义占用率（Occupancy）为实际驻留在 SM 单元中的线程数与最大值 Nres 的比值。占用率通常以百分比表示，100% 的完全占用等同于在 GPU 的 SM 上运行了完整波。

即使我们启动一个具有足够线程的内核程序来实现 100% 的占用率，实际上也可能无法实现完全占用率。主要原因是每个 SM 的共享内存和寄存器数量有限。如果我们的线程块大小为 256，只有当每个 SM 上都驻留 4 个（或 8 个）线程块时才能实现完全占用，但相同因素也会减少每个线程块的可用资源。NVIDIA 的 GPU 提供了足够数量的寄存器，每个线程最多可以使用 32 个保持完全占用的寄存器。共享内存更困难，每个 SM 通常只有 64 或 96 KB，相当于在非 Turing GPU 的完全占用时，每个线程只能分到 32 或 48 字节，这在最新的 Ampere GPU 上增加到 80 字节。

未达完全占用并不一定对性能不利，特别是计算限制类而非内存限制类的内核程序，如果你的内核程序需要大量共享内存，就必须接受较低的占用率。这时候可能就需要进行实验，在现代 GPU 上，使用全局内存而非共享内存，并依靠 L1 缓存来提高速度，这可能是一个很好的折中方案。

内核程序代码可以使用表 1.1 中所列的内置变量来确定线程在其线程块和整个网格中的排名。表中仅显示一维的情况，下一章将讨论二维和三维的情况。

我们将在第 2 章里介绍在 SIMD 机器和 GPU 上进行并行编程的更通用思路，然后给出一些更详细的例子，包括经典的并行归约问题，我们还将更详细地讨论内核程序启动。

表 1.1　CUDA 内置变量

变量	说明
threadIdx	id = threadIdx.x 是线程块中的线程排名 id = blockDim.x*blockIdx.x+threadIdx.x 是网格中的线程排名
blockIdx	blockIdx.x 是块网格中的块排名
blockDim	blockDim.x 是一个块中的线程数
gridDim	gridDim.x 是网格中的块数 threads = gridDim.x*blockDim.x 是启动中的线程总数
warpSize	warp 中的线程数，在所有当前 GPU 上设置为 32

注：前 4 个变量是包含 x、y 和 z 成员的结构

第 1 章尾注

1. 例如，用于 Visual Studio C++ 的 NVIDIA 插件有助于生成示例程序以帮助你入门，但不幸的是这个程序充满了 goto 语句。自 20 世纪 80 年代初以来已经弃用 goto 语句。

2. NVIDIA 文档及其示例代码，大多将 CPU 称为主机（Host），将 GPU 称为设备（Device）。我们经常但并不总是遵循这个约定。

3. 稍后我们将以并行原语为例详细讨论归约操作，我们的最佳 CUDA 代码会比用 thrust 还快一点。

4. 将指令和数据存储在公共内存中的计算机架构称为冯·诺依曼架构，以物理学家约翰·冯·诺依曼（John von Neumann）的名字命名，他在 1945 年初设计了 EDVAC 机器。将计算机指令视为数据来处理的想法可以归功于 19 世纪 40 年代的艾达·洛芙莱斯（Ada Lovelace）。另一种称为哈佛架构的替代方案则是用单独的硬件存储数据和指令。例如，1943 年在布莱切利公园使用的 Colossus 计算机，它们使用开关和插头进行编程。纸带也可以用来存储指令。在一个有趣的命名决定案例中，英国数学家马克斯·纽曼（Max Newman）在 Colossus 的设计中发挥了重要作用——确实，这些"新人"开创了我们的数字时代。今天，哈佛架构仍然用于专门的应用，例如，在只读存储器单元（ROM）中存储固定程序的嵌入式系统。

5. 不幸的是，PC 作为程序计数器的首字母缩写与个人计算机相同。实际上，前者的使用早于个人计算机的引入至少 20 年，因此我们将同时使用 PC 来表示这两个名词。这应该不会造成混淆，因为我们很少使用 PC 作为程序计数器。

6. 2017 年推出的 Volta/Turing 一代 GPU 放宽了这一限制，这将在稍后作为高级主题进行讨论。

7. 这取决于特定设备的计算能力，大多数设备都至少可以配置为 48 KB。

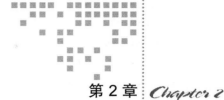

第 2 章 *Chapter 2*

并行思维与编程

计算机总是给人一种能同时执行多项任务的印象，就算是单核 PC，也可以让你在后台运行冗长计算的同一时间去浏览网页。然而，这是通过快速任务切换实现的——用户在进行某一活动时会使用 CPU，否则 CPU 就用于计算。这是资源共享而不是真正的并行编程。

如果你有一台更新的 4 核 PC，就可以启动四个具有不同参数值的冗长计算实例，无须任何额外的编程工作就可执行真正的并行计算。能使用这种方法去解决的问题，有时被称为"简单并行"。撇开名称不说，如果能有效地完成你的工作，并且不需要额外编程工作，那么这种方法是完全有效并且具有巨大优势的。如果潜在的作业数量很大，可以使用一个简单的脚本文件去自动启动新作业并收集它们的结果。CERN 数据中心是一个很好的例子，它有超过 200 000 个核心，主要运行事件数据处理或蒙特卡罗模拟，使用相同的程序但不同的事件数据或不同的随机数。

不幸的是，这种简单编程方法并不适合 GPU 上非常简单的处理核心，这些核心是设计用在单个任务上协同工作的。真正的并行编程只需要许多处理核心协同工作以完成一项任务。事实证明，编写有效的并行代码通常是相当简单的——正如我们希望在本书中展示的一样。

2.1 Flynn 分类法

Flynn 分类法如表 2.1 所示。计算机科学家识别出少数串行和并行计算机架构，由表 2.1 中总结的 4 个字母的首字母缩写词描述 [1]。

第一种 SISD，代表一个运行单线程的"正常"单处理器。具有这种架构的计算机会相对较快，并且通过在任务之间快速切换，给人一种正在处理多任务的错觉，但实际上，在每个时钟周期内它们只对一个数据项执行一个操作。

第二种 SIMD，涵盖了可以同时对多个数据项执行相同指令的硬件架构。可以通过让多个 ALU 输入不同的数据项，但使用共同的指令解码器来实现。为了克服内存访问瓶颈，数据项以向量格式提供给 ALU。因此，这些架构通常称为向量处理器。20 世纪 70 年代的 CRAY 超级计算机是这种方法的早期且非常有效的例子。英特尔 CPU 在 1999 年将其所谓的流式 SIMD 扩展（SSE）指令集引入奔腾 III 架构，这些指令可以使用有效的 128 位寄存器的内容对四个 32 位浮点数的向量执行运算。多年来，英特尔 SIMD 运算的能力不断增强，目前英特尔支持使用 512 位寄存器（AVX-512）的高级向量扩展，足以处理多达 16 个 32 位数字。在附录 D 中有对这个主题的更详细讨论。

表 2.1　Flynn 分类法

首字母缩写	名字	注释
SISD	单一指令单一数据	运行一个线程的单核系统
SIMD	单一指令多个数据	多个处理器在多个数据流上运行同一任务
MIMD	多指令多数据	多核系统，每个核运行不同的任务，也有多个连接的系统
MISD	多指令单一数据	在容错设计中可能的罕见应用
SIMT	单一指令多线程	CUDA 中实施的 SIMD 的变体

第三种 MIMD，实际上只是一组执行不同任务的独立 CPU。这种情况包括运行 Linux 或 Windows 的现代多核 PC 以及通过网络连接的 PC 集群。这两种情况都可以使用合适的软件（例如 MPI 或 OpenMP）来允许多个独立处理器在单个计算任务上协同工作。

第四种 MISD 很少使用，只是为了分类的完整性而包含在内。它可能用于需要冗余以防止故障的专用嵌入式系统，例如卫星。

最后一种 SIMT 是由 NVIDIA 所引入的 SIMD 的一种变体，用来描述它们的 GPU 架构。尽管两者都用于处理类似的科学计算，但它们之间还是存在差异。在 SIMD 模型中以相对较少的线程使用向量硬件来处理数据，而 SIMT 模型中则以大量线程去处理个别数据项。如果所有线程都使用共同的指令，则 SIMD 行为会被复制，但 SIMT 架构还允许线程执行不同的操作，虽然这可能会导致性能下降，但也可以实现更加灵活的代码。NVIDIA 在最近的 Volta 和 Turing GPU 中扩展了对单线程进行编程的功能。

SIMD/T 对并行编程来说是很有趣的，我们寻找对多个数据项执行相同操作的代码段——for 循环是显而易见的候选者。然而，如果我们想在多个线程之间共享一个循环的计算，那么循环之间没有依赖关系是很重要的，例如循环遍历的执行顺序应该无关紧要。

再看看示例 1.1 中的循环。

```
23    double sum_host = 0.0;
24    for (int step = 0; step <= steps; step++){
25        float x = step_size*step;
26        sum_host += sinsum(x, terms);
27    }
```

第 25～26 行的循环语句不存在前后依赖关系，因为计算顺序并不影响变量 sum_host 的累加结果[2]，因此这个循环很适合改成并行代码，特别是当循环中的 sum_host 函数计算开销量很大时。不过在继续后面的内容之前，还需要解决一个微妙的技术困难：sum_host 变量必须是全局可见的，这样并行计算的所有参与线程才能正确地访问，否则就得用其他方式来获取正确的累加结果。

虽然将 sum_host 写成所有线程都可见的全局变量很简单，但这又引发了另一个复杂性——如果两个或者更多线程试图同时更改它的值，将会导致未定义的结果。在 CUDA 中，如果有多个线程要在同一时间更改变量值，只有一个线程会成功，其他线程的更新行为将被忽略，这样就会导致最终的结果出错，这是所有并行计算平台都会遇到的普遍问题。其中一种解决方案是使用原子操作，对必要步骤执行串行处理。原子操作通常是通过调用平台所提供的特定函数来实现的，附录 B 中对 CUDA 上原子操作的使用有详细说明。现在需要注意的是，原子可能会降低运算速度，因此我们在这里选择另一种方案，也就是简单地将 sinsum 函数的结果保存在大型的全局数组的个别元素中，然后再进行一个额外的操作将这些元素进行累加求和。这就是并行思维的示例：我们将串行循环拆分成两块，可以并行的部分多次调用 sinsum 函数，不能并行的部分执行归约操作去累加所有单独存储的值。这两个步骤是整个计算中唯一在 GPU 上进行的部分，在 CPU 上执行的代码负责其他所有工作。

现在是时候进一步查看我们的第一个 CUDA 程序了，该程序强调了将示例 1.1 的串行版本转换为示例 1.3 的并行版本的必要步骤。

第一步添加 CUDA 需要的头文件。

```
04.1 #include "cuda_runtime.h"          // cuda basic
04.2 #include "thrust/device_vector.h"  // thrust device vectors
```

添加的 cuda_runtime.h 头文件为 CUDA 提供基本支持，而 thrust/device_vector.h 则为 GPU 内存中的一维数组提供一个类似 std::vector 的容器类。本书中的大多数示例都使用这些头文件。

接着将函数 sinsum 转换成可在 CPU 和 GPU 上使用的函数。这只需在函数声明中添加一个 CUDA 关键字即可。

```
05 __host__ __device__ inline float sinsum(float x, int terms)
```

关键字 __device__ 会告诉编译器，这个函数在 GPU 上运行编译，并且可以被 GPU 上运行的内核函数与其他函数调用。同样，__host__ 告诉编译器，要创建的函数是供 CPU 代码使用的。inline 关键字是标准 C++ 的一部分，用来告诉编译器去生成嵌入调用者代码中的函数代码，通过增加最终的 exe 可执行文件的大小来消除函数调用的开销。在 CUDA 中，inline 是 __device__ 函数的默认值，只有主机和设备都要用到的函数才需要 __host__ 关键字，如果函数只在设备上执行，用 __device__ 关键字就可以。第 6～15 行中的整个函数体没有变化，这是 CUDA 的一个非常强大的功能。

一个函数也可以有两个不同的版本，一个用 __device__ 声明，另一个用 __host__ 声明。主机版本可以省略 __host__ 前缀，因为这是默认设置，但我们建议使用它来明确你的意图。对于只在主机执行的函数，显然不需要（或不推荐）使用这个前缀。

__device__ 版本的 sinsum 只是一个 GPU 函数，不能直接从主机调用。我们需要编写一个在 GPU 上运行的独立 CUDA 内核函数，然后从主机调用。CUDA 内核函数使用 __global__ 而不是 __device__ 声明，这反映了它们的双重性质——可由主机调用但在 GPU 上运行。在 CUDA 的世界里，人们喜欢用"启动"（launching）而不是"调用"内核函数，我们从现在也开始这么做。第 15.1～15.8 行中的第一个内核函数 gpu_sum 是全新的，替换了原始程序中第 23～27 行的大部分内容。

```
15.1  __global__ void gpu_sin(float *sums, int steps, int terms,
                              float step_size)
15.2  {
15.3    int step = blockIdx.x*blockDim.x+threadIdx.x;
15.4    if(step<steps){
15.5      float x = step_size*step;
15.6      sums[step] = sinsum(x,terms);  // store values
15.7    }
15.8  }
```

除了前缀 __global__ 之外，第 15.1 行中的内核函数声明与普通 C++ 声明非常像。然而有些限制是基于这样一个事实，尽管内核函数是从主机上启动的，但它不能访问主机上的任何内存。所有内核函数必须声明为 void 类型的，并且它们的参数只能是标量项目或是指向之前分配好的设备内存区域的指针，所有内核函数的参数都是传递值而不是传递引用。不建议尝试将大型 C++ 对象传递给内核，因为传递值的过程可能会产生明显的复制开销，并且在启动内核函数之后对参数的任何更动，都不会反映回主机。此外，要将任何 C++ 类或结构传递给内核函数，都必须具有所有成员函数的 __device__ 版本。

- 第 15.3 行声明 step 变量，对应示例 1.1 第 24 行的 for 循环中的同名索引变量。这个变量是由 blockIdx.x、blockDim.x 与 threadIdx.x 这三个 CUDA 内置变量计算出来的，这些变量的值取决于主机调用内核函数时使用的启动参数：
  - blockDim.x 设置为 threads，就是内核函数使用的线程块大小。
  - blockIdx.x 设置为当前线程所属的线程块排名，范围为 [0,blocks−1]。
  - threadIdx.x 设置为当前线程在其线程块内的排名，范围为 [0,threads−1]。
  - step = blockDim.x * blockIdx.x + threadIdx.x，范围为 [0, threads × blocks−1]。

关键点是系统将在 GPU 上运行 threads×blocks 次内核函数，覆盖 threadIdx 和 blockIdx 的所有可能组合值。因此，当查看内核函数清单时，必须想象我们正在查看执行所有这些内置变量的可能值的循环的内容。在这种情况下，step 的取值范围为 [0, size-1]，其中 size = threads×blocks。在查看内核函数代码时，你必须想象代码正在被所有线程同时运行。一旦掌握了这个概念，你就会成为并行编程人员！ [3]

- 第 15.4 行：这是对 step 值进行越界检查，检查失败的线程将会退出内核函数。
- 第 15.5 行：计算与 step 对应的 x 值。
- 第 15.6 行：使用线程相关的 x 值调用 sinsum，将结果存储在数组 sums 中，使用 step 作为索引。
- 第 15.7 行：内核函数在这里退出。请记住，在 C++ 中 void 函数不需要 return 语句。

主程序的变化如下：

```
19.1 int threads = 256;
19.2 int blocks = (steps+threads-1)/threads; // round up
```

- 第 19.1～19.2 行：添加这两行是用来定义 threads 与 blocks 这两个内核函数启动配置参数。在示例 1.1 中将使用 threads 固定值 256，blocks 的值则需要计算，以便满足 threads×blocks ≥ steps 条件，也就是配置足够多的块数以满足要处理的步数。

```
21.1 thrust::device_vector<float> dsums(steps); // GPU buffer
21.2 float *dptr = thrust::raw_pointer_cast(&dsums[0]);
```

- 第 21.1 行：这一行使用 thrust 的 device_vector 类作为容器，在设备内存中创建大小为 steps 的 dsums 数组。默认情况下，该数组在设备上被初始化为零。gpu_sin 内核函数使用这个数组来保存调用 sinsum 函数所返回的各个值。
- 第 21.2 行：不能直接将 dsums 数组传递给内核函数，因为 thrust 还不支持这种用法 [4]，但是可以传递一个指向该类管理的内存数组的指针。可以使用 std::vector 对象的成员函数 data() 来完成这项任务，这个函数对 thrust 的 host_vector 对象有效，但不能用在 device_vector 对象，因此只能使用这行代码里稍微复杂的类型转换。当然也可以使用 device_vector 对象的还未公开的 data().get() 成员函数，作为备选方案。

```
22.1 gpu_sin<<<blocks,threads>>>
                 (dptr,steps,terms,(float)step_size);
```

- 第 22.1 行：这行代码展示了我们第一次启动 CUDA 内核函数，基本上就是一个在函数名和参数列表之间插入 <<<blocks, threads>>> 这样怪异字样的函数调用。这里出现的 int 变量，指定了每个线程块中的线程数（threads）和线程块的数量

（blocks）。请注意，这些值都是运行期间去设定的，如果你的代码中多次启动内核函数的话，则每个启动可以使用不同的值。如前面说过的，threads 的值应该是 32 的倍数，并且目前所有 GPU 的最大允许值为 1024[5]，第二个参数 blocks 可以大一些。这些值会影响内核函数的性能，可以尝试不同的组合，然后挑选出运行内核函数的最快组合，这就是"调优"以获得最佳性能的方法。为了在随后的大多数示例代码中得到帮助，我们让这些启动参数变成用户可设置的命令行参数。大多数内核函数可以从 <<<4*Nsm, 256>>> 开始，其中 Nsm 是目标 GPU 上的 SM 数[6]。本书中我们经常使用 <<<288, 256>>>，因为我们的 GPU 有 36 个 SM。作为测试或调试目的去使用 <<<1, 1>>> 是很有趣的，也是允许的，这个效果是在某一个 SM 单元上运行一个线程。

```
22.2 double gpu_sum =
            thrust::reduce(dsums.begin(),dsums.end());
```

● 第 22.2 行：这里我们使用 thrust 库中主机可调用的归约函数，对 GPU 内存 dsums 数组的所有元素求和。这个调用涉及两个步骤，首先在 GPU 上执行所需的加法，然后将结果从 GPU 内存复制到 CPU 内存，这部分通常称为 D2H (device to host) 传输。到这里结束了第一个内核函数代码的详细介绍，我们刻意让代码尽可能简单。

代码第 15.1 行是值得更进一步探索的。内核函数第 15.1 行的任何特定线程，其 CUDA 系统变量 blockIdx.x 设置为当前执行线程块的编号，而变量 threadIdx.x 设置为当前线程在其线程块内的排名。因此在本例中 step 为 10^9、threads 为 256 的情况下，计算出 blocks 为 3 906 251、blockIdx.x 范围为 [0,3 906 250]、threadIdx.x 范围为 [0,255]，而 blockDim.x 的值为 256。在每个线程里，第 15.1 行计算出一个在 0～10^9－1 范围内的唯一值，这正是我们复制示例 1.1 中原始 for 循环行为所要的结果。你将在每个 CUDA 内核函数中找到类似于第 15.1 行的内容，让每个线程清楚其需要执行的具体任务。事实上，变量 step 只不过是一个唯一的线程 ID，这通常被称为线程的排名。NVIDIA 还使用"lane"这个术语，来代表这个线程在指定 32 线程 warp 中的排名。

第 15.1 行还有另一个重点，GPU 硬件会将线程块内的所有线程，分配到 GPU 上的同一个 SM 单元，这些线程经由 warp 引擎去聚合成紧密运行的 32 线程 warp。变量 threadIdx.x 由系统设置，在同一个 warp 中具有连续值；具体来说，threadIdx.x%32 代表线程在其 warp 中的编号或 lane（范围为 0～31），而 threadIdx.x/32 是 warp 在线程块内的排名（本例中范围为 0～7）。因此在内核函数第 15.6 行将值写入 sums [step] 中，同一个 warp 中相邻线程具有相邻的 step 值，也能据此去访问 sum 数组中的相邻存储位置。这对于有效地利用 GPU 缓存至关重要。如果我们不清楚这一点的话，就可能会在 15.1 行使用以下的公式：

$$step = threadIdx.x*gridDim.x+blockIdx.x;$$

由于变量 gridDim.x 被设置为线程块总数, 这个公式也能算出 step 值在一样的范围内, 但这种方式会导致相邻的硬件线程的间隔距离为 3 906 251 (step 值), 从而会导致严重的内存性能损失。

如果你对 .x 修饰感兴趣的话, 这些内置变量实际上都是 CUDA 工具所提供的 dim3 结构 (在 vector_types.h 里有具体定义)。这种 dim3 类型有 3 个 const uint 类型的 x、y 与 z 成员。示例 2.1 中我们会看它们如何在三维的线程网格中使用, 以最好地适应特定的问题。CUDA 工具里还提供很多这种类型, 最多能有 4 个分量。例如, uint3 与 dim3 类似, 但 uint3 定义了支持基本算术运算的重载运算符, 而 dim3 没有。此外 dim3 具有一个默认构造函数, 将所有未指定的分量都初始化为 1, 以便在用户未明确设置它们的情况下始终可以安全地使用变量的所有分量。虽然我们在内核函数启动时使用简单的整数, 但编译器默默地将它们安全地提升为 dim3 类型。

示例 2.1 的 19.1 和 19.2 行给定 threads 和 blocks 的值, 确保至少有 steps 个线程, 以便让每个 sinsum 调用一个独立的线程。这可能是这里的最佳选择, 因为 sinsum 函数执行大量的计算, 但这段代码并没有给用户去进行实验以确认真伪的机会。更通用的方法是, 允许用户指定 threads 和 blocks 的值, 以及将 gpu_sin 内核函数修改成允许单个线程在必要时多次调用 gpu_sin。如示例 2.1 所示, 这两个修改都非常简单。

示例 2.1　对示例 1.3 的修改以实现线程线性寻址

```
. . .
15.1 __global__ void gpu_sin(float *sums, int steps,
                             int terms, float step_size)
15.2 {
15.3   int step = blockIdx.x*blockDim.x+threadIdx.x; // ID
15.4   while(step<steps){
15.5     float x = step_size*step;
15.6     sums[step] = sinsum(x,terms);  // store value
15.65    step += gridDim.x*blockDim.x;  // grid size stride
15.7   }
15.8 }
. . .    // NB ternary operator (test) ? a : b used here
19.1   int threads = (argc > 3) ? atoi(argv[3]) : 256;
19.2   int blocks  = (argc > 4) ? atoi(argv[4]) :
                                  (steps+threads-1)/threads;
     . . .
```

我们对内核函数的改动, 首先将第 15.4 行的 if 语句改成 while 循环, 然后在 while 循环末尾插入额外的第 15.65 行, step 变量在这里每次增加的数量为网格的总线程。while 循环持续进行到所有 (非零) 用户提供的 blocks 和 threads 值共同计算出 steps 值。此外, 重要的是由于性能原因, 每次执行 while 循环时, 相邻的线程总是访问相邻的内存位置。虽然有其他遍历数据的方式, 但这里显示的方式是最简单、最好的。使用具有网格大小步长索引的 while 循环技巧称为 "线程线性寻址", 在 CUDA 代码中很常见。在将主机代码中的循环移植到 CUDA 时, 应该将这种方式作为一个常规选项。

这里主程序新增的第 19.1 和 19.2 行还使用了 C/C++ 的（?:）三元操作符，根据用户是否提供额外的命令行参数，去设定 threads 和 blocks 的变量值。如果用户未指定这些参数，那么 argc 的值将被设置为 3 或更小，并且两个测试都会失败，这样就会使用默认值（在 : 后面）。如果用户只指定一个额外的参数，那么 argc 将被设置为 4，因此第一个测试会通过，并且使用 : 前面表达式来设置 threads 值，这里是用户提供的值。第二个测试仍将失败，然后使用后面算式的计算值作为 blocks 的默认值。最后，如果用户提供了两个额外的参数，那么就以用户的值来设置 threads 和 blocks。

我们承认对于（?:）运算符有些矛盾的看法。它非常简洁，是在 20 世纪 70 年代早期的 C 语言中引入的，当时在输入代码时希望尽量减少在重型机械电传打印机上的按键次数。滥用这个运算符可能会使代码难以阅读。然而，关键是它会返回一个值，而 if 语句不返回值。使用（?:）让我们能同一语句中声明并初始化一个变量，这符合现代 C++ RAII 实践，我们认为这比运算符的简洁语法更重要。在我们的示例中，当一个变量的初始化方式有二选一的时候，就可以这么使用。

这种读取命令行参数去设置程序选项的方法有一个缺点，就是用户必须先知道定义选项的顺序，并且必须在前面选项都提供之后，才能指定后面的选项。对于有生产用途的代码，我们当然会推荐更好的方法。

关于线程线性寻址方法，可以用示例 2.2 的 for 循环来替代示例 2.1 中的 while 循环。

示例 2.2　使用 for 循环的 **gpu_sin** 内核替代版本

```
. . .
15.1  __global__ void gpu_sin(float *sums, int steps,
                            int terms, float step_size)
15.2 {
15.3    for(int step = blockIdx.x*blockDim.x+threadIdx.x;
                step<steps; step += gridDim.x*blockDim.x){
15.5      float x = step_size*step;
15.6      sums[step] = sinsum(x,terms);  // store value
15.7    }
15.8 }
```

你可以选择使用任何一个版本，但对我来说，使用 while 的第一个版本更清晰，第二个版本中的 for 语句有很多东西，我觉得代码更难理解。一个好的编译器会从任何一个版本生成相同的代码。

2.2　内核函数调用语法

调用 CUDA 内核函数（Kernel）的一般形式是在 <<< >>> 括号中使用最多四个特殊参数，而内核函数本身可以有多个函数参数。<<< >>> 括号中的四个参数按顺序如下。

（1）定义核函数使用的线程块网格的维度。可以是整数（或无符号整数），用于线性块寻址，或 dim3 类型去定义二维或三维线程块网格。

（2）定义单个线程块中的线程数。可以是整数（或无符号整数），用于块内的线性寻址，或 dim3 类型以定义线程块内的线程的二维或三维数组结构。

（3）可选项，类型为 size_t（或 int），用于定义核函数每个线程块使用的动态分配共享内存的字节数。如果省略此参数或将其设置为零，则不会保留共享内存。请注意，作为替代方案，核函数本身可以声明静态共享内存。静态共享内存分配的大小必须在编译时知道，但动态分配的共享内存的大小可以在运行时确定。

（4）可选项，类型为 cudaStream_t，用于指定运行核函数的 CUDA 流。只有在同时运行多个内核函数的高级应用程序中才需要此选项。关于 CUDA 流的部分在第 7 章中讨论。

2.3　启动三维内核函数

到目前为止，我们的示例只使用了前两个指定为简单整数的参数。示例 2.3 展示了使用 dim3 变量在三维网格上运行内核函数。这个示例实际上只是为了说明，大部分代码都涉及输出与网格相关的数量。

示例 2.3　使用三维线程块网格的 **grid3D**

```
01  #include "cuda_runtime.h"
02  #include "device_launch_parameters.h"
03  #include <stdio.h>
04  #include <stdlib.h>

05  __device__   int   a[256][512][512];  // file scope
06  __device__   float b[256][512][512];  // file scope

07  __global__ void grid3D(int nx, int ny, int nz, int id)
08  {
09    int x = blockIdx.x*blockDim.x+threadIdx.x; // find
10    int y = blockIdx.y*blockDim.y+threadIdx.y; // (x,y,z)
11    int z = blockIdx.z*blockDim.z+threadIdx.z;
12    if(x >=nx || y >=ny || z >=nz) return;     // range check

13    int array_size = nx*ny*nz;
14    int block_size = blockDim.x*blockDim.y*blockDim.z;
15    int grid_size  = gridDim.x*gridDim.y*gridDim.z;
16    int total_threads = block_size*grid_size;
17    int thread_rank_in_block = (threadIdx.z*blockDim.y+
              threadIdx.y)*blockDim.x+threadIdx.x;
18    int block_rank_in_grid = (blockIdx.z*gridDim.y+
              blockIdx.y)*gridDim.x+blockIdx.x;
19    int thread_rank_in_grid = block_rank_in_grid*block_size+
              thread_rank_in_block;
20    // do some work here
21    a[z][y][x] = thread_rank_in_grid;
22    b[z][y][x] = sqrtf((float)a[z][y][x]);
23    if(thread_rank_in_grid == id) {
24      printf("array size   %3d x %3d x %3d = %d\n",
              nx,ny,nz, array_size);
25      printf("thread block %3d x %3d x %3d = %d\n",
```

```
                      blockDim.x, blockDim.y, blockDim.z, block_size);
26        printf("thread  grid %3d x %3d x %3d = %d\n",
                      gridDim.x,  gridDim.y, gridDim.z, grid_size);
27        printf("total number of threads in grid %d\n",
                      total_threads);
28        printf("a[%d][%d][%d] = %i and b[%d][%d][%d] = %f\n",
                      z, y, x, a[z][y][x], z, y,  x, b[z][y][x]);
29        printf("for thread with 3D-rank %d 1D-rank %d
                      block rank in grid %d\n", thread_rank_in_grid,
                      thread_rank_in_block,block_rank_in_grid);
30      }
31  }

32  int main(int argc, char *argv[])
33  {
34    int id = (argc > 1) ? atoi(argv[1]) : 12345;
35    dim3 thread3d(32,  8,  2); // 32*8*2     = 512
36    dim3  block3d(16, 64,128); // 16*64*128 = 131072
37    grid3D<<<block3d,thread3d>>>(512,512,256,id);
38    return 0;
39  }
```

示例 2.3 的说明

- 第 1~4 行：CUDA 的基本包含语句。

- 第 5~6 行：声明两个在文件范围内的大型三维数组，可以被同一文件后面声明的任何函数使用。这是标准的 C/C++ 做法，但还有一个额外的 CUDA 特性。通过使用 __device__ 前缀声明数组，我们告诉编译器将这些数组分配到 GPU 存储器而不是主机存储器。因此，数组 a 和 b 可以被内核函数使用，但不能被主机函数使用。请注意，数组维度从左到右的顺序是 z、y、x，其中内存按照相邻的 x 值在内存中是相邻的。这是标准 C/C++ 的做法，但使用 x、y、z 顺序的 Fortran 则相反。除了数组下标之外，我们将在代码中遵循CUDA的惯例，去使用"自然"的 x、y、z 排序。例如，一个 float4 变量 a 具有成员 a.x、a.y、a.z、a.w，它们在内存中的顺序是从 x 到 w。

使用全局声明实际上是创建已知大小的 GPU 数组的简单方法，但我们很少使用，因为这有两个重要的缺点。首先，数组的维度必须在编译时设置而非在运行时；其次，使用文件作用域声明变量是一种广为弃用的编程风格，因为它会导致非结构化的代码，其中函数很容易引起不可预期的副作用。我们在随后的示例中将在代码中分配数组，然后根据需求将它们作为指针参数传递给被调用的函数。

- 第 7 行：定义了有 4 个参数的 grid3D 内核函数，分别是数组维度和编号，用来指定要输出信息的线程。

- 第 9~11 行：这里我们计算了线程在其线程块内的 x、y 和 z 坐标。在第 35~36 行中定义的启动参数将块维度设置为 32、8 和 2，将网格维度设置为 16、64 和 128，分别对应 x、y 和 z。这意味着在第 9 行中，内置变量 blockDim.x 和 gridDim.x

分别设置为 32 和 16。因此 threadIdx.x 和 blockIdx.x 的范围分别为 [0,31] 和 [0,16]，所需的坐标 x 的范围为 [0,511]，这是用于索引全局数组 a 和 b 所需的，同理 y 和 z 的范围为 [0,511] 和 [0,255]。在任何特定的线程块内，threadIdx 值的范围分别为 [0,31]、[0,7] 和 [0,1]，各自对应 x、y 和 z。请注意 x 范围对应于一个完整的线程束，这是一种设计的选择而非巧合。当决定 x 为 32 之后，那么 y 和 z 就会受到限制，因为三者乘积的线程块大小最多是 1024，这是受硬件限制的。

● 第 12 行：这是一个越界检测，会检测计算得到的三个坐标。在本例中并非一定要做这个检测，因为我们的启动参数是精心设计过的，能正好覆盖掉两个数组的下标范围。但是一般情况下这并不总是正好成立，所以在内核函数里进行越界检测，还是一种很好的常规措施。

● 第 13～19 行：计算一些根据启动参数所派生的值。这里面大部分的值在实际问题中都不需要，只是我们希望输出以说明内核函数中的三维寻址细节。

■ 第 13～15 行：分别计算三维数组、线程块和网格的大小。

■ 第 16 行：同理，总线程数是线程块大小 block_size 与线程块数 grid_size 的乘积。

■ 第 17 行：线程在其三维线程块内的排名是使用标准的三维寻址排名公式计算的，公式如下：

> **三维排名公式**
> rank = (z*dim_y + y)*dim_x + x

一个在内存中以连续的方式排列的三维数组，其维度为（dim_x, dim_y, dim_z），其中 x 值相邻、y 值由 dim_x 的步幅分开、z 值由 dim_x * dim_y 的步幅分开。在我们的示例中经常使用这个公式，通常会封装在一个 lambda 函数中。

■ 第 18 行：这里使用排名公式来计算线程块在线程块网格中的排名。

■ 第 19 行：这里使用二维版本的排名公式，计算线程在整个线程网格中的排名。

■ 第 21～22 行：这里实际进行了一些真正的工作，使用从线程在三维线程网格中的位置，导出的索引将值存储到数组 a 和 b 中。

■ 第 23～29 行：这里对于用户选择的一个线程，输出一些计算出的数量。

● 第 32～39 行：以下是完整的主要程序段。基本上，我们在第 34 行获取用户可设置的 id 值，在第 35～36 行设置内核函数启动参数，并在第 37 行启动内核函数。

运行示例 2.3 的结果在下面的框中显示。显示了两种情况：

> **情况1：第一个线程块的最后一个线程**
> ```
> D:\ > grid3D.exe 511
> array size    512 x 512 x 256 = 67108864
> thread block  32 x   8 x   2 = 512
> ```

```
thread  grid  16 x  64 x 128 = 131072
total number of threads in grid 67108864
a[1][7][31] = 511 and b[1][7][31] = 22.605309
rank_in_block = 511 rank_in_grid = 511 rank of block_rank_in_grid = 0

情况2: 第2411线程块的第135个线程
D:\ grid3d.exe 1234567
array size   512 x 512 x 256 = 67108864
thread block 32 x   8 x   2 = 512
thread  grid  16 x  64 x 128 = 131072
total number of threads in grid 67108864
a[4][180][359] = 1234567 and b[4][180][359] = 1111.110718
rank_in_block = 135 rank_in_grid = 1234567 rank of
  block_rank_in_grid = 2411

Results from running grid3D
```

（1）id=511 的情况：这是第一个块的最后一个线程，跨越范围为：[0～31,0～7,0～1]，这个范围中的最后一个点为（31,7,1），在图中正确显示为索引 [1][7][31]。

（2）id=1234567 情况：为了理解这个示例，我们需要意识到，一组 16 个块将会跨越连续的 8 个 y 值和 2 个连续的 z 值的完整 x 范围。因此，前 1024 个块将跨越范围 [0～511,0～511,0～1]，这是数组的两个完整的 x–y 切片。接下来的 1024 个块将跨越 z 值范围为 [2～3] 的切片，以此类推。由于 1 234 567 = 512 × 2411+135，我们选择了第 2411 个块中的第 135 个线程。前 4 个 x–y 切片占据了 2048 个块，因此我们的选择位于第 4～5 切片对中的第 364 个块中。接下来，由于 364 = 22 × 16 + 12，我们得出结论，我们的线程位于跨越索引范围 [0～511,168～175,5～6] 的 16 个块中的第 12 个块中。这个第 12 个块跨越 [352～383,176～183,5～6]，由于第 135 个线程与该位置偏移了 [7,4,0]，因此我们找到了一个索引集 [359,180,5] 或一个 C/C++ 3D 向量索引地址 [4][180][359]。

正如我们的示例 2.2 所说明的，三维线程块在视觉上有一定复杂性，但它们的独特之处在于它们将跨越数组的三维子区域的线程分组到单个 SM 单元中，这样线程就可以协同工作。在许多体积处理应用中，例如，自动解剖分割三维 MRI 扫描，这是一个关键的优势。实际上，直接从 GPU 主存中访问这样的子区域通常是低效的，因为连续 y 和 z 值之间的跨度很大。在这种情况下，在 SM 的共享内存中去缓存三维子区域是一种重要的优化方式。

然而，如果内核函数的线程只是处理数组的各个元素，并且线程之间的协作很少，那么采用一维线性寻址会更简单，并为调优启动配置提供了更多的空间。示例 2.4 展示了使用一维线性寻址的 grid3D 内核函数版本。

示例 2.4　对三维数组的线性线程处理的 grid3D_linear

```
01  #include "cuda_runtime.h"
02  #include "device_launch_parameters.h"

03  #include <stdio.h>
04  #include <stdlib.h>
```

```
05  __device__   int   a[256][512][512];  // file scope
06  __device__   float b[256][512][512];  // file scope

07  __global__ void grid3D_linear(int nx, int ny, int nz, int id)
08  {
09    int tid = blockIdx.x*blockDim.x+threadIdx.x;

10    int array_size = nx*ny*nz;
11    int total_threads = gridDim.x*blockDim.x;
12    int tid_start = tid;
13    int pass = 0;

14    while (tid < array_size){   // linear tid => (x, y, z)
15      int x =  tid%nx;           // tid    modulo nx
16      int y = (tid/nx)%ny;       // tid/nx modulo ny
17      int z =  tid/(nx*ny);      // tid/(x-y slice size)
18      // do some work here
19      a[z][y][x] = tid;
20      b[z][y][x] = sqrtf((float)a[z][y][x]);
21      if(tid == id) {
22        printf("array size   %3d x %3d x %3d = %d\n",
                 nx,ny,nz,array_size);
23        printf("thread block %3d\n",blockDim.x);
24        printf("thread  grid %3d\n",gridDim.x);
25        printf("total number of threads in grid %d\n",
                 total_threads);
26        printf("a[%d][%d][%d] = %i and b[%d][%d][%d] = %f\n",
                 z,y,x,a[z][y][x],z,y,x,b[z][y][x]);
27        printf("rank_in_block = %d rank_in_grid = %d
                 pass %d tid offset %d\n", threadIdx.x,
                 tid_start, pass, tid-tid_start);
28      }
29      tid += gridDim.x*blockDim.x;
30      pass++;
31    }          // end while
32  }

33  int main(int argc, char *argv[])
34  {
35    int id      = (argc > 1) ? atoi(argv[1]) : 12345;
36    int blocks  = (argc > 2) ? atoi(argv[2]) : 288;
37    int threads = (argc > 3) ? atoi(argv[3]) : 256;
38    grid3D_linear<<<blocks,threads>>>(512,512,256,id);
39    return 0;
40  }
D:\ > grid3d_linear.exe 1234567 288 256
array size   512 x 512 x 256 = 67108864
thread block 256
thread  grid 288
total number of threads in grid 73728
a[4][363][135] = 1234567 and b[4][363][135] = 1111.110718
rank_in_block = 135 rank_in_grid = 54919 rank of
 block_rank_in_grid = 214 pass 16
```

Results from example 2.4 using the grid3D_linear kernel to process 3D arrays with thread-linear-addressing. The displayed array element has different 3D indices as compared to example 2.2 even though its linear index is the same as used in that example.

示例 2.4 的说明

- 第 1~8 行：这些行与示例 2.3 中的代码相同，我们只是将内核函数重命名。
- 第 9 行：将变量 tid 设置为当前线程在线程块网格中的排名，使用标准的一维线程和网格块的公式。
- 第 10~13 行：在这里设置了一些在后续输出语句中使用的变量。请注意，总线程数的公式现在是简单的一维情况。
- 第 14~31 行：这些行是用于线性寻址的 while 循环。
- 第 15~17 行：这些行展示了如何将线性线程地址转换为三维坐标，其中 x 是变化最快的坐标，z 是变化最慢的坐标。请注意，除法和取模（%）运算是昂贵的操作，如果 nx 和 ny 是已知的 2 的幂，可以用掩码和移位操作替代。这样可以提供更好的性能，但代价是降低内核函数的通用性。如果 nx 和 ny 都为 512，我们可以使用。

```
int x =  tid & 0x01ff;        // x = bits 0-8
int y = (tid >> 9) & 0x01ff;  // y = bits 9-17
int z =  tid >> 18;           // z = bits 18 and above
```

从线性线程地址中提取位域计算三维坐标。当nx和ny都等于512时，这两个9位掩码都适用

下框展示了将三维（x，y，z）索引三元组与线性索引之间进行转换的公式。这里的第 15~17 行是一个例子。

```
Relations Between Linear and 3D indices
index = (z*ny+y)*nx+x

x = index % nx
y = (index / nx) % ny
z = index / (nx*ny)
```

- 第 19~28 行：这与前面的例子类似，只是我们使用了变量名 tid 而不是 thread_rank_in_grid。
- 第 29 行：这里使用与整个线程网格的长度相等的步幅递增 tid。
- 第 30 行：这里我们让计数器 pass 递增，并继续执行 while 循环的下一轮。变量 pass 仅作为输出信息的一部分使用。在 while 循环内由给定 tid 使用的实际线性地址为 rank_in_grid+pass*total_threads。
- 第 33~40 行：主函数现在接受 blocks 和 threads 这两个附加的用户参数，它们定义了内核函数的启动参数。

线性索引为 1234567 的线程执行结果与示例 2.2 中使用相同值，显示这个线性索引对应一个三维元素 [4] [363] [135]，而示例 2.2 中使用三维网格和线程块时，对应于元素 [4] [180] [359]。两个结果都不是"错误"的，差异只是反映了数组元素遇到的不同顺序。

接下去，我们将回到 CUDA 的占用主题。

2.4　延迟隐藏和占用率

当新的内核函数开始执行时，每个 warp 中的 32 个线程开始在 GPU 上的 warp 引擎上执行。这些 warp 变成活跃的并将保持驻留状态，直到它们所在线程块中的所有 warp 都完成任务。在执行过程中，通常初期步骤会涉及从全局内存加载数据，但从全局内存中提取数据会有数百个时钟周期的延迟。因此，活跃线程需要等待所有请求的数据都到达后才能继续执行，而在等待的期间就被称为停滞线程。事实上硬件是非常复杂的，在实际使用待处理数据的指令到达之前，线程是不会停滞的。这意味着程序员可以在等待数据的时间里，执行其他不依赖于数据的工作，就可以隐藏一些延迟。这种方式虽然很有用，但实践中会存在限制。此外，用非自然的顺序编写指令，可能会使代码更难以调试和维护——建议最好依赖编译器来优化代码并处理这些细节。

GPU 设计的一个关键特点是，每个 warp 引擎可以用交错方式处理多个活跃的 warp。如果 warp 引擎中的一个活跃 warp 发生停滞，就切换到另一个没有停滞的活跃 warp，这样不会丢失时钟周期。有效地在 warp 之间进行切换是可能的，因为每个活跃 warp 中的每个线程都维护自己的状态和寄存器集。这与标准 CPU 架构形成了鲜明对比，标准 CPU 中的所有活跃线程会共享一组寄存器集，使得任务切换成为昂贵的操作。因此一个 warp 引擎可以继续执行指令，直到它的所有活跃 warp 都因等待内存访问而停滞。在一个内核函数启动时可能会出现一次多重停滞，但只要每个线程在全局内存访问之间执行足够的计算，就可以避免进一步的停滞。值得注意的是，足够的计算量是指在一个"典型"的内存访问时间内可以执行的指令数量，在现代 GPU 上可以是数百条指令。图 2.1 展示了 GPU 上延迟隐藏的原理。

图 2.1 显示了 T1 到 T4 的四个线程块。在左边它们都运行了一小段时间，然后由于等待内存访问而停滞。内存访问请求显示为垂直箭头，请求数据的派发显示为倾斜虚线。T1 第一个内存请求的大部分延迟都被 T2 到 T4 的初始运行所隐藏。经过一小段额外的空闲时间后，T1 的数据到达 L1 缓存，T1 使用这个数据恢复执行。然后 T1 再次因第二次内存访问而停滞，

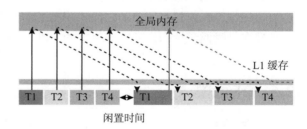

图 2.1　GPU 上的延迟隐藏

显示为灰色的垂直线。然而，现在不再有进一步的空闲时间，因为数据会在需要之前到达 L1 缓存。

在 Pascal 架构中，每个 SM 有四个 warp 引擎，每个引擎最多可以运行 16 个活跃 warp，或者可以说每个 SM 上可以有 64 个 warp 或 2048 个线程。因此，如果全局内存的延迟为 400 个周期，那么每个线程只需要在内存访问之间执行 25 个周期的计算，就可以完全隐藏这个延迟。这是最佳情况，因为内核启动配置可能会将活跃 warp 的最大数量限制在 16 以下。内核的占用率的定义为：

$$占用率 = 实际活跃 warp 数 / 最大的活跃 warp 数$$

影响占用率的因素，包括线程块大小、线程块数量、每个线程使用的寄存器数量以及线程块使用的共享内存量。线程块数量应该是 GPU 里 SM 数的整数倍，足以为每个线程块提供 2048 个线程，每个 SM 具有 64 K 个 32 位寄存器和 64 KB 共享内存的限制。具有 20 个 SM 的 Pascal GPU 的限制如表 2.2 所示。请注意，每个线程分配的寄存器数量由编译器决定，取并决于代码的复杂性。为了实现完全占用率，硬件需要每个线程有足够的寄存器，每个线程为 32 个寄存器。可以使用 NVCC 编译器的 --maxrregcount 和 --resource-usage 开关来检查和 / 或覆盖这个值。

表 2.2　实现最大占用率的内核启动配置

线程块规模	每个 SM 线程块数	当 GPU 有 20 个 SM 时，每个网格的线程块数	每个线程的寄存器数量	每个线程块的共享内存字节数
32	64	1280	32	1 KB
64	32	640	32	2 KB
128	16	320	32	4 KB
256	8	160	32	8 KB
512	4	80	32	16 KB
1024	2	40	32	32 KB

与受计算限制的内核函数相比较，完全占用率对于受内存限制的内核函数来说是更重要的，但保持内核函数代码简洁明了始终是一件好事情，因为这能让编译器更有效地分配寄存器。将长时间的计算拆分成多个阶段，并为每个阶段使用单独的内核函数也是个好主意。请记住，在内核函数启动之间，GPU 全局内存的内容会被保留。

现在是时候继续深入研究更有趣的 GPU 代码了，其中线程需要积极合作来执行计算。

2.5　并行模式

要在 GPU 运行大量线程来实现并行编程，确实需要重新思考编码的方法。在单个 CPU 或运行少量独立线程的代码中，可能需要重新考虑效果良好的方法。

避免 If 语句

一个很大的区别是，在 CUDA 代码中使用分支语句会引发问题，例如，一个包含以下代码的 CUDA 内核函数：

```
if (flag == 0) function1(a1,a2,...);
else            function2(b1,b2,...);
```

如果特定 warp 中的 32 个线程都有 flag=0，那么所有线程都会调用 function1，性能损失非常小，如果这 32 个线程都没有将 flag 设为 0 也是如此。然而，如果其中一个线程的 flag 设置为非零值，而其他 31 个线程都是 flag=0，那么就会出现所谓的分支歧见。系统通过序列化两个函数的调用来处理这种情况，也就是 warp 中 flag=0 的线程执行对 function1 的调用，而具有非零 flag 的线程保持空闲。当所有活动线程的函数都返回时，原本处于空闲状态的线程执行 else 子句去调用 function2，而原本处于活动状态的线程现在变成空闲状态[7]。

CUDA 编码提示
- 避免 if 语句分歧
- 但仅在 32 个线程 warps 范围内
- 适度的条件执行，例如：
  if (flag==0) x=x+1;
危害较小。

　　如果相关的函数很简单，仅需要内核函数执行时间的一小部分，那么影响不会很大，否则性能可能会只剩一半。如果调用的函数也存在分支歧见，性能损失会更严重。

　　如果你以前没有接触过 GPU 上的并行编程，那么需要从代码中删除所有 if 语句，看起来就像是个破坏交易者——但正如我们将在示例中看到的，这在许多情况下可以很容易地实现。我还必须承认，我享受着设计高效 GPU 代码的智力挑战。

2.6　并行归约

　　在第 1 章所提到的并行归约操作是开始讨论并行编程模式的好地方，这是在大量数字上执行相同操作的一般问题的良好示例。归约本身涉及计算数字的算术总和，至于 max 或 min 等其他操作也需要类似的代码。

　　作为一个具体案例，考虑在 GPU 全局内存中存储的 N 个浮点数的求和问题。首先要认识到的一点是，每个数据项只需要一次加法运算，因此我们主要的性能限制是来自内存访问的速度，而不是算术性能，这与示例 1.3 的情况恰好相反。我们希望尽可能多地使用线程以有效地隐藏内存延迟，因此我们的基本算法如下所示，并在图 2.2 中进行说明。

归约算法 1：N 个数字的并行求和
- 使用 $N/2$ 个线程获取 $N/2$ 个成对求和
- 将 N 设置为 $N/2$，并迭代直到 $N=1$

　　这个算法的 GPU 实现如示例 2.5 所示。本示例还显示和讨论了初始化数据和管理大部分计算的主机（CPU）代码。

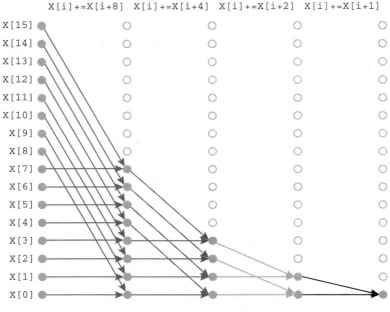

图 2.2 对 x 的最后 16 个元素进行两两归约

示例 2.5 的说明

- 第 1～3 行：所有必要的头文件都在这里。文件 cx.h 是我们示例集的一部分，包含所有的标准头文件和一些有用的定义，在附录 G 中有详细的说明。头文件 cxtimers.h 定义了一个基于的 C++ 可移植计时器对象。

- 第 4～8 行：这里显示非常简单的 reduce0 内核函数；每个线程找到自己在网格中的排名 tid，并假定 tid 在 0～m−1 范围内，将数组上半部分的适当元素添加到下半部分。此时，值得暂停一下，欣赏内核代码的简洁性。我们已经能用一个 2 行内核函数去直接表达并行规约的实现思路，这种方法如图 2.2 所示，显示了最后几个步骤。在查看内核代码时，还要考虑 GPU 的强大性能；执行加法的第 7 行将由 GPU 上的所有核心并行执行，每个时钟周期可能会为每个内核函数提供一个或多个操作。我的 RTX 2070 GPU 有 2304 个核心，运行频率约为 1.1 GHz，可以每秒执行数万亿次操作。

- 第 11 行：这里将数组大小 N 设置为用户提供的值或默认值 2^{24}。

- 第 12～13 行：这里分配 thrust 主机向量 x 和设备向量 dev_x 来保存数据。

- 第 15～17 行：这些行初始化一个 C++ 随机数生成器，并用来填充 x。这里推荐使用来自 <random> 的生成器，比古老 C 语言的 rand() 函数更加可取。

示例 2.5 reduce0 内核及其相关主机代码

```
01  #include "cx.h"
02  #include "cxtimers.h"
03  #include <random>

04  __global__ void reduce0(float *x, int m)
05  {
06    int tid = blockDim.x*blockIdx.x+threadIdx.x;
07    x[tid] += x[tid+m];
08  }

09  int main(int argc, char *argv[])
10  {
11    int N = (argc >1) ? atoi(argv[1]) : 1 << 24;  // 2^24

12    thrust::host_vector<float>      x(N);
13    thrust::device_vector<float> dev_x(N);

14    // initialise x with random numbers and copy to dx
15    std::default_random_engine gen(12345678);
16    std::uniform_real_distribution<float> fran(0.0,1.0);
17    for(int k = 0; k<N; k++) x[k] = fran(gen);
18    dx = x;   // H2D copy (N words)

19    cx::timer tim;
20    double host_sum = 0.0;     // host reduce!
21    for(int k = 0; k<N; k++) host_sum += x[k];
22    double t1 = tim.lap_ms();

23    // simple GPU reduce for N = power of 2
24    tim.reset();
25    for(int m = N/2; m>0; m /= 2) {
26      int threads = std::min(256,m);
27      int blocks =  std::max(m/256,1);
28      reduce0<<<blocks, threads>>>(dev_x.data().get(), m);
29    }
30    cudaDeviceSynchronize();
31    double t2 = tim.lap_ms();

32    double gpu_sum = dev_x[0];  // D2H copy (1 word)
33    printf("sum of %d random numbers: host %.1f %.3f ms,
           GPU %.1f %.3f \n", N, host_sum, t1, gpu_sum, t2);
34    return 0;
35  }

D:\ > reduce0.exe
sum of 16777216 random numbers: host 8388314.9 14.012 ms
                                GPU 8388315.0  0.535 ms
```

- 第 18 行：将 x 的内容从主机复制到 GPU 的 dev_x，传输的细节由 thrust 处理。
- 第 19～22 行：这是一个在主机上使用简单的 for 循环执行归约操作的计时循环。
- 第 24～31 行：这部分实现基于 GPU 的算法 1 的并行迭代。循环中每次迭代都会在第 28 行调用 reduce0 内核函数，将 dev_x 数组的顶部一半"折叠"到大小为 m 的数组中，通过将顶部的 m 个元素添加到底部的 m 个元素中。最后一次循环中的 m=1，会将最终的总和留在 dev_x [0] 里，这个值在第 35 行复制回主机。

- 第 28~29 行：在 for 循环内设置内核函数的启动参数 blocks 和 threads，使得网格中的线程总数恰好为 m。如果 N 不是 2 的幂次方，则这个代码将因为一个或多个步骤中的舍入误差而导致失败。

在 CUDA 程序中，像第 28 行的启动内核函数并不会导致主机阻塞，主机会继续执行主程序的下一行，而不必等待内核函数调用完成。这种情况下，意味着所有内核函数的调用（对于 $N=2^{24}$ 共有 23 个）将被快速排队依次在 GPU 上运行。原则上，主机可以在这些内核函数在 GPU 上运行时，进行其他 CPU 工作。在这种情况下，我们只想测量归约操作的持续时间，因此在进行时间测量之前，我们必须在第 30 行调用 cudaDeviceSynchronize，这会导致主机等待所有待处理的 GPU 操作完成后，才继续执行后续指令。这种类型的同步问题在并行代码中会经常出现。

- 第 32~33 行：在这里使用 thrust 将 dev_x [0] 中的最终总和复制回主机，并输出结果。

底部显示了使用默认值 2^{24} 运行此程序所得到的结果，这是要求和总数量。请注意，0.535 ms 的内核执行时间对于单个测量来说太短，无法获得可靠的结果。实际上，这些归约示例中显示的值是使用 for 循环对内核函数进行 10 000 次调用的平均值。另一种方法是使用 Nsight Compute 分析工具，但我们使用 cx :: timer 这个简单基于主机的方法，是一个不错的起点。

在获得的结果中有个有趣的特点是，主机计算使用了 64 位双精度变量来累积 x 值的总和，但 GPU 不需要。然而这两种结果的差异仅为 1.1×10^{-8}，几乎是用 32 位浮点数计算中可以期望的最好结果，舍入误差没有在 GPU 计算中累积。另一方面，如果我们将 host_sum 变量（示例 2.4 中主机计算的第 23 行）从 double 改成 float 的话，主机计算的精度仅下降为大约 3×10^{-5}，表示主机计算会累积舍入误差。这种差异是由于 GPU 积累许多中间部分和，因此倾向于始终添加大小相似的数字。尽管这种改进取决于数据类型，但这仍然是令人振奋的，因为我们计划在 GPU 计算中尽可能使用 32 位浮点数。

虽然计算很准确，但我们的内核函数还是非常低效的，不像第 1 章中的受计算限制问题，归约是一个受内存限制问题，reduce0 内核函数并没有很好地处理这一问题。

首先，每个线程执行的唯一计算是个单纯的加法运算。其次，语句

$$x[tid] \mathrel{+}= x[tid+m],$$

触发了三次全局内存操作，即将存储在 x[tid] 和 x[tid+m] 中的值载入 GPU 寄存器中，然后将这些值的总和存储回 x[tid]。如果我们可以在本地寄存器中累积部分总和，那么每次加法所需的全局内存访问次数将减少到一次，这可以提供三倍的潜在性能提升。

再次，主机逐次调用内核函数，在每个步骤中将数组大小减半，以完成归约过程，将最终总和留在第一个数组元素中。这样做的效果会使 x[tid] += x[tid+m] 语句的执行次数

加倍。如果我们能在内核函数内执行迭代，这样也可以减少所需的内存访问次数。

最后，示例 2.5 的内核函数的通用性并不高，因为数组大小必须是 2 的幂次方，并且主机必须使用经过精心设计的启动参数序列，并多次调用内核函数。更好的解决方案是使用线性寻址线程，使用用户定义的块和线程值来获得类似示例 2.6 的结果。

示例 2.6　使用线程线性寻址的 `reduce1` 内核函数

```
04   __global__ void reduce1(float *x, int N)
05   {
06     int tid = blockDim.x*blockIdx.x+threadIdx.x;
06.1   float tsum = 0.0f;
06.2   for(int k=tid; k<N; k += gridDim.x*blockDim.x)
                                     tsum += x[k];

07     x[tid] = tsum; // store partial sums in first
08   }                // gridDim.x*blockDim.x elements of x
       . . .
24     tim.reset();
25     reduce1<<< blocks, threads >>>(dx.data().get(),N);
26     reduce1<<< 1, threads >>>(dx.data().get(),blocks*threads);
27     reduce1<<< 1,1 >>>(dx.data().get(),threads);
30     cudaDeviceSynchronize();
31     double t2 = tim.lap_ms();
32     double gpu_sum = dx[0];  //D2H copy (1 word)

D:\ > reduce1.exe
sum of 16777216 numbers: host 8388889.0 14.012 ms
                         GPU 8388315.5  0.267 ms
```

示例 2.6 的说明

- 第 5～10 行：这是 reduce1 内核函数，现在只有 4 行。我们使用线性寻址线程将 x 中包含的所有 N 个值，相加到较低的 `blocks * threads` 元素当中，每个线程在其寄存器变量 tsum 的副本中累加其自己的部分和，然后将最终结果存储在 x[tid] 中，其中 tid 是线程在网格中的唯一排名。我们在这个例子中，使用 for 循环而不是 while 子句来保持代码的紧凑。

请注意第 7 行，我们更改了 x 的一个元素值，这里需要思考一下。实际上所有线程并非都同时运行，如果内核函数使用相同数组去执行输入和输出的话，就会有潜在的危险。我们是否能确定除了 tid 以外的任何线程都不需要 x[tid] 的原始值？如果答案是否定的，那么内核就会出现竞赛状态，其结果将是未定义的。在这里我们是可以确定的，因为每个线程使用 x 的一个独立不相交的子集。如果存在疑问的话，你应该使用不同数组来作为内核函数的输入和输出。

- 第 28～30 行：替换原始代码中第 28～32 行的 for 循环。现在我们对 reduce1 进行三次调用，第一次使用由用户设置的变量 blocks 和 threads，以定义的完整线程网格。在这个调用之后，x 较低的 blocks*threads 元素包含了部分和。第二个内核函数调用只使用一个大小为线程数量的线程块，执行后的部分和会在 x 的前

threads 个元素中。第三个调用只使用一个线程来对 dx 的 threads 个元素进行求和，并将总和留在第一个元素中。很明显，后面两个内核函数调用并未有效地利用 GPU。

底部显示了 reduce1 内核函数所消耗的时间。主机端的时间没有变化，但 GPU 端的时间大约只有 reduce0 的一半。

---

reduce1 比 reduce0 快了大约两倍，这已经是个不错的开始，但我们还可以做得更好，reduce1 内核函数也更加友好，可以处理任何输入数组大小 N 的值，并且用户可以自由调整启动配置参数 blocks 和 threads。

请注意，在示例 2.6 的第 27 行中进行的最后一个归约步骤中，我们使用单个线程独自运行来汇总存储在 x 中的 threads 值。我们可以通过让每个线程块中的线程相互协作来做得更好。

NVIDIA GPU 的一个关键特性是共享内存，允许线程块内的线程有效地协作。在 GPU 上运行的线程块可以保留一定量的共享内存分配，并且线程块中的所有线程都可以从这里读取与写入数据。内核中不同线程块的线程，会分配不同的共享内存，但不能读取或写入别人的分配。每个 SM 单元都有一个共享内存池，会在所有当前活动的请求共享内存的线程块之间进行分配。当然，设备全局内存可以被所有线程块的所有线程使用，但访问共享内存会快得多，甚至可以像使用寄存器一样快。

NVIDIA GPU 的每个 SM 单元至少有 48 KB 共享内存，更近期的版本有 64 KB。确切的数量取决于 CC 级别，如表 2.3 所示。从表中可以看出，就线程级别而言，共享内存是一种稀缺资源，每个线程只有 8 或 16 个 4 字节的空间。如果需要更多，可以尝试在每个线程中使用更多的共享内存，代价就是会降低占用率。有必要时，运行时系统将自动减少每个 SM 的内核执行数量。如果一个内核函数所请求的共享内存超过 SM 的可用上限，就会启动失败。共享内存在早期的 CUDA 教程和书籍中占据非常突出的地位，因为这些 GPU 几乎没有全局内存访问的缓存能力。更近期的 GPU 具有良好的 L1 和 L2 缓存，特别是 L1 缓存有时可以作为使用共享内存的替代方案。有趣的是，具有 CC 7.0 与以上版本的设备具有单个快速内存资源，可以在不同的内核函数中以不同的比例去分享 L1 和共享内存分区。

表 2.3 从 Kepler 到 Ampere 的 GPU 世代特征

GPU 代	开普勒		麦斯威尔			帕斯卡			伏特	图灵	安培
计算能力	3.5	3.7	5.0	5.2	5.3	6.0	6.1	6.2	7.0	7.5	8.0
每个 SM 的共享内存 /KB	48	112	64	96	64	64	96	64	96	64	164
每个 SM 最大驻留线程数					2048					1024	2048

（续）

GPU 代	开普勒		麦斯威尔			帕斯卡			伏特	图灵	安培
每个线程的共享内存/Byte	24	56	32	48	32	32	48	32	48	64	82
每个线程的 4 字节寄存器数量	32	64	32	32	32	32	32	32	32	64	32

在示例 2.7 中，我们使用共享内存，让每个线程块中的线程去汇总各自累积的总和，然后将一个带有块总和的字写入外部内存。图 2.2 中的方案再次用于这种块内归约。

示例 2.7 显示使用共享内存的 reduce2 内核函数

```
01  __global__ void reduce2(float *y, float *x, int N)
02  {
03    extern __shared__ float tsum[]; // Dynamic Shared Mem

04    int id = threadIdx.x;
05    int tid = blockDim.x*blockIdx.x+threadIdx.x;
06    int stride = gridDim.x*blockDim.x;
07    tsum[id] = 0.0f;
08    for(int k=tid;k<N;k+=stride) tsum[id] += x[k];
09    __syncthreads();
      // power of 2 reduction loop
10    for(int k=blockDim.x/2; k>0; k /= 2){
11      if(id<k) tsum[id] += tsum[id+k];
12      __syncthreads();
13    }
      // store one value per thread block
14    if(id==0) y[blockIdx.x] = tsum[0];
15  }

16  int main(int argc, char *argv[])
17  {
18    int N = (argc > 1) ? atoi(argv[1]) : 1 << 24;
19    int blocks  = (argc > 2) ? atoi(argv[2]) : 256;
20    int threads = (argc > 3) ? atoi(argv[3]) : 256;
21    thrust::host_vector<float>    x(N);
23    thrust::device_vector<float>  dx(N);
23    thrust::device_vector<float>  dy(blocks);

24    // initialise x with random numbers
25    std::default_random_engine gen(12345678);
26    std::uniform_real_distribution<float> fran(0.0,1.0);
27    for(int k = 0; k<N; k++) x[k] = fran(gen);
28    dx = x;  // H2D copy (N words)

29    cx::timer tim;
30    double host_sum = 0.0;    // host reduce!
31    for(int k = 0; k<N; k++) host_sum += x[k];
32    double t1 = tim.lap_ms();

33    // simple GPU reduce for any value of N
34    tim.reset();
35    reduce2<<<blocks,threads,threads*sizeof(float)>>>
```

```
                    (dy.data().get(),dx.data().get(),N);
36   reduce2<<<1, blocks, blocks*sizeof(float)>>>
                    (dx.data().get(),dy.data().get(),blocks);
37   cudaDeviceSynchronize();
38   double t2 = tim.lap_ms();
39   double gpu_sum = dx[0];   // D2H copy (1 word)
40   printf("sum of %d numbers: host %.1f %.3f ms
41        GPU %.1f %.3f ms\n",N,host_sum,t1,gpu_sum,t2);
42   return 0;
43  }

D:\ > reduce2.exe 16777216 256 256
sum of 16777216 numbers: host 8388314.9 14.012 ms
                         GPU 8388314.5  0.202 ms
```

示例 2.7 的说明

- 第 1～9 行：这是使用共享内存的 reduce2 内核函数。

  - 第 1 行：这个内核函数使用 y 作为输出数组，x 作为具有 N 个元素的输入数组。先前的 reduce1 内核函数是将 x 用于输入和输出。

  - 第 3 行：这里声明一个 float 类型的 tsum 数组来作为共享内存数组，其规模是在主机启动内核函数时才确认的。共享内存位于芯片上，速度非常快。每个 SM 都有自己的一块共享内存块，只能被这个 SM 上所有活动线程块所共享。任何给定线程块内的所有线程都能共享 tsum，并且可以读取或写入其任何元素。使用 tsum 不能进行线程块之间的通信，因为每个线程块都有自己的 tsum 分配。对于这个内核函数，假设 y 数组大小为 blockDim.x，由主机代码确保已经正确地预留了足够的空间。不正确地指定内核函数启动，可能会导致难以发现的错误。

  - 第 4～6 行：为了准备使用线性寻址，将 id 设置为当前线程在其线程块中的排名，将 tid 设置为整个网格中当前线程的排名，stride 设置为整个网格中的线程数。

  - 第 7 行：每个线程"拥有"一个 tsum 元素，就是 tsum[id]。在这部分计算中，我们将这个元素设置为 0。

  - 第 8 行：在这里，每个线程对应于 x[id+n*stride] 的 x 子集元素求和，其中 n ≥ 0 为所有有效整数。尽管连续元素之间有很大跨度，但这是一个并行计算，并且相邻线程将同时读取 x 的相邻元素，因此这种排列对于读取 GPU 主存是最有效的。注意，对于大数组，大多数内核函数的执行时间都在这个语句上，每次内存访问的计算量非常小。

  - 第 9 行：算法的下一步要求线程读取已被线程块中的不同线程更新的 tsum 元素。从技术上讲是可行的——这就是共享内存的作用。然而，线程块中的所有线程并非同时运行，我们必须确保在任何线程继续之前，线程块中的所有线程都已完成第 8 行的工作。CUDA 的 __syncthreads() 函数就是这个功能，它充当一个屏障，所有（未退出的）线程在继续之前必须到达第 9 行。请注意，__syncthreads 仅同步单个线程块中的线程，这与主机函数 cudaDeviceSynchronize() 相反，后者确保所有待处理的 CUDA 内核函数和内存传输都完成，然后才允许主机继续执行。如果你想确保所有线程块中的所有线程都已到达内核函数中的特定点，则在大多数情况下的唯一选择，是将内核函数一分为二，并在它们的启动之间使用 cudaDeviceSynchronize()[8]。

- 第 10～13 行：这是图 2.2 中实现 2 次幂的归约方案，用来加总线程块的 tsum 值。这段代码部分假定 blockDim.x 是 2 的幂次方。请注意，每次通过 for 循环时，迭代中的活动线程数量都会减少一半。旧的教程倾向于进一步优化这个循环，通过明确展开和利用 32 个线程 warp 内的同步性。这将在下一章关于协作组中进行讨论。现在需要注意的是，进一步优化这个循环对较小的数据集是很重要的。

- 第 14 行：tsum [0] 累积了本线程块的总和，再存储到输出数组 y 的 blockIdx.x 位置。

- 第 16～45 行：这是主程序，与之前的示例非常相似，这里我们只讲解差异部分。

  ■ 第 18～20 行：这里为用户提供设置数组大小 N 和启动参数 blocks 和 threads 的选项。请注意，为了让 reduce2 内核函数能正常工作，blocks 需要是 2 的幂次方。

  ■ 第 23 行：现在我们分配一个维度为 blocks 的设备数组 dy。这个新数组将保存每个块的规约总和。

  ■ 第 35 行：这里是第一次调用 reduce2 内核函数去处理整个 dx 数组，将块的加总结果存储在输出数组 dy 中。请注意，第三个内核参数请求为每个活跃线程块分配 threads 个 4 字节浮点数的共享内存。如果这里设定一个大的值，可能会导致占用率降低。

  ■ 第 36 行：这里再次调用 reduce2，但交换了数组参数的位置。这将导致先前内核函数调用中，存储在 y 中的值与总和相加，将总和存储在 x[0] 中。这需要一个大小为 blocks 个线程的单个线程块的启动配置。

代码最终结果表明，reduce2 的速度大约是 reduce0 的 2.65 倍。

一个对 reduce2 内核函数有意义的优化方向，是取消 blocks 必须为 2 幂次方的限制。因为在许多 GPU 中，SM 单元的数量并不是 2 的幂次方。例如，我的 GPU 有 36 个 SM，为了使所有 SM 单元保持均衡的繁忙程度，最好使用 288 而不是 256 来作为 blocks 的用户设置值。我们可以通过在 reduce2 内核函数第 10 行中，将 blockDim.x 替换为不小于 blocks 的最小 2 幂次方来实现这一点。例如 blocks=288 将 blockDim.x 设置为 512。这样做的效果是，在第一次传递中，当 k=256 时，排名从 0～31 的线程将从 tsum[256] 到 tsum[287] 的值添加到其 tsum 值中。我们还必须添加一个超出范围的检查，以防止线程 32～255 尝试进行超出范围的加法。修改后的 reduce3 内核函数在示例 2.8 中显示。

示例 2.8 允许非二次幂线程块的 **reduce3** 内核函数

```
01  __global__ void reduce3(float *y,float *x,int N)
02  {
03    extern __shared__ float tsum[];

04    int id = threadIdx.x;
05    int tid = blockDim.x*blockIdx.x+threadIdx.x;
06    int stride = gridDim.x*blockDim.x;
07    tsum[id] = 0.0f;
08    for(int k=tid;k<N;k+=stride) tsum[id] += x[k];
09    __syncthreads();
      // next higher power of 2
10.1  int block2 = cx::pow2ceil(blockDim.x);
      // power of 2 reduction loop
10.2  for(int k=block2/2; k>0; k >>= 1){
11      if(id<k && id+k < blockDim.x) tsum[id] += tsum[id+k];
12      __syncthreads();
13    }
      // store one value per block
14    if(id==0) y[blockIdx.x] = tsum[0];
15  }

D:\ >reduce3.exe 16777216 288 256
sum of 16777216 numbers: host 8388314.9 14.012 ms
                          GPU 8388314.5  0.196 ms
```

示例 2.8 的说明

在本示例的内核函数和主程序（未显示）与示例 2.7 相同，除了内核函数的第 10 和第 11 行。

- 第 10.1 行：在这里添加一个名为 block2 的新变量，并将其设置为 blockDim.x 向上取整到不小于 blockDim.x 的最低 2 幂次。我们使用 cx 实用程序函数 pow2ceil 来实现这一点，这个函数使用 NVIDIA 内置的 __clz(int n) 函数来实现，然后返回 n 中最高的非零位数，这个函数只适用于设备。

- 第 10.2 行：与 reduce2 中的第 10 行相同，只是我们使用向上取整的 block2/2 作为 k 的起始值。

- 第 11 行：这对应于 reduce2 中的第 11 行，但在 id + k 上添加了一个超出范围的检查。

在最后一行我们看到每个 SM 恰好有 8 个线程块启动内核函数，比 reduce0 的速度提高了 2.73 倍，比 reduce2 稍微好一点。

---

reduce3 内核函数比单核主机版本快约 70 倍，虽然这不像第 1 章受限于 CPU 计算的结果那么惊人，但是归约原本就是一个内存带宽限制的计算，每读取 4 个字节内存只需进行一次加法，因此我们预计性能会受到限制。考虑到 GPU 内存带宽仅约为 CPU 的 10 倍，因此 70 倍的提升也显示出 GPU 的其他功能，包括延迟隐藏，是有助于加速这个内存限制

问题。最后一个尝试的技巧是显示地展开第 10～13 行的循环。

示例 2.9　具有显式循环展开的 reduce4 内核函数

```
01  __global__ void reduce4(float * y, float * x,int N)
02  {
03    extern __shared__ float tsum[];

04    int id = threadIdx.x;

05    int tid = blockDim.x*blockIdx.x+threadIdx.x;
06    int stride = gridDim.x*blockDim.x;
07    tsum[id] = 0.0f;
08    for(int k=tid;k<N;k+=stride) tsum[id] += x[k];
09    __syncthreads();

10    if(id<256 && id+256 < blockDim.x)
                 tsum[id] += tsum[id+256]; __syncthreads();
11    if(id<128) tsum[id] += tsum[id+128]; __syncthreads();
12    if(id< 64) tsum[id] += tsum[id+ 64]; __syncthreads();
13    if(id< 32) tsum[id] += tsum[id+ 32]; __syncthreads();

14    // only warp 0 array elements used from here
15    if(id< 16) tsum[id] += tsum[id+16]; __syncwarp();
16    if(id< 8)  tsum[id] += tsum[id+ 8]; __syncwarp();
17    if(id< 4)  tsum[id] += tsum[id+ 4]; __syncwarp();
18    if(id< 2)  tsum[id] += tsum[id+ 2]; __syncwarp();
19    if(id==0)  y[blockIdx.x] = tsum[0]+tsum[1];
20  }

D:\ >reduce4.exe 16777216 288 256
sum of 16777216 numbers: host 8388314.9 14.012 ms
                         GPU 8388314.5  0.195 ms
```

示例 2.9 的说明

- 第 1～9 行：与前一个示例相同。

- 第 10～19 行：这些代码替换了前一个示例中的 for 循环和最后一行。在这里展开了循环，明确假定每个线程块的线程数 blockkDim.x 在 [256, 511] 范围内。实践中我们使用 256 个线程和 288 个块进行第一次 reduce4 调用，并使用 288 个线程和 1 个块进行第二次 reduce4 调用。这个内核函数可以轻松推广到更大范围的线程块大小，例如通过将线程块大小作为模板参数。你可以在许多教程中找到这样的概括，例如，Mark Harris 在 2007 年 11 月 2 日发布的早期博客 "Optimizing Parallel Reduction in CUDA"，可以从 https://developer.download.nvidia.com/assets/ cuda/files/reduction.pdf 下载。

- 第 10 行：这是并行归约链中的第一步；将 tsum[256～511]（如果有的话）中的值加到 tsum [0～255] 中的值。这一行是为了第二次使用 blockDim.x=288 的核心函数调用。然后 if 语句是必要的，以避免线程 32～255 的范围错误。

- 第 11～13 行：这些行是并行归约接下来的三个步骤。因为这里假定 blockDim.x 至少为 256，因此不需要进行范围检查。

请注意，在 10～13 行的每个步骤之后都有一个 __syncthreads，这些调用是必要的，以确保线程块中的所有线程在继续到下一步之前，都已完成它们的加法。

● 第 15～19 行：这些行是并行归约树的最后五个步骤，只有前 32 个线程参与，由于这些线程都在同一个 warp 中，因此可以使用更快的 __syncwarp 去替换 __syncthreads。对于 CC < 7 的设备，同一个 warp 中的所有线程都以严格的锁步方式运行，因此在这里可以依赖于隐式 warp 同步，完全省略 __syncwarp 的调用。你会发现在早期（现在已被弃用的）教程中这样做。即使你只能访问较旧的设备，我们也强烈建议你始终使用在新设备上需要的 syncwarp，以保持代码的可移植性。最后一行所显示的结果，相对于 reduce3 最多只有些微小的改善。

reduce3 和 reduce4 之间的性能差异很小，但是 reduce4 让我们了解了 warp 级别的编程。在下一章中，我们将返回归约问题，并展示如何更进一步地使用基于 warp 的编程。

接下来，我们将更详细地讨论共享内存，然后探索另一个应用，即矩阵乘法。

2.7　共享内存

共享内存是每个 SM 上一般为 64 KB 的快速访问内存池。通过声明一个或多个数组或标量变量，并在其前面加上 __shared__ 修饰符，内核函数可以选择使用共享内存。

在 SM 上运行的每个线程块都能从共享内存池中获得所需大小的单独分配。如果一个内核函数有多个线程块需要超过 32 KB（即超过可用总量的一半），那么一次只能有一个线程块在 SM 上运行，这严重降低了占用率。因此，共享内存的使用是优化占用率时需要考虑的因素之一。

顾名思义，共享内存由线程块中的所有线程共享，即线程块中的任何线程都可以读取或写入其中的任何部分。请注意，尽管这在许多情况下非常有用，但共享是局部的——共享内存不能在线程块之间共享，属于给定线程块的共享内存的内容，在该线程块退出时会丢失。

共享内存分配可以是静态的或动态的。对于静态共享内存分配，所需的大小在内核代码中使用编译时已知的值进行声明，例如：

```
__shared__ float data[256];
```

这可能是最简单的方法，但缺乏灵活性。共享内存数组的大小通常取决于线程块中的线程数，因此如果在编译时被固定，那么线程块的大小也是固定的。

动态共享内存分配是一种替代方法，其中内核函数不指定数组的大小，而是声明一个外部分配的共享指针，例如：

extern__shared__float *data; 或者等效 extern__shared__float data[];

在这种情况下，实际需要的内存大小由主机在启动内核函数时指定，使用该值（以字节为单位）作为第三个内核函数启动参数。由于这个值可以是在程序执行期间才确定的变量，因此这种内存分配方法被称为动态分配。示例 2.4 和 2.5 使用了这种方法。

静态内存声明通常放置在内核函数代码的开头，但这并不是强制性的，这明显与所有变量一样，需要在使用之前进行声明 [9]。一个内核函数中可以声明多个共享数组或变量，静态分配情况比较简单，例如：

> __shared__ float sx[256];
> __shared__ unsigned short su[256];

将按照预期去工作，创建具有总内存需求为 1024+512 字节的单独数组。然而，对应的内核函数代码中的动态分配：

> extern __shared__ float sx[];
> extern __shared__ unsigned short su[];

编译能够成功，并且不会出现警告，但是两个数组将从相同的地址开始，即在内核函数运行时所分配共享内存块的起始地址。尽管这个很烦人而且容易出现错误，但这是编译器在不知道数组大小时唯一能做的事情。因此，在执行期间，对任何一个数组的写入都会写入两个数组中，这会导致内核函数失败或（更糟糕的是）难以发现的错误。为了解决这个问题，我们需要修改内核函数代码，只有一个数组声明为 extern，所有其他数组都声明为指针，并使用适当计算的偏移量从 extern 数组开始，如示例 2.10 所示。

示例 2.10　shared_example 内核，显示多个数组的分配情况

```
01  __global__ void shared_example(float *x,float *y,int m)
02  {
03      // notice order of declarations,
04      // longest variable type first
05      // shortest variable type last
        // NB sx is a pointer to the start of the shared
06      extern __shared__ float sx[]; // memory pool

07      ushort* su = (ushort *)(&sx[blockDim.x]); // start after sx
08      char*   sc =   (char *)(&su[blockDim.x]); // start after su

09      int id = threadIdx.x;

10      sx[id] = 3.1459*x[id];
11      su[id] = id*id;
12      sc[id] = id%128;
        // do useful work here
        . . .
30      int threads = (argc >1) ? atoi(argv[1]) : 256;
```

```
31    int blocks =  (size+threads-1)/threads;
32    int shared = threads*(sizeof(float) +
                          sizeof(ushort) + sizeof(char));
33    shared_example<<< blocks, threads, shared >>>
                          (dx_ptr,dy_ptr,size);
```

示例 2.10 的说明

这个例子的内核函数开头使用三个动态共享内存数组，如第 1～12 行所示。我们假设每个数组所需的大小都是线程块中的线程数，即一维线程网格的 threadDim.x。

- 在第 6 行：声明一个单独的动态分配共享内存数组 sx，类型为 float。注意，sx 只是一个指向 float 数组的 C 语言风格指针，我们也可以使用 "float *sx;" 取代 "float sx[]"。

- 第 7～8 行：这里声明了指向两个额外数组 su 和 sc 的指针，使用指针算术来计算它们相对于 sx 数组开始的偏移量。在第 7 行，su 指针设置为数组 sx 中 blockDim.x 个浮点元素之后的地址，然后转换为 ushort 指针类型。同样在第 8 行，sc 指针被设置为数组 su 中 blockDim.x 个 ushort 元素之后的地址，然后强制转换为 char 类型。

- 第 9～12 行：这里演示了如何使用这些数组，变量 id 设置为当前线程在线程块中的排名，然后正常地用于索引三个数组。

- 第 30～33 行：这些是相应的主机代码片段，其中包含了内核函数。
  - 第 30 行：使用可选的用户提供的值设置启动参数 threads。
  - 第 31 行：然后像往常一样设置参数 blocks。
  - 第 32 行：设置了第三个启动参数 shared。存储在 shared 中的值是计算这三个数组所需的总字节数。
  - 第 33 行：这显示了使用启动配置中的三个参数启动内核函数。

这个示例有个微妙的细节是，第 32 行的计算并未考虑在数组之间可能需要的内存"间隙"，以使每个数组能自然对齐在内存边界上。但是，由于内核函数第 5～8 行的声明和赋值是从最长的变量类型（4 字节浮点数）到最短的变量类型（1 字节字符）的，因此编译器无须引入间隙即可实现所有三个数组的自然对齐 [10]。

简单变量也可以出现在动态分配的共享内存中，但由于其大小是 sizeof（变量类型），在编译时已经能掌握，因此静态分配是最佳选择。如果变量用于包含一些由线程读取但不去更改的参数，那么使用常量内存可能是更好的选择。请注意，大多数内核函数的参数将自动使用常量内存。

2.8　矩阵乘法

我们下一个例子是一个天然的二维问题——矩阵乘法。事实上，在所有 CUDA SDK 版本中，矩阵乘法都被用来作为使用共享内存的早期示例，我们的最终版本是基于那个 SDK 代码的。矩阵 *M* 简单说是一个数字的二维矩形数组，如果矩阵 *M* 有 *n* 行与 *m* 列，我们称它为 *n* 乘 *m*（或 *n* × *m*）矩阵，M_{ij} 表示第 *i* 行和第 *j* 列的元素。请注意，后缀的顺序是有意义的，一般情况下 M_{ij} 和 M_{ji} 是矩阵中不同位置的不同值。如果在所有的 *i* 和 *j* 都存在 $M_{ij} = M_{ji}$ 关系的特殊情况下，这个矩阵是对称的，而且是方阵，这意味着维度 *n* 和 *m* 是相同的。使用以下公式进行矩阵相乘。

矩阵乘法公式

如果 *A* 是 *n* × *m*、*B* 是 *m* × *p*，则 *C* = *A* × *B* 是一个 *n* × *p* 矩阵，其元素由下式给出：

$$C_{ij} = \sum_{k=1}^{m} A_{jk} B_{kj}$$

注意：*A* 的列数必须等于 *B* 的行数。

如上面所提到的，二维数组可以用许多方法实现，但最有效的方法是使用单个连续的内存块，并使用上面给出的排名公式的二维版本来对元素进行寻址：

矩阵的二维线性寻址
表达式：

```
A[i*Ncols+j]
```

给定存储在一维数组 A 中的矩阵中的元素 A_{ij}，Ncols 是 A 中的列数。虽然此处未明确说明行数 Nrows，但 A 的大小必须至少为 Nrows*Ncols。如果 A 是一个 thrust 或 std 向量或简单指针，那么这是个正确的表示方法。

在这个方案中，列索引 j 是"热"索引，j 和 j+1 指的是相邻的内存位置，而 i 和 i+1 则是相距 Ncols 个位置的内存位置。在我们大多数示例中，将使用 thrust 作为用于 CPU 和 GPU 数组的容器类。

我们充分了解 C++ 提供了很好的工具来创建美观的向量和矩阵容器，支持更优雅的寻址方案，如 Fortran 的 A(i,j) 或 C 语言多维数组的 A[i][j] 样式。实际上，当我们开始这个项目时，我们打算采用其中的一个包装器。然而，在撰写本书时，除了传递指向 CUDA 内核函数的裸指针外，任何尝试都会阻止基于使用 __restrict 的优化，而我们的目标是快速编码，因此我们将坚持上述框中所示的简单显式地址计算。[11] 示例 2.11 展示了在主机上进行矩阵乘法的简单实现。

示例 2.11　在主机 CPU 上进行矩阵乘法的 **hostmult0**

```
01    #include "thrust/host_vector.h"
02    #include "cxtimers.h"
03    #include <random>

04    int hostmult0(float *C, float A, float * B, int Ay,
                                         int Ax, int Bx)
05    {
06      // compute C=A*B for matrices (assumes Ax = By)
07      for(int i=0;i<Ay;i++) for(int j=0;j<Bx;j++){
08        C[i*Bx+j] = 0.0;        // row.col dot product
09        for(int k=0;k<Ax;k++)C[i*Bx+j] += A[i*Ax+k]*B[k*Bx+j];
10      }
11      return 0;
12    }

13    int main(int argc, char *argv[])
14    {
15      int Arow = (argc > 1) ? atoi(argv[1]) : 1024;
16      int Acol = (argc > 2) ? atoi(argv[2]) : Arow;
17      int Brow = Acol;
18      int Bcol = (argc > 3) ? atoi(argv[3]) : Brow;
19      int Crow = Arow;
20      int Ccol = Bcol;

21      thrust::host_vector<float> A(Arow*Acol);
22      thrust::host_vector<float> B(Brow*Bcol);
23      thrust::host_vector<float> C(Crow*Ccol);

24      // initialise A and B with random numbers
25      std::default_random_engine gen(12345678);
26      std::uniform_real_distribution<float> fran(0.0,1.0);
27      for(int k = 0; k<Arow*Acol; k++) A[k] = fran(gen);
28      for(int k = 0; k<Brow*Bcol; k++) B[k] = fran(gen);
29      cx::timer tim;

30      hostmult0(C.data(),A.data(),B.data(),Arow,Acol,Bcol);
31      double t1 = tim.lap_ms();
32      double flops = 2.0*(double)Arow*(double)Acol*
                                    (double)Bcol;
33      double gflops= flops/(t1*1000000.0);
34      double gbytes = gflops*6.0; // 12 bytes per term
35      printf("A %d x %d B %d x %d host time %.3f ms
              Gflops/sec %.3f\n",Arow,Acol,Brow,Bcol,t1,gflops);
36      return 0;
37    }

D:\ >hostmult0.exe
A 1024 x 1024 B 1024 x 1024 host time 2121.046 ms
                    GFlops 1.013 GBytes 6.076
```

示例 2.11 的说明

● 第 1 行：在这里包含了 thrust/host_vector 头文件，也可以使用仅限于主机中
执行的 std::vector 代码。

- 第 4～12 行：这是主机的矩阵乘法函数 hostmult0，将矩阵 C、A 和 B 的数据的标准指针作为前三个参数，接下来的三个参数定义三个矩阵的大小。请注意，我们使用 y 和 x 来表示矩阵的第一和第二维度，而不是行和列。因此，A 是 ay*ax，B 是 ax*bx，C 是 ay*bx，我们根据矩阵乘法的性质去推断 B 的第一维与 C 的两个维度。
  - 第 7 行：这些循环遍历 i 和 j 覆盖所需的乘积 C 的所有元素。
  - 第 9 行：内部的 k 循环实现了标准公式中的求和。你可以把这个求和看作是 A 的第 i 行和 B 的第 j 列之间的点积。请注意，数组索引如何随着 for 循环索引 k 而改变。因子 A[i*Ax+k] 表现良好，因为随着 k 的递增而寻址 A 的相邻元素，这样对于缓存是最佳的。另一方面，因子 B[k*Bx+j] 在连续的 k 值之间，以 Bx 个字为步长访问内存，这影响了缓存的性能。这是矩阵乘法固有的问题，没有简单的解决方法。

请注意，矩阵乘法需要一个三重循环。如果矩阵的维度是 10^3，那么需要进行 2×10^9 次算术运算——大矩阵的乘法很慢！

你可能会担心像 i*Bx+j 这样的数组索引表达式，会为每个循环步骤增加大量计算负荷。实际上，这种索引表达式非常常见，编译器非常擅长生成最佳的代码，以有效地索引这些数组。

- 第 13～36 行：这是主要程序。
  - 第 15～20 行：这里使用可选的用户输入来设定 A 的维度（Arow 与 Acol）和 B 的列数（Bcol），进而设置矩阵的大小。C 的维度和 B 的行数是根据矩阵乘法来设置的，以保证兼容性。
  - 第 21～23 行：这里分配了 thrust 向量来保存矩阵。
  - 第 24～28 行：这里使用随机数初始化 A 和 B。
  - 第 29～31 行：对 hostmult0 的乘法计算进行计时。
  - 第 32～35 行：输出一些结果，包括 GFlops/s 的性能，假设第 9 行在每次迭代都进行两次操作，并忽略所有开销。

最后一行的计时结果显示，计算速度约为 1 GFlops/s，显然是内存受限的。实际达到的内存带宽约为 6 GB/s（每项读取 8 字节，写入 4 字节）。

这段代码的性能相当差，但我们可以通过在第 4 行的指针参数声明中，添加 C++11 的 __restrict 关键字来显著提高性能。示例 2.12 只修改了示例 2.11 中的第 4 行。

示例 2.12　**显示使用 restrict 关键字的 hostmult1**

```
04    int hostmult1(float * __restrict C, float * __restrict A,
                     float * __restrict B, int Ay, int Ax, int Bx)
      . . .
D:\ > hostmult1.exe
A 1024 x 1024 B 1024 x 1024 host time 1468.845 ms
                GFlops 1.462 GBytes 8.772
```

通过这个简单的改变，性能提高了 44%！如果你不熟悉 C/C++ 的历史，这需要进行一些解释。当一个函数声明带有简单的指针参数时，编译器无法确定代码中是否有其他指向相同内存位置的指针，这称为指针别名。在早期的 C 语言时代，当计算机内存是有限的资源时，人们通常会故意使用指针别名，以便在程序的不同阶段，使用同一块内存来执行不同的任务。不用说，这种做法经常导致难以发现的错误。在现代系统中有了 64 位内存寻址，指针别名是完全不必要的，然而这种旧的做法仍然在现代编译器中存在，这些编译器仍然不愿意完全优化涉及简单指针的代码。具体来说，它们往往会不必要地将中间结果存储到主存中，而不是使用寄存器。在指针声明中添加 restrict 限定符告诉编译器该指针没有别名，可以进行积极的优化 [12]。

CUDA NVCC 编译器也支持 restrict，当它被使用时，许多内核函数的性能确实会提高。因此，我们得出以下结论：

> 在指针参数中始终使用 restrict

正如前面所提到的，实际上 C++ 编译器对于 restrict 的支持相对较浅；即使 restrict 指针作为函数参数被包装在简单的 C++ 类中，restrict 也不起作用。事实上，虽然 restrict 是现代 C11 的一部分，但在 C++17 之前的 C++ 标准中不包括在内。幸运的是，大多数最新的 C++ 编译器都支持 restrict，包括 Visual Studio 和 g++，尽管支持得并不深入。另一个问题是，就算标准 C 在没有装饰的情况下使用 restrict，但 C++ 编译器可能会使用 _restrict 或 __restrict 来代替。

在这一点上，我们应该提到另一个 const 限定符，许多关于 C++ 的书籍对此充满激情。我们将在附录中更详细地讨论它。原则上，const 的使用可以允许编译器进一步优化代码。实际上，我们发现 const 的使用通常不会带来太多性能提升；其使用实际上更重要的是，作为一种防止变量被意外覆盖的保护措施，并明确程序员的意图。对于指针，有四种可能性，如表 2.4 所示。

表 2.4 指针参数的 const 和 restrict 可能的组合

宣告	cx 封装	效果	示例
float * __restrict A	r_Ptr<float> A	一个指针变量，数据变量	int hostmult1(r_Ptr<float> C, cr_Ptr<float> A, cr_Ptr<float> B, int Ay, int Ax, int Bx)
const float * __restrict A	cr_Ptr<float> A	一个指针变量，数据常量	
float * const __restrict A	cvr_Ptr<float> A	一个指针常量，数据变量	
const float * const __restrict A	ccr_Ptr<float> A	一个指针常量，数据常量	

表的第二列显示了 cx.h 中定义的模板包装，可以用来隐藏第一列中的细节。第四列显示了它们的使用示例。这些包装可以在主机和内核函数代码中使用，从现在开始，我们将在大多数示例中使用前两个。

现在，是时候来看一个 GPU 版本的矩阵乘法了；要获得最佳性能实际上是相当复杂的，但我们将从一个简单的方法开始，如示例 2.13 所示。

示例 2.13　在 GPU 上进行简单矩阵乘法的 gpumult0 内核函数

```
04   __global__ void gpumult0(float * C, const float * A,
                     const float * B, int Ay, int Ax, int Bx)
05   {
06     int tx = blockIdx.x*blockDim.x + threadIdx.x;  // col j
07     int ty = blockIdx.y*blockDim.y + threadIdx.y;  // row i
08     if(ty >= Ay || tx >= Bx) return;
09     C[ty*Bx+tx] = 0.0;
10     for(int k=0;k<Ax;k++) C[ty*Bx+tx] +=
                             A[ty*Bx+k]*B[k*Bx+tx];
11   }
     . . .
13   int main(int argc, char *argv[])
14   {
15     int Arow = (argc > 1) ? atoi(argv[2]) : 1024;
16     int Acol = (argc > 2) ? atoi(argv[3]) : Arow;
17     int Brow = Acol;
18     int Bcol = (argc > 3) ? atoi(argv[4]) : Brow;
19     int Crow = Arow;
20     int Ccol = Bcol;
20.1   uint tilex = (argc > 4) ? atoi(argv[5]) : 32;  // tile x
20.2   uint tiley = (argc > 5) ? atoi(argv[6]) : 8;   // tile y

21     thrust::host_vector<float>        A(Arow*Acol);
22     thrust::host_vector<float>        B(Brow*Bcol);
23     thrust::host_vector<float>        C(Crow*Ccol);
23.1   thrust::device_vector<float> dev_C(Crow*Ccol);
23.2   thrust::device_vector<float> dev_A(Arow*Acol);
23.3   thrust::device_vector<float> dev_B(Brow*Bcol);

24     // initialise A and B with random numbers
25     std::default_random_engine gen(12345678);
26     std::uniform_real_distribution<float> fran(0.0,1.0);
27     for(int k = 0; k<Arow*Acol; k++) A[k] = fran(gen);
28     for(int k = 0; k<Brow*Bcol; k++) B[k] = fran(gen);
28.1   dev_A = A;  // H2D copy
28.2   dev_B = B;  // H2D copy

28.3   dim3 threads ={tilex, tiley, 1};
28.4   dim3 blocks ={(Bcol+threads.x-1)/threads.x,
                     (Arow+threads.y-1)/threads.y, 1};
29     cx::timer tim;
30     gpumult0<<<blocks,threads>>>(dev_C.data().get(),
                 dev_A.data().get(), dev_B.data().get(),
                 Arow, Acol, Bcol);
30.1   cudaDeviceSynchronize();  // wait for kernel
31     double t2 = tim.lap_ms();
31.1   C = dev_C;                // D2H copy

32     double flops = 2.0*Arow*Acol*Bcol;
33     double gflops = flops/(t2*1000000.0);
34     double gbytes = gflops*6.0; // 12 bytes per term
35     printf("A %d x %d B %d x %d gpu time %.3f ms
```

```
                GFlops %.3f GBytes %.3f\n",Arow,Acol,Brow,
                Bcol,t2,gflops,gbytes);
36    return 0;
37  }

D:\ >gpumult0.exe 1024 1024 1024 32 32
A 1024 x 1024 B 1024 x 1024 gpu time 6.685 ms
                GFlops 321.233 GBytes 1927.400
```

示例 2.13 的说明

这个示例中的许多代码与示例 2.11 中的主机版本相同，这里我们评论一下不同之处。

- 第 4～11 行：GPU 内核函数 gpumult0 替换了以前的 hostmult0 函数。这个内核函数的目的是使用一个线程计算矩阵乘积的一个元素。内核函数希望以二维网格线程块的形式来调用，使用足够多的 x 与 y 维度以跨越 C 的所有元素。与以前一样，x 是列索引、y 是行索引。

  - 第 6～7 行：这里从内置变量中设置 tx 和 ty，以确定这个线程将计算 C 的哪个元素。这些行有效地替代了主机版本中使用的 i 和 j 循环，我们可以将内核函数视为在并行计算 C 的所有元素。

  - 第 8 行：这是对 tx 和 ty 的超出范围检查，这是必要的，因为每个线程块的尺寸可能已经向上取整。

  - 第 9～10 行：这里使用标准公式计算 C 的一个元素。请注意，第 10 行中的因子 B[k*Bx+tx] 仍然在通过 k 的 for 循环进行连续的遍历时，使用 Bx 个字的内存步长。但现在在这个并行内核函数中，相邻的线程使用相邻的 B 元素，因为相邻的线程具有相邻的 tx 值。因此，L1 缓存对乘法中的两个因子进行有效的内存访问，这是 CUDA 并行代码如何在单线程代码难以处理的情况下，提供高效内存访问的有趣示例。

- 第 20.1～20.2 行：我们添加了 tilex 和 tiley 这两个可由用户设置的额外参数，用来定义内核函数启动时所使用的线程块的 x 和 y 维度。这相当于我们在许多一维示例中使用的 threads 和 blocks 参数。

- 第 23.1～23.3 行：这里分配设备数组来保存矩阵 A、B 和 C 的副本。

- 第 28.1～28.2 行：将 A 和 B 复制到设备。

- 第 28.3 行：将 threads 设置为 dim3 三元组，表示矩阵 C 上的二维分块。

- 第 28.4 行：将 blocks 设置为 dim3，其 x 和 y 维度足以覆盖 threads 线程中的线程分块以跨越矩阵 C。请注意，当 C 的维度不是 tilex 和 tiley 的精确倍数时，需要进行向上取整。第 8 行中的超出范围测试对于需向上取整的情况是必要的。在 CUDA 代码中，向上取整与随后的内核函数测试是相当常见的，因为并非所有数字都是 2 的幂次方。

- 第 29～31 行：这个计时循环与示例 2.9 类似，但执行的是内核函数启动而不是主机函数调用。cudaDeviceSynchronize 的使用对于计时是必要的。

- 第 31.1 行：在这里我们将结果复制回主机。尽管这里显示的代码中没有使用 C，但在真实的代码版本中肯定会用到。事实上，我们已经使用 C 来比较主机和 GPU 版本的结果，并发现计算出的 C_{ij} 大约相符 6 个有效数字。

最后一行计时结果显示，与示例 2.12 中的主机计算相比，有惊人的大约 220 倍的加速。

如果我们将第 4 行中的 gpumult0 声明更改为用 restrict，就会得到示例 2.14 中显示的 gpumult1 内核声明。这个示例演示了在内核代码中声明 restrict 数组的两种不同方法：第一种方法只使用 C++ 关键字，这个相当冗长；第二种方法使用 cx.h 中定义的缩写版本，也就是 cr_Ptr 和 r_Ptr。这两个缩写使用模板化的 using 语句，简化 restrict 指针的声明。在后续的示例中，我们将使用这些缩写版本。

示例 2.14 gpumult1 内核在数组参数上使用 restrict 关键字

```
       . . .
04    __global__ void gpumult1(float * __restrict C,
       const float * __restrict A, const float * __restrict B,
       int Ay, int Ax, int Bx)
or:
04    __global__ void gpumult1(r_Ptr<float> C, cr_Ptr<float> A,
         cr_Ptr<float> B, int Ay, int Ax, int Bx)

D:\ > gpumult1.exe
A 1024 x 1024 B 1024 x 1024 gpu time 2.536 ms
         GFlops 846.813 GBytes 5080.878
```

在 GPU 矩阵乘法代码里，仅仅使用 restrict 关键字就实现了显著的加速，提升超过 2.6 倍（相对于主机代码大约为 1.4 倍）。有效的内存带宽约为 400 GB/s，也远远超过了硬件限制，分别用于读取和写入，这表明内存缓存起着重要作用。

最后，如果你真的不喜欢示例 2.13 中第 10 行的显式地址计算，可以使用 lambda 函数来隐藏它们，如示例 2.15 所示。

示例 2.15 使用 lambda 函数进行二维数组索引的 gpumult2 内核

```
04    __global__ void gpumult2(r_Ptr<float> C, cr_Ptr<float> A,
         cr_Ptr<float> B, int Ay, int Ax, int Bx)
05 {
06    int j = blockIdx.x*blockDim.x + threadIdx.x;  // col j
07    int i = blockIdx.y*blockDim.y + threadIdx.y;  // row i
08    if(i >= Ay || j >= Bx) return;

      // lambda function
09    auto idx = [&Bx](int i,int j){ return i*Bx+j; };

10    C[idx(i,j)] = 0.0;
11    for(int k=0;k<Ax;k++)
             C[idx(i,j)]+= A[idx(i,k)]*B[idx(k,j)];
12 }
```

在示例 2.15 中，我们在第 9 行添加新代码，定义一个名为 idx 的本地函数，用于执行所需的标准二维地址计算。这个函数计算出 C 中的元素位置，需要遍历 B 的连续行和 C 的列。步长 Bx 表示 B 的列数，同时也（必须）是 C 的行数，这个值在 lambda 函数中通过 [&Bx] 语法获得，表示 lambda 函数体中使用的变量 Bx 与外部函数的主体部分中使用的变量是同一个。此外，通过在 Bx 前加上 &，我们指示该变量将通过引用传递，无须进行复制。这应该会导致编译器生成与示例 2.14 相同的代码，事实上，我们发现这两个版本之间没有性能差异。以这种方式使用 lambda 函数是现代化的旧技巧，类似于使用宏的方法。在这种情况下，它相当于：

```
#define  idx(i,j)  (i)*Bx+(j)
```

这样做能够达到相同的效果。然而，我们强烈反对以这种方式使用宏，因为即使宏出现在函数内部，它的定义仍然会在整个代码中存在，这有难以找到错误的风险，并极大地复杂化了需要在代码的不同部分使用不同的二维范围的情况。还要注意宏定义中对 i 和 j 的预防性括号，如果 i 被传递为 i+1 等情况，这些括号是必需的以确保正确性。

2.9　分块矩阵乘法

许多 CUDA 教程和书籍中经常用矩阵乘法来演示使用共享内存的方法。通过观察法就能发现对于固定的 k 值，A_{ik} 和 B_{kj} 需要多次从主存中读取，以用于 i 和 j 的各种可能组合。这在早期的 GPU 上是一个主要问题，因为它们的内存缓存较差，即使在最近的 GPU 上有更好的缓存，仍然存在这个问题。

为了利用共享内存，我们可以让每个线程块中的每个线程，将 A 和 B 的不同元素载入共享内存中，然后让块中的所有线程使用所有缓存的值来计算相乘的结果。这相对来说比较简单，因为矩阵乘法可以表示为在矩阵上定义的二维块的乘积之和，如下所示：

$$T_{I,J}^{C} = \sum_{t=1}^{M_T} T_{I,t}^{A} \cdot T_{t,J,}^{B}$$

其中，T 代表定义在矩阵上的矩形块，· 表示矩阵块之间的乘法。求和索引 t 代表对贡献的 M_T 对矩阵块进行求和。矩阵乘积意味着对块内的单个矩阵元素进行进一步求和。这个想法如图 2.3 所示，我们使用一个 3×3 的块集来执行 9×9 矩阵的乘法。

分块矩阵乘法可以通过在 CUDA 内核中使用 16×16 或 32×32 线程块来表示 A 和 B 中的一对分块。然后，每个线程先将其线程块分配的 A 和 B 块的一个元素复制到共享内存数组中。一旦完成这个过程，相同的线程就可以计算分块矩阵乘法的元素，以获得该分块对 C 中一块的贡献。这样 A 和 B 的每个元素只从外部内存中读取一次，而不是 16 或 32 次。我们实现的 gputiled 内核函数如示例 2.16 所示。在图 2.3 中，显示在最上面一行的元素

c_{45} 是用传统方式计算的，最下面一行则是使用分块矩阵乘法计算的。

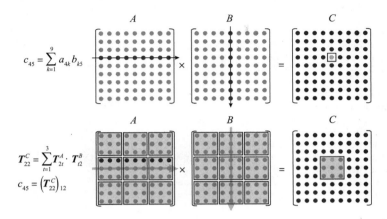

$$c_{45} = \sum_{k=1}^{9} a_{4k} b_{k5}$$

$$T_{22}^{C} = \sum_{t=1}^{3} T_{2t}^{A} \cdot T_{t2}^{B}$$

$$c_{45} = \left(T_{22}^{C}\right)_{12}$$

图 2.3　分块矩阵乘法

示例 2.16　**gputiled** 内核函数：使用共享内存的分块矩阵乘法

```
01   #include "cx.h"
02   #include "cxtimers.h"
03   #include <random>
     . . .
13   int main(int argc, char *argv[])
14   {
     . . .
28.3 dim3 threads = {tilex,tilex,1};  // square
28.4 dim3 blocks = {(Bcol+threads.x-1)/threads.x,
                    (Arow+threads.y-1)/threads.y, 1};

     . . .
29   cx::timer tim;
30   if(tilex == 8) gputiled< 8><<<blocks,threads>>>(
           dev_C.data().get(),dev_A.data().get(),
           dev_B.data().get(),Arow,Acol,Bcol);
30.1 else if(tilex == 16) gputiled<16><<<blocks,threads>>>(
           dev_C.data().get(),dev_A.data().get(),
           dev_B.data().get(),Arow,Acol,Bcol);
30.2 else if(tilex == 32) gputiled<32><<<blocks,threads>>>(
           dev_C.data().get(),dev_A.data().get(),
           dev_B.data().get(),Arow,Acol,Bcol);
30.3 cudaDeviceSynchronize();
31   double t3 = tim.lap_ms()
     . . .
37   }

40   template <int TS> __global__ void gputiled(
         float * __restrict C, float * __restrict A,
         float * __restrict B, int Ay, int Ax, int Bx)
41   {
42     __shared__ float Atile[TS][TS];  // tile A e.g. [16][16]
43     __shared__ float Btile[TS][TS];  // tile B e.g. [16][16]
44     int tx  = threadIdx.x;           // tile col index j
```

```
45    int ty  = threadIdx.y;           // tile row index i
46    int ocx = blockDim.x*blockIdx.x; // tile x origin in C
47    int ocy = blockDim.y*blockIdx.y; // tile y origin in C

48    int ax = tx;        // j or x in first tile on A
49    int ay = ocy+ty;    // i or y in first tile on A and C
50    int bx = ocx+tx;    // j or x in first tile on B and C
51    int by = ty;        // i or y in first tile on B

52    float csum = 0.0f;
53    for(int t=0; t<gridDim.x; t++){
54      Atile[ty][tx] = A[ay*Ax+ax];  // copy A to shared mem
55      Btile[ty][tx] = B[by*Bx+bx];  // copy B to shared mem
56      __syncthreads();
57      for(int k=0;k<TS;k++) csum += Atile[ty][k]*Btile[k][tx];
58      __syncthreads();
59      ax += TS;               // step A tiles along rows of A
60      by += TS;               // step B tiles down  cols of B
61    }
62    C[ay*Bx+bx] = csum; // store complete result
63  }

D:\  > gputiled.exe  1024 1024 1024 32
A 1024 x 1024 B 1024 x 1024 gpu time 1.945 ms
            GFlops 1104.284 GBytes 6625.701
```

示例 2.16 的说明

由于内核函数的改动比较大，因此这里显示完整的内容。至于主程序部分，只显示与示例 2.13 的改动的部分。

- 第 28.3 行：我们使用 tilex 来设置表示分块的二维线程块的两个维度。虽然可以使用非正方形分块，但那将使内核代码变得更加复杂。

- 第 29～31 行：与先前的一样，这是一个计时块，启动了一个内核函数并等待其完成。启动内核函数的部分已经更改，因为 guptiled 内核函数改写成使用 tilex 的值作为模板参数。这里我们使用 3 层 if-else 树，允许使用 32、16 或 8 这些参数值。内核参数列表与之前相同。

- 第 40 行：这是我们新的 guptiled 内核函数的开端，参数与以前相同，现在对所有指针默认使用 restrict 关键字。请注意，这是一个模板化的内核函数；因此，分块大小参数 TS 在编译时是已知的。

- 第 42～43 行：我们声明了两个静态分配的共享内存数组，用于保存从 A 和 B 分别复制到 Atile 和 Btile 中的正方形分块。

- 第 44～45 行：在这里，我们设置了当前线程在本地 TS×TS 分块中的位置，这仅取决于线程块的维度。

- 第 46～47 行：在这里，我们使用网格块数量来设置 ocx 和 ocy，以确定 C 中目标分块的起点位置。这些值对于线程块中的所有线程都相同。

- 第 48～51 行：在前两行中，我们根据要使用的第一个分块来设置 ax 和 ay，表示线程在 A 中的当前位置。同样，在后两行中，我们为矩阵 B 设置 bx 和 by。注意，当我们沿着 A 的行与 B 的列切换到不同的分块时，ay 和 bx 是恒定的，而 ax 和 by 会发生变化。实际上，ay 和 bx 是由当前线程计算的 c_{ij} 元素的 i 和 j 值。

- 第 51 行：本地变量 csum 用于累积当前线程的 c_{ij} 值，在这里，我们将其设置为 0。
- 第 53～61 行：每次通过此循环时，都会对 A 和 B 中的一对分块进行矩阵乘法，并将结果累积到 csum 中。
  - 第 54～55 行：在这里，我们将当前的分块从 A 和 B 复制到共享内存中。每个线程从 A 复制一个元素到 Atile、从 B 复制一个元素到 Btile，稍后会从这些数组中读取 TS 个值。
  - 第 56 行：这里的 syncthreads 是必不可少的。只有当 Atile 和 Btile 的所有元素都完成设置，块中的所有线程才会安全地继续进行。
  - 第 57 行：计算 Atile 和 Btile 的矩阵乘法；每个线程计算一个元素的乘积。
  - 第 58 行：第二个不可或缺的 syncthreads；在所有线程都到达这一点之前，任何线程都不能继续下一个 for 循环的迭代。
  - 第 59～60 行：在这里增加 ax 和 by，指向 A 和 B 下一个分块中所需的位置。
- 第 62 行：在这里将最终的结果存储在 C 中。

最后一行的结果显示，gputiled 提供了超过 1 TFlop/s 的处理性能。在进行此测试时，在 RTX 2070 GPU 上的最佳效果是使用大小为 32×32 的分块。

我们注意到，如示例 2.16 所示，使用共享内存的性能明显提高了大约 250 GFlops/s，总体性能约为 1.1 TFlops/s。虽然这里没有显示，但我们尝试在内核函数参数中不使用 restrict 来运行此示例，并发现性能仅略微下降。这可能是因为我们现在从 A 和 B 读取的次数较少，因此对这些参数的指针使用 restrict 所获得的性能提升就不那么重要了。

我们可以尝试的最后一个技巧是显式循环展开，可以获得更高的性能。

示例 2.17　**gputiled1** 内核显示显式循环展开

```
      . . .
52    float csum = 0.0f;
52.1  #pragma unroll 16
      // step A tiles along rows of A
53    for(int t=0;t<gridDim.x;t++){
      . . .

D:\ gputiled1.exe  1024 1024 1024 32
A 1024 x 1024 B 1024 x 1024 gpu time 1.765 ms
          GFlops 1216.958 GBytes 7301.748
```

正如示例 2.17 的最后一行所示，通过使用循环展开，我们又获得了 100 GFlops/s 的性能提升。循环展开的最佳深度只能通过实验来确定，在我们的 RTX 2070 上使用 16 似乎得到最佳结果。你在其他 GPU 上可能会找到不同的最佳值，调整 GPU 代码始终涉及一些实验。需要注意的是，NVCC 编译器通常会自动执行循环展开，特别是在编译时已知通过次数的情况下。因此，将循环计数器设置为模板参数可能是值得的。在这里，内部循环（循环次数由模板参数 TS 确定）使用了循环展开，但对于外部循环（循环次数由 gridDim.x 确定）没有使用，因此在编译时不知道外部循环的次数。有趣的是，我们发现对外部循环进行显式展开会有所帮助，但在实验中（未显示）我们发现对内部循环进行显式展开没有帮助。

2.10 BLAS

矩阵乘法是计算线性代数中的经典问题，经过 50 多年的发展，其结果被封装在 BLAS（基本线性代数子程序）函数库中，适用于所有重要的计算平台。通过调用适当的函数来执行所需的操作来使用 BLAS，使用 float-4 矩阵可以通过调用 sgemm（单精度一般矩阵乘法）例程来执行矩阵乘法，这个与 saxpy 操作的 $C = \alpha AB + \beta C$ 相类似，其中 A、B 和 C 是矩阵。好消息是 BLAS 可用于 CUDA 代码，NVIDIA 的 cuBLAS 库是一组主机可调用例程，它们使用 GPU 内存的向量和矩阵在 GPU 上运行 BLAS 函数。实际上，尽管 cuBLAS 提供自己的例程来分配和传输主机与 GPU 内存之间的数组，但也完全可以使用 thrust（或任何其他方法）来管理这些数组。因此，cuBLAS 可以在我们的矩阵乘法示例中使用，只需进行一些修改。示例 2.18 显示了如何在主机代码中，使用 BLAS 例程来替代先前示例中使用的内核调用。

示例 2.18　显示使用 cuBLAS 进行矩阵乘法的主机代码

```
      . . .
05    #include "cublas_v2.h"
      . . .
10    int main(int argc, char *argv[])
11    {
      . . .
20      thrust::host_vector<float>       A(Arow*Acol);
21      thrust::host_vector<float>       B(Brow*Bcol);
22      thrust::host_vector<float>       C(Crow*Ccol);
23      thrust::device_vector<float> dev_A(Arow*Acol);
24      thrust::device_vector<float> dev_B(Brow*Bcol);
25      thrust::device_vector<float> dev_C(Crow*Ccol);
26      thrust::device_vector<float> dev_D(Crow*Ccol);

27      // initialise A and B with random numbers, clear C
28      std::default_random_engine gen(12345678);
29      std::uniform_real_distribution<float> fran(0.0,1.0);
30      for(int k = 0; k<Arow*Acol; k++) A[k] = fran(gen);
31      for(int k = 0; k<Brow*Bcol; k++) B[k] = fran(gen);
32      for(int k = 0; k<Crow*Ccol; k++) C[k] = 0.0f;

33      dev_A = A;  // H2D copy
34      dev_B = B;  // H2D copy
35      dev_C = C;  // clear

36      float alpha = 1.0f;
37      float beta  = 1.0f;
```

```
38    cublasHandle_t handle; cublasCreate(&handle);
      // enable tensor cores
39    cublasSetMathMode(handle,CUBLAS_TENSOR_OP_MATH);

40    cx::timer tim;    // C = alpha*(A*B) + beta*C
41    cublasSgemm(handle, CUBLAS_OP_T, CUBLAS_OP_T,
             Crow, Ccol, Arow, alpha, dev_A.data().get(),
             Acol, dev_B.data().get(), Bcol, &beta,
             dev_C.data().get(), Crow);
42    beta = 0.0f;
      // D = transpose(C) from C = alpha*A+beta*B
43    cublasSgeam(handle, CUBLAS_OP_T, CUBLAS_OP_T,
             Crow, Ccol, &alpha, dev_C.data().get(),
             Crow, &beta, dev_C.data().get(),
             Crow, dev_D.data().get(), Ccol);
44    cudaDeviceSynchronize();
45    double t3 = tim.lap_ms()/(double)(nacc);

46    C = dev_D; // D2H copy
47    double flops = 2.0*(double)Arow*(double)Acol*(double)Bcol;
48    double gflops = flops/(t3*1000000.0);
49    double gbytes = gflops*6.0; // i.e 12 bytes per term
50    printf("A %d x %d B %d x %d gpu time %.3f ms
             GFlops %.3f GBbytes %.3f\n", Arow, Acol, Brow,
             Bcol, t3, gflops, gbytes);
51    return 0;
52  }

D:\ > blasmult.exe 1024
A 1024 x 1024 B 1024 x 1024 time 0.318 ms
          GFlops 6747.1 GBytes 40482.8 (no TC)
A 1024 x 1024 B 1024 x 1024 time 0.242 ms
          GFlops 8882.3 GBytes 53293.9 (with TC)
```

示例 2.18 的说明

- 第 5 行：要使用 NVIDIA 的 BLAS 库需要包含 cublas_v2.h 头文件。在 Windows 上，链接时还需要包含 cublas.lib 头文件。虽然还提供了一个较旧的 cublas.h 版本以保持向后兼容，但该版本已不再适用于新代码。

- 第 12～18 行（未显示）：以可选的用户提供的值设置 A、B 和 C 矩阵的大小，与之前一样。

- 第 20～26 行：创建用主机与设备的 thrust 容器，同时创建了一个与结果矩阵 C 相同大小的额外设备矩阵 dev_D，后面将需要用来保存 dev_C 的转置，如下所述。

- 第 27～35 行：用随机数初始化矩阵 A 和 B，并将 C 设置为零。尽管在技术上清除 C 是不必要的，因为这是 thrust 的默认分配选项，但表明我们的意图是个好习惯。然后将主机向量复制到相应的设备向量。

- 第 36～37 行：声明并将参数 alpha 和 beta 设置为 1。

- 第 38 行：创建名为 handle 的 cublasHandle_t 对象，这是大多数库函数的必要第一个参数，特别在多线程应用程序中很有用，其中不同线程使用不同的句柄。

- 第 39 行：由于我们使用的 GPU 配备有张量核心（即计算能力为 7.0 或更高），我们告诉 cuBLAS 在可能的情况下使用它们。尽管一开始是为了 2 和 4 字节浮点数的混合精度操作所开发的工具，但最新版本的 cuBLAS，也可以使用张量核心加速纯 4 字节浮点数的计算。在一项测试中，我们看到在 1024×1024 矩阵上的加速约为 30%，而在较大矩阵上的加速可高达两倍。

- 第 40～45 行：这是计算矩阵乘积的计时循环。BLAS 库在性能方面表现出色，但其函数的用户界面非常糟糕，实际上从 20 世纪 50 年代早期的 Fortran 版本就没有太大变化。此外，它们遵循 Fortran 以列主的矩阵格式（即相同列的元素存储在相邻的内存位置）约定。这意味着 C/C++ 默认以行为主格式的样式矩阵，已经被转置过。虽然对于简单操作（如加法）无关紧要，但对于矩阵乘法而言却很重要。幸运的是，如 cublasSgemm（sgemm 的 cuBLAS 版本，如第 41 行中所使用）的矩阵函数，具有指定输入矩阵 A 和 B 是否在使用前应进行转置的标志参数。这会产生正确的矩阵乘法，但生成的矩阵 C 仍保留在列主格式中。在第 43 行调用 cuBLAS 函数 cublasSgeam 将 C 转置为行主格式。

  ■ 第 41 行：调用 cubalsSgemm 函数具有许多参数，如下所示：

     （1）必需的 cuBLAS 句柄。

     （2）如果 CUBLAS_OP_T 则转置 A；如果 CUBLAS_OP_N 则不转置。

     （3）如果 CUBLAS_OP_T 则转置 B；如果 CUBLAS_OP_N 则不转置。

     （4）A 的行数（如果进行了转置，则是转置后的行数）和 C 的行数，这里我们使用 Crow。

     （5）B 的列数（如果进行了转置，则是转置后的列数）和 C 的列数，这里我们使用 Ccol。

     （6）A 的列数（如果进行了转置，则是转置后的列数）和 B 的行数（如果进行了转置，则是转置后的行数），我们使用 Arow。这是在矩阵乘法中进行求和的索引。

     （7）指向缩放因子 alpha 的指针。

     （8）指向矩阵 A 的指针。

     （9）用于保存 A 的数组的前导维度；这里我们使用 Acol。

     （10）指向矩阵 B 的指针。

     （11）用于保存 B 的数组的前导维度；这里我们使用 Bcol。

     （12）指向缩放因子 beta 的指针。

     （13）指向矩阵 C 的指针。

     （14）用于存储 C 的数组的前导维度。

方阵的所有维度都是相同的，接口相对宽容；但对于其他情况，需要非常小心才能确保一切正确。我们在第 6 个参数考虑了 A 和 B 的转置，但在第 9 和 11 个参数中没有做这些考虑。我们默认 C 是以列为主要的格式，因此在第 5、6 和 14

个参数中做了相应的选择。

- 第 42 行：在调用 cublasSgeam 之前将 beta 设置为 0。
- 第 43 行：这里我们使用 cublasSgeam 函数来计算 $C = \alpha A + \beta B$ 并将 C 转置。这个函数是标准 BLAS 函数集的 NVIDIA 扩展。如果将 α 设置为 1、β 设置为 0，就能将 A 复制到 C，并根据需要进行 A 的转置。cublasSgeam 的参数如下：

  （1）～（5）与 cublasSgemm 相同。

  （6）alpha 的指针。

  （7）矩阵 A 的指针；我们在这里使用 C。

  （8）用于保存第一个矩阵的数组的主导维度；我们在这里使用 Crow。

  （9）beta 的指针。请注意，第 42 行中将 beta 设置为 0。

  （10）矩阵 B 的指针；我们在这里使用 C。

  （11）用于保存 B 矩阵的数组的主导维度；我们在这里使用 Crow。

  （12）矩阵 C 的指针；我们在这里使用 D。

  （13）用于保存 C 矩阵的数组的主导维度；我们在这里使用 Ccol。（如果 C 和 D 的大小不同，则为 Dcol）。

- 第 46～52 行：与先前的类似。

示例结束时的结果，显示了 RTX2070 和 1024×1024 矩阵的性能分别为 6 7 TFlops 和 8.9 TFlops，后者是使用支持 CC≥7.0 的设备上的张量核心处理器获得的。

cublasSgemm 的性能至少比我们最佳内核函数好 6 倍。而且，如果支持张量核心的话，还可以进一步提升 30% 以上性能，这让人十分惊艳。因此，虽然矩阵乘法是演示 CUDA 核函数中共享内存的绝佳且广泛使用的计算示例，但如果你真的需要大量快速的矩阵乘法，请直接使用 NVIDA 提供的库，而不是你自己的内核。类似的建议，也适用于其他比如 FFT 的标准问题，NVIDIA 也有一个很好的库。我们在附录 F 中讨论了 NVIDIA 全部范围的库。

图 2.4 显示了矩阵乘法例程的性能如何随着矩阵大小的变化而变化。对于具有张量核心的 cublasSgemm，最大矩阵大小峰值性能超过 15 TFlops。标有 kernel 的曲线对应于 gputiled1 核函数、标有 blas 和 blas+TC 的曲线对应于两个 BLAS 例程。请注意，TC 版本的 cuBLAS 实现的最大矩阵峰值性能超过了 15 TFlops，这是在一块价值 400 英镑的 PC 卡中实现的令人惊叹的性能。

我们将在第 11 章向你展示使用张量核心编写自己的矩阵乘法内核。使用共享内存版本的性能约为 5.6 TFlops，而 cuBLAS 实现了 8.9 TFlops。这其实并不差，因为 cuBLAS 库函数包含许多详细的优化。这个内核的性能显示在图 2.4 上，标为 "chap11" 的曲线。

拥有矩阵乘法这类快速的标准计算库，并不意味着学习在 CUDA 就不需要自己编写内核函数。在许多情况下，无法立即获得现成的解决方案。例如，在许多领域的模拟是非常重要的。你的特定问题的模型通常需要手工制作，如果能够利用包含 GPU 强大性能的代码，将会极大地提高速度。此外，从图 2.4 中还可以看到，我们的矩阵乘法内核在较小矩阵上比 cuBLAS 更有竞争力，在需要执行许多小矩阵乘法作为更大程序的一部分时可能会很有用。

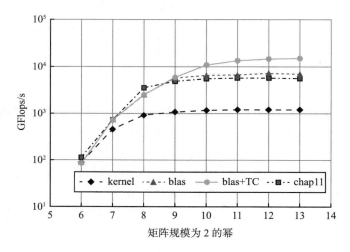

图 2.4　RTX 2070 GPU 上矩阵乘法的性能

在第 3 章里，我们将讨论 warp 级别的编程，这将提供关于如何从 GPU 获得最佳性能的重要见解。第 3 章的示例包括对归约内核函数的进一步改进。

第 2 章尾注

1. Michael J. Flynn, "Some computer organizations and their effectiveness", *IEEE transactions on computers*, no.9（1972）: 948-960.

2. 在实际中，浮点数的加法不是精确可交换的，因为舍入误差的累积可能取决于项相加的顺序。一旦总和变得很大，来自后续小数的贡献就会变得不准确或完全丢失。这对于 F32 来说是一个特殊问题，因为只有大约 7 个有效数字是有用的。有趣的是，并行归约技术，其中多个部分和并行累积，可能比单个串行评估更健壮。

3. 我第一次接触到这种并行编程方法是在 20 世纪 90 年代中期学习 MPI 时，这是一种启示。我之前尝试编写多设备并行运行的程序时，涉及为每个设备编写不同的程序，然后在汇编级别手动调整以使每个设备的执行时间相同（MIMD）——与 CUDA 和 MPI 的通用代码 SIMD 模型相比，这是一项噩梦般的任务。

4. 具体来说，主机和设备向量类的成员函数没有 __device__ 定义。Thrust 旨在成为在 GPU 上运行的速度快的主机可调用函数套件。Thrust 的用户不需要编写自己的内核。

5. 我们建议线程数应为 32 的倍数是出于性能原因。允许任何 [1,1024] 内的值，只是倍数为 warp 大小的值更高效。例如，如果你指定 48，则每个线程块将以 32 个线程的完整 warp 和 16 个线程的 1/2 完整 warp 运行，导致性能损失 25%。

6. 如果你希望编译后的代码在不同的 GPU 型号上运行，可以使用 CUDA 中的设备查询函数在运行时找到 Nsm 的值。

7. 作为一个技术细节，我们提到 GPU 硬件通过维护每个活动 warp 的 32 位活动线程位掩码来管理 warp 引擎级别的分支分歧，通过打开或关闭位来确定哪些线程在当前计划的指令中执行。

8. 协作组功能允许在内核执行期间对网格中的所有线程进行全局同步，但只有在应用一些限制的情况下，包括所有线程块同时驻留在设备上时才能实现。

9. 现代 C++ 实践中声明和初始化对象在相同语句中（RAII）的做法不能应用于 CUDA 内核中的共享内存对象，因为声明对于内核中的所有线程是相同的，但初始化通常是线程相关的。

10. 实际上，作为 C++ 程序员，对于所有类和结构以及 CUDA 动态声明的数组，始终使用从长到短的顺序进行变量声明应该是你的第二天性。这将为你的所有变量实现自然对齐，而无需编译器插入"隐藏"的填充。

11. 放弃使用容器作为内核参数意味着我们必须显式地将数组维度传递为单独的参数。这是一个真正的损失，也是错误的潜在来源。容器的一个优点是对象知道它们的大小。

12. 当然，如果使用 restrict，你有责任确保不会发生别名现象——编译器仍然不能实际检查这一点。

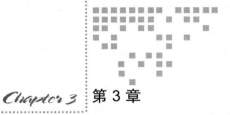

Chapter 3 | 第 3 章

warp 和协作组

自早期 Fermi 一代以来，32 线程的 warp 一直是 NVIDIA GPU 架构的稳定特征[1]。GPU 硬件使用 GPU SM 的专用子单元，一起处理 warp 中的所有线程[2]。从 Fermi 到 Pascal 的 GPU 世代，每个 warp 都使用一个程序计数器和一个 32 位掩码进行处理，这个掩码指示当前指令中哪些线程处于活动状态。这意味着一个 warp 中，所有活动线程彼此都以严格的锁步方式运行，因此始终是隐式同步的。由于这种设计，只需要在内核代码中显式调用 __syncthreads() 来同步不同 warp 的线程，而不需要同步同一 warp 中的线程。如果可能的话，在内核函数代码中省略 __syncthreads() 调用实际上是值得的，因为这些同步线程块中所有线程的调用代价高昂——大量代码使用了这种隐式的线程间同步，在老版本教程示例代码中可能仍然会看到这个技巧。

2017 年，NVIDIA 发布了 CUDA SDK 9.0 版，支持 Volta (CC = 7.0) 和 Turing (CC = 7.5) 两代 GPU，这些新架构打破了隐式 warp 同步范例，因为它们的硬件具有独立的每个线程程序计数器，这意味着在这些设备上，同一 warp 中的线程可能不会以锁步方式运行。因此，依赖于隐式 warp 同步的旧代码，可能无法在新 GPU 上正确运行[3]。CUDA 9.0 还引入了协作组，作为一种强大的方式，可以明确地表示 warp 中线程之间同步的任何假设，并将这些想法推广到其他大小的线程组。协作组的引入将 warp 和线程块提升为第一类 C++ 对象，允许程序员编写简单明了的代码，明确在哪里使用 warp 级别的想法。

2020 年 5 月发布的 CUDA SDK 11.0 对协作组进行了重大改进，因为 grid 级对象在编译时不再需要特殊处理，并且可以与所有支持 CUDA 的计算卡一起使用。我们的示例是基于这个版本。后面会有说明，如果使用 grid.sync 成员函数，先前的限制将继续适用。为了说明协作组，我们将重新审视第 2 章的归约内核函数。示例 3.1 显示第 2 章的 reduce4

内核函数的修改版本，对于 CC≥7.0 的设备是安全的。这个示例使用新的 __syncwarp()
函数显式地同步 warp 中的线程，这些在过去使用隐式 warp 同步。

示例 3.1 的说明

- 第 10 行：我们声明一个模板函数，具有一个 blockSize 模板整数参数。这个参数
  必须是 64～1024 之间的 2 次幂，并且用户还必须确保内核启动时线程块的数量设
  置为 blockSize。这意味着在内核函数执行期间，内置参数 blockDim.x 将等于
  blockSize。这样做的好处是，NVCC 编译器将在编译时删除第 21～24 行的部分
  内容，只保留必要的部分。这是 CUDA 编程中的常见技巧。

这个内核函数处理整数数据，因为参数 data 和 sums 的类型都设置为 int，但内核函
数可以轻松修改以处理其他算术类型，实际上我们可以简单地使用第二个模板参数来概括
内核函数。但是，在这个例子中没有这样做，以避免混乱。

- 第 15 行：这个内核函数使用静态分配的共享内存，每个线程一个字，存放部分线程
  的总和。
- 第 16～17 行：使用 threadIdx.x 设置变量 id 为其块中的线程排名，并将共享内
  存 s [id] 的线程元素设置为 0。
- 第 18～19 行：这里将 s [id] 中累加每个线程的部分总和。在此循环中，每个线程
  使用等于总线程数的跨度从输入数组 data 中选取元素。
- 第 19 行：这里使用 __syncthreads，以便所有部分总和在这个语句之后生效，这
  个语句是必要的。
- 第 20～23 行：这里执行更大的块所需要的树总和。请注意，编译器将在编译时完全
  删除未通过 blockSize 测试的语句，并从通过测试的语句中删除该测试的部分。
- 第 24 行：对于树总和的最后阶段，只有 id < 32 的线程参与，因为这些线程都在线
  程块的最低排名 warp 中，我们在内核函数最后的 26～33 行周围包装了一个 if 语句。
  这是 warp 级的编程，允许其他 warp 中的线程提前退出内核函数。
- 第 25～30 行：这些是树总和归约过程的最后步骤。请注意，在这些语句中使用
  __syncwarp()。__syncwarp() 是 CUDA 版本 9.0 中引入的 warp 级编程支持的
  一部分，__syncwarp() 调用的执行成本比 __syncthreads() 低，实际上在计算
  能力 CC <7 的体系结构中并不执行任何操作，因为对于这些 GPU，在 warp 中的所
  有线程始终以齐步走（lockstep）的方式运行。
- 第 31 行：这里 id = 0 的线程将计算出的块范围总和存储在输出数组 sums 的一个元
  素中。

示例 3.1　使用 syncwarp 进行 CC = 7 及更高设备的 reduce5 内核函数

```
10 template <int blockSize> __global__ void
      reduce5(r_Ptr<int> sums,cr_Ptr<int> data, int n)
```

```
11 {
12   // kernel assumes that blockDim.x = blockSize,
13   // and blockSize is power of 2 between 64 and 1024
14   __shared__ int s[blockSize];
15   int id = threadIdx.x;        // rank in block
16   s[id] = 0;
17   for (int tid = blockSize*blockIdx.x+threadIdx.x;
          tid < n; tid += blockSize*gridDim.x)
                              s[id] += data[tid];
18   __syncthreads();
19   if(blockSize > 512 && id < 512 && id+512 < blockSize)
                              s[id] += s[id+512];
20   __syncthreads();
21   if(blockSize > 256 && id < 256 && id+256 < blockSize)
                              s[id] += s[id+256];
22   __syncthreads();
23   if(blockSize > 128 && id < 128 && id+128 < blockSize)
                              s[id] += s[id+128];
24   __syncthreads();
25   if(blockSize >  64 && id <  64 && id+ 64 < blockSize)
                              s[id] += s[id+64];
26   __syncthreads();
27   if (id < 32) {
       // syncwarps required for devices of CC >= 7.0
28             s[id] += s[id + 32]; __syncwarp();
29     if(id < 16) s[id] += s[id + 16]; __syncwarp();
30     if(id <  8) s[id] += s[id +  8]; __syncwarp();
31     if(id <  4) s[id] += s[id +  4]; __syncwarp();
32     if(id <  2) s[id] += s[id +  2]; __syncwarp();
33     if(id <  1) s[id] += s[id +  1]; __syncwarp();

34     if(id == 0) sums[blockIdx.x] = s[0]; // store block sum
35   }
36 }
```

在引入 CC=7.0 体系结构之前的许多教程中，第 25～30 行只是加法语句，没有 if 子句或同步调用。这是可能的，因为 warp 中的所有线程都是严格的锁步运行，因此不需要显式同步，并且允许所有线程执行所有加法，这不会增加执行时间。此外，删除 if 子句可以提高性能，而不影响最终总和的正确性。（虽然 s [1～31] 中的最终值在被正确使用后，会被后续"不必要"的加法步骤损坏。）

在示例 3.1 中，我们使用相对快速的 __syncwarp() 调用来确保在新设备上的正确行为。更微妙的是，第 26～30 行中的 if 语句，对于 CC≥7 的正确性是必要的，原因是为了避免可能的"读写冲突"错误。考虑第 27 行后面一部分的语句 s[id] += s[id+8]，如果在 (id <8) 中成为条件语句，那么只有 s[0～7] 在添加 s[8～15] 后改变。另一方面，如果加法是无条件的且线程不是严格锁定步骤运行，则 s[8～15] 中的一个或多个值可能已经被添加了 s[16～23] 的值，然后再添加到 s[0～7] 中，会导致最终总和错误，这有时被称为"读写冲突错误"。

3.1　协作组中的 CUDA 对象

要使用 NVIDIA 协作组，就必须在代码中包含适当的头文件，如下所示：

```
#include "cooperative_groups.h"
using cg = cooperative_groups;
```

这里的第二行将 cg 定义为 cooperative_groups（协作组）命名空间的缩写。这些定义允许我们创建第一类 C++ 对象，以表示在任何内核函数启动中定义的熟悉的线程块、网格和 warp 对象。下面显示了一个示例：

```
auto grid  = cg::this_grid();
auto block = cg::this_thread_block();
auto warp  = cg::tiled_partition<32>(block);
```

如果你不喜欢 auto，这些对象的显式类型是：

```
cg::grid_group                grid
cg::thread_block              block
cg::thread_block_tile<32>     warp
```

这些语句创建了 grid、block 和 warp 对象，分别表示特定线程所属的网格、线程块和 warp。注意，我们使用内置对象 this_grid() 和 this_thread_block() 来初始化 grid 和 block，但定义 warp 时则使用显式值 32 来表示 warp 大小 [4]。在声明中使用 C++11 关键字 auto，对于避免错误和保持代码可读性非常有帮助。这些对象是 C++ 的第一类对象，可以用来作为参数传递给设备函数。这些对象没有默认构造函数，而且必须按照所示的方式初始化网格和线程块。当然，你可以选择不同的变量名并复制这些对象。在内核函数代码中，实际对象是轻量级句柄，指向所有相关线程共享的数据。

block 和 grid 对象封装了与任何 CUDA 内核函数启动相关的线程块和网格的常用属性，特别是提供了访问包含在 CUDA 内置变量 threadIdx 中的相同信息的另一种方式 [5]。

分块划分更加复杂。上面的示例将之前创建的线程块 block 划分为大小为 32 的连续线程子块，表示硬件使用的各个 warp。这是迄今为止分块划分最常见的用法，但不是唯一的可能性。分块的大小可以是任何介于 2～32 之间的 2 的幂，并且可以在线程块上或在先前定义的较大分块上定义，如下框所示。

```
auto warp   = cg::tiled_partition<32>(block);
auto warp8  = cg::tiled_partition<8>(block);
auto warp4A = cg::tiled_partition<4>(warp);
auto warp4B = cg::tiled_partition<4>(warp8);
```

这里的 warp 是将一个线程块按照标准方式划分成由 32 个线程组成的小组。而 warp8 是将线程块划分成了由 8 个线程组成的小组，称为子 warp。warp4A 将一个标准 warp 划分成 8 个由 4 个线程组成的子 warp，而 warp4B 是将 warp8 划分成了 2 个由 4 个线程组成的子 warp。尽管当前线程在 warp4A 和 warp4B 中的排名一样，但成员函数 meta_group_size() 和 meta_group_rank() 所返回的值会有所不同。

如果你准备在应用程序中使用子 warp，那么需要记住的是，协作组对此功能只提供软件的支持。GPU 硬件以 32 个线程的 warp 单元处理线程，如果在同一 GPU warp 中的两个子 warp 中的代码分歧，可能会对代码的性能产生负面影响。表 3.1 显示了三种类型的组可用的成员函数。

表 3.1 协作组对象的成员函数

功能	Grid	Block	Tile	备注
void sync()	√	√	√	同步对象中的所有线程
ull size()	√	√	√	对象中的线程数
ull thread_rank()	√	√	√	当前线程在对象中的排名
dim3 group_dim()	√	√	—	与用于块的内置 blockDim 或用于 grid 的 gridDim 相同
bool is_valid()	√	—	—	grid 范围同步的可用性
dim3 group_ index()	—	—	—	与内置 blockIdx[†] 相同
dim3 thread_index()	—	—	—	与内置 threadIdx[†] 相同
ull meta_group_size()	—	√	√	此分区中的 tile 数
ull meta_group_rank()	—	√	√	此分区中当前 tile 的排名
Cooperative functions	—	√	√	附加成员函数，见表 3.2

[†]blockIdx 和 threadIdx 的类型为 uint3，而等效的 CG 成员函数的 dim3 类型。

2020 年 12 月发布的 CUDA SDK 11.1 为协作组添加了多 warp 的 tiled_partition，例如 cg::tiled_partition<64>(block)。这里的线程块大小必须是 warp 大小的倍数，这里用 64。该实现隐式地使用共享内存进行 warp 间通信，目前没有新的直接硬件支持。

在表 3.1 中，tiled 列中的成员函数适用于所有分块分区，而不仅仅是 32 个线程的 warp。成员函数返回类型为 dim3 的值，提供与 threadIdx 这类大家所熟悉的 CUDA 内置变量相同的信息。请注意，sync、size 和 thread_rank 函数适用于三种对象类型，其他成员函数是针对特定的类型。表中使用的类型 ull 是 unsigned long long 的别名，在 cx.h 中定义，我们在一些示例中会使用到。

如果内核函数代码已按 3.8 节中描述的若干重要限制进行编译，就可以使用全局同步的 sync() 函数。然而从 CUDA SDK 11.0 开始，其他所有的网格组功能都可以在普通 CUDA 代码中使用，is_valid() 成员函数允许内核测试 grid.sync() 函数是否可用。在 2020 年 5 月的 SDK 11.0 之前，没有这些限制的网格组功能都不可用，因此许多早期的教程示例可能没有用到网格组。

函数 block.thread_rank() 返回当前线程在其线程块中的排名，使用与示例 2.3 中使用的相同的三维排名公式，如果用在一维线程块进行内核函数启动的情况下，会简化为一维线性线程排名公式。grid.thread_rank() 函数将 block_rank * block_size 添加到此结果中，以获得整个线程块网格中的线程排名。示例 3.2 展示了如何使用协作组重写示例 2.3。

示例 3.2 的说明

这个示例只显示与示例 2.3 不同的部分。

- 第 4.1～4.2 行：这些行将协作组的支持添加到代码中。
- 第 9～11 行：这些行使用成员函数而不是相应的内置变量，执行与之前相同的线程在网格中的三维排名计算。我们仍需要记住正确公式，可能会稍微增加代码冗长度。
- 第 14 行：成员函数 block.size() 替换了先前计算线程块大小的公式。
- 第 15 行：这类没有用于网格中线程块数的成员函数。用网格中线程数与线程块中线程数的比率是找到这个数量的简单方法。
- 第 16 行：成员函数 grid.size() 直接给出网格中的线程总数。
- 第 17 行：成员函数 block.thread_rank() 直接给出当前线程在线程块中的排名，这是内核函数代码中经常使用的数量，我们已经不需要使用先前的公式。
- 第 18 行：在这里，我们使用一个简单的比率来计算线程块在网格中的排名，以取代更复杂的公式。
- 第 19 行：成员函数 grid.thread_rank() 直接给出当前线程在网格中的排名。同样，这是一个经常使用的数量，我们已经不需要使用之前需要的公式。

示例 3.2　coop3D 内核函数说明在三维网格中使用协作组

```
      . . .
04.1  #include "cooperative_groups.h"
04.2  namespace cg = cooperative_groups;
05    __device__   int    a[256][512][512];  // file scope
06    __device__   float b[256][512][512];  // file scope
07    __global__   void coop3D(int nx,int ny,int nz,int id)
08    {
08.1    auto grid  = cg::this_grid();
08.2    auto block = cg::this_thread_block();
09      int x = block.group_index().x*block.group_dim().x+
                block.thread_index().x;
10      int y = block.group_index().y*block.group_dim().y+
                block.thread_index().y;
11      int z = block.group_index().z*block.group_dim().z+
                block.thread_index().z;
12      if(x >=nx || y >=ny || z >=nz) return;  // in range?
13      int array_size = nx*ny*nz;
        // threads in one block
14      int block_size =     block.size();
        // blocks in grid
15      int grid_size  =     grid.size()/block.size();
        // threads in whole grid
16      int total_threads = grid.size();
17      int thread_rank_in_block = block.thread_rank();
```

```
18    int block_rank_in_grid    =
              grid.thread_rank()/block.size();
19    int thread_rank_in_grid = grid.thread_rank();
      . . .
```

我们从示例 3.2 中可以得出结论，虽然减少使用容易出错的公式，但是目前还没有真正的新特性。

真正有趣的新特性是对 warps 的处理，我们将分两步讨论。首先，在示例 3.3 中，我们展示了如何将"warps"和"子 warps"定义为 C++ 对象；然后，我们继续讨论如何使用表 3.2 中的附加成员函数，来显著改进我们的归约内核函数。

示例 3.3 的说明

- 第 8～15 行：定义了 `__device__` 的 show_tile 函数，以 thread_block_tile 作为输入参数，并输出当前线程的有关信息。
  - 第 8 行：在此处声明模板函数 show_tile，第一个参数是简单的字符串，用于装饰输出。更有趣的是，第二个参数是一个由 int T 模板参数定义大小的 thread_block_tile。
  - 第 10～13 行：使用成员函数获取当前线程在分块中的排名 rank、分块中线程数量 size、当前分块在父分区中的排名 mrank，以及父分区中的分块数量 msize。
  - 第 14 行：输出参数以及计算 size*msize 得出的分区中线程总数。
- 第 16 行：声明内核函数 cgwarp，有一个输入参数 id，指定将调用 show_tile 的线程的排名。
- 第 18～19 行：像往常一样设置 CG 对象 grid 和 block。
- 第 20～22 行：定义在当前线程块上的一组分块分区，这些分区分别为 warp32、warp16 和 warp8，每个分区具有 32、16 和 8 个线程。第一个 warp32 有 32 个线程，代表了标准的 CUDA warp。
- 第 23 行：使用 tile32 定义子分块 tile8。实际上，这将每个 CUDA warp 拆分为 8 个线程的 4 个分块。
- 第 24 行：这里定义的子子分块 tile4 是子分块 tile8 的一个分区。
- 第 25～32 行：这里输出线程块排名为 id 里的个别线程信息，其中 id 是用户提供的。
- 第 34～41 行：主程序接受用户输入值去设置 id 和启动配置，并启动 cgwarp 内核函数。

示例 3.3   **cgwarp** 内核函数演示分块分区的使用

```
      . . .
08    template <int T> __device__ void
          show_tile(const char *tag, cg::thread_block_tile<T> p)
09    {
10      int rank =  p.thread_rank(); // thread rank in tile
11      int size =  p.size();        // number of threads in tile
12      int mrank = p.meta_group_rank(); // rank of tile in parent
```

```
                        // number of tiles in parent
13    int msize = p.meta_group_size();

14    printf("%s rank in tile %2d size %2d rank %3d
        num %3d net size %d\n", tag, rank, size,
        mrank, msize, msize*size);
15  }
16  __global__ void cgwarp(int id)
17  {
18    auto grid   = cg::this_grid();         // standard cg
19    auto block  = cg::this_thread_block(); // definitions
                   // 32 thread warps
20    auto warp32 = cg::tiled_partition<32>(block);
                   // 16 thread tiles
21    auto warp16 = cg::tiled_partition<16>(block);
                   // 8 thread tiles
22    auto warp8  = cg::tiled_partition< 8>(block);
                   // 8 thread sub-warps
23    auto tile8 = cg::tiled_partition<8>(warp32);
                   // 4 thread sub-sub warps
24    auto tile4 = cg::tiled_partition<4>(tile8);
25    if(grid.thread_rank() == id) {
26      printf("warps and subwarps for thread %d:\n",id);
27      show_tile<32>("warp32",warp32);
28      show_tile<16>("warp16",warp16);
29      show_tile< 8>("warp8 ",warp8);
30      show_tile< 8>("tile8 ",tile8);
31      show_tile< 4>("tile4 ",tile4);
32    }
33  }
34  int main(int argc, char *argv[])
35  {
36    int id      = (argc >1) ? atoi(argv[1]) : 12345;
37    int blocks  = (argc >2) ? atoi(argv[2]) : 28800;
38    int threads = (argc >3) ? atoi(argv[3]) : 256;
39    cgwarp<<<blocks,threads>>>(id);
40    return 0;
41  }

D:\ >cgwarp.exe 1234567 28800 256

warps and subwarps for thread 1234567:
warp32 rank in tile 7 size 32 rank  4 num  8 net size 256
warp16 rank in tile 7 size 16 rank  8 num 16 net size 256
warp8  rank in tile 7 size  8 rank 16 num 32 net size 256
tile8  rank in tile 7 size  8 rank  0 num  4 net size 32
tile4  rank in tile 3 size  4 rank  1 num  2 net size 8
```

示例 3.3 显示的结果，代表同一物理线程的不同视图，被视为不同定义的分区的成员。在不同的上级关系中，warp8 和 tile8 的区别只在于它们的"元"(meta)属性。

3.2　分块分区

分块分区（或分片分区，Tiled Partition）具有表 3.2 中所示的附加成员函数。

表 3.2 分块线程块的附加成员函数

成员函数	备注（`tid` 是调用线程的通道）
`T shfl(T var, int src)`	将 src 通道的值返回给 tile 中的所有线程
`T shfl down(T var, uint sft)`	将 tid+sft 通道的值返回给线程 tid。如果 tid+sft 超出范围，则返回 val 的本地值
`T shfl_up(T var, uint sft)`	将 tid-sft 通道的值返回给线程 tid。如果 tid-sft 超出范围，则返回 val 的本地值
`T shfl_xor(T var, uint msk)`	将（tid XOR msk）通道的值返回给线程 tid。例如，将 msk 设置为 size()-1 或者 -1，可以颠倒线程中 vals 的顺序
`int any(int pred)`	如果 tile 中任何一个线程的 pred 非零，则返回 1，否则返回 0
`int all(int pred)`	如果 tile 中所有线程的 pred 都非零，则返回 1，否则返回 0
`uint ballot(int pred)`	返回一个位掩码，其中位被设置为 1 表示具有非零 pred 值的活动线程
`uint match_any(T val)`	返回一个位掩码，其中位被设置为 1 表示具有与此特定线程相同 val 值的活动线程
`uint match_all(T val, int &pred)`	如果所有活动线程具有相同的 val 值，则返回活动线程的位掩码，并将 pred 设置为 1。否则返回 0，并将 pred 设置为 0

注：这里是关于 `thread_block_tile` 对象的附加成员函数。洗牌（shuffle）函数的模板参数 T 可以是 `int`、`long`、`long long`（有符号或无符号）和 `float` 或 `double` 类型。如果包括了 `cuda_fp16.h` 头文件，T 还可以是 `__half` 或 `__half2`。这些函数隐式地执行所有必要的同步，并且没有读写错误的风险。`shfl` 函数在引用提前退出的线程的值时返回 0。`match_any` 和 `match_all` 函数仅适用于计算能力 CC≥7.0 的 GPU 卡。

这些函数使得分块中的线程能够执行强大的集体操作。`thread_block_tile` 对象的成员函数提供了一种丰富多样的方式，让同一组内的线程进行通信。各种 `shfl` 函数并不是新的，但它们替代了旧的具有类似名称的内在函数（intrinsic function）。然而，新的成员函数隐式包括了任何所需的同步，这是编写针对新 CC≥7 设备的 tile 级代码时的一个重要简化。它们还保证在树归约等情况下，先读取再写入。

各种 `shfl` 函数允许同一 warp 中的线程在本地寄存器、共享内存或全局内存中交换值。示例 3.4 展示了如何修改示例 3.1，使用 `shfl_down` 对一组 warp 线程执行规约。

示例 3.4 使用 warp_shfl 函数的 reduce6 内核函数

```
05 #include "cooperative_groups.h";
06 namespace cg = cooperative_groups;
...
10 template <int blockSize> __global__ void
       reduce6(r_Ptr<float> sums,cr_Ptr<float> data,int n)
11 {
12   // This template kernel assumes blockDim.x = blockSize
13   // and that blockSize ≤ 1024
14   __shared__ float s[blockSize];
```

```
15   auto grid  =  cg::this_grid();              // cg definitions
16   auto block = cg::this_thread_block();       // for launch
17   auto warp  =  cg::tiled_partition<32>(block);   // config
18   int id = block.thread_rank();  // rank in block
19   s[id] = 0.0f;   // NB simplified thread linear addressing loop
20   for(int tid=grid.thread_rank();tid < n;
                          tid+=grid.size()) s[id] += data[tid];
21   block.sync();
22   if(blockSize>512 && id<512 && id+512<blockSize)
                                   s[id] += s[id + 512];
23   block.sync();
24   if(blockSize>256 && id<256 && id+256<blockSize)
                                   s[id] += s[id + 256];
25   block.sync();
26   if(blockSize>128 && id<128 && id+128<blockSize)
                                   s[id] += s[id + 128];
27   block.sync();
28   if(blockSize>64 && id<64 && id+64 < blockSize)
                                   s[id] += s[id +  64];
29   block.sync();
30   //  just warp zero from here
31   if(warp.meta_group_rank()==0) {
32     s[id]  += s[id + 32]; warp.sync();
33     s[id] += warp.shfl_down(s[id],16);
34     s[id] += warp.shfl_down(s[id], 8);
35     s[id] += warp.shfl_down(s[id], 4);
36     s[id] += warp.shfl_down(s[id], 2);
37     s[id] += warp.shfl_down(s[id], 1);
38     if(id == 0) sums[blockIdx.x] = s[0]; // store sum
39   }
40 }
```

示例 3.4 的说明

此处显示的内核函数是示例 3.1 中的 reduce5 内核函数的修改版。

- 第 5～6 行：这里导入访问协作组所需的头文件，并将 "cg" 定义为协作组命名空间的简称。

- 第 10 行：声明新的 reduce6 内核函数，其接口与 reduce5 相同。

- 第 15～17 行：这些增加的行，定义了表示当前线程的 warp、线程块以及整个线程网格的对象。

- 第 18 行：与先前内核函数的第 15 行有相同的效果，只是这里使用 b.thread_rank() 来查找线程在线程块中的排名，而不是 threadIdx.x。

- 第 20 行：这一行替换 reduce5 中第 17 行代码，并使用线性寻址计算存储在数组 data 中的 n 个值的基于线程的部分和。请注意，使用 grid 对象简化了 for 循环开始和结束值的表达式[6]。

- 第 21～29 行：这些与 reduce5 的第 19～26 行相同，只是这里使用 group.sync() 而不是 __syncthreads()。

- 第 31～39 行：这是线程块最低排名 warp 所执行的归约操作的最后一部分代码，与

reduce5 的第 27～35 行有相同效果。请注意，在代码中 warp 的 32 线程大小仍然是硬捆绑的；此处可以使用 warp.size( ) 替代 32，并用 for 循环替换第 29～33 行，但是为了清晰和性能，我们更喜欢使用这个显式展开的版本。

- 第 32 行：这里要使用 warp.sync( ) 而不是 __syncwarp( )，因为代码从不同的 warp 中读取数据，我们不能使用 shfl 函数。
- 第 33～37 行：我们在这里看到代码的重要变化。使用 warp 的 shfl_down( ) 成员函数在同一 warp 中的线程之间交换本地值。这个成员函数会隐式执行必要的线程内同步，包括保护免受读写错误的影响。因此，我们可以省略前面示例中使用的 if(id<...) 语句和前面示例的第 28～33 行中的 __syncwarp( ) 语句。事实上，我们不仅可以省略，而且必须省略！表 3.2 中显示的 shfl_up、_down 和 _xor 指令只有在发送方和接收方线程执行该指令时才起作用。如果发送方线程处于非活动状态或退出状态，则接收方线程获得的结果将被记录为未定义。更多细节在我们关于线程分歧的部分中的表 3.7 中。

在第 32～37 行，我们使用隐式 warp 级别编程的锁步方式，恢复旧代码在 CC < 7.0 上的简单性和效率，但优点是我们的意图明确！

- 第 38 行：这是最后一行，用于存储块总和，与先前示例的第 34 行完全相同。

观察示例 3.4 中的 warp 级处理，我们注意到，虽然 shfl_down 函数可以使用共享内存来保存要交换的值，但它并不需要，一个本地寄存器同样可以工作，并且可能略微更快。这促使我们考虑完全放弃共享内存并编写第三个版本的归约内核 reduce7，如示例 3.5 所示；它只使用 warp 级代码和本地寄存器。

示例 3.5　仅使用线程束内通信的 **reduce7** 内核函数

```
10  __global__ void reduce7(r_Ptr<float> sums,
                            cr_Ptr<float> data,int n)
11  {
12  // This kernel assumes array sums is set to zero
13  // on entry and that blockSize is multiple of 32
14  auto grid =  cg::this_grid();
15  auto block = cg::this_thread_block();
16  auto warp =  cg::tiled_partition<32>(block);

    // accumulate thread sums in register variable v
17  float v = 0.0f;
18  for(int tid=grid.thread_rank(); tid<n;
                      tid+=grid.size()) v += data[tid];
19  warp.sync();
20  v += warp.shfl_down(v,16);  // |
21  v += warp.shfl_down(v, 8);  // | warp level
22  v += warp.shfl_down(v, 4);  // | reduce here
23  v += warp.shfl_down(v, 2);  // |
24  v += warp.shfl_down(v, 1);  // |

    //    use atomicAdd to sum over warps
```

```
25    if(warp.thread_rank()==0)
          atomicAdd(&sums[block.group_index().x], v);
26  }
```

示例 3.5 的说明

这是本书中我们最喜欢的例子之一，非常简洁，看起来与标准教程的归约例子不同。在这个内核函数中，所有的 warp 都被对称地处理，并且始终处于活动状态。线程块的大小没有任何限制，只需要是 32 的倍数即可。我们喜欢的一点是完全不需要共享内存，这样就简化了内核函数启动，并允许在 GPU 中使用最大的 L1 缓存，其中共享内存和 L1 缓存是从一个公共池中分配的。它是我所谓的仅使用 warp 内核函数编码的很好的例证，这在 CUDA 协作组的帮助下变得很容易，我认为这应该会变得更加普遍[7]。

- 第 10 行：声明的 reduce7 与之前的示例相似，但这不是一个模板函数。这是因为这个版本的内核函数适用于任何线程块大小（只要是 32 的倍数）。所有的树形归约将在单个 warp 在五个步骤中完成。

- 第 14~16 行：这些定义了通常的 CG 对象；注意，之前没有共享内存声明。

- 第 17~18 行：这里，内核函数中的每个线程都会对输入数据的一个子集进行求和，对应于示例 3.4 的第 19~20 行。但是，使用基于本地寄存器的变量 v，而不是由 id 索引的共享 s 数组，使用共享内存的分配简化了代码和内核启动。它还允许我们配置 GPU，以便在可能的设备上使用最大的 L1 缓存和最小的共享内存。

- 第 19 行：这里使用 warp.sync()，而不是在之前的版本中的 __syncthreads()，这样会稍微更快一点。

- 第 20~24 行：这是由 32 个本地 v 值的 warp 级树形归约，由每个 warp 的线程所持有。在这里，我们看到 warp 级别成员函数，在同一 warp 中的线程之间共享数据的真正力量。这些行对应于前一个示例的第 33~37 行。

- 第 25 行：对于每一个 warp，在 warp 里排名为 0 的线程，会存放这个 warp 的总和。为了保留与之前版本的相同输出接口，我们希望在输出数组 sums 的单个元素中，只存放这些个体的总和。我们通过使用原子加法，来解决在单个内存位置中累加多个值的问题，以更新全局内存的元素。这是一种潜在的昂贵操作，并且要求在内核函数调用之前将 sums 的元素清零。对于 CC=6.0 及以上的 GPU，我们可以使用新的 atomicAdd_block 函数，将原子操作限制为同一线程块中的线程。这个更新的版本应该比旧的 atomicAdd 函数更快，因为这个只检查内核中所有线程的。但是在 RTX 2070 上的测试，显示这两个函数之间，几乎没有明显的性能差异。

另请注意，我们使用 warp.thread_rank() == 0 来查找 warp 中排名最低的线程，而不是 id%32 == 0。同样，这使程序员的意图更加清晰。

示例 reduce7 的代码段不仅比以前的版本更加紧凑，而且适用于任何线程块大小，只

要是 warp 大小的倍数就行，无需模板参数或其他测试。

关于 reduce7 还有个有趣的注意点，我们在这里使用 shfl_down 内置函数的思路，同样也可以在第二个参数值使用 shfl_xor 去处理，这些值被解释为 XOR 操作的通道掩码，而不是向下位移值。使用这些 XOR 的效果是交换相应的成对值，而不仅仅是向下移位或在超出范围时返回本地值。在五个步骤后就开始反转，让 warp 中的所有 32 个 v 值都包含相同的正确总和，而不仅仅是 0 号线程。这不需要额外的时间，对于需要 warp 所有线程去持续计算总和的应用，这个方法会有帮助的。

从一开始，归约主题就出现在 CUDA 教程中，主要是为了说明共享内存。正如最终的 reduce7 示例所显示的，在较新的 GPU 上进行仅使用 warp 编程，可以在不使用共享内存情况下提供相同或更好的性能。在 2020 年 5 月，引入新计算能力 CC 为 8 的 Ampere 一代 GPU 的 CUDA SDK 11 中，在协作组库中添加一个新的 warp 级别的归约函数 [8]，可以替换 reduce7 内核函数的第 19～23 行。这在我们的最终的归约示例 reduce8（见示例 3.6）中展示。

示例 3.6　显示使用 cg::reduce warp 级函数的 reduce8 内核

```
05    #include "cooperative_groups/reduce.h"
  . . .
10  __global__ void reduce8(r_Ptr<float> sums, cr_Ptr<float>
                            data, int n)
11  {
12    // This kernel assumes array sums is set to zero
13    // on entry and that blockSize is multiple of 32
14    auto grid =  cg::this_grid();
15    auto block = cg::this_thread_block();
16    auto warp =  cg::tiled_partition<32>(block);

      // accumulate thread sums in register variable v
17    float v = 0.0f;

18    for(int tid=grid.thread_rank(); tid<n;
                       tid+=grid.size()) v += data[tid];
19    warp.sync();
20    v = cg::reduce(warp, v, cg::plus<float>());

21    //atomic add to sum over block
22    if(warp.thread_rank()==0)
          atomicAdd(&sums[block.group_index().x],v);
23  }
```

示例 3.6 的说明

- 第 5 行：这个额外的引入声明是访问新的归约函数所必需的。
- 第 20 行：这个函数调用替换了 reduce7 函数的第 20～24 行。这个函数有三个参数：当前 warp、在 warp 中进行归约的数据项，以及需要执行的归约操作类型。cg::reduce 函数是第二个参数类型的一个模板函数，而且是 C++11。第三个参数可

以 是 plus()、less()、greater()、bit_and()、bit_xor() 或 bit_or() 中的任意一个，需要明确指定第二个参数的类型。

至于 reduce8 函数的其他代码与 reduce7 函数相同。

3.3　向量加载

最后但非常重要的一点，我们注意到这些旧约内核函数有两个步骤。首先是一个累加的步骤，在整个输入数组上找到了基于线程的部分和；第二个步骤，将部分线程总和归约为每个线程块中的一个值。第一步的时间随着输入数组大小的增加而增加，而第二步的时间与输入数组的大小无关。因此，对于大型规模的输入数组，内核函数执行所需的时间由第一步决定，但我们迄今为止的努力都集中在第二步的优化上。

我们注意到，在第一步中，每个线程在读取循环时从输入数组 data 中读取单个 32 位字（例如，示例 3.5 和 3.6 的第 17 行）。读取是合理意义上的协同，因为连续的线程从输入数组中读取连续的字，尽管我们可以切换为每个线程读取 128 位项目来提高性能；从 L1 缓存使用方面是最有效的，并且允许编译器使用 1 个 128 位加载和存储指令，而不是 4 个 32 位指令。这种技术称为向量加载，在 NVIDIA 博客中进行了讨论，网址如下，https://devblogs.nvidia.com/cuda-pro-tip-increase-performance-with-vectorized-memory-access/。

修改后的内核函数 reduce7_v1 的版本如示例 3.7 所示。

示例 3.7 的说明

- 第 10 行：内核参数没有改变。我们读取输入数组 data，就当作是个 int4 数组，但是这个细节对用户是隐藏的。
- 第 17 行：这里声明一个 128 位的向量变量 int4 v4，而不是一个标量变量 int v，并将每个分量设置为 0。这替代了在 reduce7 内核函数中的标量 v。
- 第 18 行：由于每个 for 循环步骤现在将从输入数组 data 中消耗 4 个构造值，因此终止条件现在是 tid < n/4 而不是 tid < n。请注意，代码中有个 n 是 4 的倍数的默认假设，如果不是的话，则由于 n/4 中的整数舍入，最多会忽略掉 3 个输入数组的值，这个限制比先前示例中 n 得是 blockSize 倍数的限制更弱。

这里使用 reinterpret_cast 来告诉编译器，将指针 data 视为指向 float4 数组的指针；这意味着索引 tid 将被视为对 128 位项数组的索引，右侧返回的值将被视为 int4 对象。编译器使用单个 128 位加载指令，来访问完整的 128 位 L1 缓存行。

然后，使用 CUDA SDK 头文件 helper_math.h 中定义的重载 += 运算符，逐个从 data 得到的 float4 作为组件添加到 v4 中去累加线程总和。

- 第 19 行：这里对 v4 的四个分量求和，并将结果存储在标量变量 v 中。标量 v 现在扮演与 reduce7 示例中相同的角色。我们注意到了微妙细节，在两个版本的内核函数中，不同的数据子集都被加总到 v 变量中，这可能会产生含入误差。

● 第 20～26 行：与 reduce7 的第 19～25 行相同。

示例 3.7 带有向量加载的 `reduce7_v1` 内核函数

```
10   __global__ void reduce7_v1(r_Ptr<float> sums,
                                cr_Ptr<float> data, int n)
11   {
12     // This kernel assumes array sums is set to zero
13     // on entry and that n is a multiple of 4.
14     auto grid  =  cg::this_grid();
15     auto block = cg::this_thread_block();
16     auto warp  =  cg::tiled_partition<32>(block);

       // use v4 to read global memory
17     float4 v4 = {0.0f,0.0f,0.0f,0.0f};
18     for(int tid = grid.thread_rank(); tid < n/4;
                              tid += grid.size() ) v4 +=
              reinterpret_cast<const float4 *>(data)[tid];

       // accumulate thread sums in v
19     float v =  v4.x + v4.y + v4.z + v4.w;
20     warp.sync();
21     v += warp.shfl_down(v,16); // |
22     v += warp.shfl_down(v,8);  // | warp level
23     v += warp.shfl_down(v,4);  // | reduce here
24     v += warp.shfl_down(v,2);  // |
25     v += warp.shfl_down(v,1);  // |

       //  use atomicAdd to sum over warps
26     if(warp.thread_rank()==0)
              atomicAdd(&sums[block.group_index().x],v);
27   }
```

其他的内核函数可以按照同样的方式转换成使用 128 位向量加载。我们这里不展示代码，但修改后的内核函数可在我们的代码库中找到。我们已经在各种归约内核函数上进行计时测试，输入数组大小在 2^{15}～2^{29} 之间的 2 幂次方。由于读取全局内存是性能的限制因素，合适的度量标准是以 GB/s 计算的带宽，计算公式为：

带宽（GB/s）= 输入数组大小（以字节为单位）/（$10^9 \times$ 花费时间）

为了进行比较，我们还包括了使用 thrust::reduce 库函数对存储在设备内存数据的计时，在 RTX 2070 GPU 上的结果比较如图 3.1 和图 3.2 所示。

要在这些快速的内存限制类内核函数中获取精确的计时信息，实际上非常困难。这里显示的结果基于内核函数的平均运行时间，循环运行 1024～65 536 次，使用多个数据缓冲区数据的副本，跨越 229 个 4 字节的全局内存单元，并在连续的迭代中旋转不同的数据副本，以避免内存缓存。如果没有这个预防措施，较小数据规模的执行时间只能反映从 L1 或 L2 缓存重新加载数据的时间。我们还为每个内核函数运行了几个不同的启动配置，在每种情况下都使用了所获得的最快时间。发现最佳的启动配置在不同的内核函数和数据规模之间不同，较小数据规模需要较少的块和线程。

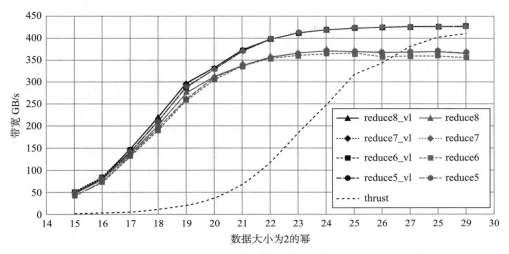

图 3.1　Turing RTX 2070 GPU 上归约内核函数的性能

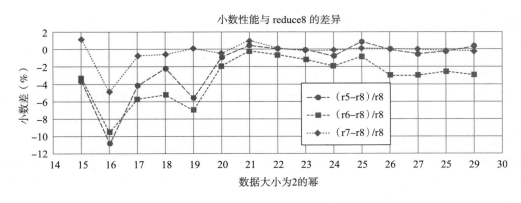

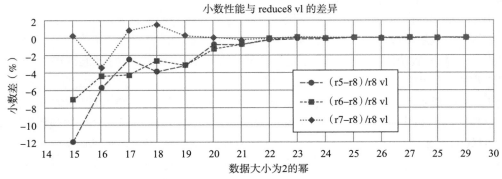

图 3.2　归约内核函数之间的性能差异

从图 3.1 可以清楚地看出，目前最重要的优化是切换到向量加载。此外，reduce7/8 内核函数具有最佳性能，在面对较大数据集时，它们与 reduce6 相比的改进相当小。

为了更清楚地看到差异，图 3.2 显示 reduce8 和 reduce5/6/7 以及 reduce8_v1 和 reduce5/6/7_v1 之间的分数带宽差异。例如，要计算 reduce5 部分的差异比例，使用的算式为 $100 \times (reduce5-reduce8)/reduce8$，其余以此类推。从图中可以看出，reduce7 版本比 reduce5 或 reduce6 更好，但这些差异在较大数据集就不太明显。这可能是因为对于大型数组，是由内存访问速度来主导计算时间。reduce7 内核函数的性能基本上与在 reduce8 中使用的新 CUDA 归约函数相同。这些结果是在我们计算能力为 7.5 的 RTX 2070 Turing GPU 上执行的，下一代计算能力为 8 的 Ampere GPU 具有 warp 级归约的硬件支持，因此可以期望 reduce8 在这些设备上表现更好。

现在结束我们关于 GPU 上归约操作的讨论，本章的其余部分探讨了协作组的进一步特性，其中包括将 warp 分成子集。在第一次阅读时，可以跳过这一部分，因为你可能不想使用这些更神秘的协作组功能。这一章节后面的例子有点不太实际，但我们认为在本书的其余部分中，更加偏向应用方向的例子会更有价值。

3.4　warp 级内部函数和子 warp

尽管 CG 的 tiled_partition 对象通常以 32 来表示 32 线程的 warp，但也可用于表示 2 的幂大小的 warp 子集，例如，4 或 16 线程的组。size、thread_rank 和所有其他成员函数将反映 tiled_partition 定义的子集的大小。如果你的问题自然需要使用这些子集，这是一个非常方便的功能。然而，请注意，虽然有软件支持子 warp，但没有额外的硬件支持来允许同一 warp 中的线程子集同时执行不同的任务。[9]因此，如果同一 warp 中的不同子 warp 执行不同的操作，就会出现线程分歧，并导致一些相关的性能损失。任何大小的 tiled_partition 的 sync 成员函数始终可以安全使用，即使在同一 warp 中出现分歧子 warp 的情况下也不会导致死锁。

协作组的另一个好处是能够处理线程分歧，这将在稍后的线程分歧和同步部分中讨论。

表 3.2 中显示的成员函数并不是最新的。自从 CC=3.0 的 Maxwell 架构以来，CUDA 提供一系列具有类似功能的内部函数，允许线程直接与同一 warp 中的其他线程直接共享它们保存在寄存器中的信息。可用的函数，包括表 3.3 中所示的 warp vote 与 match 函数，以及表 3.4 中所示的 warp shuffle 函数。这些表中显示的函数版本是与 CC 7 一起引入的，正如它们的名称所暗示的那样，在必要时会隐式执行 warp 级同步。这些函数取代早期 CC 3 时代的函数，它们具有相似的名称，但不包括 _sync 后缀。这些早期函数依赖于隐式 warp 级锁步同步，因此与现代 CC≥7 设备一起使用是不安全的。match_all 与 match_any 函数是 CC=7.0 的新函数，仅适用于 CC≥7.0 的设备。

表 3.3　warp vote 和 warp match 内在函数

warp 级内部函数	性能
int __all_sync(uint mask,int pred)	评估 mask 中所有未退出线程的 pred，如果所有（all）参与线程的 pred 都具有非零值，则返回非零值
int __any_sync(uint mask,int pred)	评估 mask 中所有未退出线程的 pred，如果有任一个（any）参与线程的 pred 具有非零值，则返回非零值
uint __ballot_sync(uint mask, int pred)	评估 mask 中所有未退出线程的 pred，并返回一个 uint，对具有非零 pred 值的参与线程，将其位置位元（bit）设置为 1
uint __activemask()	返回一个 uint 长度的位元集（bits set），在调用 warp 中所有当前活动且未退出的线程，将其位置位元设为 1
unsigned uint __match_any_sync(uint mask, T val)	对于 mask 中的每个未退出线程，返回一个 uint 长度的位元集，对具有与调用线程相同 val 值的参与线程，将其位置位元设为 1
unsigned uint __match_all_sync(uint mask, T val, int *pred)	对于 mask 中的每个未退出线程，如果 mask 中的所有线程都具有相同的 val 值，则返回一个等于 mask 的 uint 数据，并将 pred 设为非零值，否则返回 0 并将 pred 设为 0

注：warp match 函数仅适用于 CC≥7.0。

表 3.3 和表 3.4 中展示的 warp 级别内部函数，主要是为了完整性而呈现的，因为你可能会在旧的教程示例或现有代码中看到。虽然它们可以在不创建 CG 对象的情况下使用，但我们认为它们比表 3.2 中展示的成员函数更难使用，因为需要为参与的线程指定掩码参数。我们还认为，无论你是否需要使用成员函数，创建 tiled_partitions 来表示 warp 一直是好的 warp 级别 CUDA 代码的方法。

表 3.3 和表 3.4 还有另一个有趣的原因是，我们在示例中使用的 tiled_partions 成员函数，可能是通过调用具有适当构造的掩码和宽度值的这些旧函数来实现的 [10]。

3.5　线程分歧和同步

在许多 CUDA 程序中，代码中有分支是必要的，其中一些线程将采用一个分支，而另一些线程将采用另一个分支。对此的一种变体是，一些线程可能会通过使用 return 提前退出内核，而让剩余的子集继续运行。在没有分歧分支且没有早期 returns 的简单内核中，我们可以确定所有线程都处于活动状态。在其他情况下，我们可能知道在代码的某些部分，某些线程处于或可能处于非活动或退出状态。

重要的是要区分已退出和非活动线程。大多数 CUDA 函数可以优雅地处理已退出的线程，但可能会在处理非活动线程时出现问题。[11] 例如，在退出线程时存在被忽略的非活动线程，那么 syncwarp() 可能会锁死。如果我们编写通用设备函数，则非活动线程是一个巨大的潜在问题。这个函数可能会被不同的内核函数调用，因此在调用时不应假设哪些线程是活动的。特别是当我们使用 _syncthreads()、syncwarp() 或任何 warp shuffle 函数时，非活动线程会引起问题。shuffle 函数的一个相关问题是超出范围的目标线程，例如，在调用 w.shfl_down(v,16) 时，warp 中的线程 16～31 将超出范围，而线程 0～15 则不会。可能的情况和结果如表 3.5 和表 3.6 所示。

表 3.4　warp shuffle 函数

warp shuffle 函数	性能
T __shfl_sync(uint mask, T val, int src, int width=warpSize)	对于 mask 中的任一个未退出线程，返回 ID 为 src 的线程持有的 val 值。如果线程 src 处于非活动状态，结果就是未定义，这是一个广播操作。如果 width 小于 warpSize，那么 warp 的每个子部分都会像一个独立子 warp 一样运作，其通道范围为 [0, width-1]。除此之外，用 src%width 算出源通道，因此广播仅限于子 warp，每个子 warp 可能使用不同的 src 值，宽度必须是 2 的幂次，并且小于等于 warpSize。
T __shfl_up_sync(uint mask, T val, uint delta, int width=warpSize)	与 shfl_sync 相同，除了固定的 src 通道被调用线程的通道减去 delta 所替换。以 delta = 3 为例，则位于通道 15 的线程将接收来自通道 12 的值。如果减法导致负的通道值，则函数返回 val 调用线程自己的值。有效地在 warp 或子 warp 内将值向上移动 delta 个位置。
T __shfl_down_sync(uint mask, T val, uint delta, int width=warpSize)	与 shfl_sync 相同，除了固定的 src 通道调用线程的通道加上 delta 所替换。以 delta = 3 为例，位于通道 15 的线程将接收来自通道 18 的值。如果减法导致值 >width-1，则该函数返回 val 调用线程自己的值。有效地在 warp 或子 warp 内将值向下移动 delta 个位置。
T __shfl_xor_sync(uint mask, T val, uint laneMask, int width=warpSize)	与 shfl_sync 相同，除了固定的 src 通道被调用线程的通道与 laneMask 的逻辑 XOR 所替换。以 laneMask = 0x1F 和 width = 32 为例，由调用线程接收的值将按相反的顺序排列到 warp 中的调用线程的排名。在目前的硬件上，使用异或的结果的最后 5 位。因此，如果 width 小于 warpSize，则异或的结果可能大于子 warp 的大小。在这种情况下，线程将无法访问高排名子 warp 中的值，而只能返回其自己的 val 的值，但是它们将能够访问低排名子 warp 中的线程。

注：T 可以是任何 32 位或 64 位整数类型，或者 float 或 double。如果引入 cuda_fp16 .h 标头，则还允许使用 __half 和 __half2 类型。shfl 函数在引用提前退出的线程时，返回 0 值。

表 3.5　warp shuffle 函数的返回值

目标线程状态	返回值	目标线程状态	返回值
活动且在范围内	目标线程的值	不活动且在范围内 [12]	未定义（0）
超出范围	调用线程的值	已退出且在范围内	未定义（0）

注：对于非 warp shuffle 的成员函数，需要一个位掩码来指定哪些线程将参与交换，只能在指定范围内的线程才计算。因此，如果位掩码（bitmask）排除了 7～10 号线程，那么经过 shfl_down 位移 1，线程 6 将从线程 11 接收其值。

表 3.6　同步函数的行为

级别	行为	结果
块级别的 __syncthreads() 和 b.sync()	所有块内的线程都处于活动状态	成功
	块内所有线程要么处于活动状态，要么已退出	成功
	一个或多个块内线程处于非活动状态，__syncthreads()	死锁
	一个或多个块内线程处于非活动状态，b.sync()	未定义
warp 级别的 __syncwarp(mask) 和 w.sync()	mask 中的所有未退出线程到达相同的 __syncwarp() 或 b.sync()	成功
	掩码中的一些未退出线程会到达不同的 __syncwarp() 函数	成功，CC≥7.0
	b.sync() 指令在分歧代码中使用	未定义，CC<7.0
	掩码中有一个或多个未退出的线程未能到达任何 __syncwarp() 或 b.sync() 指令	未定义

在表 3.5 中，需要注意活动线程和非活动或已退出线程之间的不同返回值。在我们的归约示例 3.4 中，使用 shfl_down 返回值进行加法时，一个非活动线程返回 0 值可能不是一个问题，但如果我们使用乘法，意外返回的 0 值将是灾难性的。如果知道哪些线程是活动的，则可以将位掩码与内置的 warp shuffle 函数一起使用，将不活动的线程排除在外，避免从不活动的线程中出现未定义返回值的问题。特别是，注意 shfl_up 或 shfl_down 使用的移位操作，只使用位掩码中包含的线程来确定目标线程。例如，如果将线程 7～10 从位掩码中排除，使用移位量为 1 的 shfl_down 时，线程 6 将接收线程 11 的值。虽然你可以直接使用内置函数并手动设置适当的掩码，但最好使用下面讨论的协同组。

3.6　避免死锁

有时需要在线程块级别使用 __syncthreads() 函数进行同步。这个函数自 CUDA 推出以来一直都有，文档中指出，需要使块中所有未退出线程到达相同的 __syncthreads() 调用，否则内核将停顿，永远等待。如果你使用共享内存在不同 warp 的线程中交换数据，那么代码中肯定需要至少一个 __syncthreads()。这对简单的情况是没问题的，但是一旦存在一些线程分歧时，就有可能不是所有线程都能到达代码中的特定 __syncthreads() 调用，尤其对于包含调用 __syncthreads() 的 __device__ 函数进行条件调用时是特别危险的。

实际上，9.0 及更高版本的 SDK CUDA C 编程指南解释了，早期的硬件实际上实现了 __syncthreads() 的一个较弱形式，引用指南的说法：

"尽管 __syncthreads() 一直被记录为同步线程块中的所有线程，但 Pascal 及之前的架构只能在 warp 级别上强制执行同步。在某些情况下，只要每个 warp 中至少有一些线程到达了障碍，就可以使障碍成功而不被每个线程执行。从 Volta 开始，CUDA 内置的 __syncthreads() 和 PTX 指令 bar.sync（及其派生物）按线程强制执行，因此直到所有未退出的线程到达，它们才能成功。利用之前的行为的代码可能会发生死锁，必须修改以确保所有未退出的线程都到达障碍。"

示例 3.8 展示了一个名为 deadlock 的内核函数，目的在展示分歧线程死锁问题。这个内核函数将每个线程块中的线程划分为三组，接受用户可设置的参数 gsync。A 组包括排名在 [0, gsync-1] 之间的线程，B 组包括排名在 [gsync, gsync2-1] 之间的线程，C 组包括排名≥gsync2 的线程。主要思路是，A 组线程在一个 __syncthreads() 处等待，B 组在另一个 __syncthreads() 处等待。对于 CC<7 的硬件，这是不足以引起死锁的——我们需要第三组线程，既不调用 __syncthreads()，也不退出。在我们的示例中，这些线程被保持在由等待 A 组的 __syncthreads() 控制的排名为 0 的障碍处。

示例 3.8 的说明

示例 3.8 的第 10~20 行展示了启动死锁内核函数的 C++ 主函数。主函数接受四个可选的用户参数：warps，每个线程块的 warp 数；blocks，线程块的数量；gsync，控制内核中线程分歧的数量；以及 dolock，用于打开或关闭第 33 行中对 lock 值的检查。

- 第 16~18 行：在第 17 行启动 deadlock 内核函数，接受用户提供的输入，包括线程块数量（blocks）与每个线程块的线程数量值（warp*32）。类型 int 的参数 gsync 和 dolock 作为内核参数传递。（实际上，blocks 参数的值对于内核是否死锁并没有影响，但它仍然包含在此处作为用户可调参数，以保持与其他示例的一致性）

- 第 21 行：这是 deadlock 内核函数的声明，接受 gsync 和 dolock 两个 int 类型参数。正如上面所解释的，参数 gsync 控制了一个三路线程分歧；线程编号在 [0, gsync-1] 范围内的线程执行 26~29 行的代码，线程编号在 [gsync, 2gsync-1] 范围内的线程执行 30~32 行的代码，而线程编号大于等于 2gsync 的线程不执行这两个分支，直接从第 25 行跳转到第 33 行。

- 第 23~25 行：从这里启动内核函数，并声明一个共享的 int 类型变量 lock，这个变量由线程 0 初始化为 0。第 25 行是一般所需的 __syncthreads()，在一个或多个线程初始化共享内存后必须使用，所有线程在第 25 行之后都会看到 lock 设置值。这个 __syncthreads() 已由所有线程执行，且不可能导致死锁。

- 第 26~29 行：这个 if 语句内部的语句将被 A 组线程执行，线程的排名小于用户提供的标志 gsync。例如，如果 gsync=32，就只是 warp 0 的线程；如果 gsync=16，则为 warp 0 的前一半；如果 gsync=48，则为 warp 0 的所有线程和 warp 1 的一半，以此类推。

- 第 27 行：这里在 if 子句内执行了一个 __syncthreads()。如果线程块的规模大于或等于 gsync（blockDim.x≥gsync），那么最高排名的线程将无法到达这行代码，从而导致潜在的死锁。

- 第 28 行：如果前面行中的 __syncthreads() 成功，那么线程 0 将共享变量 lock 设置为 1，允许所有线程最终跨越第 33 行并退出。

- 第 30～31：第 31 行中的 __syncthreads() 是为在范围 [gsync,2gsync-1] 内的 B 组线程执行的。如果某些线程进入这条路径，就存在线程分歧，严格解释早期文档意味着会发生死锁。实际上，对于 GTX 970，如果线程仅仅执行不同的 __syncthreads()，则不会发生死锁。

- 第 33 行：C 组线程绕过了两个 __syncthreads()，直接到达此处。请注意，这是一个 while 语句而不是对 lock 值的 if 语句检查，这意味着所有线程都将在此处等待，直到 0 号线程执行第 28 行，而 0 号线程只有在第 27 行中的 __syncthreads() 成功后才能执行这个操作。因此，即使在 CC<7 的旧设备上也存在死锁的可能性。

防止线程在分歧代码中提早退出，对于展示 CC<7 设备上的死锁是必不可少的。如果第 33 行中的 dolock 开关设置为 0 而绕过对 lock 的检查，则所有排名≥2gsync 的线程将在此时退出，并且任何未完成的 __syncthreads() 都将注意到这些退出，并允许较低排名的线程继续通过障碍，因为退出的线程会自动满足 CUDA 的同步操作。

- 第 34 行：排名为 0 的线程输出一条消息，只有在内核函数正常终止时才能看到[13]。

示例 3.8   deadlock 内核函数展示了线程分歧时出现死锁的情况

```
10   int main(int argc, char* argv[])
11   {
12     int warps  = (argc > 1)? atoi(argv[1]) : 3; // 3 warps
13     int blocks = (argc > 2)? atoi(argv[2]) : 1; // 1 block
14     int gsync  = (argc > 3)? atoi(argv[3]) : 32; // one warp
15     int dolock = (argc > 4)? atoi(argv[4]) : 1; // use lock?
16     printf("about to call\n");
17     deadlock<<<blocks,warps*32>>>(gsync,dolock);
18     printf("done\n");
19     return 0;
20   }
21   __global__ void deadlock(int gsync, int dolock)
22   {
23     __shared__ int lock;
24     if (threadIdx.x == 0) lock = 0;
25     __syncthreads(); // normal syncthreads

26     if (threadIdx.x < gsync) {  // group A
27       __syncthreads(); // sync A
       // deadlock unless we set lock to 1
28       if (threadIdx.x == 0) lock = 1;
29     }
30     else if (threadIdx.x < 2*gsync) { // group B
31       __syncthreads(); // sync B
```

```
32     }
       // group C may cause deadlock here
33     if(dolock) while (lock != 1);
       // see message only if NO deadlock
34     if(threadIdx.x == 0 && blockIdx.x==0)
                    printf("deadlock OK\n");
35  }
```

如果使用默认参数调用此代码，它将导致死锁，因为第三个 warp 中的线程没有调用 syncthreads，无法在线程 0 设置 lock 为 1 之前退出。

在表 3.7 中展示了在两个设备上运行示例 3.8 的一些结果。其中两个设备的行为不同的条目以粗体显示。

表 3.7　示例 3.8 中 deadlock 内核函数的结果

warps	gsync	GTX 970 CC=5.2		RTX 2070 CC=7.5	
		dolock = 0	dolock = 1	dolock = 0	dolock = 1
2	32	运行	运行	运行	运行
3	32	运行	死锁	运行	死锁
2	16	**运行**	死锁	**死锁**	死锁
3	48	**运行**	**运行**	**死锁**	**死锁**
4	48	**运行**	死锁	**死锁**	死锁

从表 3.7 的结果中可以看出以下情况：

第 1 行：这里有两个 warp，在一个给定 warp 中的所有线程执行相同的 __syncthreads()，但是两个 warp 执行不同的 __syncthreads()。在这种情况下没有死锁。

● 第 2 行：这里有三个 warp，前两个与第 1 行的行为完全相同，但是第三个 warp（warp 2）中的所有线程绕过 27 和 31 行，直接进入 33 行中的检查。如果 dolock=0，则所有这些线程都退出，因此不会阻塞未完成的 __syncthreads()。然而如果 dolock=1，则来自第三个 warp 的所有线程都在 33 行处停顿，并阻止未完成的 __syncthreads()。

● 第 3 行：这里 warp 0 较低排名的一半属于 A 组并进入第 27 行，而较高排名一半属于 B 组并进入第 31 行。来自 warp 1 的所有线程都直接进入 33 行。GTX 卡的行为与第 2 行相同，但 RTX 卡即使在 dolock=0 的情况下也会发生死锁。这是因为对于 CC≥7 的设备，硬件确实检查给定 warp 的所有未退出线程，是否调用相同的 __syncthreads。

● 第 4 行：这里有 3 个 warp，所有线程都属于 A 组或 B 组，并到达第 27 或 31 行。但是，中间 warp（warp 1）的一半线程属于 A 组，另一半属于 B 组。在这里 dolock 的值没有影响，因为没有线程直接进入 33 行。GTX 内核在两种情况下都运行，而 RTX 则在两种情况下都发生死锁。RTX 上的死锁是因为来自 warp 1 的线程被不同的

__syncthreads() 阻止。

- 第 5 行：与第 4 行类似，不同之处在于最高排名的 warp 的线程直接进入 33 行，并且对于 dolock=1 被未完成的 __syncthreads() 所阻塞。因此现在 CC<7.0 设备在 dolock=1 时也会发生死锁。

在这些实验之后，我们得出以下结论，这些陈述似乎适用于避免使用 __syncthreads() 时发生死锁：

"在设备计算能力 (CC)≥7 的情况下，每个线程块中的所有 warp，一个特定 warp 中所有未退出线程必须执行相同的 __syncthreads() 调用，但不同的 warp 可以执行不同的 __syncthreads() 调用。

在设备计算能力 (CC)<7 的情况下，对于每个线程块中的所有 warp，每个 warp 中至少有一个具有未退出线程的线程必须执行 __syncthreads() 调用。"

请注意，避免死锁是确保代码正确性的必要条件，但远非充分条件。最好的建议是在线程分歧的情况下避免使用 __syncthreads()。在分歧的代码中特别要注意函数调用——你确定这些函数不使用 __syncthreads() 吗？

如果上述所有内容看起来很复杂，请记住，__syncthreads() 在非分歧代码中是没问题的，但在分歧的代码中，请尽量使用更加灵活的 warp 级别同步，因为 NVIDIA 的协作组库包含管理简单的内部 warp 线程分歧的工具。

示例 3.8 最后需要指出的是，在分歧代码中使用 __syncthreads() 是明显的错误！调用 __syncthreads() 的完整目的是同步线程块中的所有未退出线程。一个更现实的情况是，在分歧代码中调用设备函数，并且在这个函数调用 __syncthreads()，在更大的项目中尤其如此，因为你可能无法访问被调用的设备函数的源代码。理想情况下，这类函数的编写者应该使用一个较弱版本的 __syncthreads()，它只对当前活动线程起作用——NVIDIA 协作组库中协同组特性提供了这个功能。

3.7 协同组

使用协同组的 coalesced_group 对象是避免分歧线程困难的最佳方法，该对象表现为模板化的 tiled_partition，但是只包含 warp 中当前活动的线程作为其成员。[14] 与 tiled_partition 不同的是，你不必将其大小指定为 2 的幂，而是在创建时自动设置为当前活动线程的数量。可以使用 coalesced_threads() 对象创建 coalesced_group 对象，类似于创建 thread_block，如方框中所示。

```
auto a = cg::coalesced_threads();  // a for active
或
cg::coalesced_group a = cg::coalesced_threads();
```

请注意，coalesced_threads 函数不接受任何参数，不像 tiled_partitions 的相应函数需要当前的线程块作为参数。返回的对象 a 包含调用线程的 warp 中所有当前活动的线程；因此它是一个 warp 级的对象。成员函数 a.size() 将返回活动线程的数量，它的 warp shuffle 成员函数将隐式使用与这些活动线程对应的掩码，a.rank() 返回的线程排名值将在 [0, a.size()-1] 范围内。最重要的是，a.sync() 将执行 warp 级别的同步，只涉及活动的线程，从而防止死锁，并实现程序员的实际意图。一个警告是（显然）在实例化协同组对象 a 和使用 a.sync() 之间不应该有任何进一步的线程分歧。

示例 3.9 显示了从先前示例中修改为使用协同组与 warp 中当前活动的线程子集执行 warp 级别同步的内核函数。在各种合理的参数组合下，这个版本不会死锁。在这个示例中，我们通过将示例 3.8 中第 27 和 31 行的 __syncthreads() 替换成第 27～28 和 32～33 行的代码。

示例 3.9　使用协同组重新设计的 **deadlock_coalesced** 内核函数

```
21  __global__ void deadlock_coalesced(int gsync, int dolock)
22  {
23    __shared__ int lock;
24    if (threadIdx.x == 0) lock = 0;
25    __syncthreads();  // normal syncthreads

26    if (threadIdx.x < gsync) {  // group A
27      auto a = cg::coalesced_threads();
28      a.sync();       // sync A
        // deadlock unless we set lock to 1
29      if (threadIdx.x == 0) lock = 1;
30    }
31    else if (threadIdx.x < 2 * gsync) { // group B
32      auto a = cg::coalesced_threads();
33      a.sync();   // sync B
33    }
      // group C may cause deadlock here
34    if (dolock) while (lock != 1);
      // see message only if NO deadlock
35    if (threadIdx.x == 0 && blockIdx.x == 0)
                      printf("deadlock_coalesced OK\n");
36  }
```

- 第 27 和 32 行：这两行代码分别创建一个名为 a 的协同组对象，这个对象是在封闭条件语句的范围内的本地对象。此对象具有表示本地 warp 的 32 个线程 tiled_ partition 的所有功能，但为活动线程所有成员函数添加了一个隐藏的位掩码。

- 第 28 和 33 行：这里使用 a.sync() 成员函数执行仅限于子集中的活动线程的 __syncwarp() 调用。

示例 3.8 和 3.9 仅仅演示了如何在线程分歧的代码中引起和避免死锁。示例 3.9 的一个有用版本是在第 27 和 28 行以及第 32 和 33 行之间添加代码，利用可用的线程执行有用的 warp 级别工作。如果这样添加的代码调用设备函数，那么协同组对象 a 就可以作为函数参数传递，或者函数本身可以创建自己的版本。

示例 3.10　在每个 warp 中使用线程子集的 **`reduce7_v1_coal`** 内核函数

```
10   __device__ void reduce7_v1_coal(r_Ptr<float>sums,
                                     cr_Ptr<float>data, int n)
11   {
12     // function assumes that a.size() is a power of 2
13     // and that n is a multiple of 4

14     auto g = cg::this_grid();
15     auto b = cg::this_thread_block();
16     auto a = cg::coalesced_threads(); // active threads in warp

17     float4 v4 ={0,0,0,0};
18     for(int tid = g.thread_rank(); tid < n/4; tid += g.size())
             v4 += reinterpret_cast<const float4 *>(data)[tid];

19     float v = v4.x + v4.y + v4.z + v4.w;
20     a.sync();
21     if(a.size() > 16) v += a.shfl_down(v,16); // NB no new
22     if(a.size() >  8) v += a.shfl_down(v,8);  // thread
23     if(a.size() >  4) v += a.shfl_down(v,4);  // divergence
24     if(a.size() >  2) v += a.shfl_down(v,2);  // allowed
25     if(a.size() >  1) v += a.shfl_down(v,1);  // here

26     if(a.thread_rank() == 0)
             atomicAdd(&sums[b.group_index().x],v);
27   }
     . . .
40   __global__ void reduce_warp_even_odd
     (r_Ptr<float>sumeven, r_Ptr<float>sumodd,
                 cr_Ptr<float>data, int n)
41   {
42     // divergent code here
43     if (threadIdx.x%2==0) reduce_coal_v1(sumeven,data, n);
44     else                  reduce_coal_v1(sumodd, data, n);
45   }
```

这个作为一个具体的例子有些勉强，考虑在示例 3.7 中对 reduce7_v1 内核函数的修改，现在我们想要将归约操作分割为对数组 data 中的偶数和奇数索引值的单独求和操作。此外，我们坚持使用仅具有偶数排名的线程来求和偶数值，并使用具有奇数排名的线程来求和奇数值。一种简单的方法是通过将 __global__ 声明更改为 __device__，将内核转换为可调用的设备函数，并添加一个简单的新内核函数，为偶数线程和奇数线程分别调用该函数一次。我们将使用单独的输出缓冲区 sums_even 和 sums__odd 来保存结果。否则，我们希望尽可能少地更改代码。示例 3.10 显示了结果。

示例 3.10 的说明

第 10~27 行：这些行展示了设备函数 reduce_coal_v1，第 40~45 行展示了一个简单的内核函数 reduce_warp_even_odd，对这个设备函数进行了线程分歧的调用。函数 reduce7_v1_coal 与内核函数 reduce7_v1 是等效的，除了后者只使用当前 warp 中的活动线程。由于这是使用一个协同的 tiled_partition 来完成的，所以这个函数是安全的。内核函数 reduce_warp_even_odd 通过内部 warp 线程分歧两次调用 reduce7_v1_coal，使用了两个不同的输出缓冲区。

- 第 10～27 行：设备函数 reduce_coal_v1 的大部分与示例 3.7 的 reduce_warp_v1 内核函数完全相同。唯一的区别是在第 15 行和第 20～26 行中使用了 coalesced_group 对象 a，而不是 tiled_partition 对象 w。由于第 10 行并未更改，只对子集的值进行求和，这是因为从活动协同组中分支的线程将不参与计算。

- 第 16～21 行：这里每个活动线程使用一个网格大小的步幅，且以其线程块中的真实排名为起点，来汇总数据中的子集值。唯一的区别是使用了第 21 行的 a.sync()，只对 warp 中活动线程中的子集进行同步。

- 第 21～25 行：这些替换了示例 3.7 中第 22～26 行的 5 步树形归约。基于 a.sync() 的 if 语句并不会导致任何线程分歧，但是代码可以应用到大小是 2 幂次的协同组。如果我们只想让函数处理 16 这个值，那就可以删除第 21 行，并使用第 22～25 行中的 if 语句。请注意，如果 a.size() 不是 2 的幂次，则代码将失败，因为这时候一些 shfl_down() 的调用将会有超出范围的偏移量，因此返回调用线程的 v 值。

- 第 26 行：这里使用 a 中最低排名的线程，将最终组和添加到 sums 元素中。

- 第 40～45 行：这是由主机调用的内核函数来执行计算，参数是 sumeven 和 sumodd 两个数组，用于分别保存偶数线程和奇数线程的块和。

- 第 43～44 行：在这里对 43 行线程块中所有偶数排名线程调用 reduce_coal_v1，并在第 44 行中为所有奇数线程调用了一个单独的函数。因此，存在内部扭曲（intra-warp）的线程分歧，可能导致死锁。在计算能力 CC<7 的设备上，由于线程分歧，两个函数调用将在 GPU 上按顺序执行。在 CC≥7 的设备上，这些调用之间可能会有一些执行重叠。

在测试中，我们发现这个内核函数确实不会死锁，还可以给出正确的结果。使用 Turing 的 RTX 2070 GPU，这个内核函数的运行时间大约是示例 3.7 的 1.8 倍。这表明这个 CC 7.5 计算卡，可能在一个 warp 的不同线程之间存在一些适度的计算重叠。

我们注意到示例 3.10 的第 18 行，其中网格中的各个线程累积数据中的值的子总和与先前的示例一样没有修改，其中所有 warp 中的线程都参与其中。因此，"属于"分歧线程的 data 值根本不计入，最终存储在 sums 中的值只对应于属于活动线程的数据元素。这是我们在这个人工示例中所希望的行为，其中偶数和奇数线程累积单独的子总和，最后可以合并得到正确的总和。

在本节的最后一个示例 3.11 中，我们展示了 3.10 的修订版本，它能够计算任何大小的协同组的完整总和，只要每个 warp 至少有一个活动线程。这个版本中，不需要每个 warp 具有相同数量的活动线程。

示例 3.11 的说明

在这个例子中，我们改变了求和数据元素的策略。我们将数据逻辑地划分为若干个连续的子块，每个 warp 在网格中有一个子块。每个 warp 中的活动线程协作地对属于该 warp 的子块进行求和。在 warp 具有不同数量的活动线程的情况下，这种方法并不是最优的，因为每个 warp 需要完成相同的工作量。然而，这是我们所能做的最好的，因为 warp 很难或者不可能确定其他 warp 中的活动线程数量。

- 第 10 行：这里声明一个 reduce_coal_any_vl 设备函数，其参数列表与之前相同。
- 第 14～17 行：这里创建了对象，使我们能够访问整个网格、线程块、warp 和活动线程。理想情况下，我们希望编写只需要在本地协同组 a 的函数，但这种情况下，我们需要提供所有内容才能正确地划分输入数据数组 [15]。
- 第 18 行：这里计算出 warps 的数量为网格中 warp 的总数；g.group_dim() 给出网格中线程块的数量，而 w.meta_group_size() 给出线程块中的 warp 数量。虽然存在成员函数 a.meta_group_size()，但它总是返回 1，因为协同组被视为包含 warp 的分区。
- 第 20 行：这里将 part_size 设置为单个 warp 处理的子块的大小。通过将数据元素的数量除以 warp 的数量（四舍五入到最近的整数）来实现。我们使用 n/4 作为数据元素的数量，以便进行向量加载。
- 第 21 行：在这里，我们找到当前 warp 要处理的子块的起始元素 part_start。计算当前 warp 在网格中的排名，然后乘以子块大小。
- 第 22 行：在这里，part_end 被设置为子块的最后一个元素加 1。请注意，我们添加 part_size 或 n/4 的最小值来执行此操作，以避免在第 26 行的循环中溢出。
- 第 24～28 行：这是仅使用 warp 中的活动线程对当前子块中的元素求和。此代码等同于先前示例中的 17～20 行，对 data 中的所有元素求和。请注意，第 28 行使用了 a.sync() 函数。
- 第 31～36 行：这些行处理了活动线程数 a.size() 可能不是 2 的幂的难题。想法是找到小于等于 a.size() 的最大 2 的幂 kstart。然后，将线程排名大于 kstart 的 v 值添加到最低排名线程的 v 值中。完成后，我们可以使用从 kstart/2 开始的简单 2 的幂归约。
  - 第 31 行：这里使用 CUDA 内在函数 __clz()（计算前导零位）来计算 kstart，函数返回其整数输入参数中前导零位（leading zero bits）的数量。
  - 第 33 行：这里将一个临时变量 w 设置为由排名高于当前线程的 kstart 线程保持的 v 的值。这只对排名低于 a.size()-kstart 的线程有效。
  - 第 34 行：将 w 添加到 v 中，w 值对于低排名的线程是有效的。
  - 第 35 行：此处需要对协同组进行同步。
- 第 38 行：现在使用 for 循环执行 2 幂次其余部分的归约计算，这里不能像先前示例中那样显式展开此循环，因为在编译时并不知道 kstart 的值。

- 第 39 行：这里使用与先前示例相同的 atomicAdd。
- 第 50～53 行：这是 reduce_coal_any_vl 演示性的驱动内核。在这种情况下，我们使用每三个线程启动内核，这意味着一些 warp 使用 10 个线程，还有一些使用 11 个线程。

示例 3.11　中使用任意大小的合并组的 **reduce_coal_any_vl** 内核函数

```
10  __device__ void reduce_coal_any_vl(r_Ptr<float>sums,
                                        cr_Ptr<float>data,int n)
11  {
12  // This function works for any value of a.size() in [1,32]
13    // it assumes that n is a multiple of 4
14    auto g = cg::this_grid();
15    auto b = cg::this_thread_block();
16    auto w = cg::tiled_partition<32>(b); // whole warp
      // active threads in warp
17    auto a = cg::coalesced_threads();
      // number of warps in grid
18    int warps = g.group_dim().x*w.meta_group_size();
19    // divide data into contiguous parts,
      // with one part per warp
20    int part_size =((n/4)+warps-1)/warps;
21    int part_start =(b.group_index().x*w.meta_group_size()+
                          w.meta_group_rank() )*part_size;
22    int part_end =min(part_start+part_size,n/4);

23    // get part sub-sums into threads of a
24    float4 v4 ={0,0,0,0};
25    int id = a.thread_rank();
      // adjacent adds within the warp
26    for(int k=part_start+id; k<part_end; k+=a.size())
              v4 += reinterpret_cast<const float4 *>(data)[k];
27    float v = v4.x + v4.y + v4.z + v4.w;
28    a.sync();

29    // now reduce over a
30    // first deal with items held by ranks >= kstart
      // kstart is max power of 2 <= a.size()
31    int kstart = 1 << (31 - __clz(a.size()));
32    if(a.size() > kstart) {
33      float w = a.shfl_down(v,kstart);
        // only update v for valid low ranking threads
34      if(a.thread_rank() < a.size()-kstart) v += w;
35      a.sync();
36    }
37    // now do power of 2 reduction
38    for(int k = kstart/2; k>0; k /= 2)v+= a.shfl_down(v,k);
39    if(a.thread_rank() == 0)
              atomicAdd(&sums[b.group_index().x],v);
40  }
    . . .
50  __global__ void reduce_any(r_Ptr<float>sums,
                                cr_Ptr<float>data, int n)
```

```
51  {
52    if(threadIdx.x%3 ==0) reduce_coal_any_vl(sums,data,n);
53  }
```

对于合理数量的线程，reduce_coal_any_vl 函数的性能非常好，如图 3.3 所示。

在图 3.3 中，数据大小为 2^{24} 个字，启动配置为 288 个块和 256 个线程。在 4～16 个线程范围内大致呈现线性的扩展。超过 16 个线程时，接近设备内存带宽的饱和状态，几乎没有额外的性能增益。在 4 个线程以下，性能下降更慢。这里使用的 GPU 是 RTX 2070。

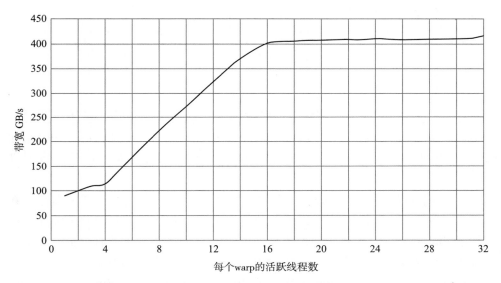

图 3.3　reduce_coal_any_vl 设备函数的性能表现

3.8　HPC 特性

对于 Linux 集群上的高性能计算应用程序，可以使用网格组同步成员函数去实现整个网格的同步。如上所述，这需要特殊编译和不同的内核启动 API。具体细节在《NVIDIA C ++ 编程指南》中给出，例如 2020 年 5 月版 11 指南的 C.7 节。

不幸的是，目前网格范围的同步除了设置复杂之外还有其他限制。主要限制是正在同步的内核的所有线程块必须共存于 GPU 上，实际上意味着线程块的数量不应超过 GPU 上的 SM 单元数量。这个限制可能会对内核的占用率产生不利影响。此外，在 Windows 上，设备驱动程序必须在 TCC 模式下运行，在许多 GTX 卡上是不能用的。

对于可能在多个 GPU 上启动内核函数的 HPC 应用程序，可以创建一个多网格组，并以类似于网格级组的方式使用：

```
可以是
auto mg = this_multi_grid();
或者是
multi_grid_group mg = this_multi_grid();
如果要实现多个GPU之间的同步，也可以是
mg.sync();
```

除了之前提到的归约函数外，SDK 11 版本还引入一些新功能。我们在这里提到是为了完整性。感兴趣的读者，建议参阅 NVIDIA 的文档和示例以获取更多详细信息。

1）引入了一种新类型的协同子组，称为 labeled_partition：

```
cg::coalesced_group a = cg::coalesced_threads();
cg::coalesced_group lg = cg::labeled_partition(a,label);
或
auto a = cg::coalesced_threads();
auto lg = cg::labeled_partition(a,label);
其中label是一个整数，在不同线程之间可能有所不同。为每个label值创建一个单独协同组。
```

2）labeled_partition 的一种特殊版本是 binary_partition，与 labeled_partition 类似，只是它是用一个布尔标志作为标签参数创建的，因此最多创建两个子组。

3）引入一个新的 memcpy_async 函数，加速从全局 GPU 内存到共享内存的数据复制。该函数在 Ampere 架构上是通过硬件加速实现的，并绕过了 L2 和 L1 缓存。这个功能旨在改善矩阵数据通过张量核心的流程，正如第 11 章所讨论的那样，但有趣的是，它也有可能提高使用共享内存的归约内核函数的性能。更多信息可以在最近的博客文章中找到 https://developer.nvidia.com/blog/cuda-11-features-revealed/。在 0_Simple 目录下的新的 SDK 11 globalToShmemAsyncCopy 中可以找到一个示例。

本章关于 CUDA 协作组的介绍到此结束，其主要信息是它们对于 warp 级别的内核编程提供了强大的支持，并使一些在 CC=7.0 和 CUDA SDK 版本 9.0 发布之前用于隐式 warp 级别编程的技巧变得明确和安全。最新的 SDK 添加了额外的工具，显示了 NVIDIA 对这个领域的兴趣。

第 4 章继续介绍另一个在许多教程中广受欢迎的主题——解决偏微分方程和图像处理的并行模板计算。我们相信你会发现这些应用程序非常有趣。

第 3 章尾注

1. 第一代 Tesla 卡采用 16 线程的半 warp。
2. NVIDIA 似乎没有为这些子单元命名，但它们在相关文档中有明确标示，例如 Pascal 体系结构白皮书中的图 7。我喜欢把这些单元称为 "warp 引擎"。
3. 这仍然可以在旧的 GPU 上工作，但可能在 Volta 及更高版本的 GPU 上会失败。因为潜

在的故障可能是竞争条件所引起的，要对这种状况进行调试会是一场噩梦。我们非常强烈地建议你升级现有代码，以使用本章后面描述的方法。

4. 不幸的是，我们无法使用内置的 warpSize 参数来完成此任务，因为它在 CUDA 头文件中没有定义为 const。

5. 实际上，如果检查 cooperative_groups.h 头文件，会发现许多成员函数只是 CUDA 内置变量的包装器。但是，使用协作组会比直接使用内置变量产生更清晰、更可移植的代码。

6. 自从 CUDA SDK 11.0 发布以来，这种简化才在通用内核代码中实现。

7. 实际上，从编写这句话以来，NVIDIA 已经推出一组 "warp Matrix Functions"，以支持 CC=7 及以上 GPU 中功能强大的新张量核心硬件。更多详细信息请参见第 11 章。

8. 对于 CC 8 与更高版本的设备，还有新的内置函数可以执行相同的操作。

9. CC≥7 架构确实支持一些内部 warp 线程分歧，我们可能会期望这种支持在未来的架构中得到改进。

10. 这可以通过检查 CUDA cooperative_groups.h 头文件来看到。

11. GPU 硬件维护一个显示退出的线程位掩码，从而使硬件能够在没有额外开销的情况下，忽略已退出的线程。（当然，这些线程如果没有退出，它们本可以执行的潜在工作已经丢失了。）

12. 通过实验发现，非活动和退出的线程的返回值为 0，在这些情况下的行为会被认定为未定义。因此，将来最好不要依赖 0 值。

13. 这是操作系统的一个特性（至少在 Windows 上），内核函数中的输出结果由 CUDA 进行缓存，并在内核函数正常退出后显示。如果内核死锁，则不会发生这种情况。

14. "当前活动"意味着对象 a 实例化时处于活动状态，对于大多数代码来说，这应该足够了。如果你有非常复杂的实时代码，也许涉及程序中断，那么也许需要格外小心——但这些情况超出了本书的范围。

15. 我们可以使用旧的内置变量（如 gridDim 和 blockDim)，而不是使用 CG 对象，但这实际上是相同的事情，我们认为最好不要混合使用两种符号。

Chapter 4 第 4 章

并行模板

在本章中，我们将讨论使用二维和三维模板迭代求解偏微分方程和图像处理的方法。这些应用是 GPU 的另一个经典应用。我们首先从二维情况开始，然后再转向三维情况。

4.1 二维模板

在数值计算问题中，例如，偏微分方程的求解，通常可以通过在等间距点网格上，计算函数值的离散逼近来求解涉及连续函数的近似值 [1]。例如，函数 $f(x)$ 可以由沿着 x 轴等间距的点集 $\{..., f_{-2}, f_{-1}, f_0, f_1, f_2, ...\}$ 替换，其中 $f_i = f(a + ih)$，a 是某个方便的原点，h 是点之间的间距，整数 i 标记点。在这种表示法中，f 的导数可以由它们的有限差分逼近替换。

$$\left.\frac{\mathrm{d}f}{\mathrm{d}x}\right|_{x=a+jh} = \frac{f_{j+1} - f_{j-1}}{2h} \ , \ \text{且} \ \left.\frac{\mathrm{d}^2 f}{\mathrm{d}x^2}\right|_{x=a+jh} = \frac{f_{j+2} - 2f_j + f_{j-2}}{h} \tag{4.1}$$

在假设网格间距为单位（即 $h = 1$）的情况下，对于原点处的导数简化成

$$f_0^{'} = \frac{1}{2}(f_1 - f_{-1}) \ \text{且} \ f_0^{''} = (f_1 - 2f_0 + f_{-1}) \tag{4.2}$$

在这种情况下，式（4.2）可以表示为以下模板：

$$\frac{\mathrm{d}f}{\mathrm{d}x} \rightarrow \frac{1}{2}(-1, 0, 1) \ \text{且} \ \frac{\mathrm{d}^2 f}{\mathrm{d}x^2} \rightarrow (1, -2, 1) \tag{4.3}$$

这些模板显示了必须应用于模板中心点的系数来计算该点处的导数。在二维和三维中存在类似的模板，特别是拉普拉斯算子由下公式给出：

$$\frac{\partial^2 f}{\partial^2 x} + \frac{\partial^2 f}{\partial^2 y} \equiv \nabla^2 f \rightarrow \begin{pmatrix} 0 & 1 & 0 \\ 1 & -4 & 1 \\ 0 & 1 & 0 \end{pmatrix} \tag{4.4}$$

和

$$\frac{\partial^2 f}{\partial^2 x} + \frac{\partial^2 f}{\partial^2 y} + \frac{\partial^2 f}{\partial^2 x} \equiv \nabla^2 f \rightarrow \begin{pmatrix} 0 & 0 & 0 \\ 0 & 1 & 0 \\ 0 & 0 & 0 \end{pmatrix}_{z=-1} + \begin{pmatrix} 0 & 1 & 0 \\ 1 & -6 & 1 \\ 0 & 1 & 0 \end{pmatrix}_{z=0} + \begin{pmatrix} 0 & 0 & 0 \\ 0 & 1 & 0 \\ 0 & 0 & 0 \end{pmatrix}_{z=1} \tag{4.5}$$

在三维中，模板变成一个三维立方体，如公式（4.5）所示的 3 个切片。现在我们可以使用这些模板来找到许多物理学中标准偏微分方程的稳态解，例如静电学中的泊松方程式（4.6）或热传递的扩散方程式（4.7）。

$$\nabla^2 \phi = \frac{\rho}{\varepsilon_0} \tag{4.6}$$

$$\nabla^2 u = \frac{1}{D} \frac{\partial u}{\partial t} \tag{4.7}$$

在式（4.6）中，ϕ 是由静态电荷分布 ρ 引起的静电势，而在式（4.7）中，u 是由静态热源分布引起的 t 时刻的温度。要求解这些方程，我们需要应用适当的边界条件。为了简化问题，我们可以使用狄利克雷边界条件，即在用于数值解的网格边界上指定 ϕ 或 u 的固定值。我们将寻找式（4.7）的稳态解，其中右侧变为零。这些解同样适用于泊松方程，在具有固定电势边界的封闭区域内求解势。

我们的第一个例子使用一个二维正方形网格，其中边界上的点设置为固定值，并且内部不包含任何额外的电荷或热源，因此我们需要在网格内部求解 $\nabla^2 u = 0$，得到：

$$\begin{pmatrix} 0 & 1 & 0 \\ 1 & -4 & 1 \\ 0 & 1 & 0 \end{pmatrix} u = 0 \rightarrow u_{-1,0} + u_{1,0} + u_{0,-1} + u_{0,1} - 4u_{0,0} = 0 \tag{4.8}$$

$$u_{0,0} = \frac{u_{-1,0} + u_{1,0} + u_{0,-1} + u_{0,1}}{4}$$

我们可以尝试根据给定的边界条件来解公式（4.8），将网格的内部设置为零，然后进行迭代，将边界内部的每个值替换为周围 4 个值的平均值。边界本身保持不变。这个过程称为雅可比迭代，在适当的边界条件下被证明是稳定的，虽然收敛速度较慢，但最终会收敛到正确的解。示例 4.1 展示了雅可比迭代的代码。

示例 4.1　用于拉普拉斯方程的 **stencil2D** 内核函数

```
10  __global__ void stencil2D(cr_Ptr<float> a,
                  r_Ptr<float> b, int nx, int ny)
```

```
11  {
        // C/C++ ordering of suffices
12      auto idx = [&nx](int y,int x){ return y*nx+x; };
13      int x = blockIdx.x*blockDim.x+threadIdx.x;
14      int y = blockIdx.y*blockDim.y+threadIdx.y;
        // exclude edges and out of range
15      if(x<1 || y <1 || x >= nx-1 || y >= ny-1) return;

16      b[idx(y,x)] =  0.25f*(a[idx(y,x+1)] +
            a[idx(y,x-1)] + a[idx(y+1,x)] + a[idx(y-1,x)]);
17  }

18  int stencil2D_host(cr_Ptr<float> a, r_Ptr<float> b,
                                        int nx, int ny)
20  {
21      auto idx = [&nx](int y, int x){ return y*nx+x; };
22      // omit edges
23      for(int y=1;y<ny-1;y++) for(int x=1;x<nx-1;x++)
          b[idx(y,x)] = 0.25f*( a[idx(y,x+1)] +
              a[idx(y,x-1)] + a[idx(y+1,x)] + a[idx(y-1,x)] );
24      return 0;
25  }

30  int main(int argc,char *argv[])
31  {
32      int nx =          (argc>1) ? atoi(argv[1]) :  1024;
33      int ny =          (argc>2) ? atoi(argv[2]) :  1024;
34      int iter_host = (argc>3) ? atoi(argv[3]) :  1000;
35      int iter_gpu =  (argc>4) ? atoi(argv[4]) :  10000;
36      int size = nx*ny;

37      thrustHvec<float>     a(size);
38      thrustHvec<float>     b(size);
39      thrustDvec<float> dev_a(size);
40      thrustDvec<float> dev_b(size);

41      // set x=0 and x=nx-1 edges to 1
42      auto idx = [&nx](int y,int x){ return y*nx+x; };
43      for(int y=0;y<ny;y++) a[idx(y,0)] = a[idx(y,nx-1)] = 1.0f;
44      // corner adjustment
45      a[idx(0,0)] = a[idx(0,nx-1)]
                    = a[idx(ny-1,0)] = a[idx(ny-1,nx-1)] = 0.5f;
46      dev_a = a;  // copy to both
47      dev_b = a;  // dev_a and dev_b

48      cx::timer tim;
49      for(int k=0;k<iter_host/2;k++){ // ping pong buffers
50        stencil2D_host(a.data(),b.data(),nx,ny); // a=>b
51        stencil2D_host(b.data(),a.data(),nx,ny); // b=>a
52      }
53      double t1 = tim.lap_ms();
54      double gflops_host = (double)(iter_host*4)*
                            (double)size/(t1*1000000);

55      dim3 threads = {16,16,1};
56      dim3 blocks ={(nx+threads.x-1)/threads.x,
                    (ny+threads.y-1)/threads.y,1};
```

```
57      tim.reset();
58      for(int k=0;k<iter_gpu/2;k++){  // ping pong buffers
59        stencil2D<<<blocks,threads>>>(dev_a.data().get(),
                            dev_b.data().get(), nx, ny); // a=>b
60        stencil2D<<<blocks,threads>>>(dev_b.data().get(),
                            dev_a.data().get(), nx, ny); // b=>a
61      }
62      cudaDeviceSynchronize();
63      double t2 = tim.lap_ms();

64      a = dev_a; // do something with result

65      double gflops_gpu = (double)(iter_gpu*4)*
                            (double)size/(t2*1000000);
66      double speedup = gflops_gpu/gflops_host;
67      printf("stencil2d size %d x %d speedup %.3f\n",
                                    nx,ny,speedup);
68      printf("host iter %8d time %9.3f ms GFlops %8.3f\n",
                                iter_host, t1, gflops_host);
69      printf("gpu  iter %8d time %9.3f ms GFlops %8.3f\n",
                                iter_gpu, t2, gflops_gpu);
70      return 0;
71    }
```

示例 4.1 的说明

这个示例的基本思想是使用两个相同大小的二维数组 a 和 b，除了左列和右列被设置为 1.0 作为边界条件之外，其他所有位置都被初始化为 0。同样，顶行和底行被设置为 0，也被用作边界条件。然后，将在公式（4.8）中显示的拉普拉斯模板应用于 a 的所有非边缘元素，并将结果存储在 b 中。然后，我们可以通过乒乓球方式，在连续的迭代中交换 a 和 b 的角色。请注意，在迭代过程中 a 和 b 的四个边缘永远不会改变。这个示例中的 CUDA 内核函数的目的在为数组的每个元素使用一个线程，并使用适当的二维线程网格进行启动。

- 第 10 行：这声明了 stencil2D 内核函数，其参数为指向输入数组 a 和输出数组 b 的指针，以及共同维度 nx 和 ny 的值。
- 第 12 行：在这里使用 nx 的步长，定义 idx 的帮助索引函数。
- 第 13～14 行：查找当前线程要处理的数组元素。假定内核函数启动将使用足够大小的二维线程网格跨越数组。
- 第 15 行：这是一个重要的检查，确保当前线程不会超出范围，也不会在二维数组的任何边缘上，因为这些边缘设置了固定的边界条件。
- 第 16 行：在这里要实现公式（4.8）的计算，就是使用对当前点周围的 4 个 a 元素求和，然后将平均值存储在 b 中。
- 第 18～25 行：这些行的功能相当于主机函数 stencil 2D _host，使用双重循环对 a 的元素执行相同的计算。

其余行显示了驱动计算所需的主机代码。

- 第 32～36 行：获取用户提供的参数值；nx 和 ny 是数组的维度，iter_host 和

iter_gpu 是要执行的迭代次数。

- 第 37～40 行：在主机和设备上声明 a 和 b 数组。请注意，thrust 会自动将这些数组设置为零。
- 第 41～45 行：将 a 和 b 的首末两列初始化为边界值 1，然后将角设置为 0.5，因为它们同时属于垂直边和水平边。请注意，a 和 b 的顶部和底部已由 thrust 设置为零。
- 第 46～47 行：将主机数组复制到设备数组。
- 第 48～54 行：这是计时部分，调用 iter_host 次 stencil 2D _host 函数。
  - 第 50～51 行：在 for 循环内部调用 stencil 2D_host 两次。第一次处理 a 的值，并将结果存储在 b 中；第二次调用则相反。因此在循环结束时，最终结果始终在 a 中。请注意，这里假设 iter_host 是一个偶数。
  - 第 54 行：在这里得到以 GFlops/s 为单位的计算性能，注意到第 23 行中使用了 4 个浮点运算，这个值存储在 gflops_host 中。
- 第 55～56 行：设置内核函数的二维启动配置，使用 16×16 的线程块大小和足够大的网格大小以便跨越 nx×ny 大小的数组。
- 第 57～61 行：这是 stencil 2D 内核函数的计时部分，与相应的主机部分类似。我们使用相同的乒乓球技巧，在循环内部调用两次内核函数。
- 第 64 行：将最终 GPU 结果复制回主机向量 a。在实际程序中会执行进一步的计算。
- 第 65～66 行：计算 GPU 性能 gflops_gpu 与主机到 GPU 的加速度。
- 第 67～69 行：输出一些结果。

模板计算是另一个内存绑定问题的示例，因为处理数组的每个元素需要 5 次全局内存访问（1 次写入和 4 次读取）。主机代码的性能大约为 2～4 GFlops，如图 4.1 所示，在 GPU 上可高达 125 GFlops/s。

请注意，很难只使用单个数组来执行这个算法，因为更新每个元素需要其四个相邻元素的值，来回切换两个缓冲区的策略解决了这个问题。这种策略通常称为"双重缓冲"，是面对这类问题的常用方法。我们为了保持代码简单而付出了双倍的内存使用代价。

在主机上，我们在 stencil 2D_host 中添加更多的 for 循环以执行整个计算，这样主机只需要一次调用，可以节省（适度的）多个函数调用的开销，但是这对内核函数的调用是不可能的。对于一个使用 16×16 线程块和 256×256 的数组大小的典型启动配置，我们需要 256 个线程块在启动网格中运行。这些块能以任何顺序运行，虽然 CUDA 提供 _syncthreads( ) 调用来同步一个块内的线程，但它不提供线程块之间同步线程的方法。请注意，用于更新给定分块的模板算法，不仅需要分块本身的值，还需要围绕分块的一个元素宽的边界值。因此在 GPU 代码中，确保所有值保持同步的唯一方法是，等待整个内核完成一次迭代，然后再开始下一次。[2]

为了要在 CUDA 内核函数中使用双缓冲方法，我们必须确保使用数组 a 去更新数组 b

的内核函数调用，在下一个使用数组 b 更新 a 的内核调用之前完全完成。如果不是因为边界问题，每个线程块都可以在每个通过结束时使用 _syncthreads() 独立地进行。

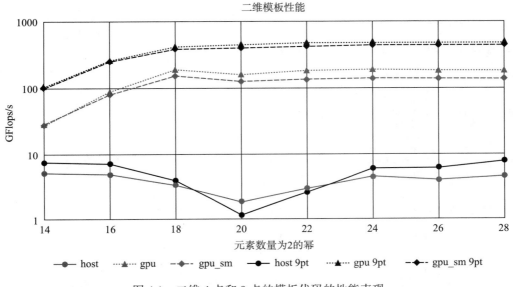

图 4.1　二维 4 点和 9 点的模板代码的性能表现

正如前面已经提到过的，示例 4.1 中显示的模板函数所做的计算量很小，主机版本的内部循环或内核函数的每个线程中只有 4 个有用的浮点运算（3 个加法与一个乘法）。优化这段代码的方法之一是，注意到输入数组的每个元素在内核函数或主机代码的不同 for 循环中被不同的线程读取了 4 次。使用缓存来利用这一点应该会提高性能。对于这个内核函数而言，使用共享内存是一个显而易见的方法，模板计算在许多 CUDA 书籍和教程中被用作共享内存的标准示例。

使用二维线程块很简单，例如，大小为 16×16 的线程块，并从输入数组复制到共享内存的分块，就像在第 3 章的矩阵乘法示例中所做的那样。然而，要对任何数组元素执行模板计算时，需要从其邻近元素中读取值，这是一个严重的复杂性。这意味着处于分块边缘时，我们需要得到分块中并未存储的值。一个简单而常用的解决方案是，在共享内存中使用重叠的分块，其中分块的边缘是一个包含计算所需的值的"边界"区域，其相应的元素由其他重叠的线程块更新。这意味着在宽度为 1 个元素边界的 16×16 共享内存分块，内部只有的 14×14 个值会对应到由线程块处理的元素，但这些内部元素可以访问它们在共享内存中的所有 8 个最近的邻居。[3] 示例 4.2 显示了基于这一思想的内核函数；请注意，分块大小（通常为 16×16）在编译时由模板参数 Nx 和 Ny 指定；这可以允许 NVCC 编译器在编译期间进行额外的优化。

示例 4.2 **stencil2D_sm** 内核函数是 **stencil2D** 的分块共享内存版本

```
10   template <int Nx, int Ny> __global__ void stencil2D_sm
               (cr_Ptr<float> a, r_Ptr<float> b, int nx, int ny)
11   {
        // tile one element includes 1 element wide halo
12      __shared__ float s[Ny][Nx];

13      auto idx = [&nx](int y,int x){ return y*nx+x; };

14      // tiles overlap hence x0 & y0 strides reduced by
        // twice the halo width
15      int x0 = (blockDim.x-2)*blockIdx.x; // x tile origin
16      int y0 = (blockDim.y-2)*blockIdx.y; // y tile origin
17      int xa = x0+threadIdx.x;   // thread x in array
18      int ya = y0+threadIdx.y;   // thread y in array
19      int xs = threadIdx.x;      // thread x in tile
20      int ys = threadIdx.y;      // thread y in tile
21      if(xa >= nx || ya >= ny) return; // out of range check

22      s[ys][xs] = a[idx(ya,xa)];    // fill with halo of width 1
23      __syncthreads();              // (Nx-2) x (Ny-2) active points

        // inside array ?
24      if(xa < 1 || ya < 1 || xa >= nx-1 || ya >= ny-1) return;
        // inside tile ?
25      if(xs < 1 || ys < 1 || xs >= Nx-1 || ys >= Ny-1) return;
26      b[idx(ya,xa)] =  0.25f*(s[ys][xs+1] + s[ys][xs-1] +
               s[ys+1][xs] + s[ys-1][xs] );

27   }
```

示例 4.2 的说明

- 第 10 行：声明 stencil 2D _sm 内核函数，这是一个模板函数，其中模板参数 Nx 和 Ny 是用于缓存 a 数组元素的共享内存分块的维度，其他参数与先前的一样。
- 第 12 行：声明二维的共享内存缓冲区 s，是静态的共享内存。
- 第 13 行：定义索引函数 idx，用来改善二维数组索引的可读性。
- 第 15~20 行：这一组语句创建共享内存分块所需的变量，这些分块映射到相邻线程块的数组 a 和 b 的重叠区域。
  - 第 15~16 行：然后，我们在数组 a 和 b 中设置当前线程块分块的起点（x0，y0）。对于不重叠的分块，我们只需简单地使用 blockDim.x/y，但是在这里我们减去 2，它是边缘宽度的 2 倍。因此，对于重叠的 16×16 分块，相邻分块之间的跨度在 x 和 y 方向上都是 14。
  - 第 17~18 行：设置当前线程在数组 a 和 b 中的位置（xa，ya）。
  - 第 19~20 行：设置当前线程在共享内存分块中的位置（xs，ys），这只是线程块中线程在其二维排名中的位置。
- 第 21 行：进行必要的检查，以确保 xa 和 ya 均在处理的数组范围之内。请注意，与示例 4.1 中的 stencil 2D 不同，我们此时并没有排除数组的边缘。

- 第 22～23 行：这里线程块中的所有线程协作，将所需的分块从 a 复制到共享内存中。随后执行 __syncthreads()。
- 第 24 行：这里检查我们是否正在尝试更改输出数组 b 的边界。这对应 stencil 2D 第 15 行的相同检查。
- 第 25 行：这里检查我们是否正在更新共享内存的边缘区域中 b 的元素。这些元素由不同的线程块进行更新。
- 第 26 行：这里计算模板并将结果存储到 b 中。

与我们的期望相反，使用共享内存内核函数的 4.2 版本，比先前依赖隐式 GPU 内存缓存的 4.1 版本慢了 20% 左右，原因是新内核函数只重用共享内存的项 4 次，与对全局内存进行缓存的访问相比，所节省的时间太少，无法弥补设置共享内存分块和边缘所需的时间。请注意，早期 NVIDIA GPU 的内存缓存性能较差，因此在模板计算中使用共享内存更有优势。

如果我们扩展到如示例 4.3 所示的 9 点模板，那么对于更大的问题规模，使用共享内存的版本只比大型数组慢 8% 左右。示例 4.3 实现式（4.9）中显示的通用 9 点模板：

$$u_{ij} = \sum_{p=-1}^{1} \sum_{q=-1}^{1} c_{pq} u_{i+p,j+q} \tag{4.9}$$

其中，系数 c 的总和为 1。在内核函数代码中，系数是作为第五个数组参数从主机传递的。

示例 4.3　使用 stencil2D 全部 8 个最近邻的 stencil9PT 内核函数通用版

```
10   __global__ void stencil9PT(cr_Ptr<float> a,
         r_Ptr<float> b, int nx, int ny, cr_Ptr<float> c)
11   {
12     auto idx = [&nx](int y,int x){ return y*nx+x; };

13     int x = blockIdx.x*blockDim.x+threadIdx.x;
14     int y = blockIdx.y*blockDim.y+threadIdx.y;
15     if(x<1 || y <1 || x >= nx-1 || y >= ny-1) return;

16     b[idx(y,x)] =
         c[0]*a[idx(y-1,x-1)] + c[1]*a[idx(y-1,  x)] +
         c[2]*a[idx(y-1,x+1)] + c[3]*a[idx(y  ,x-1)] +
         c[4]*a[idx(y  ,  x)] + c[5]*a[idx(y  ,x+1)] +
         c[6]*a[idx(y+1,x-1)] + c[7]*a[idx(y+1,x  )] +
         c[8]*a[idx(y+1,x+1)];
17   }
```

代码中第 16 行使用的 idx 索引函数，明显提高 stencil9PT 代码的清晰度。只有第 10 和 16 行与 stencil 2D 不同。对应的修改与示例 4.2（未显示）类似。

图 4.2 展示了不同规模二维问题的模板代码的性能。灰色线条对应于示例 4.1 和示例 4.2 中使用 4 点模板的内核函数和主机代码，黑色线条对应于示例 4.3 的 GPU 等效 9 点模板。GPU 版本的 9 点模板性能比 4 点模板等效版本高三倍左右，这是因为 9 点模板中的每

个线程执行 17 次浮点运算，而 4 点版本中只有 4 次。由于内核函数是内存限制的，因此额外的计算是"免费"的。可以看出，在我们的 RTX 2070 上使用共享内存并没有什么帮助，但在数组规模较小、内核性能较差的情况下，这两种方法会趋于一致。

对于这里考虑的二维模板代码，使用共享内存引入的额外复杂性是不合理的。早期 GPU 的内存缓存效率较低，因此使用共享内存的好处要大得多，这反映在许多可用教程中强调使用共享内存代码上。但是，如果你为现代 GPU 开发新代码，我建议先从一个更简单的版本开始，不使用共享内存，等这个版本运行良好之后再考虑尝试使用共享内存。在共享内存中每个项目被使用的次数将决定可能的性能增益，示例 4.2 仍然是实现带有边界的分块代码的良好模型。

优化算法

在经过足够的迭代之后，数组 a 和 b 中的值将趋于一致，并表示具有给定边界条件的二维问题的解。这个解有几种物理解释，例如，当两个相对的边界设置为 1V，另外两个边界设置为 0V 时，可表示方形区域内的二维电势分布。或者在热传导问题中（乘以 100），它代表了当边界设置为 100℃ 和 0℃ 时的平衡温度分布。由于对称性，方形区域的中心在稳态下必须是 50℃，我们可以利用这一点来检查迭代进行时的收敛性。表 4.1 显示了使用不同规模方形区域的 stencil2D 进行收敛所需的近似时间和迭代次数。图 4.2 说明了对于 512×512 数组的情况，迭代收敛的趋势。

表 4.1　**stencil2D** 内核函数的收敛速度

数组大小	迭代次数	时间 /ms
64×64	$1×10^4$	1.4
128×128	$5×10^4$	7
256×256	$2×10^5$	100
512×512	$4×10^5$	550
1024×1024	$1.4×10^6$	28000

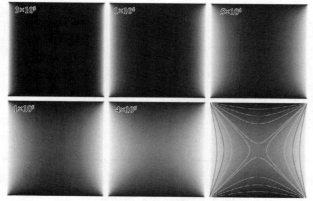

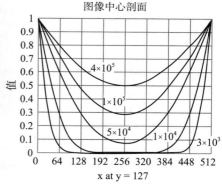

图 4.2　512×512 数组收敛的方法

前 5 张图片展示了经过 $3×10^3$、10^4、$5×10^4$、10^5 和 $4×10^5$ 次迭代后的结果。第 6 张图片显示了在第 5 张图片中显示的收敛解上的等值轮廓。右侧的图显示了跨越 5 张图片中心的水平剖面，这表明雅可比迭代过程的收敛速度较慢，是由于边界固定值向数组中心的传播速度较慢，而数组中心初始化为零。

对于这个问题更一般的收敛测试是比较 a 和 b 数组随着迭代进行的变化，并在差异变得足够小的时候就停止。在实践中，如果我们继续迭代，会发现要么 a 和 b 变得相同，要么迭代被困在一个极限循环中，其中 a 和 b 在每次迭代中互换。在任何一种情况下，这是我们能做的最好的事情，我们可以基于 a 和 b 的对应值之间的最大绝对差值有多小，来实现基于收敛性的测试。其代码如示例 4.4 所示。

示例 4.4　用于查找两个数组之间的最大差异的 **reduce_maxdiff** 内核函数

```
10  template <typename T> __global__ void reduce_maxdiff
            (r_Ptr<T> smax,cr_Ptr<T>a, cr_Ptr<T>b, int n)
11  { // based on reduce6 and using fixed blocksize of 256
12    auto grid = cg::this_grid();
13    auto block = cg::this_thread_block();
14    auto warp = cg::tiled_partition<32>(block);

15    __shared__ T s[256];
16    int id = block.thread_rank();
17    s[id] = (T)0;

18    for(int tid = grid.thread_rank(); tid < n;
                            tid += grid.size()) {
19      if(b != nullptr) // first pass
              s[id] = fmaxf(s[id],fabs(a[tid]-b[tid]));
20      else  s[id] = fmaxf(s[id],a[tid]); // second pass
21    }

22    block.sync();
23    if(id < 128) s[id] = fmaxf(s[id],s[id + 128]);
      block.sync();
24    if(id <  64) s[id] = fmaxf(s[id],s[id +  64]);
      block.sync();
25    if(warp.meta_group_rank()==0) {
26      s[id] = fmaxf(s[id],s[id + 32]); warp.sync();
27      s[id] = fmaxf(s[id],warp.shfl_down(s[id],16));
28      s[id] = fmaxf(s[id],warp.shfl_down(s[id],8));
29      s[id] = fmaxf(s[id],warp.shfl_down(s[id],4));
30      s[id] = fmaxf(s[id],warp.shfl_down(s[id],2));
31      s[id] = fmaxf(s[id],warp.shfl_down(s[id],1));
      // store block max difference
32      if(id == 0) smax[blockIdx.x] = s[0];
33    }
34  }

35  template <typename T> T array_diff_max
          (cr_Ptr<T> a, cr_Ptr<T> b, int nx, int ny)
36  {
37    thrustDvec<T> c(256);
38    thrustDvec<T> d(1);
39    reduce_maxdiff<T><<<256,256>>>
            (c.data().get(),a, b, nx*ny);
40    reduce_maxdiff<T><<<  1,256>>>
            (d.data().get(), c.data().get(),nullptr, 256);
```

```
41    cudaDeviceSynchronize();
42    return d[0];
43  }
```

示例 4.4 的说明

这个内核函数使用归约算法，找到两个数组中对应元素的最大绝对差值。主机函数 array_diff_max 返回输入数组 a 和 b 中对应元素最大差值的绝对值。这个模板函数应该适用于任何由所使用的内置函数支持的 CUDA 类型。

代码 35～43 行：array_diff_max 是主机函数，返回输入数组 a 和 b 中对应元素最大差值的绝对值。代码 10～24 行是执行计算的内核函数 reduce_maxdiff，这个内核函数基于先前示例 3.4 中的 reduce6 内核函数，我们没有使用更紧凑的仅限于 warp 的 reduce7 内核函数，因为在这里需要使用 atomicMax 函数来替换 reduce7 中的 atomicAdd，但 atomicMax 只适用于整数。

- 第 10 行：这个声明与 reduce6 相似，不同之处在于我们在参数列表中添加了第二个输入数组 b，并且数组参数的数据类型现在是模板参数 T，而不再是 float。参数 T 也替代了代码中其他地方的显示 float 类型。
- 第 11～17 行：与 reduce7 的代码相同。
- 第 18～21 行：这是主要的数据读取循环，线程在这里累积其对后续的归约步骤的贡献。第二个数据数组 b 的指针在这里用作标志，以决定这是否是对此函数的初始调用。如果是初始调用，那么当前 a[tid] 值的最大值将存储在 s[id] 中。如果 b 不等于 nullptr，那么将 a[tid] 和 b[tid] 之差的绝对值存储在 s[id] 中。
- 第 22～32 行：这些行与 reduce6 的代码 26～38 行相同，只是我们将 += 操作符替换为 =fmax(...)，以找到最大值而不是执行求和。
- 第 35 行：array_diff_max 函数也将其数组参数进行了模板化。
- 第 37～38 行：创建两个本地数组，分别用于保存第一次传递的块最大值和第二次传递的全局最大值。
- 第 39～40 行：两次调用 array_diff_max 内核函数之后，全局最大值存储在 d[0] 中。
- 第 42 行：返回结果。

现在可以轻松地将对 array_diff_max 的调用整合到示例 4.1 中，如示例 4.5 所示。

示例 4.5　修改示例 4.1 以使用 array_diff_max

```
      . . .
58    for(int k=0;k<iter_gpu/2;k++){  // ping pong buffers
59      stencil2D<<<blocks,threads>>>(dev_a.data().get(),
                        dev_b.data().get(), nx, ny); // a=>b
60      stencil2D<<<blocks,threads>>>(dev_b.data().get(),
                        dev_a.data().get(), nx, ny); // b=>a
60.1    if(k>0 && k%5000==0){ // check once in 5000 iterations
60.2      cudaDeviceSynchronize();
```

```
60.3      float diff = array_diff_max<float>
               (dev_a.data().get(),dev_b.data().get(),nx,ny);
60.4      if(diff<1.0e-16){
60.5        printf("converged k=%d diff=%10.3e\n", k*2, diff);
60.6        break;
60.7      }
        }
61    }
62    cudaDeviceSynchronize();
    ...
```

示例 4.5 展示了对示例 4.1 主机代码的修改，以包括收敛检查。在这个版本中，用户提供的参数 iter_gpu 成为执行的最大迭代次数。第 60.4 行显示了使用 array_diff_max 进行收敛测试，其截断值指定为 10^{-16}。在实践中，后者的值可以由用户指定进行调优测试。需要注意的是，第 60.1 行使收敛检查在每 5000 次循环后进行一次，对性能的影响很小。

事实上，在我们的边界条件下，对于方程 $\nabla^2\phi = 0$ 存在一种解析解，它采用 y 坐标的傅里叶级数形式，并由式（4.10）给出。

$$\phi(x,y) = \sum_{n=1,3,5,\ldots}^{\infty} \frac{4}{n\pi} \sin(n\pi y) \frac{\sinh(xn\pi) + \sinh[(1-x)n\pi]}{\sinh(n\pi)} \qquad (4.10)$$

其中，求和是针对所有正奇整数进行的。我们可以使用这个公式来测试我们模板计算的准确性。由于我们关注高性能，我们将讨论一个大小为 1024×1024 的大方形的结果。表 4.2 展示了示例 4.1 中所示的 4 字节浮点版本的 stencil 2D 和 8 字节双精度版本的结果。

表 4.2 的第四列显示了在指定迭代次数后，a 和 b 数组对应值之间的最大差异；此列中的零值表示完全收敛。表格的第五列显示 a 的最终值与使用式（4.10）计算的参考值之间的平均绝对差异。这些平均值是使用式（4.10）中的傅里叶级数，以中央大小为 960×960 的方形区域计算的，因为对于接近 0 和 1 的 y 值，式（4.10）中的傅里叶级数收敛非常缓慢。我们可以看到，在收敛时获得最佳精度（不出所料），在浮点精度时为 10^{-3} 的 2 倍、在双精度时为 10^{-7} 的 4 倍。然而，达到收敛所需的迭代次数很大，所需的时间也很长：使用浮点数需要 33 s，而使用双精度需要 260 s。一个有趣的特点是，使用双精度时获得的以 GFlops/s 为单位性能约为使用浮点数的一半，对于此处使用的 GTX 2070 GPU 来说，是一个出乎意料的好结果，因为这款游戏显卡在硬件中每 32 个 32 位 ALU 中只有一个 64 位 ALU。模板计算是内存限制而不是 CPU 限制，这一事实解释了这个结果。

表 4.2　1024×1024 数组上 stencil2D 的精度

迭代次数	时间 /s	性能（GFlops/s）	abs(a[i]–b[i])最大值	abs(a[i]–ref[i])精度平均绝对值	备注
10 000	0.28	150	2.43×10^{-5}	4.39×10^{-1}	
100 000	2.60	166	2.38×10^{-6}	2.38×10^{-1}	4 字节浮点版本
500 000	12.7	165	4.77×10^{-7}	3.50×10^{-2}	

（续）

迭代次数	时间 /s	性能 （GFlops/s）	abs(a[i]–b[i]) 最大值	abs(a[i]–ref[i]) 精度平均绝对值	备注
1 000 000	25.8	163	1.79×10^{-7}	3.55×10^{-2}	4 字节浮点版本
1 290 000	32.9	164	0	1.87×10^{-3}	
10 000	0.5	86	2.42×10^{-5}	4.37×10^{-1}	stencil2D 使用 8 字节双精度的版本
100 000	4.8	88	2.34×10^{-6}	2.38×10^{-1}	
500 000	23.4	90	2.62×10^{-7}	3.50×10^{-2}	
1 000 000	46.8	90	3.42×10^{-8}	3.31×10^{-3}	
2 000 000	93.4	90	3.07×10^{-10}	2.90×10^{-5}	
5 000 000	233.8	90	4.44×10^{-16}	4.43×10^{-7}	
5 600 000	262.3	90	0	4.4×10^{-7}	

4.2 二维模板的级联计算

收敛速度较慢，因为在每次迭代中，每个数组元素都被其四个最邻近的值的平均值所替代。为了使这一方法有效，必须确保模板系数的总和等于 1，否则数组内容的总和会单调增加或减少。如果我们将数组内部初始化为零，那么只有非零边界值才能产生变化。这些边界值逐渐扩散到向内移动的数组中，每次迭代最多移动一个元素。与此同时，不正确的初始值也会向边界扩散，然后被固定的边界值覆盖。最终，只有正确的值保留在网格内，并达到收敛。显然，如果网格初始化为更接近正确答案的近似值，收敛会更快。可以通过首先求解较小的网格，然后将该结果用于填充更大网格的初始值，可以很容易地找到近似的初始值。我们已经实现了这种方法，每一步都将数组维度翻倍。我们将其称为级联迭代，代码如示例 4.6 所示。

示例 4.6　用于 **stencil2D** 级联迭代的 **zoomfrom** 内核函数

```
10   template <typename T> __global__ void Zoomfrom
     (r_Ptr<T> a, r_Ptr<T> b, cr_Ptr<T> aold, int nx, int ny)
11   {
12     int x = blockDim.x*blockIdx.x+threadIdx.x;
13     int y = blockDim.y*blockIdx.y+threadIdx.y;
14     if(x >= nx || y >= ny) return;

14     int mx = nx/2;
15     auto idx = [&nx](int y,int x){ return y*nx+x; };
16     auto mdx = [&mx](int y,int x){ return y*mx+x; };

17     if(x>0 && x<nx-1 && y>0 && y<ny-1)
               a[idx(y,x)] = aold[mdx(y/2,x/2)]; // interior
     // top & bottom
```

```
18    else if(y==0 && x>0 && x<nx-1)     a[idx(y,x)] = (T)0;
19    else if(y==ny-1 && x>0 && x<nx-1) a[idx(y,x)] = (T)0;
      // sides
20    else if(x==0 && y>0 && y<ny-1)     a[idx(y,x)] = (T)1;
23    else if(x==nx-1 && y>0 && y<ny-1) a[idx(y,x)] = (T)1;
      // corners
24    else if(x==0 && y==0)                  a[idx(y,x)] = (T)0.5;
25    else if(x==nx-1 && y==0)               a[idx(y,x)] = (T)0.5;
26    else if(x==0 && y==ny-1)               a[idx(y,x)] = (T)0.5;
27    else if(x==nx-1 && y==ny-1)            a[idx(y,x)] = (T)0.5;
28    b[idx(y,x)] = a[ idx(y,x)];     // copy to b
29  }

30  int main(int argc, char *argv[])
31  {
32    int type =         (argc>1) ? atoi(argv[1]) : 0;
33    int nx =           (argc>2) ? atoi(argv[2]) : 1024;
34    int ny =           (argc>3) ? atoi(argv[3]) : 1024;
35    int iter_gpu =     (argc>4) ? atoi(argv[4]) : 10000;

36    if(type==1)cascade<double>(ny,nx,iter_gpu); // double
37    else       cascade<float> (ny,nx,iter_gpu); // float

38    std::atexit([]{cudaDeviceReset();}); // safe reset
39    return 0;
40  }

50  template <typename T> int cascade(int nx, int ny, int iter)
51  {
52    int nx_start = std::min(nx,32);
53    int size = nx_start*nx_start;  // square array only!
54    thrustDvec<T> dev_a(size);     // initial buffers
55    thrustDvec<T>  dev_b(size);
56    thrustDvec<T>  dev_aold(size);

57    cx::timer tim;                  // nx is final size, mx is
58    for(int mx=nx_start; mx<=nx; mx *= 2){ // current size
59      int my = mx; // assume square
60      dim3 threads(16,16,1);
61      dim3 blocks((mx+15)/16, (my+15)/16,1);
62      int size = mx*my;
63      if(mx>nx_start){
64        dev_a.resize(size);
65        dev_b.resize(size);
66      }

67      zoomfrom<T><<<blocks,threads>>>
           (dev_b.data().get(),dev_aold.data().get(), mx, my);
        // check frequency and accuracy
68      int check = (mx==nx) ? 5000 : 2500;
69      double diff_cut = (mx==nx) ? 1.0e-14 : 1.0e-09;
70      for(int k=0; k<iter/2; k++){
71        stencil2D<T><<<blocks,threads>>>
              (dev_a.data().get(),dev_b.data().get(), mx, my);
72        stencil2D<T><<<blocks,threads>>>
              (dev_b.data().get(),dev_a.data().get(), mx, my);
73        if(k>0 && k%check==0){
74          cudaDeviceSynchronize();
```

```
75          double diff = array_diff_max<T>
                (dev_a.data().get(),dev_b.data().get(),mx, my);
76          if(diff<diff_cut)  break;
77        }
78      }
79    cudaDeviceSynchronize();
80    if(mx>nx_start) dev_aold.resize(size);
81    if(mx<nx      ) dev_aold = dev_a;
82  }
83  double t1 = tim.lap_ms();

84  thrustHvec<T> a(nx*nx);
85  a = dev_a;
86  char name[256]; sprintf(name,"cascade%d_%d.raw",
                         nx,(int)sizeof(T));
87  cx::write_raw(name,a.data(),nx*nx); // square
88  printf("cascade time %.3f ms\n",t1);
89  return 0;
90  }
```

示例 4.6 的说明

本示例分为两个部分。第一部分展示了新的 zoomfrom 内核函数和一个简单的主程序；第二部分展示了组织迭代方案的主机函数 cascade，并在一组不断增加分辨率的状况下调用 stencil2D 内核函数。

10～28 行：这是 zoomfrom 内核函数，将 aold 中当前图像放大两倍，并将结果复制到 a 和 b 中，同时在 a 和 b 的边缘重置这个特定问题的边界值。这是一个简单但针对特定问题的内核函数的有趣示例，使用 CUDA 的一些知识使你能够快速编写可靠的代码。我们认为，在许多问题具有新颖和独特特征的研究情境中，这是一项极为有用的技能。

- 第 10 行：内核函数参数是 nx×ny 维的数组 a 和 b，用来存放从 aold 中放大的内容。假定数组 aold 的维度为 nx/2×ny/2。
- 第 12～14 行：这个内核函数被设计为使用至少 nx×ny 的二维线程网格调用。在这里以标准方式找到当前线程的 x 和 y。
- 第 14～16 行：这里定义了用于对数组进行二维寻址的 lambda 函数。idx 在行之间使用 nx 的步长，而 mdx 使用的步长 mx 被设置为 nx/2。
- 第 17～27 行：这组 if 语句使每个线程将一个值从 aold 复制到 a 和 b，或者同时复制适当的边界值。需要注意的是，这个内核函数中存在大量的线程分歧，但性能不是一个问题，因为通常要间隔几千次迭代才会调用一次这个内核函数。这个内核函数的编写方式明确了我们的意图。需要注意的是，第 17 行中的放大算法比较简单粗糙。我们尝试过更平滑的插值方法，但发现这些方法并没有提高性能。[4]
- 第 30～40 行：这是主程序。
  - 第 32 行：设置标志 type，用于第 36～37 行调用模板函数 cascade 时，指定为单精度或双精度。然后将此模板选择向下传播到所有后续的模板化函数和内核函数。这种结构演示了如何有效地对整个程序进行模板化。

- ■ 第 33～35 行：设置最终数组大小和每个步骤的最大迭代次数。请注意，这里假设 nx 为 2 的幂次方，并且数组是大小为 nx×nx 的正方形。这里没有使用到 y 的维度 ny，但打算用于未来对这个代码的泛化。

在代码的生产版本中，用户可以设置其他参数。在 cascade 函数第 68～69 行设置的收敛参数 check 和 diff_cut，是性能调优实验的主要候选项。

- ■ 第 36～37 行：使用所需的精度调用 cascade 函数。
- ■ 第 38 行：用于性能分析器的标准 thrust 安全的 CUDA 退出。

第 50～90 行：这是完成所有工作的 cascade 函数，在非模板化版本中，它可以成为主程序的一部分。

- ● 第 50 行：这是最终数组维度 nx 和 ny 以及所需迭代次数 iter 的函数参数。请注意，这个版本中实际上不使用 ny，因为默认假定为正方形数组。
- ● 第 52～53 行：在这里将 nx_start 设置为 32，这是起始数组维度。我们严谨地使用 min 是考虑小的起始数组规模，但这不是个明智的选择。初始数组是 nx_start 维度的正方形数组。
- ● 第 54～56 行：这里声明了三个工作设备数组，dev_a 和 dev_b 用于翻转 stencil 2D 的迭代，而 dev_aold 保存前一次通过主循环中第 58～82 行的最终结果。
- ● 第 58～59 行：这是遍历数组尺寸的 for 循环；mx 保存当前数组维度，从 32 开始，在每次循环中加倍，直到最终维度 nx。在第 59 行将 my 设置为 mx 的值。
- ● 第 60～61 行：将常规启动参数 blocks 和 threads 设置为 16×16 的二维分块。
- ● 第 63～66 行：在这里调整 dev_a 和 dev_b 的大小，以适应当前的数组的尺寸。在循环第一次通过时不需要此步骤。C++ 容器类的缩放成员函数的效率并不特别高，但强烈建议在这种情况下使用——这可以保持代码的简洁性，并明确你的意图。因为大部分时间将用于 stencil 2D 的迭代，所以在此循环中的其他地方的效率并不重要。
- ● 第 67 行：在这里调用了 zoomfrom 内核函数，并将三个工作数组作为参数传递。在这个调用之后，数组 a_dev 和 b_dev 被初始化，其边缘具有所需的边界条件，而内部则包含上一次迭代存储在 dev_aold 中的放大版本。在循环的第一次迭代中，三个数组都设置为 0，因此这里调用的效果是在 a 和 b 中设置正确的边界条件，同时将它们的内部设置为 0。在后续的通过中，dev_aold 尚未从上一次的通过中调整大小，其内部值将被放大到 a 和 b 中。
- ● 第 68～69 行：在这里设置了控制模板迭代期间收敛检查频率的参数 check 和 diff_max，以及收敛测试中允许的 a 和 b 值之间的允许差值。
- ● 第 70～78 行：这是迭代循环，其中在第 71 行和第 72 行的 stencil 2D 调用中进行了成对的翻转调用；在每一对调用之后，最新的结果存放在 dev_a 中。

- 第 80～81 行：在这里为下一次放大传递做准备，通过调整 dev_aold 大小以匹配 dev_a 的当前大小，然后将 dev_a 复制到 dev_aold。
- 第 84～88 行：这里完成工作，将最终结果复制回主机，将其写入磁盘并输出计时信息。

使用 stencil 2D 的级联版本所得到的一些结果如表 4.3 所示。

表 4.3   使用 **stencil2D** 的级联版本的结果

迭代次数	时间 /s	性能（GFlops/s）	abs(a[i]–ref[i]) 最大值	abs(a[i]–ref[i]) 精度平均绝对值	数据
150	0.011	55	1.94×10^{-4}	1.28×10^{-1}	
300	0.018	67	9.13×10^{-5}	4.62×10^{-2}	
1000	0.054	74	2.56×10^{-5}	2.11×10^{-3}	4 字节浮点
5000	0.240	80	5.07×10^{-6}	7.50×10^{-4}	
50 000	1.937	103	7.15×10^{-7}	2.34×10^{-4}	
100	0.014	29	2.42×10^{-5}	4.37×10^{-1}	
200	0.024	33	2.34×10^{-6}	2.38×10^{-1}	
350	0.036	39	2.62×10^{-7}	3.50×10^{-2}	
750	0.071	42	3.42×10^{-8}	3.31×10^{-3}	8 字节双精度
15 000	1.060	57	1.46×10^{-6}	3.08×10^{-4}	
100 000	5.580	72	2.02×10^{-8}	2.50×10^{-5}	
300 000	14.891	81	1.38×10^{-11}	3.58×10^{-7}	

级联方法比仅使用全零作为起始值更精确且更快。对于浮点数而言，在 1000 次迭代中我们可以达到约 2×10^{-3} 的精度，而之前需要 100 万次迭代，相应的加速比为 500。对于使用更精确计算的双精度版本，性能提升较为温和，在 30 万次迭代中，可以达到约 3.6×10^{-7} 的最终精度，而先前则需要超过 500 万次迭代，这是大约 16 倍的加速。级联方法的快速收敛对于接下来讨论的三维模板计算特别有帮助。

4.3   三维模板

GPU 处理能力增强带来的一个真正重要的好处是能够解决三维的问题，而这些问题在单处理器上的要求与二维问题相同。模板计算等问题就是一个很好的例子，通常编写的二维的内核函数，就能在单独的线程上处理个别 x-y 元素（图像像素的网格点等）。将 CUDA 内核函数从二维版本转换为三维版本时，我们有两个选择：

（1）在现有内核函数上添加一个 z 维度的 for 循环，使得一个线程可以用固定的 x 和 y

来处理所有的点。

（2）在内核函数启动中添加更多线程，以便三维网格中的每个点由不同的线程处理。

示例 4.7 stencil3D 内核函数（两个版本）

```
10   template <typename T>__global__ void stencil3D_1
         (cr_Ptr<T> a,r_Ptr<T> b,int nx, int ny, int nz)
12   {
13     auto idx = [&nx, &ny](int z, int y, int x)
                         { return (z*ny+y)*nx+x; };

14     int x = blockIdx.x*blockDim.x+threadIdx.x;
15     int y = blockIdx.y*blockDim.y+threadIdx.y;
16     if(x < 1 || y < 1 || x >= nx-1 || y >= ny-1) return;

17     for(int z=1;z<nz-1;z++)  b[idx(z,y,x)] =
         (T)(1.0/6.0)*(a[idx(z,y,x+1)] + a[idx(z,y,x-1)] +
                       a[idx(z,y+1,x)] + a[idx(z,y-1,x)] +
                       a[idx(z+1,y,x)] + a[idx(z-1,y,x)]);
18   }

20   template <typename T>__global__ void stencil3D_2
         (cr_Ptr<T> a, r_Ptr<T> b, int nx, int ny, int nz)
21   {
22     auto idx = [&nx, &ny](int z, int y, int x)
                         { return (z*ny+y)*nx+x; };

23     int x = blockIdx.x*blockDim.x+threadIdx.x;
24     int y = blockIdx.y*blockDim.y+threadIdx.y;
25     int z = blockIdx.z*blockDim.z+threadIdx.z;
26     if(x<1 || y<1 || x>= nx-1 || y>= ny-1 || z<1
                                  || z>= nz-1) return;
27     b[idx(z,y,x)] = (T)(1.0/6.0)*(
                 a[idx(z,y,x+1)] + a[idx(z,y,x-1)] +
                 a[idx(z,y+1,x)] + a[idx(z,y-1,x)] +
                 a[idx(z+1,y,x)] + a[idx(z-1,y,x)] );

28   }
```

示例 4.7 的说明

本示例中的两个三维内核函数都是基于 stencil2D 所改写的。stencil3D_1 内核函数使用上述第（1）种方法：

● 第 13 行：定义一个三维版本的 lambda 函数 idx，用来对三维数组 a 和 b 进行寻址。
● 第 17 行：我们在第三个数组索引 z 上添加一个 for 循环；注意，在循环中需要排除 z=0 和 z=nz-1，因为只有内部点会被内核函数更改。这补充了第 16 行，对 x 和 y 执行相同的操作。循环中的单个语句，用 a 的对应元素的六个最近邻的平均值，替换掉 b 的内部元素。（请注意，二维版本使用四个最近邻。）

stencil3D_2 内核函数使用上述方法（2）。

● 第 25 行：为内核函数的启动配置的当前线程设置 z 值。为了做到这一点，需要按照以下方式更改启动配置：

- 二维启动（假设三维核函数中有一个 z 的 for 循环）
- dim3 threads = { 16, 16, 1};
  dim3 blocks = {(nx+16)/15, (ny+15)/16, 1};
- 三维启动（假设内核函数中每个三维数组操作都有一个线程）
- dim3 threads = { 16, 16, 1};
  dim3 blocks = {(nx+15)/16, (ny+15)/16, nz};
- 第 26 行：这里添加对 z 范围的检查，类似于 x 和 y 的检查。
- 第 27 行：这个单一的语句是当前线程执行的唯一计算。在 stencil3D_1 中使用的 for 循环已经消除了。

有些出乎意料的是，使用 RTX 2070 GPU 和一个规模为 $256 \times 256 \times 256$ 的数组，我们发现模板 stencil3D_2 的性能比 stencil3D_1 快了 33% 左右，这是一个很大的差异。再次证明现代 GPU 在内存限制问题中，大量的线程来隐藏内存延迟能带来很大的效益。表 4.4 总结了这些结果。

表 4.4　$256 \times 256 \times 256$ 数组上三维内核函数的性能

内核函数	精度	时间 /s	性能（GFlop/s）	带宽（GB/s）
模板三维 _1	单精度	6.37	158	738
	双精度	13.9	78	678
模板三维 _2	单精度	4.18	241	1128
	双精度	9.29	108	1012

注：显示时间是使用 6 点模板进行 10 000 次迭代。

我们注意到，表中显示的有效内存带宽超过设备硬件限制的 410 GB/s 左右的限制，并高达三倍之多，这表明了本地缓存的有效使用。

这里并未显示我们的三维主机代码的细节，但可在网上获得。对于三维问题，边界条件在三维立方体的面上指定，在代码中选择将 y-z 平面上 x=0 和 x=nx-1 的面设置为 1.0，其余面设置为 0，立方体的边缘和角设置为接触面的平均值。

我们还实现了一个加速收敛的三维版本级联方法，这个代码也可以在线获得。使用级联方法，我们可以在一个 256^3 的体积中，得到比只从全尺寸体积初始化为 0 开始的方法快约五倍的精度收敛。与二维情况相比，这是一个有用但加速比大大降低的方法。原因是雅可比迭代方法的收敛速率取决于扩散时间，就是取决于区域或体积的从边缘到中心的像素数量。从正方形到立方体几乎不会改变这个值，但每次迭代要处理的像素数量增加了 256 倍。

4.4 数字图像处理

二维模板操作经常使用在数字图像数据，例如平滑或锐化操作。在这个背景下，模板操作通常被称为图像过滤，而模板本身被称为过滤器（容易混淆的）或内核函数。一个简单的灰度数字图像可以用一个无符号 8 位值组成的矩阵表示，其中每个元素表示一个图像像素[5]。这些值表示显示器上该元素的亮度，因此值为 0 对应黑色，值为 255（最大值）对应白色。彩色图像通常由一组三个 8 位的数字表示，分别表示红色、绿色和蓝色通道的亮度（称为 RGB 图像）。第四个 8 位数字 A 用于衰减（或透明度），形成一个 RGBA 图像。RGBA 图像的优点在于每个像素的数据存储在 4 字节的字中，比起 3 字节的字，计算机硬件可以更有效地处理 4 字节的字，这通常克服了需要更多内存的缺点，即使应用程序不需要 A 字段。

有个令人烦恼的复杂问题是，3 字节的 RGB 图像可以用两种不同的方式组织：一种是将一个像素对应的 3 个字节放置在相邻的内存位置中；另一种是它们组织成三个单独的颜色平面。如果想要将每个颜色作为单独的图像来进行检查时，那么后一种方法更方便。

许多图像处理任务可以通过将 3×3 或 5×5 模板应用于图像像素值来完成。图 4.3 展示一些众所周知的示例。

$$I = \begin{pmatrix} 0 & 0 & 0 \\ 0 & 1 & 0 \\ 0 & 0 & 0 \end{pmatrix} \quad L = \frac{1}{9}\begin{pmatrix} 1 & 1 & 1 \\ 1 & 1 & 1 \\ 1 & 1 & 1 \end{pmatrix} \quad H = I - \frac{1}{9}L = \begin{pmatrix} -1 & -1 & -1 \\ -1 & 8 & -1 \\ -1 & -1 & -1 \end{pmatrix} \quad G = \frac{1}{16}\begin{pmatrix} 1 & 2 & 1 \\ 2 & 4 & 2 \\ 1 & 2 & 1 \end{pmatrix} = \frac{1}{16}\begin{pmatrix} 1 \\ 2 \\ 1 \end{pmatrix} \otimes (1 \quad 2 \quad 1)$$

a）标识　　　b）低通　　　c）高通　　　d）3×3 高斯

$$S_\alpha = I - \frac{\alpha}{9}L = \frac{1}{9(1-\alpha)}\begin{pmatrix} -\alpha & -\alpha & -\alpha \\ -\alpha & 9-\alpha & -\alpha \\ -\alpha & -\alpha & -\alpha \end{pmatrix} \quad \frac{\partial}{\partial x} = \begin{pmatrix} -1 & 0 & 1 \\ -2 & 0 & 2 \\ -1 & 0 & 1 \end{pmatrix}, \frac{\partial}{\partial y} = \begin{pmatrix} 1 & 2 & 1 \\ 0 & 0 & 0 \\ -1 & -2 & -1 \end{pmatrix}, \nabla^2 = \begin{pmatrix} -2 & 1 & -2 \\ 1 & 4 & 1 \\ -2 & 1 & -2 \end{pmatrix}$$

e）锐化滤波器　　　　　　　　　　　f）高斯导数

$$G_5 = \frac{1}{273}\begin{pmatrix} 1 & 4 & 7 & 4 & 1 \\ 4 & 16 & 26 & 16 & 4 \\ 7 & 26 & 41 & 26 & 7 \\ 4 & 16 & 26 & 16 & 4 \\ 1 & 4 & 7 & 4 & 1 \end{pmatrix} \quad G^2 = \frac{1}{256}\begin{pmatrix} 1 & 4 & 6 & 4 & 1 \\ 4 & 16 & 24 & 16 & 4 \\ 6 & 24 & 36 & 24 & 6 \\ 4 & 16 & 24 & 16 & 4 \\ 1 & 4 & 6 & 4 & 1 \end{pmatrix} \quad L^2 = \frac{1}{81}\begin{pmatrix} 1 & 2 & 3 & 2 & 1 \\ 2 & 4 & 6 & 4 & 2 \\ 3 & 6 & 9 & 6 & 3 \\ 2 & 4 & 6 & 4 & 2 \\ 1 & 2 & 3 & 2 & 1 \end{pmatrix}$$

g）5×5 高斯　　　h）5×5 的 $G \times G$ 近似高斯　　　i）低通滤波器 $L \times L$

图 4.3　数字图像处理中常用的典型滤波器

图 4.3 中显示的滤波器如下：

a）标识操作。

b）用于通过消除高频来模糊图像的盒子滤波器。

c）边缘查找滤波器，由 a）和 b）组成，可去除低频。

d）具有标准差为一个像素的近似高斯的图像平滑滤波器；该二维滤波器可以由两个一维高斯滤波器的外积获得。

e）基于 a）和 b）的复合的图像锐化滤波器；参数 α 在 [0,1) 范围内，当 α 接近 1 时，图像变得更加锐利。

f）给出高斯平滑图像的近似导数滤波器，将在下面讨论的 Sobel 滤波器中使用。

g）比 3×3 高斯滤波器 d）更精确的 5×5 版本

h）应用两次 5×5 高斯滤波器 d）的结果，与 g）非常相似。

i）应用两次方形滤波器 b）的结果。

请注意，这些滤波器都被归一化，使得它们的系数之和等于 1，除了 c）和 f）的系数之和为 0。

应用某些滤波器的结果如图 4.4 所示。

a）未修改的测试图像[6]　　　b）特写镜头显示单个像素　　　c）应用低通（平滑）滤波器L
　　　　　　　　　　　　　　　　　　　　　　　　　　　　　　滤波10次的结果

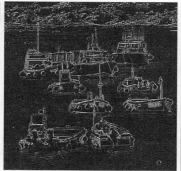

d）参数 $\alpha = 0.8$ 的锐化滤波器S_α　　　e）高通滤波器H　　　f）下面将要讨论的 Sobel 滤波器

图 4.4　图像经过滤波器处理后的结果

在 GPU 上实现这些滤波器与上面讨论的图案操作完全相同。事实上，通常只需要实现 3×3 的滤波器，因为可以通过多次应用 3×3 滤波器来模拟更高阶的滤波器，例如 5×5 滤波器。图 4.3h 和图 4.3i 显示应用两次图 4.3d 和图 4.3b 后产生的 5×5 滤波器。此外，5×5 滤波器需要读取每个像素的 25 个元素，而双重应用 3×3 滤波器只需要读取 18 个像素，因此应该更快。图 4.3g 是应用于高斯平滑图像的近似图像导数滤波器，使用图 4.3d 的滤波器，当应用于嘈杂图像时，这些表现比简单的一维滤波器（例如，d/dx 的 (–1/2, 0, 1/2)）更好。下面讨论的 Sobel 滤波器是基于这些导数的。

示例 4.8 中的 filter9PT 内核函数应用一个通用的 3×3 图像滤波器，专门针对 8 位灰度图像所设计的。

示例 4.8　实现通用 9 点滤波器的 filter9PT 内核函数

```
10   __global__ void filter9PT(cr_Ptr<uchar> a,
        r_Ptr<uchar> b, int nx, int ny, cr_Ptr<float> c)
11   {
12     auto idx = [&nx](int y,int x){ return y*nx+x; };

13     int x = blockIdx.x*blockDim.x+threadIdx.x;
14     int y = blockIdx.y*blockDim.y+threadIdx.y;
15     if(x<0 || y <0 || x >= nx || y >= ny)return;

       // floor of zero and ceiling of nx/ny-1
16     int xl = max(0,   x-1); int yl = max(0,   y-1);
17     int xh = min(nx-1,x+1); int yh = min(ny-1,y+1);

18     float v = c[0]*a[idx(yl,xl)] + c[1]*a[idx(yl, x)] +
                 c[2]*a[idx(yl,xh)] + c[3]*a[idx(y ,xl)] +
                 c[4]*a[idx(y , x)] + c[5]*a[idx(y ,xh)] +
                 c[6]*a[idx(yh,xl)] + c[7]*a[idx(yh, x)] +
                 c[8]*a[idx(yh,xh)];

19     uint f = (uint)(v+0.5f);
20     b[idx(y,x)] = (uchar)min(255,max(0,f)); // b in [0,255]
21   }
```

示例 4.8 的说明

这个内核函数与前面的 stencil2D 内核函数类似，唯一不同之处在于图像数据是 8 位的 uchar（适用于灰度图像），并且滤波器系数作为内核函数参数传递，而不是内置的。对于数字图像处理，这些滤波器只在每个图像中使用一次或两次，因此它们的优化就不是那么重要。但 GPU 的存在实际上得归功于游戏社区对于 PC 显示帧速率的需求。CCD 相机图像的实时滤波是另一个重要的应用。

- 第 10 行：内核函数参数包括输入图像 a 和用于存储滤波器结果的缓冲区 b，以 uchar（无符号字符）类型数组的指针传递。图像尺寸以 nx 和 ny 传递，9 个过滤器系数以 float 类型的第三个数组 c 传递。在 C++ 中，uchar 类型表现为一个无符号的 8 位整数，通常用于图像处理。涉及 8 位整数的计算，通常使用 16 位或 32 位变量保存中间结果，然后将中间结果缩放为 8 位，或者只是在 0～255 范围内进行复制。

- 第 12 行：定义 idx 以帮助寻址二维数组。
- 第 13～14 行：内核函数为一个线程处理一个图像像素，因此需要足够大的二维启动配置来跨越输入数组，然后找出当前线程的 x 和 y 像素坐标。
- 第 15 行：对像素坐标的标准进行超出范围的检查，这个内核函数可处理任何大小的输入图像。
- 第 16～17 行：每个线程需要读取像素（x，y）处的 8 个最近邻像素，并且必须检查这些像素是否也在范围内。虽然有多种方法可以做到这一点，但有令人厌烦的复杂问题，就是即便绝大多数线程都在图像边界内很好地处理像素，但每个线程也必须进行这些检查。在这里，我们使用 xl 和 yl 检索（x，y）的左侧和上方像素，使用 xh 和 yh 检索（x，y）右侧和下方的像素。我们使用 CUDA 的快速 max 和 min 函数将其设置为安全值。这避免了在内核函数代码中使用较慢的 if 语句。副作用是，图像边缘的像素将应用稍微不同的滤波器，使用两个重复图像值之一替换不存在的像素。可以说，这和处理边界效应的任何其他方法一样好。
- 第 18 行：这是通用的 9 点滤波器。需要注意的是，由于系数的类型是 float，计算过程中像素值将被从 uchar 提升为 float，这是一个重要的细节。
- 第 19 行：滤波器结果 v 被截断到最近的 uint 并存储在 f 中。
- 第 20 行：将 f 中的结果转换为 uchar，应用于 0～255 范围内，然后存储在输出数组 b 中。

filter9PT 内核函数简短又简单，根据图像大小可提供 100～900 GFlops 的性能。对于一个尺寸为 4096×4096 的大图像，相当于每秒超过 3000 帧，满足任何最多需要每秒 120 帧的实时显示应用程序。然而，许多用于科学数据分析的图像处理应用程序，我们可能需要为了获得性能上的更大提升，而使得内核函数更加复杂。我们的图像滤波内核函数仍然受到内存访问的限制，可以得到改进。第一个简单的改进步骤是，注意到第 18 行中使用的系数 c[0]～c[8] 是每个线程从全局内存中读取的。更快的解决方案是将这些参数存储在 GPU 常量内存中，如示例 4.9 所示。

示例 4.9　使用 GPU 常量内存存储滤波器系数的 filter9PT_2 内核函数

```
05   __constant__ fc[9];   // declaration has file scope
     ...
10   __global__ void filter9PT_2(cr_Ptr<uchar> a,
                          r_Ptr<uchar> b, int nx, int ny)
11   {
     ...
18     float v = fc[0]*a[idx(yl,xl)] + fc[1]*a[idx(yl, x)] +
               fc[2]*a[idx(yl,xh)] + fc[3]*a[idx(y ,xl)] +
               fc[4]*a[idx(y, x)] + fc[5]*a[idx(y ,xh)] +
               fc[6]*a[idx(yh,xl)] + fc[7]*a[idx(yh, x)] +
               fc[8]*a[idx(yh,xh)];
     ...
21   }
     ...
```

```
      // copy c on host to fc on device constant memory
45    cudaMemcpyToSymbol(fc, c.data(), 9*sizeof(float));
      ...
```

示例 4.9 是对示例 4.8 的小幅修改。在第 10 行删除包含滤波系数 c 的最后一个参数，以文件范围内声明的 GPU 常量内存中的数组 fc 来替换。另外，在第 18 行用 fc 替换了 c，以获取全局数组中的值。第 45 行是新的主例程的一行，使用 cudaMemcpyToSymbol 将系数从主机数组 c 复制到设备全局数组 fc。在文件范围内声明的常量内存，也可以直接通过类似 __constant__ float fc[9] = {0,-1,0, -1,0,1, 0,1,0} 的方式进行初始化。

CUDA 常量内存是一块特殊的 GPU 内存块，当前在所有 NVIDIA GPU 上的大小为 64 KB，由所有 SM 单元共享为只读内存。常量内存具有单独的缓存，并且可以被 warp 中的所有线程高效读取，仅用在这个示例所讨论的参数。系统总是保留一些常量内存，但系统留给内核函数代码使用的只有 48 KB。实际上，系统通过传值方式传递的所有内核参数，都由系统存储在常量内存中，因此无须对此进行显示优化。你还可以在核心代码中将核心参数用作变量，但如果这样做，编译器会将内核参数复制到本地寄存器，失去了常量内存的优势。传递给内核函数的所有参数的总大小限制为 4 KB。

对于大图形而言，这个小改变的内核函数可以加速高达 25% 左右。受到这个快速胜利的鼓舞，我们可以探讨更高效地读取数组元素的方法。

在示例 4.8 和示例 4.9 中，读取输入数组 a 的元素的方式存在两个问题。首先，它们以单字节从全局内存中读取，其次每个元素由 9 个不同的线程读取。我们通过使用 32 字节的 uchar4 类型从全局内存中读取数据，然后将这些值放入共享内存中来解决这两个问题。这是一种向量加载的形式，之前已经讨论过。

内核函数 filter9PT_3 实现了这些想法，如示例 4.10 所示。我们的新内核函数更加复杂，但它确实加速了 30% 左右。在这个内核函数中，每个线程处理 4 个存储在一个 32 位字中连续字节的 a 数组元素。这个内核函数是专门为 16×16 的二维线程块所设计，共享内存分配为 66×18 字节的二维数组，足以容纳一个大小为 64×16 字节的中央核心，周围有一个单字节的边缘区域。中央核心允许每个线程将 4 个字节加载为单个 uchar4，然后将它们作为单独的字节进行处理。外部边缘的宽度为 1 字节，足以容纳一个 3×3 滤波器。请注意，显式加载外部边缘的方法，比示例 4.2 中为 stencil2D_sm 隐式加载内部边缘更复杂。

示例 4.10 的说明

- 第 10 行：内核函数参数与先前版本相同。与之前一样，假定滤波系数存储在数组 __constant__fc 中。

- 第 12 行：分配一个类型为 uchar 的二维静态共享内存数组，足以容纳 16×16 分块中每个线程的值，以及在 64×16 数据集周围的元素边界。

请注意，全部的共享内存大小仅为 1188 字节，远低于 GPU 每个 SM 可用的约 48 KB 的实际限制。然而，为了实现满负载的目的，大多数 NVIDIA GPU 需要 2048 个常驻线程，相当于大小为 256 的 8 个线程块。因此，这个内核函数可以轻松以完整的占用率运行，因为共享内存的总需求只要 9504 字节。

- 第 13 行：这里定义了用于对数组 a 和 b 进行二维寻址的 lambda 函数 idx。
- 第 14～16 行：这里定义一些基本变量，用于在全局内存和共享内存中寻址活动分块。
  - 第 14 行：x0 和 y0 是在全局内存中处理的分块的左上角二维坐标；请注意，这些坐标分别是 64 和 16 的倍数，因为 16 个连续的线程分别处理分块的一条水平线上的 4 个元素。
  - 第 15 行：xa 和 ya 是当前线程在 a 和 b 中的起始位置。
  - 第 16 行：x 和 y 是当前线程在共享内存数组 as 中的起始位置。
- 第 17 行：这里通过单个内存处理从 a 复制四个字节到本地 uchar4 变量 a4 中，这需要重新解释类型转换。另外，因为输入参数 a 被声明为 const，所以我们也必须将 a4 声明为 const。

示例 4.10　向量加载到共享内存的 fifilter9PT_3 内核函数

```
10   __global__ void filter9PT_3(cr_Ptr<uchar> a,
                        r_Ptr<uchar> b, int nx, int ny)
11   {
     // 16 x 64 tile plus 1 element wide halo
12     __shared__ uchar as[18][66];
13     auto idx = [&nx](int y,int x){ return y*nx+x; };

     // (y0,x0) tile origin in a
14     int x0 = blockIdx.x*64; int y0 = blockIdx.y*16;
     // (ya,xa) index in a
15     int xa = x0+threadIdx.x*4; int ya = y0+threadIdx.y;
     // (y,x) in shared mem
16     int x = threadIdx.x*4 + 1; int y = threadIdx.y + 1;

17     const uchar4 a4 = reinterpret_cast
                        <const uchar4 *>(a)[idx(ya,xa)/4];
18     as[y][ x] = a4.x; as[y][x+1] = a4.y;
       as[y][x+2] = a4.z; as[y][x+3] = a4.w;

     // warp 0 threads 0-15: copy top (y0-1) row to halo
19     if(y==1){
20       int ytop = max(0,y0-1);
21       as[0][x  ] = a[idx(ytop,xa  )];
         as[0][x+1] = a[idx(ytop,xa+1)];
22       as[0][x+2] = a[idx(ytop,xa+2)];
         as[0][x+3] = a[idx(ytop,xa+3)];
23       if(threadIdx.x==0) {  // top corners
24         int xleft=  max(0,x0-1);
           as[0][0 ] = a[idx(ytop,xleft)]; //(0,0)
25         int xright= min(nx-1,x0+64);
           as[0][65]= a[idx(ytop,xright)];//(0,65)
26       }
27       int xlft = max(0,x0-1);
         // left edge halo
28       as[threadIdx.x+1][0] = a[idx(y0+threadIdx.x,xlft)];
```

```
29       }
         // warp 1 threads 0-15: copy bottom row (y0+16) to halo
30       if(y==3){
31         int ybot = min(ny-1,y0+16);
32         as[17][x  ] = a[idx(ybot,xa  )];
           as[17][x+1] = a[idx(ybot,xa+1)];
33         as[17][x+2] = a[idx(ybot,xa+2)];
           as[17][x+3] = a[idx(ybot,xa+3)];
34         if(threadIdx.x==0) { // bottom corners
35           int xleft = max(0,x0-1 );
             as[17][0 ] = a[idx(ybot,xleft) ];//(17,0)
36           int xright= min(nx-1,x0+64);
             as[17][65] = a[idx(ybot,xright)];//(17,65)
37         }
38         int xrgt = min(nx-1,x0+64);
           // right edge halo
39         as[threadIdx.x+1][65] = a[idx(y0+threadIdx.x,xrgt)];
40       }
41       __syncthreads();
42       uchar bout[4];
43       for(int k=0;k<4;k++){
44         float v = fc[0]*as[y-1][x-1] + fc[1]*as[y-1][x] +
                     fc[2]*as[y-1][x+1] + fc[3]*as[y ][x-1] +
                     fc[4]*as[y ][x] + fc[5]*as[y ][x+1] +
                     fc[6]*as[y+1][x-1] + fc[7]*as[y+1][x] +
                     fc[8]*as[y+1][x+1];

45         uint kf = (uint)(v+0.5f);
46         bout[k] = (uchar)min(255,max(0,kf)); // b in [0,255]
47         x++;
48       }
49       reinterpret_cast<uchar4 *>(b)[idx(ya,xa)/4] =
                       reinterpret_cast<uchar4 *>(bout)[0];
50    }
```

- 第 18 行：使用 4 个单独的 1 字节复制语句，将 a4 的各个字节复制到共享内存的连续位置。需要注意的是，此时线程块中的 256 个线程将一起填充整个中央的 64×16 字节分块。相比之下，需要用第 19～40 行代码来加载边界。

（我们曾经尝试过使用单个 uchar4 复制，但这需要对共享内存数组进行额外的填充，以确保其中央分块在 4 字节内存边界上对齐，但在 RTX 2070 GPU 上的代码结果显得比较慢。）

- 第 19～29 行：这段代码中，通过对 y 变量的测试来选择 warp 0 中的 0～15 线程。这 16 个线程负责将边界环的顶部（y=0）行上方（第 20～22 行）和左边缘（第 27～28 行），加载到共享内存 as 中。请注意，在第 28 行中的 threadIdx.x 作为 as 和 a 的 y 索引使用。这是一种不良的，但在这里是不可避免的内存访问模式。当 threadIdx.x=0 时，单个线程还会加载边界环顶部行的角落（第 23～26 行）。

- 第 30～40 行：与第 19～29 行类似，但使用 warp 1 中的 0～15 个线程加载边界环的底部和右侧边缘。因为这两个部分使用不同的 warp，所以它们可以同时在 GPU 上运行。这里有一个默认的假设，即每个线程块至少有 2 个 warp。

- 第 41 行：此处需要一个 __syncthreads() 以等待共享内存的填充完成。

- 第 42~48 行：这里看到内核函数的实际工作，每个线程处理 as 中的 4 个数据元素。
  - 第 42 行：使用 uchar 数组 bout 来存储第 43 行的 for 循环的结果。
  - 第 43 行：这里使用一个 4 步的 for 循环，每次处理一个元素。这部分代码中，x 和 y 表示数据元素，因此我们在每次循环结束时递增 x，但保持 y 不变。
  - 第 44 行：这里是实际的滤波计算，结果使用浮点算法计算。
  - 第 45~46 行：结果四舍五入为最接近的整数，夹紧在范围 [0,255] 内，并存储在 bout 的一个元素中。
  - 第 49 行：使用强制类型转换将 bout 中的四个结果以单个内存处理的方式复制到输出数组 b 中。

这个示例说明，虽然对于模板和滤波器而言，具有边界环的分块的概念简单且适合 GPU 架构，但实现细节可能会很混乱。通过使用外部边界环，我们能够确保中央 64×16 字节的活动分块始终正确对齐在 32 位地址边界上——这对于使用 uchar4 向量加载是必要的。如果使用内部边界环，将无法保持正确的对齐。使用不同的 warp（或在本例中使用子 warp）来执行不同的任务也是值得注意的。当内核函数中有许多混乱细节需要处理时，这将会有所帮助。不同的 warp 可以同时运行不同的任务，而没有线程分歧问题。这个示例可以更改为使用协作组来定义包含 16 个线程的分块分区，以澄清我们在第 19 和 30 行中的意图。

表 4.5 展示了 filter9PT 内核函数的三个版本所达到的性能，给定的数字是以 GFlops/s 为单位的计算性能和以 GB/s 为单位的内存吞吐量。计时是针对 RTX 2070 GPU 进行的，我们假定每个内核函数调用需要 17 次浮点操作和 10 字节的全局内存访问。对于最小的图像尺寸，三个内核函数之间几乎没有区别，但随着图像尺寸的增加，尽管所有内核函数的性能都有所提高，但我们最终使用的共享内存的内核函数表现最好，比原始内核函数的性能提高了 2.4 倍。随着图像尺寸的增加，内存带宽也增加，在最大的图像尺寸下，内存带宽甚至超过未缓存的硬件限制高达 3 倍。

表 4.5 在 RTX 2070 GPU 上运行 filter9PT 内核函数的性能

图像尺寸	计算性能（GFlops/s）			内存带宽（GB/s）		
	9pt	9pt_2	9pt_3	9pt	9pt_2	9pt_3
28 × 128	98.8	104.5	99.2	58.1	61.5	58.4
256 × 256	255.6	294.0	343.5	150.4	172.9	202.1
512 × 512	434.8	554.0	817.7	255.8	325.9	481.0
1024 × 1024	524.3	708.4	1254.2	308.4	416.7	737.8
2048 × 2048	565.6	781.4	1312.0	332.7	459.7	771.8
4096 × 4096	943.1	1324.2	**2260.9**	554.8	779.0	**1330.0**

4.5　Sobel 滤波器

Sobel 滤波器是另一个展示 GPU 灵活性的有趣例子，是一种基于本地图像对比度梯度的边缘检测滤波器。梯度算子 $\nabla = (\partial/\partial x, \partial/\partial y)$ 指向最大梯度的方向，其幅度为最大梯度。Sobel 滤波器基于图 4.3f 中显示的 $\partial/\partial x$ 和 $\partial/\partial y$ 的两个 6 点平滑滤波器在每个图像像素处估计此梯度，如公式（4.11）所示。

$$|\nabla| = \left[\left(\frac{\partial}{\partial x} \right)^2 + \left(\frac{\partial}{\partial y} \right)^2 \right]^{1/2} \tag{4.11}$$

我们以性能最好的 filter9PT_3 内核函数为基础，将第 44 行的 9 点滤波计算改为函数调用，就能轻松实现 Sobel 滤波器内核函数 sobel6PT。实现 Sobel 滤波器的 sobel6PT 内核函数的代码如示例 4.11 所示。设备函数 sobel 接收正在处理的像素值及其 8 个最近邻值。修改后的第 44 行显示函数调用，sobel 函数在第 60～66 行。

请注意，函数参数通过引用传递，这意味着此函数调用的开销非常低，将直接从传递给第 44 行的共享内存寄存器中使用其参数。第 62 和 63 行显示了两个导数滤波器的计算。

示例 4.11　基于 fifilter9PT_3 的 sobel6PT 内核函数

```
      __global__ void sobel6PT(cr_Ptr<uchar> a,
                   r_Ptr<uchar> b,int nx,int ny)
   {
     . . .
44    float v= sobel<uchar>(as[y-1][x-1],as[y-1][x],
            as[y-1][x+1],as[y ][x-1],as[y ][x],
            as[y ][x+1],as[y+1][x-1],as[y+1][x],
            as[y+1][x+1]);
     . . .
   }
   . . .
60   template <typename T> __device__ float sobel(
       T &a00,T &a01,T &a02,T &a10,T &a11,
       T &a12,T &a20,T &a21,T &a22 )
61 {
62    float dx = a02 -a00 +2.0f*(a12-a10) + a22 -a20;  // d/dx

63    float dy = a00 -a20 +2.0f*(a01-a21) + a02 -a22;  // d/dy
64    float v = sqrtf(dx*dx+dy*dy);
65    return v;
66 }
```

我们将以另一个滤波器——中值滤波器来结束本章，这需要我们考虑并行排序方法。

4.6　中值滤波器

Sobel 滤波器是一种非线性滤波器，不能用一组线性缩放系数表示。另一个有趣的不能用系数表示的滤波器是中值滤波器，它简单地用其自身和邻居的中值替换目标像素。中值滤波器对于从科学数据常用的 CCD 相机拍摄的图像中去除单个像素噪点特别有用。如图 4.5 所示，我们通过将 1% 的随机像素设为 0 来向标准图像添加假噪点。图 4.5a 显示原始的噪声图像，图 4.5b 和图 4.5c 显示应用 3×3 平滑滤波器和 3×3 中值滤波器的结果。平滑滤波器将单个黑色像素转换为 3×3 灰色正方形，而中值滤波器则能完全消除噪点，尽管图像有一些模糊。

a）原始噪声图像 　　　　 b）平滑滤波器结果 　　　　 c）中值滤波器结果

图 4.5　使用中值滤波器的降噪

在 GPU 上实现并行中值 3×3 滤波器具有一定挑战性。对于图像处理，我们希望保持一种线程处理一个像素的实现方式。因此每个线程必须对 9 个数字进行排序，并找出中间值。此外，我们希望避免会导致线程分歧的条件语句。我们的关键工具是示例 4.12 所示的非分歧交换函数 a_less。

示例 4.12　设备函数 a_less

```
60   template <typename T> __device__ __inline__
                         void a_less(T &a,T &b)
61   {
62     T temp = a;          // NB this is much faster than
63     a = min(a,b);        // using an if statement on
64     b = max(temp,b);     // both host and gpu
65   }                      // a ≤ b on exit
```

在 CUDA GPU 上，这个函数比使用 if 语句比较两个参数的等效函数更快。注意，函数参数是通过引用传递的，以便可以在调用例程中被更改。inline 指令意味着，如果参数 a 和 b 存储在寄存器中，那么这些寄存器将被直接使用，并且函数调用不会有任何开销。

如果我们想象 9 个元素存储在 1~9 的九个位置中，一个简单的排序算法如下。

步骤 1：调用 a_less 8 次，将元素 1~8 作为第一个参数，将元素 9 作为第二个参数。在这之后元素 9 是最大的。

步骤 2：重复进行元素 1~7 作为第一个参数，元素 8 作为固定第二个参数的操作。此后，元素 8 是第二大的。

步骤 3～8：每次减少一个元素，继续这个过程。

在所有步骤结束时，整个 9 个元素将按升序排序。为了找到中位数，我们可以在 5 个步骤后停止，之后元素 5 就是我们需要的中位数。实现这个 5 步算法的设备函数 median9 如示例 4.13 所示，总共需要对 a_less 调用 30 次。

示例 4.13　设备函数 median9

```
70  template <typename T> __device__ __inline__ T
        median9(T a1,T a2,T a3,T a4,T a5,T a6,T a7,T a8,T a9)
72  {
73    a_less(a1,a9); a_less(a2,a9); a_less(a3,a9);
      a_less(a4,a9); a_less(a5,a9); a_less(a6,a9);
74    a_less(a7,a9); a_less(a8,a9);               // a9 1st max
75    a_less(a1,a8); a_less(a2,a8); a_less(a3,a8);
      a_less(a4,a8); a_less(a5,a8); a_less(a6,a8);
76    a_less(a7,a8);                              // a8 2nd max
77    a_less(a1,a7); a_less(a2,a7); a_less(a3,a7);
78    a_less(a4,a7); a_less(a5,a7); a_less(a6,a7);// a7 3rd max
79    a_less(a1,a6); a_less(a2,a6); a_less(a3,a6);
80    a_less(a4,a6); a_less(a5,a6);               // a6 4th max
81    a_less(a1,a5); a_less(a2,a5); a_less(a3,a5);
      a_less(a4,a5);                              // a5 median

82    return a5;
83  }
```

注意，在 median9 函数中，输入参数 a1 到 a9 的值可以通过调用 a_less 来交换；因此这些参数需要按值传递而不是按引用传递。实际值由调用内核函数存储在共享内存中，因此需要保留它们的值以供多个线程使用。

这个内核函数非常快，可以在大约 0.5 ms 的时间内处理一张 4096 × 4096 的大图像，这比在主机 CPU 的单个核心上运行的同样算法快 1000 多倍。尽管如此，通过从 median9 内核函数中删除一些不必要的 a_less 调用，可以进一步改进代码。实际上，只要对 a_less 调用 23 次而不是 30 次，就能完成 9 个数字的排序。这个方案如图 4.6 所示，显示了 4 个和

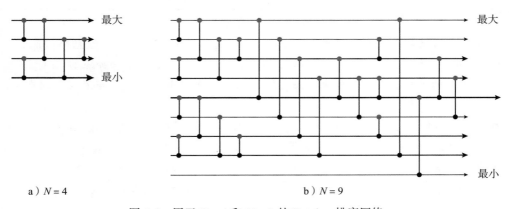

a）N = 4　　　　　　　　　　　　　　b）N = 9

图 4.6　用于 N = 4 和 N = 9 的 Batcher 排序网络

9 个数字的 Batchers 排序网络。图中的每条垂直线都表示对 a_less 函数的调用，执行之后线顶部的灰色点是两个数字中较大的那个，线底部的黑色点是较小的那个数字。

在图 4.6 中，每个垂直线代表两个数字之间的排序，排序后较小的值（黑色）在较大的值（灰色）下方。在排序后，图 4.6b 中的 9 个数字的中位数将位于中央线上。这些网络的复杂度为 $N\log_2(N)$ 的级别，因此对于大 N 来说效率会降低。

如图 4.6 所示，完整排序 9 个数字需要 23 次成对测试。然而，23 次测试又超出只寻找中位数的次数。我们将遵循 Perrot 等人[7]的方法，基于以下的观察结果：给定一组 $2N+1$ 个数字，任何具有 $N+2$ 个或更多数字的子集都具有最大值和最小值，它们都不能成为中位数。因此，为了找到 9 个数字的中位数，我们首先使用 Batcher 网络对 6 个数字进行排序，找到并丢弃最大值和最小值。我们从原始 6 个数字中添加一个未使用的数字和剩余的 4 个数字，然后重复使用这个步骤得到 5 个数字的结果集，并每次丢弃最大值和最小值，直到找到中位数。最终的中位数查找网络需要 20 次比较，如图 4.7 所示。

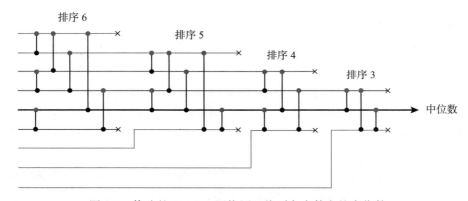

图 4.7　修改的 Batcher 网络用于找到九个数字的中位数

实现这个中值滤波器的代码如示例 4.14 所示。

示例 4.14 的说明

这里展示的设备函数是在每个线程的基础上，实现图 4.7 中的 Batcher 网络功能。

- 第 44 行：这是从示例 4.10 第 44 行的修改版本，显示了对下面描述的 batcher9 设备函数的调用。由于此函数返回类型为 uchar 的结果，因此可以直接存储在输出数组 b 中。
- 第 70～74 行：函数 medsort6 实现了图 4.7 中的 6 项排序。在第 92 行中使用 a4～a8 作为参数进行调用。这里有 7 个对 a_less 的调用。
- 第 75～87 行：这些行定义了另外三个函数，用于执行图 4.7 中显示的其余的排序 5、排序 4 和排序 3。这里对 a_less 又有 13 次调用，总共有 20 个调用。
- 第 88～97 行：在这里定义 __device__ 函数 batcher9，以围绕 a5 为中心的 9 个

图像像素值作为参数。这次参数是故意按值传递，以便在 a_less 使用时可以安全
地修改。

两个中值滤波器内核函数 median9 和 batcher9 处理 4096 × 4096 像素的大型 uchar 图
像，所需的时间分别为 0.534 ms 和 0.374 ms。这些时间只是内核函数运行时间，忽略了加
载图像和存储结果的开销。尽管如此，该滤波器的速度令人印象深刻，对于实时应用，如
高帧率和高增益的 CCD 成像相机的实时去噪，以及用于天文或其他低光应用，这个速度已
经足够快了。在单个 CPU 核心运行的等效主机代码，每帧分别需要 620 ms 和 307 ms，大
约多了 1000 倍。

当然，Batcher 网络也可以用于简单的排序操作，虽然在面对大量值的排序，比不上如
基数排序的其他算法。实际上，并行排序是另一个"经典"的 GPU 应用，就像归约一样经
常在 CUDA 教程中讨论。如果你对这类主题感兴趣，那么 CUDA SDK 是一个很好的起点；
在 6_Advanced 目录有 cdpAdvancedQuicksort、mergeSort 和 sortingNetworks 三个示例，说
明了一些方法。如果你的应用程序需要对大型数组进行排序，最好从现有的库开始。例如，
CUDA thrust 对排序数组有很好的支持。

示例 4.14　用于每个线程中 9 个数字中位数的 batcher9 内核函数

```
44     . . .
       bout[k] = batcher9<uchar>(as[y-1][x-1],
       as[y-1][x], as[y-1][x+1], as[y ][x-1],
       as[y ][x], as[y ][x+1], as[y+1][x-1],
       as[y+1][x], as[y+1][x+1]);
       . . .
70     template <typename T> __device__ __inline__
        void medsort6(T &a1,T &a2,T &a3,T &a4,T &a5,T &a6) {
71      a_less(a1,a2); a_less(a3,a4); a_less(a5,a6);
72      a_less(a1,a3); a_less(a2,a4);
73      a_less(a1,a5); a_less(a4,a6);
        // a1 and a6 are now min and max of a1-a6
74     }

75     template <typename T> __device__ __inline__
        void medsort5(T &a1,T &a2,T &a3,T &a4,T &a5) {
76      a_less(a1,a2); a_less(a3,a4);
77      a_less(a1,a3); a_less(a2,a4);
78      a_less(a1,a5); a_less(a4,a5);
        // a1 and a5 now min and max of a1-a5
79     }

80     template <typename T> __device__ __inline__
        void medsort4(T &a1,T &a2,T &a3,T &a4) {
81      a_less(a1,a2); a_less(a3,a4);
82      a_less(a1,a3); a_less(a2,a4);
        // a1 and a4 now min and max of a1-a4
83     }

84     template <typename T> __device__ __inline__
        void medsort3(T &a1,T &a2,T &a3) {
85      a_less(a1,a2);
```

```
86      a_less(a1,a3); a_less(a2,a3);
        // a1 and a3 now min and max of a1-a3
87    }
88    template <typename T> __device__ __inline__ T
89      batcher9(T a1,T a2,T a3,T a4,T a5,T a6,T a7,T a8,T a9)
90    {
91      // implement modified Batcher network as per figure 4.7
92      medsort6<T>(a4,a5,a6,a7,a8,a9);
93      medsort5<T>(a3,a5,a6,a7,a8   ); // drop a4 & a9 add a3
94      medsort4<T>(a2,a5,a6,a7      ); // drop a3 & a8 add a2
95      medsort3<T>(a1,a5,a6         ); // drop a2 & a7 add a1

96      return a5;    // return median value now in a5
97    }
```

在本章中，我们介绍了模板和图像滤波的概念，它们都需要本质上相同的编码方法。我们首次明确使用 NVIDIA GPU 常量内存。在下一章中，我们将继续探讨图像处理主题，并介绍另一种（也是最后一种）专用 GPU 内存类型——纹理。

第 4 章尾注

1. 等距离是一个简化的假设；更先进的基于有限元的方法（FEM）使用适应本地需求的可变点距，即在需要更多细节的区域使用更多点。

2. 这在最近的 GPU 上并不完全正确。协作组提供了一个类似于 syncthreads( ) 的内核级函数来进行网格同步，但代价是限制内核函数启动中的线程块数量，这对于许多应用程序来说将导致性能下降，超过了用更少内核函数启动的收益。

3. 使用大小为 16 × 16 的线程块和共享内存的内核函数，可以加载大小为 16 × 16 包括边界环的分块，也可以加载大小为 18 × 18 包括边界环的分块。前者使加载共享内存变得容易，但只有 14 × 14 个线程可以执行计算。后者允许所有 16 × 16 个线程执行有用的工作，但这种方法明显地复杂化了分块加载过程。我们可以把这看作是内部或外部边界环之间的选择。

4. 在下一章关于图像处理中，我们将研究一些调整图像尺寸的插值策略。

5. 这确实是像素一词的起源。根据维基百科的说法，这个词最早出现在 1963 年，与太空飞船图像有关。如今，像素一词广泛用于数字图像和显示的屏幕。在三维数据集中，例如体积型 MRI 扫描，近年来引入了"体素"这个词来表示体积元素。

6. 我们使用一张 512 × 512 的 St Ives 港口的假日照片的一部分，并将其转换为灰度图。

7. Perrot，G.，Domas，S. 和 Couturier，R. Fine-tuned High-speed Implementation of a GPU-based Median Filter. *Journal of Signal Processing Systems* 75，185-190（2014）.

纹理

第 4 章讨论了通过根据像素领域值改变单个像素值来过滤二维图像的方法。然而，许多像素图像变换是更加复杂的，包括缩放和旋转等，因为在变换前后像素之间没有简单一对一的对应关系。

数字图像通常用于表示数学分布或科学数据。在这些情况下，离散图像像素被用作对"真实"连续分布的近似值，像素值被理解为该像素所代表区域的平均值。数字图像总是以二维矩形网格像素的形式，以水平 x 轴和垂直 y 轴显示在印刷品或屏幕上。我们遵循 C++ 约定，用 0 到 $N-1$ 的整数 ix 索引来表示 N 个像素的行，用 0 到 $M-1$ 的整数 iy 索引来表示 M 个像素的列，原点在图像的左上角。这意味着，对于单位大小的像素而言，ix 和 iy 坐标是从图像左上角开始的位移，如图 5.1 所示。

图 5.1 显示一张具有 10×3 像素的图像像素，其中整数像素坐标 ix 和 iy 遵循 C++ 索引约定。如果像素具备单位大小，则行宽为 10 个单位，列高为 3 个单位，像素中心位于点所示的中心位置。在量化工作中，一个数字图像被认为是连续二维函数 $f(x,y)$ 的采样，其中每个像素的值是 f 在像素区域上的积分[1]。反过来，意味着每个点的像素值是 $f(x,y)$ 在该像素几何中心的估计值，这些中心点是在整数像素坐标上加 0.5 所得到的。

因此，如果 x 和 y 坐标为（7,1）处的像素值为 42，则意味着我们对基础连续分布的最佳估计是在位置（7.5,1.5）处有值 42，而不是在（7,1）处[2]。这种细微之处在简单的图像处理任务中通常可以忽略，比如第 3 章中使用的滤波器。但是对于其他更复杂的操作，比如通过非整数值缩放图像大小或旋转角度不是 90° 的倍数，我们发现变换后的图像中像素的中心与原始图像中的像素中心并不完全对应。在这些情况下，我们必须通过从原始图像中插值来计算变换后的图像。在执行这些插值时，与像素中心一致是非常重要的。本章的主题是如何利用 NVIDIA GPU 的纹理硬件执行非常快速的插值。我们围绕这个硬件构建的一些应用程序，如图像配准，在许多领域中都很重要，包括医学图像处理。

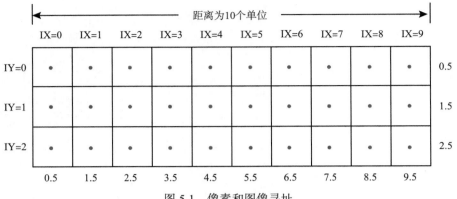

图 5.1　像素和图像寻址

注：1. 像素地址为 (ix,iy)，其中 ix 和 iy 是 0～9 和 0～2 范围内的整数。
　　2. 图像中的点为 (x,y)，其中 x 和 y 是 0.0～10.0 和 0.0～3.0 范围内的浮点数。
　　3. 像素中心位于 x=ix+0.5 和 y=iy+0.5。

5.1　图像插值

图 5.2 展示了在新图像像素中估计值的计算过程，与原始图像会有所偏移。根据公式，插值像素值 G 需要进行 15 次算术运算，虽然通过重新分组项可以将其减少到大约 8 次，但每个像素的计算量仍然很大。显然这是 GPU 计算的一个很好的应用场景。

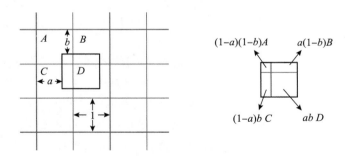

图 5.2　图像像素的双线性插值

注：1. $G = (1-a)(1-b)A + a(1-b)B + (1-a)bC + abD$
　　2. 灰色像素与具有值 A、B、C 和 D 的 4 个图像像素重叠，它与 A 像素的偏移量为 (a,b)。灰色像素中的双线性插值的值 G 是 4 个图像像素的加权和。

线性插值可以在任意维度上执行，在二维和三维情况下称为双线性或三线性插值。还可以进行其他形式的插值，包括：

● 简单插值，只使用最近邻像素。对于图 5.2 中的灰色像素，这意味着只需设置 $G = D$。

● 非线性插值，使用比最近邻像素更多的像素，并拟合二次或更高阶多项式或 B 样条
（B-splines）来计算插值的值。

5.2　GPU 纹理

NVIDIA 纹理是一种硬件特性，可从一、二或三维数组中提供快速的线性插值。
NVIDIA 硬件支持 16 位和 32 位浮点数，以及 8 位、16 位或 32 位有符号和无符号整数格
式。当插值整数数据时，CUDA 将值转换为浮点数，并返回一个 32 位浮点结果。对于有符
号整数则归一化到 [–1,1] 范围，无符号整数则归一化到 [0,1] 范围。纹理还支持 2 和 4 分量
的 CUDA 向量类型，例如 float4 和 int2。

简而言之，硬件纹理单元的使用如下：

1）将要插值的数组从主机复制到 GPU 纹理内存。使用专门的 cudaMalloc 和 cuda-
Memcpy 版本，并最终得到一个纹理对象，这个对象可以作为参数传递给内核函数，代替
通常的内存指针。纹理创建的细节相当复杂和冗长，本章中我们将使用 cxtexture.h 提供的
例程来隐藏大部分细节。有兴趣的读者可以在附录 H 中找到更多信息。

2）在内核函数代码中，使用 texture fetch 函数的 tex 1D、tex 2D 或 tex 3D 从纹理内存
中读取插值的值。这些函数将一个纹理对象作为它们的第一个参数，然后用 1、2 或 3 个浮
点坐标来指示应进行插值的点。

根据坐标的指定方式以及纹理的创建方式，可以执行多种不同类型的插值（在 NVIDIA
的术语中称为 filtering）。

图 5.3 展示了对六个像素进行一维插值的四种可能的插值模式。

图 5.3 基于《NVIDIA C++ 编程指南》中的类似图，展示了从 0 到 5 索引的六个像素的
一维数组，里面的值包含 1、3、2、4、5 和 3，在 $0 \leqslant x \leqslant 6$ 范围以内展示浮点变量 x 的插值
结果，图 a～d 如下所示：

a）使用像素索引 i = floor(x) 的简单"最近点采样"方法，不执行插值。当创建
纹理时，此模式需要使用值 cudaFilterModePoint 作为 FilterMode 参数的值。虽
然可以直接使用 (int)x 作为数组索引值来执行此类型的查找，但由于纹理硬件具有单
独的纹理缓存和纹理内存中数组布局的优化，因此纹理硬件可能更快。b 到 d 模式需要将
filterMode 设置为 cudaFilterModeLinear，从而实现硬件加速的线性插值。

b）这是使用像素之间线性插值的标准 CUDA 纹理"线性滤波"方法，只需要指
定 x 作为 tex 1D 中的坐标。纹理硬件使用 x–0.5 而不是 x 作为插值点。因此，对于范围
$0.5 \leqslant x \leqslant 5.5$ 的 x 值，我们可以看到在像素值范围内的平滑插值。如果 $x<0.5$，将 x 的值
钳制为像素 0 的值，当 $x > 5.5$ 的时候，将值钳制为像素 5 的值。当在初始化纹理时，将
cudaAddressModeClamp 指定为 AddressMode 的值时，执行范围外钳制。结果随着像素中
心处的值平稳变化，当 $x = 0.5, 1.5, \cdots, 5.5$ 时等于该像素的值，这对应于像素值表示它们

中心点的连续函数值的模型。请注意，在 CUDA 纹理图像插值中，减去 0.5，是由 CUDA 查找函数（在本例中为 tex 1D）完成的，而不是由用户提供给程序作为函数参数的 x 值。

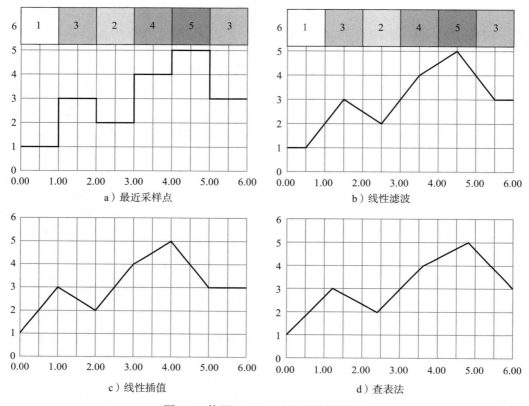

a）最近采样点   b）线性滤波

c）线性插值   d）查表法

图 5.3　使用 NVIDIA 纹理的插值模式

c）这与 b）相同，但使用 tex 1D (tex, x + 0.5)，而不是 tex 1D (tex, x)，我们称之为 "线性插值"。这种方法在需要 x 的整数值处获得精确像素值的应用程序中很有效。要使用此方法，用户必须将 $x+0.5$ 指定为 CUDA 纹理查找函数的参数。图 c 只是将图 b 向左移动半个单位得到的。这是在图像处理中使用的自然模式，因为如果将 x 设置为像素索引值 i，则 tex 1D (tex, x+0.5) 返回 pixel[i] 中的值。这种方法还可用于表查找，其中纹理表示在范围 [0,5] 内以六个等间距点进行采样的函数。

d）更自然的方法，是在六个等间距点处用 "表查找" 执行采样函数，这样可以获得 [0,6] 的可变范围，并且通过将值 5*x/6+0.5 传递给纹理查找函数来实现。图 d 只是图 c 的拉伸版本。

图中展示了纹理硬件的一个很好的特性，我们不必对发送到纹理查找函数的坐标，执行显式的越界检查——硬件会处理这个问题。执行越界坐标的操作取决于初始化纹理时使用的 cudaAddressMode 标志的设置。例如，要获取超出范围时限制的边缘值，必须将此标志设置为 cudaAddressModeClamp。

　　另外还有个需要注意的问题是，屏幕上显示的图像由硬件限制为 8 位值，这反映了人类视觉系统的限制，无法分辨超过 200 个灰度级。然而原始数据可能是浮点数、16 位或 32 位整数。这里和前一章中讨论的所有处理都应该在数据的原生精度下进行，而转换为 8 位进行显示应该作为最后一步。在许多情况下，你可能不想显示转换后的图像。

　　奇怪的是，CUDA 纹理在针对 CUDA 科学应用的教程中很少被讨论；这可能是因为纹理起源于游戏。另一个可能的原因是，在 CUDA 纹理查找中用于插值的系数的计算精度只有 8 位。但现实中，我们从未发现这是个问题。在表达精确值时可以返回精确值，在其他时候则返回合理的函数，插值误差可能不超过千分之一。在函数变化更快的情况下，必须记住，即使是精确的线性插值也只是对基础函数的近似，因此额外的小误差不太重要。另一个可能的问题是，纹理设置相当冗长。在这里我们的解决方法是，通过使用我们的 cx 库函数作为隐藏大部分复杂性的包装器。我们很遗憾纹理仍未得到更广泛的使用，因为正如我们后面会看到，可以获得真正的性能提升。

5.3　图像旋转

　　如果我们想展示一个经过转换的图像，例如一个旋转角度不是 90° 的倍数，那么对于变换后的图像（所谓的目标图像）的每个像素，我们必须找到其在源图像中的对应位置，如果该点不完全对应源图像中的一个像素，则必须采用附近图像像素的适当平均值。正如前面已经讨论过的，最简单的方法是选择源图像中的最近像素，更好的方法是使用双线性插值。图 5.4 显示了两幅图像，图 a、b 是我们测试图像的 60×60 像素部分，在使用最近像素和双线性插值进行 30° 旋转后的结果，图 c、d 是一个由竖条组成的复合图像，这个竖条以 10° 的步长围绕中心点旋转。这个条的宽度为 2 像素，原始位置是垂直的。同样，这对图像清楚地显示了使用最近像素和双线性插值的结果。线条的锯齿状外观有时被称为混叠。请注意，如果是 90° 的倍数旋转不会出现混叠现象，这样的旋转等效于简单地交换像素对。

　a）最近像素　　　　b）双线性插值　　　　c）最近像素　　　　d）双线性插值

图 5.4　使用最近像素和双线性插值进行旋转后的图像质量

5.4 lerp 函数

我们也有兴趣在主机和 GPU 上执行线性插值，而不使用纹理硬件，这不仅是为了性能比较，也为了得到最佳的精度。

ID 线性插值的 lerp 函数可用作任意维度线性插值的构建块。在一维线性插值中（例如，图 5.2 中的 x 方向）非常简单，如下式所示：

$$I = (1-a)A + aB \text{ 或 } I = A + a(B - A) \tag{5.1}$$

其中，I 是插值后的值。请注意，第一种形式的方程需要四个算术运算，而第二种形式仅需要三个。CUDA 头文件 helper_math.h 提供一个 lerp 函数来计算第二种形式，如下框所示。

```
inline __device__ __host__ float lerp(float a, float b, float t)
{
return a + t*(b-a);
}
helper_math.h中的CUDA lerp函数
```

我们可以使用多个 lerp 函数来构建二维双线性插值和三维三线性插值，使用简单的代码即可实现。示例 5.1 展示了在主机或 GPU 上执行双线性插值和最近像素插值的函数。

示例 5.1　用于二维图像插值的双线性和最近邻设备和主机函数

```
10   template <typename T> __host__ __device__ T
       bilinear(cr_Ptr<T> a, float x, float y, int nx, int ny)
11   {
12       auto idx = [&nx](int y,int x){ return y*nx+x; };
13       if(x< -1.0f ||  x>= nx || y< -1.0f || y>= ny) return 0;

14       float x1 = floorf(x-0.5f);  // find left-hand
15       float y1 = floorf(y-0.5f);  // pixels
16       float ax = x - x1;     // a and b parameters
17       float ay = y - y1;     // from fig 5.3(c)

18       //  set indices to safe ranges
19       int kx1 = max(0,(int)x1); int kx2 = min(nx-1,kx1+1);
20       int ky1 = max(0,(int)y1); int ky2 = min(ny-1,ky1+1);

         // x interp at y1
21       float ly1 = lerp(a[idx(ky1,kx1)],a[idx(ky1,kx2)],ax);
         // x interp at y2
22       float ly2 = lerp(a[idx(ky2,kx1)],a[idx(ky2,kx2)],ax);
         // y interp of the x interpolated values
23       return (T)lerp(ly1,ly2,ay);
24   }

25   template <typename T> __host__ __device__ T
       nearest(cr_Ptr<T> a, float x, float y, int nx, int ny)
26   {
27       auto idx = [&nx](int y,int x){ return y*nx+x; };
28       if(x< 0 ||  x>= nx || y< 0 || y>= ny) return 0;
29       int ix = clamp((int)x,0,nx-1);
```

```
30      int iy = clamp((int)y,0,ny-1);
31      return a[idx(iy,ix)];
32  }
```

示例 5.1 的说明

- 第 10 行：这是模板函数 bilinear 的声明。该函数可以被主机或 GPU 用于在二维数组 a 中的点 (x,y) 上执行双线性插值。注意，参数 x 和 y 的类型为 float。数组 a 的维度由参数 nx 和 ny 指定。
- 第 12 行：使用步幅 nx 为数组 a 声明一个索引函数 idx。
- 第 13 行：对 x 和 y 进行范围检查。请注意，因为 4 个像素的分块有助于双线性插值，所以我们放宽了通常的检查，以包含一个额外的单像素宽的边框。第 25 和 26 行的索引钳制（index clamping）确保操作的安全，如果 (x,y) 在边框之外，则返回 0，这类似于纹理硬件的 cudaAddressModeBorder 模式。这种代码总是需要某种处理图像边界的方法，没有唯一的最佳解决方案。使用纹理硬件可以避免这种复杂性。
- 第 14～15 行：在这里使用快速的 CUDA floorf 函数，来查找具有最低 x 或 y 值的两个像素，以便使用 4 像素分块。
- 第 16～17 行：从图 5.2 中找到的 a 和 b 参数，在这里分别表示为 ax 和 ay。
- 第 19～20 行：计算并将分块坐标钳制到范围 [0, nx-1] 和 [0, ny-1]。
- 第 21～23 行：使用 3 个 lerp 调用，从 a 的 4 个像素计算所需的双线性插值。
  - 第 21 行：将 ly1 设置为 y=y1 时 x 插入 a 的插值。
  - 第 22 行：将 ly2 设置为 y=y2 时 x 插入 a 的插值。
  - 第 23 行：返回 y 插入 ly1、ly2 之间的 a 的值。
- 第 25～32 行：这些是 nearest 函数的声明，该函数通过找到输入点 (x, y) 所在的像素来进行插值。
- 第 28 行：将原始图像中所有位置无效的像素强制设置为 0。这与对应的双线性插值的第 13 行不同，后者允许在有效区域周围有一个像素的边界环。这模仿了纹理硬件的 cudaAddressModeBorder 寻址模式。
- 第 29～30 行：这里只是将 x 和 y 向下取整到最近的整数，这会给出包含点 (x, y) 的原始图像像素。我们使用 helper_math.h 中的 clamp 函数，来确保四舍五入后的 ix 和 iy 都有效。这个预防措施不是严格必要的，因为第 32 行已经确保 ix 和 iy 是有效的。但是，我们将其保留在这里以备未来开发使用；如果第 32 行对标志进行条件限制而被绕过，则该函数将范围外的像素钳制到最近的边缘值，而不是将它们钳制为零。这是仿照纹理硬件的 cudaAddressModeClamp 寻址模式。

示例 5.2 展示了由 rotate1 内核函数和一个简单 main 例程组成的图像旋转代码。

rotate1 内核函数使用示例 5.1 中的双线性函数执行图像旋转。这个示例是一个基准,并没有使用硬件纹理。

示例 5.2　用于图像旋转的 **rotate1** 内核函数和简单主程序

```
40   template <typename T> __global__ void rotate1
       (r_Ptr<T> b, cr_Ptr<T> a, float alpha, int nx, int ny)
41   {
42     cint x = blockIdx.x*blockDim.x + threadIdx.x;
43     cint y = blockIdx.y*blockDim.y + threadIdx.y;
44     if(x >= nx || y >= ny) return; // range check
45     auto idx = [&nx](int y,int x){ return y*nx+x; };
46     float xt = x - nx/2.0f;  // rotate about centre
47     float yt = y - ny/2.0f;  // of image
       // rotate and restore origin
48     float xr =  xt*cosf(alpha) + yt*sinf(alpha) + nx/2.0f;
49     float yr = -xt*sinf(alpha) + yt*cosf(alpha) + ny/2.0f;
50     b[idx(y,x)] = bilinear(a, xr, yr, nx, ny);
51   }

60   int main(int argc,char *argv[])    // main routine
61   {
62     int nx      = (argc >3) ? atoi(argv[3]) : 512;
63     int ny      = (argc >4) ? atoi(argv[4]) : nx;
64     float angle = (argc >5) ? atoi(argv[5]) : 30.0f;
65     angle *= cx::pi<float>/180.0f;  // to radians

66     int size = nx*ny;
67     thrustHvec<uchar> a(size);
68     thrustHvec<uchar> b(size);
69     thrustDvec<uchar> dev_a(size);
70     thrustDvec<uchar> dev_b(size);

71     if(cx::read_raw(argv[1], a.data(), size)) return 1;
72     dev_a = a;  // copy to device
73     dim3 threads ={16,16,1};
74     dim3 blocks ={(uint)(nx+15)/16, (uint)(ny+15)/16,1};
75     rotate1<<<blocks,threads>>>(dev_b.data().get(),
                      dev_a.data().get(), angle, nx, ny);
76     b = dev_b; // get results
77     cx::write_raw(argv[2], b.data(), size);
78     return 0;
79   }
```

示例 5.2 的说明

- 第 40 行:声明 rotate1 内核函数,接受 a 和 b 两个指针参数,分别用于输入和输出图像,还有一个以弧度为单位的旋转角度 alpha 和它们共同的维度 nx 和 ny。这个内核函数设计成每个图像像素使用一个线程,并期望一个跨越图像区域的二维线程网格。

- 第 42~43 行:在这里我们找到当前线程的 (x,y) 像素位置。这个位置表示输出图像 b 中的一个像素。

- 第 43 行:对 (x,y) 执行范围检查。

- 第 44 行：定义我们常用的 idx 二维寻址函数。

- 第 46～47 行：我们想要围绕图像的中心点旋转图像，而不是左上角。为了实现这一点，我们必须从图像中心旋转当前点的位移向量，而不是当前点。在这里，我们计算 (xt, yt) 作为位移量。

- 第 48～49 行：通过角度 alpha 逆时针旋转。旋转的方向取决于 sin(alpha) 项中哪里有负号，在这里是第 49 行的部分 [3]。我们还将其平移回原始原点，结果存储在 (xr, yr) 中，对于正的 alpha，旋转是顺时针的。

- 第 50 行：旋转位置 (xr, yr) 是要在图像 b 的像素 (x, y) 中显示的点在原始图像 a 中的位置。这里调用设备函数 bilinear 在该位置上在 a 中进行插值。然后将结果存储在 b 的 (x, y) 处。这一行可以轻松地更改为调用不同的函数以执行其他类型的插值，例如 nearest。

- 第 60～79 行：这是一个基本的主例程，用于设置所需的数组 a 和 b，调用 rotate1 内核函数并保存旋转后的图像。请注意，原始图像和旋转图像的文件名由用户作为第一和第二个命令行参数提供，这是我们经常用于命令行参数的惯例。还要注意，输入图像名称在命令行中先于输出图像名称，如果用户在运行程序时意外颠倒名称，则有可能覆盖原始图像文件 [4]。

这个版本的图像旋转的 GPU 代码版本运行良好，计算性能超过 600 GFlops/s，并且比单核 CPU 版本快 500 倍。但是正如承诺的那样，通过使用 NVIDIA GPU 的纹理特性，我们可以做得更好。

5.5　纹理硬件

由于 GPU 最初是为计算机游戏开发的，具有执行图像插值操作的特殊硬件。在我们的例子下，CUDA 纹理内存用于此目的。与快速而小型但与全局内存分离的共享内存不同，纹理内存是根据需要从标准全局设备内存中分配的，但由专用纹理映射单元（TMUs）管理，这是 GPU 上每个 SM 单元的重要硬件特性。在大多数 NVIDIA 的 GPU 上，包括那些不是为 HPC 应用程序设计的图形 GPU，每 16 个 CUDA 内核就有一个 TMU。

CUDA 纹理是存储在全局设备内存中多达三维的数组，但以特殊方式格式化并由专用 TMU 管理。CUDA 纹理的最大尺寸如表 5.1 所示，硬件包括额外的内存缓存和快速插值单元。设置 CUDA 纹理比仅分配 thrust 向量要复杂得多，语法非常冗长，因此存在大量令人困惑的可能选项。我们在这里的目标是介绍二维和三维纹理的插值特性，因为那里才是真正的性能提升所在 [5]。

我们的 cxtextures.h 头文件定义了三个对象——tsx 1D，txs 2D 和 txs 3D，它们充当 GPU 纹理内存的容器类，并封装了设置和使用纹理所需的许多细节。特别是，它们具有构造函数和析构函数来管理设备内存分配。但是在创建这些对象时，用户仍然必须提供一些选项标志。示例 5.3 使用二维纹理，而非示例 5.1 中调用双线性函数进行快速双线性插值的 TMUs。

表 5.1　CUDA 纹理的最大尺寸

维数	CC 6.0 及以上	CC 3.5～5.2
一维	131 072	65 536
二维	131 072 × 65 536	65 536 × 65 536
三维	65 536 × 65 536 × 65 536	4096 × 4069 × 4096

示例 5.3　使用 CUDA 纹理演示图像旋转的 rotate2 内核函数

```
40  __global__ void rotate2(r_Ptr<uchar> b,
       cudaTextureObject_t atex, float angle, int nx, int ny)
41  {
42    cint x = blockIdx.x*blockDim.x + threadIdx.x;
43    cint y = blockIdx.y*blockDim.y + threadIdx.y;
44    if(x >= nx || y >= ny) return; // range check
45    auto idx = [&nx](int y,int x){ return y*nx+x; };
46    float xt = x - nx/2.0f;  // rotate about centre
47    float yt = y - ny/2.0f;  // of the image
      // rotate and restore origin
48    float xr =  xt*cosf(angle)+ yt*sinf(angle) + nx/2.0f;
49    float yr = -xt*sinf(angle)+ yt*cosf(angle) + ny/2.0f;
      // interpolate using texture lookup
50    b[idx(y,x)] = (uchar)(255*tex2D<float>(atex,
                            xr+0.5f, yr+0.5f));
51  }

60  int main(int argc,char *argv[]) // minimal main routine
    . . .
67    thrustHvec<uchar> a(size);
68    thrustHvec<uchar> b(size);
69.1  int2 nxy ={nx, ny};
69.2  cx::txs2D<uchar> atex(nxy, a.data(), // pass host array
      cudaFilterModeLinear,    // do linear interpolation
      cudaAddressModeBorder, // out of range pixels are zero
      cudaReadModeNormalizedFloat,  // return floats in [0,1)
      cudaCoordNatural );       // coords in [0,nx] & [0,ny]
70    thrustDvec<uchar> dev_b(size);
      . . .
75    rotate2<<<blocks,threads>>>(dev_b.data().get(),
         atex.tex, angle, nx, ny); // pass texture to kernel
      . . .
79  }
```

示例 5.3 的说明

- 第 40～51 行：内核函数 rotate2 是范例 5.2 中 rotate1 内核函数的修改版，只有第 40 行和第 50 行与 rotate1 的对应行有区别。

  ■ 第 40 行：第二个参数现在是 cudaTextureObject_t atex，保存原始图像数据而不是指向 GPU 内存中数据的简单指针。此外，该内核函数不是一个模板函数，而是明确地用于处理 uchar 类型的数据。

- 第 50 行：不再调用双线性函数去执行源数组中点 (xr，yr) 的插值，而是使用内置的 CUDA tex 2D 函数从包含 a 的纹理中进行插值，即 atex。为了处理 8 位 uchar 数据，实际上这些值以归一化的浮点数形式存储在 GPU 纹理内存中，这样最大可表示本机值对应于 1.0。这就是在 tex 2D 模板参数中指定 <float> 的原因（默认值在这里不工作），将结果放大 255 倍，最后强制转换为 uchar。

还要注意的一点是，坐标 (xy，yr) 偏移 +0.5f，这对应于图 5.3c 中显示的纹理查找的线性插值模式。

- 第 60～79 行：这些行是示例 5.2 中主例程的修改版本。只有两个更改。第 69 行被第 69.1 和第 69.2 行取代，而第 75 行的内核函数调用已更改。
  - 第 69.1 行：创建 int2 对象 nxy 并初始化为 (nx，ny)，它需要在下一行作为输入参数。
  - 第 69.2 行：这里创建 cx::txs 2D 纹理对象 atex，为对象构造函数指定以下参数。
    （1）nxy：一个 int2 类型的变量，包含数组大小 nx 和 ny 的值。
    （2）a.data()：指向主机内存中源数组数据的指针。这些数据将被复制到 GPU 中。
    （3）cudaFilterModeLinear：一个标志，指定双线性插值。
    （4）cudaAddressModeBorder：一个标志，指定越界的点返回零。纹理查找自动处理存储在纹理外的点，这是一个很好的特性，可以通过删除显式的越界检查来简化调用代码。
    （5）cudaReadModeNormalizedFloat：一个标志，指定返回结果为归一化浮点数。当使用硬件插值来处理除 float 类型以外的任何类型时，需要此标志。
    （6）cudaCoordNatural：由 cx 定义的标志，指定位置坐标的正常解释。如果没有 cx 就指定为 0，因为没有 CUDA 定义的助记符。另一种选择是由 cx 定义的标志 cudaCoordNormalized 为 1，它指定在范围 [0,1] 内的归一化坐标，这些坐标会自动映射到存储数组的全跨度上。
- 第 75 行：在这里调用 rotate2 内核函数而不是 rotate1，第二个参数作为 atex.tex 的值传递，而不是指针 a.data()。

如果你不熟悉 CUDA 纹理，那么第 69.2 行可能会显得非常复杂；如果你熟悉 CUDA 纹理，则可能会觉得我们修改后的代码比你预期的要简洁得多。无论哪种方式，我们在插值性能上获得了高达 3.7 倍的优势。双线性插值代码的性能如表 5.2 所示。

表 5.2 中的第一组列显示了在主机上使用单个 CPU 和 GPU 上的 rotate1 和 rotate2 内核函数每秒处理图像的数量，这些数字基于整个计算的总执行时间，然后减去 IO 和初始化开

销。对于最大的两个图像，单个 CPU 无法以视频速率处理，但任一个 GPU 都足够实现了。表 5.2 中的第二组列显示了双线性插值部分的计算性能，这些数字还通过运行等效作业与双线性插值代替，将固定值存储在输出缓冲区。时间差被视为插值时间。我们假设每次插值涉及 20 次浮点运算，以将执行时间转换为 GFlops/s。

表 5.2 在 RTX 2070 GPU 上示例 5.1～5.3 的性能

图片尺寸	每秒处理图片数量			双线性插值（GFlops/s）		
	主机	GPU	纹理	主机	GPU	纹理
128 × 128	3925	369515	414636	2.22	544	1063
256 × 256	989	241314	341772	2.21	787	2936
512 × 512	249	104106	185798	2.43	849	2617
1024 × 1024	62	30896	66149	2.23	844	2756
2048 × 2048	15	8052	13299	2.13	851	1693
4096 × 4096	4	2009	3393	1.98	835	1690

总体而言，GPU 实现比 CPU 快 500 倍左右，而基于纹理的实现则快了 1000 倍以上。有趣的是，最佳的纹理性能是在 256×256 和 1024×1024 之间的中等大小图像中实现，这与我们过去认为 GPU 性能随着数据集大小的增加而提高是不一样的。我们推测 GPU 纹理的不同行为是因为 Morton 排序方案，使得本地 x–y 邻居寻址更加高效，对于这些中间图像尺寸是最优的（更多细节请参见附录 H）。与 rotate1 内核函数相比，纹理为 256×256 图像的双线性插值加速了 3.7 倍，并且对于所有图像尺寸至少提高了 2 倍。

矩形图像的旋转还会带来一个难点，即旋转后的图像可能不适合原始帧。这在图 5.5 中得到了说明，图 5.5a 是测试图像，图 5.5b 是旋转 45° 图像。请注意，原始图像的角在图 5.5b 中丢失了，而其角中的黑色区域在原始图像的区域之外，被设置为 0，因为在示例 5.3 的第 69.2 行中指定了 cudaAddressModeBorder 进行纹理初始化。可以通过在原始图像周围填充足够宽的边框来解决这个问题，如图 5.5c 和 d 所示。

a）测试图像　　　　b）旋转45°图像　　　　c）填充边框　　　　d）填充边框旋转45°

图 5.5 测试图像的旋转和缩放

我们可以利用 CUDA 纹理查找的归一化坐标特征来轻松实现图像缩放。这使得任意大小的图像都可以插值纹理，而不需要知道存储图像的实际分辨率。修改的内容如示例 5.4 所示。

示例 5.4　用于同时进行图像旋转和缩放的 rotate3 内核函数

```
40  __global__ void rotate3(r_Ptr<uchar> b,
        cudaTextureObject_t utex, float angle,
        int mx, int my, float scale)
41  {
42    cint x = blockIdx.x*blockDim.x + threadIdx.x;
43    cint y = blockIdx.y*blockDim.y + threadIdx.y;
44    if(x >= mx || y >= my) return; // range check
45    auto idx = [&mx](int y,int x){ return y*mx+x; };
46    float xt = x - mx/2.0f;  // rotate about centre
47    float yt = y - my/2.0f;  // of the image
      // rotate and restore origin
48    float xr =  xt*cosf(angle)+ yt*sinf(angle) + mx/2.0f;
49    float yr = -xt*sinf(angle)+ yt*cosf(angle) + my/2.0f;
      // scale and preserve the image centre
50    float xs = (xr+0.5f)*scale/mx-0.5f*scale+0.5f;
51    float ys = (yr+0.5f)*scale/my-0.5f*scale+0.5f
52    // texture lookup now using normalised coordinates
53    b[idx(y,x)] = (uchar)(255*tex2D<float>(utex, xs, ys));
54  }
      . . .
69.2  cx::txs2D<uchar> atex(nxy,a.data(), // pass host array
        cudaFilterModeLinear,    // do linear interpolation
        cudaAddressModeBorder, // out of range pixels are zero
        cudaReadModeNormalizedFloat, // return floats in [0,1)
        cudaCoordNormalized);    // coords in [0,1.0] [0,1.0]
      . . .
75    rotate3<<<blocks,threads>>>(dev_b.data().get(),
              atex.tex, angle, mx, my, scale);
      . . .
```

示例 5.4 的说明

只需要对示例 5.3 进行少量更改，就可以使输出图像大小进行重新缩放。在主例程中，我们添加了三个额外的命令行参数：输出图像帧的新尺寸 int mx 和 my 以及图像在新帧内缩放的因子 float scale。如果 mx 和 my 与输入图像尺寸 nx 和 ny 不同，则将使用双线性插值重新采样输出图像以适应新的输出帧，还会应用额外的图像缩放因子 scale。

- 第 40 行：声明 rotate3 内核函数。之前的图像大小参数 nx 和 ny 已被重命名为 mx 和 my，以反映用途的变化——它们现在只是输出图像帧的大小。因为内核函数使用归一化坐标进行纹理查找，所以内核函数无须知道存储在纹理中的图像的实际尺寸。还有一个新的最终参数 scale，它指定输出图像在 mx×my 帧内的缩放因子。缩放值为 $1/\sqrt{2}$ 可以使旋转 45° 的图像适合其原始帧内。

- 第 41～49 行：这些行与 rotate2 完全相同，只是使用 mx 和 my 代替 nx 和 ny。

- 第 50~51 行：这些行是新添加的，将 xs 和 ys 设置为旋转后的坐标 xr 和 yr，但将它们归一化到范围 [0,1]，然后按 scale 比例进行缩放。这两个步骤都是通过乘以 scale/mx 和 scale/my 来完成的。还有一些项来保持图像中心在帧的中心，并处理线性插值模式所需的 0.5 偏移量。
- 第 69.2 行：主例程已更改，使用标志 cudaCoordNormalized 作为调用 cx::txs2 的最后一个参数。

图 5.5c 和 d 中的图像是使用旋转因子为 $1/\sqrt{2}$、旋转角度为 0° 和 45° 的 rotate3 函数生成的。双线性插值在任何增加或减小图像大小至多 2 倍的情况下，都会产生平滑的结果。但对于更大的缩小，比如 8 倍，原始图像中相邻像素之间的双线性插值等同于稀疏采样，可能会产生噪点较多的结果。

在这种情况下，更好的方法是使用跨越源图像的 8×8 分块的平均值。等效地，我们的代码可以使用三次，每次将图像缩小为原来的 1/2。对于不是 2 幂次的情况，最后一步可以是任何小于 2 的值。如图 5.6 所示，我们的测试图像原始分辨率为 512×512 像素，使用 rotate3 内核函数将其缩小为原来的 1/8。图 5.6a 使用了大小为 1/8 的单步操作，图 5.6b 使用了 3 个单独的 1/2 步操作。

a）采样法　　　　　　　　　　b）平均法

图 5.6　32×32 分辨率下的测试图像

5.6　彩色图像

示例 5.1 的代码可以轻松地调整以处理彩色图像。标准数字彩色图像每个像素有三个 8 位值，分别表示该像素的红、绿和蓝强度值。这些字节在内存中可以以两种方式存储：（1）三个值存储在连续的内存位置中，这种图像称为 RGB 格式图像；（2）所有 R 值存储在连续的位置，然后是所有 G 值，最后是 B 值，这种排列方式称为平面 RGB。大多数标准数字图像格式，如 bmp、jpg 和 png 使用 RGB，但通常带有压缩。对于某些图像处理任务，平面 RGB 更为方便，因为数据以三种颜色的三个独立的 1 字节图像进行组织。第四个通道 "A" 也可能存在，表示像素的透明度。在这种情况下，我们有 RGBA 或平面 RGBA 两种。RGBA 格式很有趣，因为每个像素的数据占用一个 32 位字——对于许多处理情况来说是自然对齐的内存访问，包括 CUDA 纹理处理。示例 5.5 显示了用于旋转 RGBA 图像的 rotate4 内核函数。

示例 5.5 的说明

在这个示例中，我们展示了如何修改之前的 rotate3 内核函数以处理 RGBA 数据。主要的变化是纹理已经被创建来存储 RGBA 图像数据，并且是 uchar4 类型的。

- 第 40 行：rotate4 内核函数的声明与 rotate3 唯一不同之处，就是第一和第二个参数现在是 uchar4 对象而不是 uchar。输出数组 b 是显式的，而输入纹理 utex4 是隐式的。现在纹理的每个元素都是一个 4 分量的 RGBA 向量，纹理查找将自动对向量的每个分量执行相同的插值。
- 第 41～51 行：这些行与 rotate3 中的相应行等效，无变化。
- 第 52 行：在这里执行向量纹理查找，其结果以 float4 返回。由于 helper_math. h 中的定义不包括 float4 和 uchar4 之间的重载转换，因此我们必须将结果存储在临时变量 float4 fb 中。
- 第 53～56 行：在这里 fb 的每个分量被缩放，然后复制到输出 uchar4 b 中的一个元素的分量中。

示例 5.5　用于处理 RGBA 图像的 rotate4 内核函数

```
40   __global__ void rotate4(r_Ptr<uchar4> b,
cudaTextureObject_t utex4, float angle, int mx,
                             int my, float scale)
41   {
42     cint x = blockIdx.x*blockDim.x + threadIdx.x;
43     cint y = blockIdx.y*blockDim.y + threadIdx.y;
44     if(x >= mx || y >= my) return; // range check
45     auto idx = [&mx](int y,int x){ return y*mx+x; };
46     float xt = x - mx/2.0f;  // rotate about centre
47     float yt = y - my/2.0f;  // of the image

       // rotate and restore origin
48     float xr =  xt*cosf(angle)+ yt*sinf(angle) + mx/2.0f;
49     float yr = -xt*sinf(angle)+ yt*cosf(angle) + my/2.0f;

       // scale and preserve the image centre
50     float xs = (xr+0.5f)*scale/mx-0.5f*scale+0.5f;
51     float ys = (yr+0.5f)*scale/my-0.5f*scale+0.5f;

       // NB here tex2D returns floats not uchars
52     float4 fb = tex2D<float4>(utex4,xs,ys);
53     b[idx(y,x)].x = (uchar)(255*fb.x);
54     b[idx(y,x)].y = (uchar)(255*fb.y);
55     b[idx(y,x)].z = (uchar)(255*fb.z);
56     b[idx(y,x)].w = (uchar)(255*fb.w);
56   }
```

5.7 图像查看

处理图像时一个好处是，可以通过直接查看结果来发现错误或欣赏结果。有许多软件工具可用于帮助完成这项工作。我最喜欢的检查和操作图像的工具之一是 ImageJ，这是一个轻量但功能强大的程序，可从美国国立卫生研究院免费获得，网址为 https://imagej.nih.gov/ij/。J 代表 Java，因此程序可在大多数系统上运行，并有一个用 Java 编写的大型插件库。它可以读取大多数图像格式，包括一些如 Dicom 的医学格式，还允许读取和写入原始图像数据，如 cxbinio 例程中所用的。这个程序有良好的文档，读取二进制（或原始）图像数据的对话框如图 5.7 所示。该图显示了顶部的主 ImageJ 窗口，选择 ImageJ->Import->Raw 选项，以及原始图像属性对话框，指定原始图像布局。

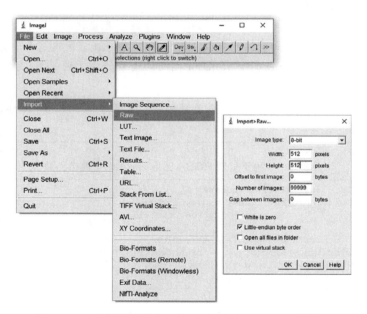

图 5.7　二进制图像输入 / 输出（IO）的 ImageJ 对话框

虽然单独的图像查看工具很有用，但将图像显示直接合并在你的生产代码中有时更有趣，因为它打开了交互式用户界面的可能性。我们在这里使用的工具是 OpenCV，这是一个大型项目，包括一个非常大的函数库，你可以将其中的例程合并到自己的 C++ 代码中。网站 https://opencv.org/ 是下载库和查找文档的地方。我们喜欢这个软件包的一个功能是，只需要很少的代码即可直接读取、显示和写入所有类型的图像，包括 jpg、bmp 和 png。它还能很好地处理视频格式，可以将视频帧视为一组图像，我们仅使用了其中很少的一些可用功能。

驱动 rotate4 的主机代码如示例 5.6 所示，包括使用 OpenCV，与之前使用的代码类似，只是我们将代码泛化为使用 OpenCV 而不是 cxbinio。

示例 5.6　带有 OpenCV 支持的 rotate4CV，用于图像显示

```
      . . .
05   #include "opencv2/core.hpp"
06   #include "opencv2/highgui.hpp"
07   using namespace cv;
      . . .
60   void opencv_to_uchar4(uchar4 *a, Mat &image)
61   {
62     int size = image.rows*image.cols;
63     for(int k=0; k<size; k++){  // BGR => RGB
64       a[k].z = image.data[3*k];
65       a[k].y = image.data[3*k+1];
66       a[k].x = image.data[3*k+2];
67       a[k].w = 255;
68     }
69   }

70   void uchar4_to_opencv(Mat &image, uchar4 *a)
71   {
72     int size = image.rows*image.cols;
73     for(int k=0; k<size; k++){  // RGB => BGR
74       image.data[3*k]   = a[k].z;
75       image.data[3*k+1] = a[k].y;
76       image.data[3*k+2] = a[k].x;
77     }
78   }

80   int main(int argc,char *argv[])
81   {
       // read and decode image file
82     Mat image = imread(argv[1],IMREAD_COLOR);
83     int nx = image.cols; // get image dimensions
84     int ny = image.rows; // from image metadata

85     float angle = (argc >3) ? atof(argv[3]) : 30.0f;
86     float scale = (argc >4) ? atof(argv[4]) : 1.0f;
87     int mx = (argc >5) ? atoi(argv[5]) : nx; // image size
88     int my = (argc >6) ? atoi(argv[6]) : ny; // is default
89     angle *= cx::pi<float>/180.0f;

90     int asize = nx*ny;  // set image sizes
91     int bsize = mx*my;
92     thrustHvec<uchar4> a(asize);
93     opencv_to_uchar4(a.data(),image);
94     thrustHvec<uchar4> b(bsize);
95     thrustDvec<uchar4> dev_a(asize);
96     thrustDvec<uchar4> dev_b(bsize);
97     dev_a = a;  // copy to device

98     int2 nxy ={nx,ny};
99     cx::txs2D<uchar4> atex4(nxy, a.data(),
           cudaFilterModeLinear, cudaAddressModeBorder,
           cudaReadModeNormalizedFloat, cudaCoordNormalized);
100    dim3 threads ={16,16,1};
101    dim3 blocks ={(uint)(mx+15)/16,(uint)(my+15)/16,1};
```

```
102  rotate4<<<blocks,threads>>>(dev_b.data().get(),
                              atex4.tex, angle, mx, my, scale);
103  b = dev_b; // get results
     // NB order here is rows,cols
104  Mat out_image(my,mx,CV_8UC3,Scalar(0));
105  uchar4_to_opencv(out_image,b.data());

106  // Window for image display
107  namedWindow(argv[2],WINDOW_NORMAL);
108  imshow(argv[2],out_image);     // show new image
     // wait for key here, then optional image save
109  if( waitKey(0) != ESC ) imwrite(argv[2],out_image);
110  return 0;
111 }
```

示例 5.6 的说明

- 第 5~6 行：OpenCV 所需的头文件，此外还需要在链接步骤中指定几个库文件。
- 第 7 行：需要命名空间 cv 来使用 OpenCV 的函数、对象和标志。
- 第 60~69 行：OpenCV Mat 容器将彩色图像以 3 字节的 BGR 序列连续存储在内存中。为了在 CUDA 内核函数中能够使用，我们更喜欢 4 字节的 RGBA 格式，函数 opencv_to_uchar4 执行此转换。请注意，第 62 行中我们从 Mat 对象中获取图像的尺寸。在第 64 行和第 66 行中，我们交换了 R 和 B 通道。
- 第 70~78 行：函数 uchar4_to_opencv 执行相反的 RGBA 格式到 BGR 的转换。请注意，第 74 行和第 76 行交换了 R 和 B 通道。
- 第 80 行：主程序的声明，可以接受最多 6 个用户提供的命令行参数。

  参数 1：输入图像的名称，可以是任何常见的颜色格式，如 jpg、bmp 或 png[6]。请注意，输入图像的尺寸是直接从图像元数据中获取的，不需要用户在此处指定，这是一个重要的简化。

  参数 2：包含转换后的图像的输出文件的名称，同样也可以是任何文件扩展名指定的常见图像格式。输出图像格式不必与输入格式相同，因此我们的程序的一个用途是简单地更改图像格式。

  参数 3：旋转角度（以°为单位）。

  参数 4：与以前一样的参数 scale。

  参数 5 和 6：输出图像的可选尺寸 mx 和 my，默认为输入图像的相同值，不必保留图像的宽高比。

- 第 82 行：强大的 imread OpenCV 语句读取并解码 argv[1] 中指定的图像文件，然后将像素数据存储在 OpenCV Mat 对象 image 中。Mat 对象是数组容器类的另一个示例，当用于 RGB 图像时数据按 BGR 的顺序存储，这可能令人困惑。上面显示必要的转换函数。

- 第 83~84 行：从图像中提取出图像的尺寸并存储为 nx 和 ny。OpenCV 库起源于 C

语言而不是 C++，Mat 对象是简单的结构体，可以根据需要直接访问其数据变量。

- 第 85~88 行：这里我们像往常一样从命令行参数中获取可选的用户参数。现在输出的图像维度mx 和 my 是最后两个参数，这样用户可以指定角度和缩放参数，而不必知道输入图像的尺寸。
- 第 92 行：在这里，我们创建了一个熟悉的 thrust 主机向量 a，类型为 uchar4，用于保存输入图像的像素数据的副本。
- 第 93 行：使用 opencv_to_uchar4 实用程序例程，将像素数据从 Mat 对象 image 复制到向量 a 中。格式从 mat image 对象中的 BGR 更改为 thrust 向量 a 中的 RGBA。
- 第 94~96 行：为主机输出图像 b 创建 thrust 容器，并为 a 和 b 创建相应的设备向量。
- 第 98~99 行：使用与之前相同的参数 cx::txs 2D 函数创建所需的纹理对象 atex4，其中包含输入像素值。注意，模板变量现在设置为 uchar4，这也是 a.data() 的类型。
- 第 100~103 行：这里运行 rotate4 内核函数，并像以前一样将结果复制回 b。
- 第 104 行：这里创建 Mat 对象 out_image，用于显示和保存结果。参数指定矩阵的大小（mx x my）、元素类型（8 位无符号 3 通道），并将矩阵初始化为 0。这又是一个强大的语句，因为它允许将任何数据数组显示和保存为图像。
- 第 105 行：使用 uchar4_to_opencv 实用函数，将像素数据从 thrust 向量 b 复制到 Mat 对象 out_image 中。
- 第 107 行：为了使 openCV 显示图像，我们首先必须创建一个窗口来显示图像。通过调用 imshow 函数来完成这个任务，这个函数有两个参数。第一个参数是给定的窗口名称，第二个参数是表示窗口类型的定义常量。在这里我们使用 WINDOW_NORMAL 作为窗口类型，并使用用户提供的输出文件名作为窗口名称。对于这种类型的软件包，函数 imshow 通常不会返回新窗口的句柄，而是使用窗口名称，例如这里的 argv[2]。
- 第 108 行：在 107 行创建的窗口中显示 Mat 对象 out_image。
- 第 109 行：这里使用 openCV 函数 waitkey 等待用户按一个键。按键代码将被返回，这里我们用它来保存输出文件，除非按 Esc 键。函数 imwrite 将输出图像保存到磁盘上，用户提供的文件名和扩展名包含在 argv[2] 中。

我们认为最终 reduc4cv 程序是一段有用的代码，可以将数字图像的大小调整为多种标准格式，并在不同格式间进行转换，未来可以改进成允许在从图像中心平移窗口中裁剪放大后图像，或许可以用鼠标完成这个任务。目前我们把这些改进留给读者作为练习。

5.8 立体图像的仿射变换

GPU 的实力在处理大型数据集时变得尤为明显，比如三维 MRI 扫描或视频数据。视频数据实际上是连续的二维图像流，很容易积累成大的数据集。例如，一个仅 1 分钟的 1920×1080 高分辨率、25Hz 帧率的彩色视频就超过 9 GB 的数据量。尽管采用了先进的压缩算法来高效存储数字视频，但大多数处理操作（如目标跟踪）仍然需要未经压缩的数据。

一个典型的 MRI 扫描通常包括 $256 \times 256 \times 256$ 个体积元素（相当于二维像素的三维模拟体素）。通常来说，MRI 扫描被视为一叠二维切片，例如 256 张图像。每个平面图像的尺寸为 256×256，在 $x\text{-}y$ 平面中表示沿 z 轴的"切片"。然而 MRI 数据不仅仅是一堆图像，它是真正的立体数据，对许多应用来说需要在完整的数据集上操作，比如挂号，需要将两个或多个数据集在三维空间中对齐。

三维立体的最简单变换是刚体旋转和平移，这需要六个参数：绕 x、y 和 z 轴的三个旋转角度和沿这些轴的三个位移。事实上，最一般的三维体积线性或仿射变换涉及多达 12 个参数：前面提到的 6 个参数，以及沿每个轴的 3 个缩放因子和 3 个剪切变换。一般的仿射变换可以使用 4×4 矩阵来表示，如式（5.2）所示。向量 (x', y', z') 表示仿射变换后的结果，其中左上角的 3×3 矩阵 A 表示旋转、缩放和剪切操作的组合，而右侧列分量（t_x, t_y, t_z）的向量 t 则表示平移。

$$\begin{pmatrix} x' \\ y' \\ z' \\ 1 \end{pmatrix} = \begin{pmatrix} a_{00} & a_{01} & a_{02} & t_x \\ a_{10} & a_{11} & a_{12} & t_y \\ a_{20} & a_{21} & a_{22} & t_z \\ 0 & 0 & 0 & 1 \end{pmatrix} \begin{pmatrix} x \\ y \\ z \\ 1 \end{pmatrix} \tag{5.2}$$

个别仿射变换矩阵的示例在式（5.3）中给出。

$$\begin{pmatrix} \cos\theta & -\sin\theta & 0 \\ \sin\theta & \cos\theta & 0 \\ 0 & 0 & 1 \end{pmatrix}, \begin{pmatrix} s_x & 0 & 0 \\ 0 & s_y & 0 \\ 0 & 0 & s_z \end{pmatrix} 和 \begin{pmatrix} 1 & 0 & 0 \\ \alpha & 1 & 0 \\ 0 & 0 & 1 \end{pmatrix} \tag{5.3}$$

这些矩阵代表绕着 $x\text{-}y$ 平面顺时针旋转 θ 度，沿坐标轴进行缩放 s_x、s_y、s_z 以及在 $x\text{-}y$ 平面上的剪切。式（5.2）中的子矩阵 A 是多个这样矩阵的乘积，需要注意的是，单独的 3×3 转换矩阵一般来说不满足交换律，因此在生成 A 的过程中必须保持一致的乘法顺序。

接下来的示例 5.3 使用六个刚体变换和一个单一的等向缩放参数（即在示例 5.3 中设置 $s_x = s_y = s_z$），来实现三维立体的仿射变换。

```
struct affparams {
float4 A0; // 三排仿射
float4 A1; // 矩阵，转换
float4 A2; // 在第4列
float scale;
};
结构体affparams在例子5.7～5.13中使用
```

上框中的结构体 affparms 用来将 affine 参数矩阵从主机传递给 GPU。使用结构体具有多个优点：使内核函数参数列表更加紧凑，而且由于结构体是按值传递的，参数会自动存储在 GPU 常量内存中。此外，在开发过程中使用结构体这种方式很有帮助，因为如果结构体的细节发生变化，函数接口不会改变。例如当我们将 scale 改为 float3 以允许不同的缩放，虽然代码的细节会改变，但内核函数参数不会改变。示例 5.7 中展示用于实现三维仿射变换的内核函数 affine 3D。附加参数 scale 用于调试，并存储为用户提供的比例因子的倒数。

示例 5.7　用于三维图像变换的 affine3D 内核函数

```
10   __global__ void affine3D(r_Ptr<ushort> b,
         cudaTextureObject_t atex, affparams aff,
                           cint3 n, cint3 m)
11   {
12     cint ix = blockIdx.x*blockDim.x + threadIdx.x;
13     cint iy = blockIdx.y*blockDim.y + threadIdx.y;
14     if(ix >= m.x || iy >= m.y) return; // range check
15     auto mdx = [&m](int z,int y,int x)
                           { return (z*m.y+y)*m.x+x; };

16     float dx = 1.0f/(float)m.x;   // normalized coords
17     float dy = 1.0f/(float)m.y;   // in [0,1] for textures
18     float dz = 1.0f/(float)m.z;   // with unsigned ints

19     float x = ix*dx - 0.5f;   // move origin to
20     float y = iy*dy - 0.5f;   // volume centre

21     for(int iz=0; iz<m.z; iz++){ // loop over z-slices
22       float z = iz*dz - 0.5f;
23       //    affine 3 x 3 matrix and translation
24       float xr = aff.A0.x*x+aff.A0.y*y+aff.A0.z*z +
                           dx*aff.A0.w +0.5f/n.x +0.5f;
25       float yr = aff.A1.x*x+aff.A1.y*y+aff.A1.z*z +
                           dy*aff.A1.w +0.5f/n.y +0.5f;
26       float zr = aff.A2.x*x+aff.A2.y*y+aff.A2.z*z +
                           dz*aff.A2.w +0.5f/n.z +0.5f;

27       b[mdx(iz,iy,ix)] =
         (ushort)(65535.0f*tex3D<float>(atex, xr, yr, zr));
28     }
29   }
```

示例 5.7 的说明

这个 affine 3D 内核函数非常短小，可以完成各种变换。

- 第 10 行：内核函数的参数是三维输出数组 b，三维纹理 atex 用于保存输入数组 a，通过值传递的仿射变换参数结构体 aff，以及作为 int3 变量 n 和 m 传递的输入和输出数组的维度。请注意，数据类型被固定为 ushort，这种 16 位类型通常在 MRI 等应用中使用。由于使用归一化纹理坐标时，有符号和无符号数据需要不同的缩放，因此我们没有尝试将 b 的类型作为模板参数。

- 第 12～13 行：变量 ix 和 iy 是当前线程要处理的像素地址。

- 第 16~18 行：在这个内核函数中，我们使用 [0,1] 范围内的归一化坐标来访问纹理，这里计算输出像素之间的归一化距离。
- 第 19~20 行：由于仿射变换包括旋转，归一化像素坐标 x 和 y 的原点被移动到图像中心。
- 第 21~28 行：这是对当前线程处理的固定 x-y 位置的所有 z 值进行循环。
  - 第 22 行：获取当前归一化的 z 值，这一行对应于第 19~20 行中的 x 和 y。
  - 第 24~26 行：在这里执行仿射变换。在每行的前三项表示通过式（5.2）中的 $3 \times 3 A$ 矩阵进行乘法，第四项表示通过 t 进行平移，注意用 dx 缩放 t_x 的方法也用于 y 和 z，这意味着平移量是以输入图像的像素来测量的。最后一项将归一化坐标的原点移回图像的 (0,0,0)。
  - 第 27 行：在这里我们使用隐式三线性插值执行纹理查找。结果直接存储到输出数组 b 中。注意用于 ushort 纹理查找的比例因子。

我们并没有展示这个示例所有相应的主机代码，因为它与先前的示例类似，除了用户可以输入七个仿射变换参数外。生成的代码允许用户应用三维旋转和平移，还可以通过调整输出数组的尺寸来放大图像，并可更改宽高比。$256 \times 256 \times 256$ 的 MRI 头部扫描的单个切片的一些输出示例如图 5.8 所示。

图 5.8 中显示的切片如下：

a）来自原始图像的 x-y 切片，其定向为轴向或横向（即垂直 z 轴的从头到脚）。

b）通过沿 z 轴和 y 轴将原始图像旋转 90° 获得的矢状切片。

c）通过沿 x 轴将原始图像旋转 90° 获得的冠状（前后）视图。

d）通过沿 y 轴将图像旋转 45° 获得的倾斜切片。在此旋转后，x 方向上的新图像宽度超过 256 像素的原始宽度，最多是 $\sqrt{2}$ 倍。显示的视图是通过将输出窗口的大小加倍并使用缩放因子为 1/2，然后手动裁剪结果为 320×256 获得的。

e）图 c 中的冠状图像在垂直方向上有点挤压，因为原始 MRI 体素尺寸不是各向同性的；在图 e 中，通过使用 $256 \times 320 \times 256$ 的输出图像进行校正。请注意，虽然图 b 和 c 可以通过重新排序输出体积中的像素而不进行插值来生成，但是图 d 需要进行完整的三维插值。

为了计时目的，我们还编写了使用 lerp 函数而非纹理执行三维插值的内核函数版本。示例 5.8 显示 interp3D 函数，使用类似于示例 5.2 的 interp2D 内核函数中的 x 和 y 的两组双线性插值，然后通过单个 lerp 在 z 方向上执行完整的三线性插值，使用总共 7 个 lerp。

使用 RTX 2070 GPU 的一些计时结果如表 5.3 所示，表显示了每秒可以处理的体积数，并假设数据都在 GPU 上。affine3D 列显示上面列出的内核函数的结果，interp3D 列显示与此相同的内核函数结果，但插值是通过调用 interp3D，而非使用纹理查找执行。使用纹理提供 5 倍左右的性能提升，在这种情况下是非常大的！ affine3D 比主机版本快了 2000 倍左右。使用 Nsight Compute 进行的测量确认，affine3D 内核函数提供的性能远远超过了 1 TFlop/s。

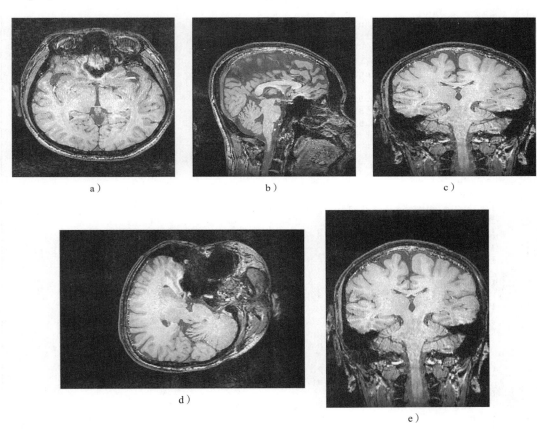

图 5.8　256 × 256 × 256 的 MRI 头部扫描进行仿射变换的结果

表 5.3　使用 RTX 2070 GPU 的 affine3D 内核函数的性能

体积尺寸	每秒处理体积数		
	主机	interp3D	affine3D
$128 \times 128 \times 128$	17.4	5029	27816
$256 \times 256 \times 256$	2.1	646	3253
$512 \times 512 \times 512$	0.20	78	336
$1024 \times 1024 \times 1024$	0.02	8	30

示例 5.8　用于三线性插值的 interp3D 函数

```
40  template <typename T> __host__ __device__ T
41      interp3D(cr_Ptr<T> a, cfloat x, cfloat y,
                         cfloat z, cint3 n)
42  {
43    if(x < -1.0f || x >= n.x || y < -1.0f ||
          y >= n.y || z < -1.0f || z >= n.z) return (T)0;

44    auto idx = [&n](int z,int y,int x)
                        { return (z*n.y+y)*n.x+x; };

45    float x1 = floorf(x-0.5f);
46    float y1 = floorf(y-0.5f);
47    float z1 = floorf(z-0.5f);

48    float ax = x - x1;
49    float ay = y - y1;
50    float az = z - z1;

51    int kx1 = max(0,(int)x1);
      int kx2 = min(n.x-1,kx1+1); // in [0,n.x-1]
52    int ky1 = max(0,(int)y1);
      int ky2 = min(n.y-1,ky1+1); // in [0,n.y-1]
53    int kz1 = max(0,(int)z1);
      int kz2 = min(n.z-1,kz1+1); // in [0,n.z-1]

54    float ly1 =
          lerp(a[idx(kz1,ky1,kx1)],a[idx(kz1,ky1,kx2)],ax);
55    float ly2 =
          lerp(a[idx(kz1,ky2,kx1)],a[idx(kz1,ky2,kx2)],ax);
56    float lz1 =
          lerp(ly1,ly2,ay); // bilinear x-y interp at z1

57    float ly3 =
          lerp(a[idx(kz2,ky1,kx1)],a[idx(kz2,ky1,kx2)],ax);
58    float ly4 =
          lerp(a[idx(kz2,ky2,kx1)],a[idx(kz2,ky2,kx2)],ax);
59    float lz2 =
          lerp(ly3,ly4,ay); // bilinear x-y interp at z2

60    float val =
          lerp(lz1,lz2,az); // trilinear interp x-y-z
61    return (T)val;
62  }
```

5.9　三维图像配准

affine3D 内核函数本质上是我们实现三维图像配准所需的所有 GPU 代码。图像配准是将一幅图像转换为与另一幅图像尽可能一致的过程。在这个背景下，"图像"可以是二维图像或三维体积。在医学成像领域，配准很重要，例如，为了测量阿尔茨海默病等疾病的进展，对特定的患者在不同时间进行 MRI 脑部扫描是必要的。不同主题之间的配准也很重要，例如，将一组随时间在各种不同扫描仪上拍摄的大量图像放入公共坐标系中，以用于大数据应用。

基本上，我们只需将 affine3D 内核函数代码中的第 27 行，替换为计算图像 b 中像素值与图像 a 中对应插值位置像素值之间差异的度量。所有像素的组合度量值就是衡量图像对应程度的度量值。主机可以运行一个优化过程来改变仿射参数，直到找出度量的最佳值。一个简单度量的例子是，对 a 和 b 中相应像素值之间差值的平方和。度量函数在图像配准代码中通常被称为成本函数。示例 5.9~5.13 是建立在 affine3D 修改版的一个简单但完整的工作配准程序。完整程序可以在我们的代码存储库中找到。

示例 5.9　costfun_sumsq 内核函数：affine3D 的修改版本

```
10   __global__ void costfun_sumsq(r_Ptr<float> cost,
       cr_Ptr<ushort> b, cudaTextureObject_t atex,
       affparams aff, cint3 n, cint3 m)
11   {
12     cint ix = blockIdx.x*blockDim.x + threadIdx.x;
13     cint iy = blockIdx.y*blockDim.y + threadIdx.y;
14     if(ix >= m.x || iy >= m.y) return; // range check
15     auto mdx = [&m](int z, int y, int x)
                         { return (z*m.y+y)*m.x+x; };
15.1   auto cdx = [&m](int y, int x){ return y*m.x+x; };

16     float dx = 1.0f/(float)m.x;   // normalized coords
17     float dy = 1.0f/(float)m.y;   // for texture lookup
18     float dz = 1.0f/(float)m.z;   // in a

19     float x = ix*dx - 0.5f;   // move origin to
20     float y = iy*dy - 0.5f;   // volume centre

20.1   if(cost != nullptr) cost[cdx(iy,ix)] = 0.0f;
21     for(int iz=0;iz<m.z;iz++){
22       float z = iz*dz - 0.5f;
23       // affine 3 x 3 matrix and translation
24       float xr = aff.A0.x*x+aff.A0.y*y+aff.A0.z*z +
                       dx*aff.A0.w +0.5f/n.x +0.5f;
25       float yr = aff.A1.x*x+aff.A1.y*y+aff.A1.z*z +
                       dy*aff.A1.w +0.5f/n.y +0.5f;
26       float zr = aff.A2.x*x+aff.A2.y*y+aff.A2.z*z +
                       dz*aff.A2.w +0.5f/n.z +0.5f;
27       if(cost == nullptr) b[mdx(iz,iy,ix)] =
           (ushort)(65535.0f*tex3D<float>(atex,xr,yr,zr));
27.1     else {
27.2       float bval = (float)b[mdx(iz,iy,ix)];
27.3       float aval = 65535.0f*tex3D<float>
                                 (atex,xr,yr,zr);
27.4       cost[cdx(iy,ix)] += (aval-bval)*(aval-bval);
         }
28     }
29   }
```

示例 5.9 的说明

内核函数 costfun_sumsq 是 affine3D 内核函数的修改版本，也是配准程序所需要的唯一新的 GPU 代码，计算经过 aff 中的仿射变换后，其输入体积 b 中的体素与存储在纹理 atex 中的第二个体积 a 之差的平方和。这里用粗体显示与 affine3D 不同的代码。

- 第 10 行：costfun_sumsq 的声明与 affine3D 相同，只是添加一个新的第一参数 cost。这个二维数组提供足够空间，让每个线程存储其对成本函数的贡献。由于代码与 affine3D 基本相同，我们设计了 costfun_sum 来计算成本函数，或使用变换 aff 转换体积 b。如果 cost 设置为 nullptr，就执行后一种操作。可以说，将参数 cost 作为数组或标志是一个不受欢迎的"技巧代码"示例，可能会使用户感到困惑。我们本可以使用单独的 affine3D 代码。然而，我们认为在多个内核函数中复制代码更加难以维护，这可以证明我们的"技巧"。

- 第 15.1 行：添加一个新的索引函数 cdx 来寻址二维数组 cost。

- 第 20.1 行：将 cost 元素初始化为 0。请注意检查 cost 的指针。

- 第 27 行：如果将 cost 设置为 nullptr，那这一行的功能与 affine3D 相同。体积 b 会被变换，不执行成本函数计算，否则就执行 27.1～27.4 行。

  - 第 27.2～27.4 行：在 cost 不为 nullptr 的情况下执行成本函数评估。
  - 第 27.2 行：将 bval 设置为 b 在变换前位置（ix，iy，iz）的值。
  - 第 27.3 行：将 aval 设置为 a 在变换位置（xr，yr，zr）处的三线性插值。
  - 第 27.4 行：计算两个值之差的平方，并添加到该线程在其 cost 元素中的总和中，这个和是所有 z 值的累积。

请注意，在转换 aff 将 a 转换成 b 时，此处计算的总和会最小化，也就是说这个代码将体积 a 配准到体积 b。体积 b 是静态体积或目标体积，而 a 是移动体积或源体积。请注意，这不是代码的限制，因为用于 a 和 b 的体积是取决于用户在命令行上指定它们的顺序。

还要注意，第 27.4 行是实现不同成本函数唯一需要修改的代码行，例如，fabs(aval-bval) 或 powf(aval-bval, cpower)，其中 cpower 是一个用户可调的参数。

示例 5.10～5.13 中的其余代码是围绕 GPU 内核函数构建的主机代码。

示例 5.10　用于仿射图像配准的 paramset 结构体

```
30   struct paramset {
31     affparams p;
32     float a[7]; // 3 rotations, 3 translations & 1 scale

33     // constructor
34     paramset(float sc =1.0f,float ax =0.0f,float ay =0.0f,
35             float az =0.0f,float tx =0.0f,float ty =0.0f,
36             float tz =0.0f)
37     {
         // units are degrees and pixels
```

```
38        a[0] = ax; a[1] = ay; a[2] = az; // rotations
39        a[3] = tx; a[4] = ty; a[5] = tz; // translations
40        a[6] = sc;                       // global scale
41    }
42  };
```

示例 5.10 的说明

结构体 paramset 在 affparams p 中保存 12 个参数的仿射矩阵，在 a 中保存 7 个物理位移，p 中的 12 个值取决于这 7 个位移。

- 第 31 行：GPU 代码使用的仿射变换矩阵的副本被存储到 struct 首个元素 affparams p 中。
- 第 32 行：7 个物理变换参数存储在数组 a[7] 的元素中。以这种方式存储参数可以让优化代码简单地循环遍历这些参数，从而降低了代码的复杂性。
- 第 34~41 行：在 C++ 中，关键字 struct 和 class 是等价的。[7] 因此，在这里，我们可以为结构体包含一个构造函数，其默认值指定一个恒等变换。

示例 5.11　用于评估图像配准成本函数对象 cost_functor

```
50  struct cost_functor {
51    ushort *b;                   // moving image
52    float *d;                    // buffer of size m.x x m.y
53    thrust::device_vector<float> dsum;  // single word
54    cudaTextureObject_t atex;    // fixed image in texture
55    int3 n, m;   // sizes of fixed and moving images
56    int calls;   // count total calls
57    cost_functor() {};  // null default constructor
      // useful constructor with arguments
58    cost_functor(ushort *bs, float *ds,
            thrust::device_vector<float> ds1,
            cudaTextureObject_t at1, int3 n1, int3 m1) {
59      b = bs; d = ds; dsum = ds1; atex = at1;
        n = n1; m = m1;
60    };
      // overloded () so can use function syntax
61    float operator()(paramset &s) {
62      make_params(s); // put this here to simplify code
63      dim3 threads(32,16,1);
64      dim3 blocks((m.x+threads.x-1)/threads.x,
                  (m.y+threads.y-1)/threads.y, 1);
65      costfun_sumsq<<< blocks,threads>>>
                    (d, b, atex, s.p, n, m);
66      dsum[0] = 0.0f;  // note warp_reduce needs this
      // from chapter 3
67      warp_reduce<<<1,256>>>(dsum.data().get(), d, m.x*m.y);
68      cudaDeviceSynchronize();
69      float sum = dsum[0];
70      calls++:
71      return sum;
72    }
73  };
```

示例 5.11 的说明

这段代码是一个很好的示例，展示如何将一组 GPU 内核函数调用打包成一个简单的函数调用，这对于简化自己的代码以及与外部库进行接口很有用。在 C++ 中，包含了重载的运算符定义 ( ) 的结构体被称为函数对象（functor）。它可以像函数一样使用，但其成员变量在调用之间保持内部状态。

- 第 50 行：这里声明我们的函数对象 cost_functor。请注意，像其他 C++ 对象一样，我们需要创建一个或多个该结构体的实例，来实际使用函数对象。

- 第 51～56 行：这里声明包含在结构体中的变量，基本上是我们调用 costfun_sumsq 内核函数所需的所有参数。将它们隐藏在函数对象中，意味着我们的优化代码时不需要处理它们。变量 calls 记录函数对象的调用次数，这有助于监控使用的优化算法的效率。

- 第 57 行：这是函数对象默认的构造函数，什么也不做。大多数情况下，C++ 提供默认构造函数（将所有内容设置为 0），但如果声明了重载运算符 ( )，情况就不一样了。

- 第 58～60 行：这是一个真正的构造函数，将所有参数设置为用户提供的值。

- 第 61～71 行：在这里定义函数对象本身。

  - 第 61 行：函数对象接受一个参数，是一个指向 paramset 对象 s 的引用。

  - 第 62 行：调用主机函数 make_params，计算 s.a 中存储的值来得到 affparams 值 s.p。这个函数在 CPU 时间上比较昂贵，因为它涉及多个 3×3 矩阵乘法和三个角度的 sin 和 cos 计算。将这个调用放在函数对象内部是为了简化调用代码，假设函数对象只在至少有一个物理参数被改变时才调用。函数 make_params 部分代码在示例 5.13 提供。

  - 第 63～64 行：为三维体积中每个 x-y 位置的线程设置通用的线程块配置。

  - 第 65 行：调用 costfun_sumsq 内核函数，将第一个输入参数设置为足够大的数组 d，以容纳每个线程的偏差总和。

  - 第 66～67 行：使用第 3 章中描述的 warp 归约内核函数对 d 中的值求和，将结果留在 dsum [0] 中，这是所需的成本函数值。

  - 第 69～70 行：将结果从 GPU 复制到主机，然后返回给调用者。

示例 5.12 中显示了一个用于查找最小成本函数的简单函数。

示例 5.12　使用 cost_functor 的简单基于主机的优化器

```
80  float optimise(paramset &s, cost_functor &cf, float scale)
81  {
82      // 3 rotations, 3 translations & 1 scale
83      float step[7] = {2.0f, 2.0f, 2.0f, 4.0f, 4.0f,
                                        4.0f, 0.05f };
84      paramset sl = s;      // step down
85      paramset sh = s;      // step up
```

```
86      paramset sb = s;      // best so far
87      paramset sopt = s;    // trial set

88      float cost1 = cf(s);

89      for(int k=0;k<7;k++){  // reduce delta on each pass
90          float delta = step[k]*scale;
91          sl.a[k] = s.a[k] - delta;
92          sh.a[k] = s.a[k] + delta;
93          float cost0 = cf(sl);
94          float cost2 = cf(sh);
95          if(cost0 > cost1 || cost2 > cost1){  // potential min
96              float div = cost2+cost0-2.0f*cost1;
97              if(abs(div) > 0.1) {  // optimal step if parabolic
98                  float leap = delta*(cost0 - cost2)/div+s.a[k];
99                  leap = (leap < 0.0f) ?
                            std::max(leap,s.a[k]-2.0f*delta) :
                            std::min(leap,s.a[k]+2.0f*delta);
100                 sopt = s;
101                 sopt.a[k] = leap;
102                 float cnew = cf(sopt);
103                 if(cnew < cost1) sb.a[k] = leap;
104             }
105         }
106         // here if parabolic maximum, so go to smallest
107         else sb.a[k] = (cost0 < cost2) ? sl.a[k] : sh.a[k];
108     }
109     float cost3 = cf(sb);
110     if(cost3 < cost1) s = sb; // update only if improved
111     return cost3;
112 }
```

示例 5.12 的说明

示例 5.12 中所示的优化函数的基础是, 从存储在 s 中的给定参数值开始, 计算 s 处的成本函数, 然后针对每个参数分别在当前参数值 ±delta 处进行计算, 对这三个值拟合成一个抛物线, 并将最小值作为该参数的新试验值。如果一个函数在 $x–h$、x 和 $x+h$ 三个点的值分别为 f_0、f_1 和 f_2, 则通过这三个点的抛物线在以下点有一个最大值或最小值。

$$x + \frac{h(f_0 - f_2)}{f_0 + f_2 - 2f_1} \qquad (5.4)$$

- 第 80 行: 这个函数接受 3 个参数, paramset s 中存储的当前参数值、成本函数的函数对象 cf 的引用, 以及步长的缩放值 scale。
- 第 83 行: 参数的默认步长存储在数组 step 中, 这些参数可以调优以提高性能和精度。
- 第 84～87 行: 定义了几个 paramset s。sl 表示向下步进, sh 表示向上步进, sopt 表示当前试验集, sb 表示迄今为止找到的最佳集合。
- 第 88 行: 在入口处计算的成本函数值存储在 cost1 中。

- 第 89~109 行：循环 7 个参数，每个参数依次被优化。
  - 第 91~94 行：将 sh 和 sl 设置为初始参数集，根据 step[k] 与 scale 仅对第 k 个参数进行上下调整。这些参数设置的成本函数值存储在 cost0 和 cost2 中。
  - 第 95 行：如果 cost1 大于 cost0 和 cost2，那么抛物线拟合为最大值，我们直接转到第 107 行，并将与 cost0 和 cost2 中较小值对应的参数存储在 sb 中。
  - 第 96 行：在此处计算式（5.4）的分母，结果存储在 div 中。
  - 第 97 行：检查 div 是否太靠近 0，考虑到成本函数的值大于等于 10^{12}，所使用的界限值非常小。
  - 第 98 行：此处从式（5.4）中计算出拐点的位置。
  - 第 99 行：我们将建议的参数步长调整为不超过当前步长的两倍。此处使用的 2.0 实际上是一个非常敏感的调优参数。新参数存储在 leap 中。
  - 第 100~104 行：这里使用当前参数的新值计算成本函数 cfnew，如果小于 cost1 的当前值，就更新 sb。

在接下来的示例 5.13 中，我们展示了调用优化程序的主例程的一部分。

示例 5.13　图像配准主程序片段，显示了迭代优化过程

```
. . .
150   paramset s;  // default constructor used
151   cost_functor cf(dev_b.data().get(),
          dev_d.data().get(), dev_dsum, atex.tex, n, m);
152   cx::timer tim;
153   float cf2 = cf(s);    // cost function before optimisation

154   float scale = 2.0f;   // scale factor for optimise calls
155   float cfold = cf2;    // previous best cf value
156   float cfnew = cf2;    // current best estimate of cf
157   int iter =0;          // iteration counter for loop step
158   for(int k=0;k<9;k++){
159     while(iter <100){   // expect far fewer iterations
160       iter++;
161       cfnew = optimise(s, cf, scale);
162       if(cfnew > 0.99*cfold) break;
163       cfold = cfnew;
164     }
165     printf("scale %.3f iter %2d cfnew 10.3e\n",
                          scale, iter, cfnew);
166     iter = 0;
167     scale /= 1.5f;  // gently decrease step size
169   }
168   double t1 = tim.lap_ms();
      . . .
200   int make_params(paramset &s)
201   {
202     double d2r = cx::pi<double>/180.0;
        // zoom 2.0 needs scale = 0.5
203     double scale = 1.0/s.a[6];
204     double A[3][3] ={{scale,0,0},{0,scale,0},{0,0,scale}};
```

```
205    double cz = cos(s.a[2]*d2r);
       double sz = sin(s.a[2]*d2r);
206    double cx = cos(s.a[0]*d2r);
       double sx = sin(s.a[0]*d2r);
207    double cy = cos(s.a[1]*d2r);
       double sy = sin(s.a[1]*d2r);
208    double RZ[3][3] ={{cz,sz,0},{-sz,cz,0},{0,0,1}};
209    double RX[3][3] ={{1,0,0},{0,cx,sx},{0,-sx,cx}};
210    double RY[3][3] ={{cy,0,sy},{0,1,0},{-sy,0,cy}};
211    matmul3(A,RZ,A);
212    matmul3(A,RY,A);
213    matmul3(A,RX,A);
214    s.p.A0.x =A[0][0]; s.p.A0.y =A[0][1];
       s.p.A0.z =A[0][2]; s.p.A0.w =s.a[3];
215    s.p.A1.x =A[1][0]; s.p.A1.y =A[1][1];
       s.p.A1.z =A[1][2]; s.p.A1.w =s.a[4];
216    s.p.A2.x =A[2][0]; s.p.A2.y =A[2][1];
       s.p.A2.z =A[2][2]; s.p.A2.w =s.a[5];
217    s.p.scale = scale;   // NB this is 1/scale
218    return 0;
219  }
```

示例 5.13 的说明

- 第 150 行：创建用于保存最终转换的参数集 s，使用默认构造函数。
- 第 151 行：创建成本函数对象的实例 cf，将相关设备内存指针作为参数提供。cf 对象现在可以像标准函数一样在代码中使用。
- 第 152～168 行：这段代码是通过多次调用 optimise 来进行配准的计时部分，每次使用递减 scale 参数进行调用。
  - 第 153 行：cf2 是开始时成本函数的值。
  - 第 154～157 行：声明并初始化在优化循环中使用的变量。
  - 第 158 行：外部 for 循环的开始，每次通过此循环减少 scale 变量。
  - 第 159 行：内部 while 循环的开始，在此循环中我们反复调用 optimise 并使用固定的 scale 值，直到成本函数不能进一步改进为止。为了防止无限循环，添加了最大调用次数的限制。
  - 第 160～163 行：在这里我们每次调用 optimise 并更新 cfnew 和 cfold，完成改进。注意，改进时，cf 还会更新 paramset s。
  - 第 165～167 行：在内部循环结束时输出进度，并将 iter 和 scale 设置为下一个内部循环的所需值。
- 第 200～219 行：make_parms 实用函数会从物理旋转角度、平移和缩放参数去构造仿射变换矩阵。
- 第 202 行：为了方便起见，用户输入旋转角度，然后因子 d2r 将这些值转换成弧度。
- 第 204 行：3×3 矩阵 A 保存平移以外的仿射变换，初始化为 scale 乘以单位矩阵。
- 第 205～207 行：在这里计算三个旋转角度的正弦和余弦值。

- 第 208～210 行：在这里定义围绕三个坐标轴的三个旋转矩阵。
- 第 211～213 行：矩阵 A 使用实用函数 matmul3（未显示）依次与 RZ、RY 和 RX 相乘。第一个参数设置为第二个和第三个参数相乘的结果。第一个参数通常可以与其他一个或两个参数相同。请注意，通常最终结果取决于执行这些矩阵乘法的顺序。
- 第 214～217 行：最终的 A 矩阵和 s.a[3-5] 中的平移被复制到 paramset 行向量 A0、A1 和 A2 中。

这段代码的一些典型结果显示在下一节中。

5.10　图像配准结果

为了测试我们的配准代码，使用 affine3D 程序对图 5.8 中显示的 MRI 体积进行了两个单独的转换，生成 vol1 和 vol2 两个新的体积，结果如图 5.9a 和 b 所示。

图 5.9a 显示了从原始体积绕三个坐标轴旋转 (10,20,15) 并平移 (5,3,1) 体素生成的 vol1 的中央切片。类似地，图 5.9b 显示从原始体积绕三个坐标轴旋转 (–5,10,–15) 并平移 (–1,2,–1) 像素生成的 vol2。请注意，这些都是在 MRI 配准的背景下的大型空间转换。

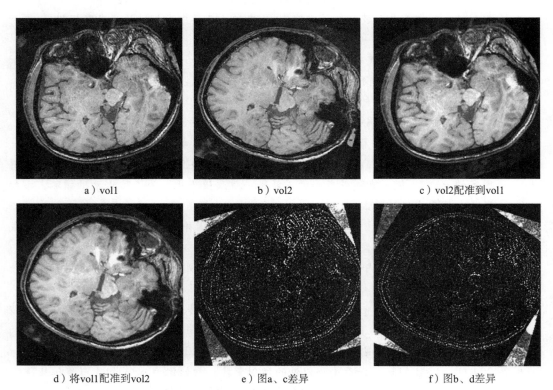

a）vol1　　　　　　　　　b）vol2　　　　　　　c）vol2配准到vol1

d）将vol1配准到vol2　　　　e）图a、c差异　　　　　f）图b、d差异

图 5.9　图像配准结果

在图 5.9c 和 d 中，显示运行配准程序将 vol2 配准到 vol1，以及将 vol1 配准到 vol2 的结果。为了凸显残余错误，在 e 中显示 a 和 c 之间的差异，在 f 中显示 b 和 d 之间的差异。图像 e 和 f 增加了对比度。边缘处的亮楔形部分是已经旋转出视野的体积的一部分，将 vol1 或 vol2 之一设置为 0，而另一个不设置为 0。这些楔形物是人工的合成图像，可能对配准造成问题，并导致大量残留的成本函数。尽管如此，在这种情况下，配准过程已经成功。

运行程序的输出显示在图 5.10 中。

```
D: >register.exe vol1.raw vol2.raw vol1to2.raw 256
file vol1.raw read
file vol2.raw read
start cf  1.48153e+14
scale 2.000 iterations  9 cf calls  206 cf  6.03421e+13
scale 1.333 iterations 20 cf calls  666 cf  6.73378e+12
scale 0.889 iterations  8 cf calls  850 cf  4.38710e+12
scale 0.593 iterations  5 cf calls  965 cf  3.50503e+12
scale 0.395 iterations  3 cf calls 1034 cf  3.33628e+12
scale 0.263 iterations  2 cf calls 1080 cf  3.29818e+12
scale 0.176 iterations  1 cf calls 1103 cf  3.29082e+12
scale 0.117 iterations  1 cf calls 1126 cf  3.28782e+12
scale 0.078 iterations  1 cf calls 1149 cf  3.28552e+12
file vol1to2.raw written
final cf 3.28552e+12 cf calls 1150 reg time 688.978 ms job time 1045.016 ms

D: >register.exe vol2.raw vol1.raw vol2to1.raw 256
file vol2.raw read
file vol1.raw read
start cf  1.48153e+14
scale 2.000 iterations 21 cf calls  482 cf  2.09059e+13
scale 1.333 iterations  7 cf calls  643 cf  9.68373e+12
scale 0.889 iterations  5 cf calls  758 cf  5.62953e+12
scale 0.593 iterations  3 cf calls  827 cf  5.14188e+12
scale 0.395 iterations  2 cf calls  873 cf  5.09413e+12
scale 0.263 iterations  1 cf calls  896 cf  5.08894e+12
scale 0.176 iterations  1 cf calls  919 cf  5.08625e+12
scale 0.117 iterations  1 cf calls  942 cf  5.08519e+12
scale 0.078 iterations  1 cf calls  965 cf  5.08422e+12
file vol2to1.raw written
final cf 5.08422e+12 cf calls 966 reg time 614.262 ms job time 992.122 ms
```

图 5.10　配准程序的输出

在包括读取和写入数据集的整个程序运行时间约为 1 s，运行配准循环的时间约为 650 ms。结果显示，每次运行使用了 1000 次左右的成本函数评估，我们估计这些需要大约需要 310 ms。因此我们得出的结论是，首先，我们的代码对比于历史标准是非常快的，适用于此类配准问题；其次，总时间受主机代码而非 GPU 的支配。在第 7 章中，我们展示了如何将磁盘 IO 与主机计算重叠，以及将主机计算与 GPU 计算重叠的方法。这些技术将提供进一步的加速，对于可能需要频繁配准数千张 MRI 图像的大数据应用很有用。在这个愉快的笔记上我们结束这一章，如果你对纹理创建的详细内容感兴趣，附录 H4 中包含了 cx 例程，而《NVIDIA C++ 编程指南》中也有更多信息。

下一章我们将继续讨论随机数的生成及其应用。蒙特卡罗方法具有广泛的科学应用，其中非常重要的应用是模拟。

第 5 章尾注

1. 在许多情况下，像素值仅与采样分布函数成正比；这是由于在图像捕捉和图像显示之间可能发生各种重新缩放操作。

2. 作为提醒，我们遵循通常的数学约定，即某个图形上具有坐标 (x, y) 的点在 x 轴上具有 x 的水平位移，在 y 轴上具有 y 的垂直位移。但是，在我们的计算机代码中，存储在二维数组 A 中的图像被寻址为 A[y][x]，这是因为 C/C ++ 约定右侧的索引寻址相邻的内存位置。这时会产生更多混淆，在图像处理中，坐标原点通常取为图像的左上角，使 y 轴向下运行，而数学和大多数科学工作中，约定是 y 轴从左下角的原点向上运行。

3. 很难选择正确的符号。为了使变换后的图像进行顺时针旋转，我们需要使原始图像中的像素（xt，yt）具有逆时针旋转（或更一般地应用逆变换）。还需要记住，我们使用的是向左的坐标轴，其中 y 轴从原点向下指向。

4. 当然在生产代码中，可以检查候选输出文件是否已经存在，并询问用户是否允许覆盖。我们在演示代码中不会经常这样做，以保持紧凑性。

5. 在早期的 GPU 上，从纹理内存而不是全局内存中读取数据会提高性能，特别是对于二维数组。因此，在互联网上仍然有许多支持此观点的示例。在现代 GPU 上，我的测试表明，从简单指向全局内存的指针读取速度比使用纹理快且更简单。但是，只有在记住在内核输入参数上使用 const __restrict__ 限定符时才成立。

6. 我们更喜欢使用 png 进行科学图像处理，因为它使用无损图像压缩，这使得文件比 bmp 更小，但不像大多数压缩的 jpg 文件那样丢失信息。

7. 有一个小差别，默认情况下，结构体的成员变量是公共的，类的成员变量是私有的。在两种情况下，都可以覆盖默认设置。

第 6 章 *Chapter 6*

蒙特卡罗应用

NVIDIA GPU 可以非常快速地生成随机数，并广泛应用在蒙特卡罗的积分与模拟中，本章将解释使用 cuRAND 库的各种方式。

6.1 简介

蒙特卡罗方法在科学上的应用一直很重要，而且随着计算能力的增长与可用性的提升，如今也是许多科学领域的重要工具。为了便于处理，这些应用程序可以分为两大类：（1）积分，在其域中的随机点上对某个函数进行采样；（2）模拟，使用随机数模拟随机过程来研究某个物理系统或实验设备的行为。一个"好的"随机数生成器（RNG）是计算机在许多科学应用中的重要工具。

计算机很少使用真正的随机数 [1]，而是使用伪随机数或准随机数两种方法。伪随机数生成器（PRNG 或 RNG）从一个初始比特串（种子）开始，计算出一个与种子比特串几乎没有相关性的新字符串后，就可以转换成整数或浮点值，并作为随机数返回给用户，新生成的比特串再作为下一个数字的种子比特串。

大部分人比较熟悉的生成器是 C++ 中的 rand 函数，这是早期的 C 所遗留下来的，虽然使用上很简单，但现在大多数人都放弃使用，首要原因是 rand 返回 0 到 RAND_MAX 范围内的整数，其中 RAND_MAX 是一个实现定义的常数，通常为 $2^{15}-1$（在 Visual Studio 17 编译器）或 $2^{31}-1$（在 gcc 4.8.4 编译器），前一个值非常小，很难将结果扩展到其他范围。此外，随机数的质量得不到保证，所生成的数集之间可能存在不需要的相关性。

为 RNG 找到既快速又能使序列值之间相关性最小的好算法，是计算机科学领域正在进行的研究工作，平心而论，现代的生成器已经非常优秀，包括现代 C++ 和 CUDA 都提供用于随机数生成的库。在 C++11 和更高版本中，引用 <random> 头文件就可以访问许多强大的生成器；至于 CUDA 方面，引用 <curand.h> 和 <curand_kernel.h> 头文件，就可以访问主机代码或内核函数代码的生成器。

准随机数生成器（QRNG）与伪随机数生成器类似，但比伪随机数更均匀地填充到定义的区间，对于函数集成类型的问题，可能是更好的选择，CUDA 库提供两种类型的生成器。

这里的第一个例子是计算 π，在边长为 2 正方形中的单位正象限内生成随机点，并找到半径为 1 的内接圆内的分数，如图 6.1 所示，圆圈内的分数正好是 $\pi/4$。这个例子很常见，在 CUDA SDK 里也有提供，很适合用来比较上述的 RNG 生成器，因为这个例子需要大量的随机数，但只执行很少的计算或内存访问。我们的第一个版本，如示例 6.1 所示，使用 C++11 的 <random> 库在主机上实现计算。计算思路如图 6.1 所示，简单地在单位正方形内生成随机点，并计算落入圆中象限内的分数。

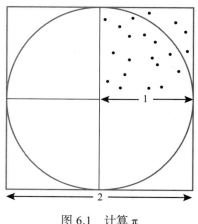

图 6.1　计算 π

在示例 6.1 中展示了一段完整而且非常紧凑的纯主机代码，C++ 的 <random> 库允许用户创建各种随机数生成器对象的实例，然后可以在代码中使用这些对象，"裸"生成器返回随机位模式的 32 位或 64 位无符号整数，因此可以以与 rand 相同的方式直接使用。然而，通常更方便的是用分布函数对象（例如示例第 14 行中使用的均匀浮点分布）来包装生成器。

示例 6.1 的说明

- 第 2～4 行：使用所需要的 #include 语句，第 4 行的 <random> 就是 C++11 提供的 rand 基础函数之外的随机数生成器。

- 第 7 行：创建一个 C++ 的 random_device 生成器类型的实例 rd，如果可行，再根据硬件去生成真正的随机数。不幸的是这个生成器速度慢，对长序列的数字表现不佳；然而，对于使用时间时钟去为其他生成器生成随机种子时，这是一个不错的选择，因此我们在这里使用这个方法。

- 第 8～9 行：设置变量 points 与 passes 为 int 类型。这段代码是为了处理可能会很多的点，因此使用了一对双嵌套循环；在第 17～21 行的内部循环生成 points 数量的点，并累积 int 类型的变量 subtot 命中数；第 15 行和第 23 行之间的外循环累加 long long 类型的变量 pisum 中的 subtot 的值，用于估计 pi 的子点值；外循环的迭代次数由用户设置 passes 变量所控制。

- 第 10 行：使用 rd 变量或用户输入值来初始化 seed 变量。

- 第 11 行：创建一个类型为 default_generator_engine 的随机数生成器 gen 实例，使用 seed 变量来进行初始化。
- 第 12 行：创建一个均匀分布的 fdist，范围为 [0,1) 的 32 位浮点数。注意第 18 行和第 19 行中 gen 生成器和 fdist 分布的使用方式，<random> 库提供了各种生成器和分布，大多以这种方式进行组合。
- 第 13 行：初始化 64 位整数的 pisum 变量，以计算圆内生成的点数。
- 第 14 行：从 cx 实用程序文件 cxtimers.h 创建计时器对象的 tim 实例，里面的计时也会立即启动。
- 第 15～23 行：这是双嵌套循环，其中在第 18 和 19 行中创建单位正方形内的随机点，然后在第 20 行中测试是否在单位圆内。命中数在内循环变量 subtot 子点中累积数量，子点本身的数值则在外循环 long 类型变量 pisum 中累积。
- 第 24 行：循环结束后，所用时间以 ms 为单位存储在变量 gen_time 中。
- 第 25～26 行：这里我们计算 π 值的估计值为 pisum 和 ntot 之比的四倍，以及该估计值的分数误差（ppm）。

示例 6.1 用随机采样计算 π 的 piH 主机计算

```
02  #include "cx.h"
03  #include "cxtimers.h"
04  #include <random>

05  int main(int argc,char *argv[])
06  {
07    std::random_device rd;   // truly random but slow
08    int points = 1000000;    // inner loop 10^6 generations
09    int passes = (argc >1) ? atoi(argv[1]) : 1;  // outer loop
10    unsigned int seed = (argc >2) ? atoi(argv[2]) : rd();

11    std::default_random_engine gen(seed);
12    std::uniform_real_distribution<float>  fdist(0.0,1.0);

13    long long pisum = 0;
14    cx::timer tim;
15    for(int n = 0; n<passes; n++){
16      int subtot = 0;
17      for(int k = 0; k < points; k++) {
18        float x = fdist(gen);  // generate point
19        float y = fdist(gen);  // in square
20        if(x*x + y*y < 1.0f) subtot++;  // inside circle?
21      }
22      pisum += subtot; // use long long for this sum
23    }

24    double gen_time = tim.lap_ms();
25    double pi = 4.0*(double)pisum /
                ((double)points *(double)passes);
26    double frac_error = 1000000.0*
                (pi- cx::pi<double>)/cx::pi<double>;
```

```
27    long long ntot = (long long)passes*(long long)points;
28    printf("pi = %10.8f err %.1f, ntot %lld,
              time %.3f ms (float gen)\n",
               pi, frac_error, ntot, gen_time);
29    return 0;
30  }

D:\>piH.exe 1000 123456
pi = 3.14152040 err -23.0, ntot 1000000000, time 74229.004 ms
```

- 第 28 行：输出结果，包括花费的时间
- 本例末尾的结果表明使用 std::uniform_real_distribution<float> 分布计算 10^9 个点需要 75 s 才能完成。

我们将使用此计算所需的 75 s 作为改进的基准，这里的分数误差 23.0 是以百万分之一表示。落在圆内的生成点数量，符合在二项概率分布所产生的误差 $\sqrt{\frac{\pi}{4}\left(1-\frac{\pi}{4}\right)10^9}$，于是估计的 π 预期分数误差为 $\sqrt{(4/\pi-1)/10^9}=16.5\times10^{-6}$，这里得到的分数误差与基于 π 真实值的偏差相符合。

整个花费的时间相当长，事实证明，可以通过使用不同的 C++ 分布函数来改进主机代码。在测试过程中，我们偶然注意到示例 6.1 中使用 C++ 均匀浮点数分布的时间是相应的整数分布时间的七倍，因此可以更改代码以使用更快的整数分布，就是示例 6.2 中所进行的调整。

示例 6.2　带有更快主机 RNG 的 piH2

```
      . . .
      // uniform ints in [0,2^31-1]
12    std::uniform_int_distribution<int>  idist(0,2147483647);
12.1  double idist_scale= 1.0/2147483647.0;
      . . .
18    float x= idist_scale*idist(gen); // uniform floats in [0,1.0)
19    float y= idist_scale*idist(gen);

D:\>pieH2.exe 1000 123456
pi = 3.14158036 err -3.9 ntot 1000000000, time 10275.153 ms
```

示例 6.2 的说明

- 第 12 行：替换为创建均匀整数分布实例 idist，在 $[0, 2^{31}-1]$ 整数值范围内，再引入一个新的比例因子 double idist_scale，设置为 $(2^{31}-1)$ 的倒数。
- 第 18～19 行：将前面的 fdist(gen) 更改为 idist_scale*idist(gen)。
- 结果显示修改后实际上比示例 6.1 快了大约 7 倍。这个方法是从整数随机数生成器生成浮点随机数的标准方法，因此令人费解的是，默认的 C++ 浮点数生成器的性能竟然会如此之慢。[2]

通过使用 OpenMP 运行多个并行主机线程，我们可以从主机获得更好的性能。然而有一个问题需要考虑，我们不能像第 1 章那样简单地在几个线程之间共享循环，因为 fdist 或 idist 函数可能同时被多个线程调用，并且这些函数可能对线程并不安全的[3]。

我们的解决方法，是将 RNG 的分配和使用捆绑成一个函数，再由多个线程去调用这个函数，这样每个线程将获得自己的生成器实例，并且这些多个实例将能够安全地同时运行。一个重要的细节是，要确保每个线程在初始化其 RNG 副本时使用不同的种子，如果不这样做，每个线程都会看到相同的随机数序列，而不是真正运行多个线程。这个观点虽然很明显，但实践中很容易被忽视。有趣的是，我们下面要讨论的内核函数代码，也是让每个线程使用一个生成器，因此会存在相同的问题。

示例 6.3 显示了我们的实现，主要变化是将示例 6.1 第 13～25 行创建并初始化 RNG 生成器的部分，替换成示例 6.3 的第 11～28 行的 sum_part 独立函数所执行的求和部分。调用此函数的每个 OMP 线程都会创建一个单独的 RNG 实例，这些实例根据线程号进行种子初始化，然后主例程将 OMP 减少操作中每个线程的贡献相加。请注意，通过使用不同的种子多次运行我们的单线程程序并对结果进行平均，可以获得相同的效果。如果在多核 PC 上同时启动，单独的程序就能实现并行运行。如第 1 章所述，这是并行程序员用来处理"令人尴尬的并行"代码的标准方法。下面是代码的更详细描述。

示例 6.3　piOMP 版本

```
05  #include "omp.h"

06  long long int sum_part(uint seed, int points, int passes)
07  {
08    int thread = omp_get_thread_num();
09    // NB different seed for each thread
10    std::default_random_engine gen(seed+113*thread);
11    std::uniform_int_distribution<int> idist(0,2147483647);
12    double idist_scale = 1.0/2147483647.0;

13    long long int pisum = 0;
14    for(int n = 0; n<passes; n++){
15      int subtot = 0;
16      for(int k = 0; k < points; k++) {
17        float x = idist_scale*idist(gen);
18        float y = idist_scale*idist(gen);
19        if(x*x + y*y < 1.0f) subtot++;  // inside circle?
20      }
21      pisum += subtot;
22    }
23    return pisum;
24  }

25  int main(int argc,char *argv[])
26  {
27    std::random_device rd;  // truely random but slow
28    int points = 1000000;
29    int passes =          (argc >1) ? atoi(argv[1]) : 1;
30    unsigned int seed = (argc >2) ? atoi(argv[2]) : rd();
```

```
31    int omp_threads =    (argc >3) ? atoi(argv[3]) : 4;
32
33    omp_set_num_threads(omp_threads);
34    long long int pisum = 0;

35    cx::timer tim;
36  #pragma omp parallel for reduction (+:pisum)
37    for(int k = 0; k < omp_threads; k++) {
38      pisum += sum_part(seed,pass,passes/omp_threads);
39    }
40    double gen_time = tim.lap_ms();
41    double pi = 4.0*(double)pisum
                /((double)(passes)*(double)points);
42    double frac_error = 1000000.0*
                (pi-cx::pi<double>)/cx::pi<double>;
43    long long ntot = (long long)(passes)*(long long)points;
44    printf("pi = %10.8f err %.1f, ntot %lld,
          time %.3f ms\n", pi, frac_error, ntot, gen_time);
46    return 0;
47  }

D:\>pieOMP.exe 1000 123456 8
pi = 3.14160701 err 4.6, ntot 1000000000, time 2463.751 ms
```

<hr/>

示例 6.3 的说明

- 第 5 行：这个 include 语句是对 OMP 功能的支持。（Windows 用户还必须在 Visual Studio 中启用 OMP 支持，Linux 用户必须包含相应的库。）
- 第 6~24 行：新的 sum_part 函数，接受输入 seed、points 和 passes 参数，其含义与示例 6.1 中相同。
  - 第 8 行：将变量 thread 设置为运行此特定实例的 OMP 线程编号，直接等同于内核函数代码中经常使用的 tid 或 id 变量。
  - 第 10 行：使用根据线程编号的种子来初始化这个线程所使用的 C++ 默认随机生成器实例，从而确保单独的线程会使用不同的随机数序列。
  - 第 11~23 行：与示例 6.1 和 6.2 中的 14~24 行相同，并计算 passes*points 所生成的圆内点数。
  - 第 23 行：将 pisum 累积的最终总数由函数返回给调用代码。
- 第 27~30 行：这是主例程的开始，与示例 6.1 和 6.2 中的相应行相同，使用输入值或预设值对 points、passes 和 seed 变量进行初始化。
- 第 31 行：这是新的代码，将变量 omp_threads 初始化成要使用的 OMP 线程数。
- 第 33 行：告诉 OMP，标准库的调用要启动多少线程。
- 第 34~35 行：初始化变量 pisum 累加器和 tim 计时器。
- 第 36 行：对 OMP 的注释，将从第 38 行开始的 for 循环拆分为 omp_threads 单独的线程。由于循环计数器也等于 omp_treads，因此每个线程将在第 38 行执行对 sum_part 的单个调用。注释还请求对 pisum 进行归约操作，因此当循环完成时将各个返回值相加，pisum 将包含所有线程贡献的总和。

- 第 37～39 行：for 循环为每个 OMP 线程调用一次 sum_part 函数。
- 第 40～46 行：获取运行时间并输出结果，这些行与前面的示例相同。
- 示例最后显示的结果是 8 个线程，这是我们使用设备的最佳设定值。

在我们的 PC 上，发现 8 个 OMP 线程的性能最好，大约需要 2.46 s 来生成 10^9 个点。与最初的基础版本相比，OMP 版本的速度提高了 30 倍，这结果虽然很不错，但我们可以在 GPU 的帮助下做得更好。

6.2　cuRAND 库

到目前为止，我们已经在原始代码的基准上实现 30 倍的加速，如果还要做得更好就需要使用 GPU 设备。NVIDIA 为 RNG 生成器提供了 cuRAND 库，这是标准 CUDA SDK 的一部分。cuRAND 库能以两种方式使用：第一种是通过主机（host）API 接口，使用上与 C++ 11 的 <random> 库非常相似，不同之处在于 GPU 用于生成随机数；第二种是通过设备（device）API，在 GPU 上生成和使用随机数。第一种通过主机 API 的方式，适用于难以移植到 GPU 的情况，因为它提供更快的随机数生成，事实上在某些情况下，生成随机数的开销可以减少到零。如果你的应用程序可以移植到 GPU，则第二种通过设备 API 的方式可提供两个数量级（百倍）的潜在加速。

6.2.1　cuRAND 的主机 API

cuRAND 主机 API 在 GPU 上生成一组随机数，然后将它们传输到主机上使用，示例 6.4 显示了修改之前示例 6.1 来实现这一点，我们发现，通过 PCI 总线将 GPU 生成的数字传输回主机花费的时间，影响了整个生成时间，这点并不令人意外。示例 6.5 和示例 6.6 在示例 6.4 基础上实现了性能提升，示例 6.5 展示了使用主机上固定内存来降低 PCI 总线的传输开销，示例 6.6 展示了使用异步内存传输来有效地将开销降到零。主机 API 的工作方式是在 GPU 上生成随机数，然后以整块而非单独的方式传输到主机，较大的块能提供更好的性能，我们在示例中使用的块大小为 2×10^6，这是由变量 points 所控制。就像 C++ 的 <random> 库一样，主机 API 需要创建一个生成器和一个分布函数，由分布函数将生成器的输出转换为所需分布的值，例如 [0,1] 中的浮点值。示例 6.4 显示了将示例 6.1 转换为使用 cuRAND 主机 API。

示例 6.4 的说明

这个示例与 6.3 非常相似，这里我们只展示到不同代码的部分。

- 第 5 行：包含 curand.h 以使用 cuRAND 的主机 API。

- 第 6~15 行：定义函数 sum_part 以计算一个随机数块的贡献，这个函数与示例 6.3 中使用的类似，只是现在预先计算了所需的随机数，并将其作为新的第一个参数 rnum 传递给该函数。

  - 第 10~11 行：这里通过简单的查找对值方法，从 rnum 随机数数组中获得正方形中的候选点。

- 第 24~25 行：这里创建了一对 thrust 向量 rdm 与 dev_rdm，用来保存主机和设备上的随机数。由于每个块需要处理的点数量为变量 points 的值，因此将这两个向量数组的大小设为 2*points。

- 第 29~31 行：这些行创建并初始化一个 cuRAND 随机数生成器的 gen 实例，默认的数据类型为 XORWOW，使用变量 seed 作为初始种子。这些代码的目的，相当于示例 6.1 第 11 行使用 C++11 的 <random> 库。

- 第 33~37 行：这是外部循环调用 sum_part 函数的一个修改版本，每次传递时使用不同的随机数集。

  - 第 34 行：这是整个示例中最重要的一行，在这里调用 cuRAND 分布函数，通过函数调用中隐含的分布采样，使用先前创建的 gen 生成器在 GPU 内存中生成一组随机数。在这种情况下，指定的函数 curandGenerateUniform 在 [0,1] 范围中，产生 32 位浮点的均匀分布。传递给分发函数的参数是 gen 生成器、指向设备内存缓冲区的指针和所需点数。注意，库函数处理实际执行计算所需的所有细节，例如内核函数启动。

  - 第 35 行：将随机数复制回主机。

  - 第 36 行：每次使用一组新的随机数调用 sum_part。

- 第 46 行：这里我们发布了 cuRAND 获得的 CUDA 资源。

示例 6.4　带有 cuRAND 主机 API 的 piH4

```
    . . .
05  #include "curand.h"

06  void sum_part(float *rnum, int points, long long &pisum)
07  {
08    unsigned int sum = 0;
09    for(int i=0;i<points;i++){
10      float x = rnum[i*2];
11      float y = rnum[i*2+1];
12      if(x*x + y*y < 1.0f) sum++;
13    }
14    pisum += sum;
15  }

17  int main(int argc, char *argv[])
18  {
19    std::random_device rd;   // truly random but slow
20    int points = 1000000;    // points per inner iteration
```

```
21    int passes =          (argc >1) ? atoi(argv[1]) : 1;
22    unsigned int seed = (argc >2) ? atoi(argv[2]) : rd();
23
24    thrustHvec<float>       rdm(points*2); // host and device
25    thrustDvec<float> dev_rdm(points*2); // RN buffers
27
27    long long pisum = 0;
28    cx::timer tim;
29    curandGenerator_t gen;   // Host API cuRand generator
30    curandCreateGenerator(&gen,CURAND_RNG_PSEUDO_DEFAULT);
31    curandSetPseudoRandomGeneratorSeed(gen,seed);
32
33    for(int k=0; k<passes; k++) {
34      curandGenerateUniform(gen,
             dev_rdm_ptr.data().get(),points*2);
35      rdm = dev_rdm;          // copy GPU => Host
36      sum_part(rdm.data(),points,pisum); // use on Host
37    }
39
39    double gen_time = tim.lap_ms();
40    double pi = 4.0*(double)pisum /
                ((double)points*(double)passes);
41    double frac_error = 1000000.0*
                (pi- cx::pi<double>)/cx::pi<double>;
42    long long ntot = (long long)passes*(long long)points;
43    printf("pi = %10.8f err %.1f, ntot %lld,
                    time %.3f ms (float gen)\n",
44      pi,frac_error,ntot,gen_time);
46
46    curandDestroyGenerator(gen); // tidy up
47    return 0;
48  }

D:\ >piH4.exe 1000 123456
pi = 3.14165173 err 18.8, ntot 1000000000, time 2557.818 ms
```

示例 6.4 的性能与先前 OMP 版本相似，其中的一个主要区别是，GPU 版本需要一个主机线程，而 OMP 版本则使用 4 核超线程 PC 上的所有八个线程，这已经是一个适度的改进。主机 API 受限于将数据从 GPU 复制到主机的需求，本例中总共使用 10^9 个点，这意味着通过 PCI 总线以 6 GB/s 的速度传输 8 GB 数据，大约需要 1.3 s。通过为主机随机数缓冲区使用"固定"内存，可以轻松地减少这种开销。现代操作系统使用复杂的实时存储器管理技术，这意味着典型执行程序使用的存储器地址是虚拟的，在程序执行过程中，它们可能会不时地被重新映射到不同的物理地址。固定内存块保证不会被重新映射，这允许使用 DMA 以 11 GB/s 速度进行更快的 PCI 传输。

我们可以非常简单地利用固定内存，方法就是将第 24 行中使用 cx 定义的 thrustHvec 类型的分配，更改成 thrustHvecPin 类型，如示例 6.5 所示。

示例 6.5　带有 cuRand 主机 API 和固定内存的 piH5

```
// piH5 using pinned memory for host random number buffer
. . .
```

```
24     thrustHvecPin<float> rdm(points*2);   // host pinned memory
       . . .
D:\ >example4.exe 1000 123456
pi = 3.14165173 err 18.8, ntot 1000000000, time 1737.297 ms
```

示例 6.5 节省了大约 0.8 s 的时间，与改善 PCI 带宽一致。用于分配 thrust 向量的 cx 包装器隐藏了一点复杂性，如果没有这些问题，代码将如下框中所示。

（1）标准 thrust 主机向量

```
#include "thrust/host_vector.h"
thrust::host_vector<float> rdm(points*2);
```

（2）使用固定存储器的 thrust 主机向量

```
#include "thrust/system/cuda/experimental/pinned_allocator.h"
thrust::host_vector<float,thrust::cuda::experimental::
pinned_allocator<float>>
rdm(points*2);
```

thrust 主机向量的头文件和本机声明。

即便使用固定内存，传输 2×10^9 个随机数也需要 720 ms，但可以通过将内存传输与主机计算重叠，来隐藏绝大部分的成本。本质上需要编写代码来控制，在主机处理第 N 块随机数时，让 GPU 同时计算第 $N+1$ 块随机数，并在主机还在计算时将数据传输到主机。好消息是，CUDA 提供一个 cudaMemcpyAsync 函数来执行此操作，为了使这段代码产生作用，我们显然需要两个缓冲区，例如 a 和 b，以打乒乓球的方式，来处理随机数块，让主机处理一个数据块，GPU 同时处理另一个数据块，示例 6.6 显示这项功能的最终代码。请注意，关于 CUDA 流和事件的同步操作部分，会在第 7 章有更详细的说明。

示例 6.6　带有 cudaMemcpyAsync 的 piH6

```
       . . .
17   int main(int argc,char *argv[])
18   {
19     std::random_device rd;
20     int points = 1000000;
21     int passes =          (argc >1) ? atoi(argv[1]) : 1;
22     unsigned int seed = (argc >2) ? atoi(argv[2]) : rd();

23     int bsize = points*2*sizeof(float);
24     float *a; cudaMallocHost(&a, bsize);   // host buffers a & b
25     float *b; cudaMallocHost(&b, bsize);   // in pinned memory
26     float *dev_rdm; cudaMalloc(&dev_rdm, bsize); // device

       // CUDA event
27     cudaEvent_t copydone; cudaEventCreate(&copydone);

28     long long pisum = 0;
29     cx::timer tim;   // overall time
30     curandGenerator_t gen;
```

```
31    curandCreateGenerator(&gen, CURAND_RNG_PSEUDO_DEFAULT);
32    curandSetPseudoRandomGeneratorSeed(gen, seed);

33    curandGenerateUniform(gen, dev_rdm, points*2);
      // get 1st block in a
34    cudaMemcpy(a,dev_rdm,bsize,cudaMemcpyDeviceToHost);
35    for(int k = 0; k < passes; k++) {
        // generate next block and copy to b
36      curandGenerateUniform(gen,dev_rdm,points*2);
37      cudaMemcpyAsync(b,dev_rdm,bsize,cudaMemcpyDeviceToHost);
        // place event in default stream
38      cudaEventRecord(copydone,0);
39      cudaEventQuery(copydone);
        // process a while GPU works on b then swap a and b
40      sum_part(a,points,pisum); // for ping-pong processing
41      std::swap(a,b);
42      cudaStreamWaitEvent(0,copydone,0); // now wait for a
43    }
44    double t1 = tim.lap_ms();

45    double pi = 4.0*(double)pisum /
                  ((double)points*(double)passes);
46    long long ntot = passes*points;
47    double frac_error = 1000000.0*
            (pi - cx::pi<double>)/cx::pi<double>;
48    printf("pi = %10.8f err %.1f, ntot %lld, time %.3f
                ms\n", pi, frac_error, ntot, t1);
49    // tidy up
50    cudaFreeHost(a); cudaFreeHost(b); cudaFree(dev_rdm);
51    curandDestroyGenerator(gen);
52    return 0;
53  }

D:\ >piH6.exe 1000 123456
pi = 3.14165610 err 20.2, ntot 1000000000, time 1162.474 ms
```

示例 6.6 的说明

第 22 行之前的代码与前面的示例相同。

- 第 23~26 行：不能使用 thrust 复制操作执行异步内存的传输，因此本例使用 cudaMalloc 函数的版本来恢复到本机 CUDA 内存分配方法，在第 24 行和第 25 行使用 cudaMallocHost 在主机固定内存中分配 a 和 b 两个主机缓冲区。注意，与大多数 CUDA 函数一样，必须先分配指针变量，然后通过向 CUDA 函数传递参数来初始化。第 26 行是使用 cudaMalloc 函数在设备内存的标准内存分配。注意，与 C++ 的 malloc 类函数不同，在 CUDA 中的数组大小是以字节指定的，而不是所需数组的维数。

- 第 27 行：创建一个 CUDA 事件 copydone 来管理异步内存传输，这部分的内容会在下一章中详细说明。提交给 GPU 的工作可以发送到彼此异步操作的不同流，单个流中的工作项按提交顺序一次运行一个，在没有明确提及流的情况下会使用默认流（空流或 0）。CUDA 事件可以放置在其他工作片段之间的流中，当查询时，如果前一个工作尚未完成，则返回 cudaErrorNotReady；如果前一工作已完成，则会返回 cudaSuccess。这个命名为 copydone 的 CUDA 事件，顾名思义就是要用来等待异步内存完成传输任务，类似于 cudaDeviceSynchronize() 用来等待内核函数执行完毕。

- 第 28～32 行：与示例 6.4 第 27～31 行相同，对计时器进行初始化，并设置生成器。
- 第 33～34 行：生成第一个随机数块，并复制到主机缓冲区 a 中。在第 34 行中使用标准但非异步的 cudaMemcpy 函数，会在传输完成之前锁住主机内存。
- 第 35～43 行：这是生成和处理随机数块的主循环。
  - 第 36 行：在 GPU 上生成下一个随机数块。
  - 第 37 行：将新的随机数块异步复制到缓冲区 b。重要的是要知道，这一行和前一行的工作都被发送到默认的 CUDA 流，这样 cudaMemcpyAsync 将在开始之前等待第 36 行 curandGenerateUniform 的完成。
  - 第 38 行：将 CUDA 事件放置在此处的默认流中，流编号由第二个参数指定。
  - 第 39 行：立即查询 copydone 事件。虽然逻辑上此时不需要查询事件，但这里必须有条代码，至少在使用 Windows WDDM 驱动程序时需要。
  - 第 40 行：调用 sum_part 将缓冲区 a 包含的随机数进行加总，此计算与将另一组随机数下载到缓冲区 b 并行进行。在此示例中，调用 sum_part 的处理时间（约 1 ms）比下载操作（约 0.7 ms）更长，因此在 GPU 上生成随机数并下载到主机的时间成本是完全隐藏的。
  - 第 41 行：在这里交换指针 a 和 b，如此来实现乒乓缓冲区的使用，并且让代码的其余部分保持简单。但这种指针技巧必须小心使用，因为它很容易混淆。在本程序中，a 和 b 直到第 50 行它们指向的内存被释放才能再次使用。至于当前的 a 是否指向原始 b，这并不重要，反之亦然，但在重新分配指针时，我们必须仔细考虑这些细节。
  - 第 42 行：等待 copydone 事件报告成功，此时 a 将指向一个完整的新加载的随机数块，为下一次通过 for 循环做好准备。
- 第 44～48 行：输出结果，这些行与示例 6.4 中的相应行相同。
- 第 50～51 行：免费 GPU 资源。由于我们没有使用 thrust 容器，就必须明确主机和设备上的可用内存分配

示例 6.6 的结果很好，因为我们几乎消除了主机随机数生成的所有开销，并且我们的代码现在比原来快了大约 70 倍。如果我们想走得更快，我们还需要将主机计算转移到 GPU，因此我们需要 cuRAND 的设备 API。

6.2.2　cuRAND 的设备 API

通过 cuRAND 的设备 API，程序员可以像实现本书其他应用程序一样的方式撰写内核函数代码来实现蒙特卡罗应用程序，其中大部分的计算都是在 GPU 上完成的。主机仍然

决定使用哪种类型的 RNG 及其初始种子，但其他一切都在 GPU 上完成，特别是内核函数中的每个线程，都有自己所选类型的 RNG 实例，并且这些 RNG 可以在内核函数启动之间持续存在。典型的情况下，程序首先启动一个简单的内核函数，其中每个线程初始化其 RNG，并将该 RNG 的内部状态存储在持久的设备内存中。在随后的内核函数中，线程读取这些状态，将其 RNG 恢复到上一个内核函数结束时的状态，根据需要生成更多的数字，然后在内核函数结束时重新保存修改后的状态。

请注意，任何伪随机数生成器生成的序列最终都会重复，因为种子最终必须返回到其以前使用的值之一。例如使用 32 位值的生成器，就只能生成长度为 2^{32} 的序列。基于 GPU 的应用程序有可能消耗大量随机数，因此这样的生成器将毫无用处，这个序列很可能在内核函数启动的第一秒内就开始重复。GPU 代码生成器不仅要生成很长重复的序列，还要为数千个不同的线程生成不同的不相关序列。类似的注意事项也适用于在许多处理器上运行的 HPC 应用程序。

设备 API 提供了许多具有不同属性的生成器，有关详细信息请参阅 CUDA SDK 文档集中的 NVIDIA cuRAND 库编程指南。以下从该文件摘录的几个重点：

（1）XORWOW 生成器是 PRNG 的异或移位家族的一员，速度非常快；对于大多数问题来说，这是一个不错的首选。它的重复周期超过 2^{190}，子序列的长度为 2^{67}。这两个数字非常大，任何当前的应用程序都不太可能需要更多。例如，在示例 6.7 中，RTX 2070 卡每秒处理近 2^{39} 个随机数；这很快，但使用一个由 2^{67} 个随机数组成的子序列仍然需要大约 8 年的时间，更不用说 2^{190} 了！在 CUDA 代码中，此生成器具有 curandStateXORWOW 类型，该类型也别名为 curandState。[4] 后者用于 cuRAND 默认生成器，因此将来可能会发生变化。这也是主机 API 使用的默认生成器。

（2）MRG32k3a 生成器是 PNRGs 组合多重递归家族的一员，它具有大于 2^{190} 的重复周期和 2^{67} 的子序列长度；其发生器状态为 curandStateMRG32k3a。该生成器使用 RTX 2070 GPU 每秒可产生高达约 4.9×10^9 个样本。

（3）MTGP32 生成器是对广岛大学开发的代码的改编。在该算法中，为多个序列生成样本，每个序列基于一组计算的参数。cuRAND 使用周期为 2^{11214} 的 32 位生成器预先生成的 200 个参数集。每个参数集（序列）都有一个状态结构，该算法允许对 200 个序列中的每个序列的多达 256 个并发线程（在单个块内）进行线程安全生成和状态更新

（4）Philox4x32_10 生成器是 Philox 家族的一员，Philox 家族是 D E Shaw Research 在 SC11 会议上提出的三个基于非加密计数器的随机数生成器之一。该生成器的重复周期为 2^{128}，子序列长度为 2^{64}。该生成器与其他两个生成器的区别在于，它在每次调用中生成 4 个号码的集合时特别有效；因此，当与返回 float4、int4 或 double2 结果的分布一起使用时，它是一个很好的选择。其生成器状态命名为 curandStatePhilox4_32_10。当使用 float4 模式时，该发生器每秒可产生约 3.8×10^{10} 个样本。

对于大多数应用程序，我们建议使用 XORWOW 生成器，它似乎比其他任何应用程序

都更快、更简单。这是我们在示例中使用的生成器；专家们可能会为特定问题选择不同的生成器，但这种先进的考虑超出了本书的范围。

在用于 GPU 代码时，XORWOW 生成器必须首先由每个调用 cuRAND 设备函数 cuRAND_init 的线程初始化。此函数接受四个参数，如下所示：

（1）一个无符号长整型，包含初始化所选 RNG 的种子。

（2）一个无符号长整型，包含 RNG 中此线程的子序列。

（3）一个无符号长整型，包含序列中第一个数字的偏移量。

（4）指向全局内存中用于存储 RNG 的当前状态的结构的指针。

在实践中，我们可以对所有线程使用相同的种子和不同的子序列，也可以对每个线程使用不同的种子和相同的子序列。请注意，子序列的长度为 2^{67}，并且最多有 2^{133} 个可能的子序列，这应该足够了。下框中显示了典型的调用。

```
int id = threadIdx.x + blockIdx.x*blockDim.x;
```

相同的种子和不同的子序列，速度较慢，但在统计上最好。

```
（1）curand_init(seed,id,0,&states[id]);
```

或者不同的种子和相同的子序列，快速但相关性很小。

```
（2）curand_init(seed+id,0,0,&states[id]);
```

在（1）中，我们使用相同的种子，因此使用所有线程的相同生成器，每个线程使用一个单独的子序列。子序列由第二个参数确定，该参数设置为 id，即线程网格中每个线程的顺序排名。这提供了具有最佳统计属性的随机数，但为所有子序列生成初始状态的速度很慢，这与线程数量呈线性关系。方法（1）花费的时间是方法（2）的大约 60 倍。在示例 6.7 中，需要对 2^{23} 个线程进行初始化，并且方法（1）花费 184 ms，但方法（2）仅花费 2.9 ms。这些数字是使用带有 CUDA SDK 版本 11.4 的 RTX 2070 卡测量的，方法（1）的性能在早期的 SDK 版本中明显较差。

示例 6.7 利用 cuRAND 设备 API 计算 π 的 piG 内核函数

```
01  #include "cx.h"
02  #include "cxtimers.h"
03  #include "curand_kernel.h"
04  #include <random>

05  template <typename S> __global__ void
            init_generator(long long seed,S *states)
06  {
07    int id = threadIdx.x + blockIdx.x*blockDim.x;
08    curand_init(seed+id, 0, 0, &states[id]); // faster
      // slower but statistically better
09    // curand_init(seed, id, 0, &states[id]);
10  }
```

```
11  template <typename S> __global__ void
              piG(float *tsum, S *states, int points)
12  {
13    int id = threadIdx.x + blockIdx.x*blockDim.x;
14    S state = states[id];
15    float sum = 0.0f;
16    for(int i = 0; i < points; i++) {
17      float x = curand_uniform(&state);
18      float y = curand_uniform(&state);
19      if(x*x + y*y < 1.0f) sum++; // inside?
20    }
21    tsum[id] += sum;
22    states[id] = state;
23  }

30  int main(int argc,char *argv[])
31  {
32    std::random_device rd;
33    int shift =        (argc >1) ? atoi(argv[1])  : 18;
34    long long seed =   (argc >2) ? atoll(argv[2]) : rd();
35    int blocks =       (argc >3) ? atoi(argv[3])  : 2048;
36    int threads =      (argc >4) ? atoi(argv[4])  : 1024;

37    long long ntot = (long long)1 << shift;
38    int size = threads*blocks;
39    int nthread = (ntot+size-1)/size;
40    ntot = (long long)nthread*size;

41    thrust::device_vector<float> tsum(size);  // thread sums
      // generator states
42    thrust::device_vector <curandState> state(size);
43    cx::timer tim;    // start clock
44    init_generator<<<blocks,threads>>>
                        (seed,state.data().get());
45    piG<<<blocks,threads>>>(tsum.data().get(),
                        state.data().get(), nthread);
46    double sum_inside =
              thrust::reduce(tsum.begin(), tsum.end());
47    double t1 = tim.lap_ms(); // record time
48    double pi = 4.0*sum_inside/(double)ntot;
49    double frac_error = 1000000.0*
              (pi - cx::pi<double>)/cx::pi<double>; // ppm
50    printf("pi = %10.8f err %.3f, ntot %lld, time %.3f
                        ms\n", pi, frac_error, ntot, t1);
51    return 0;
52  }

D:\ >piG.exe 40 123456 8192 1024
pi = 3.14159441 err 0.559, ntot 1099511627776, time 4507.684 ms
```

示例 6.7 的说明

- 第 1~4 行：这些是标准头文件；请注意第 3 行，其中我们包含了 cuRAND 设备 API 所需的头文件。

- 第 5~10 行：这是内核函数 init_generator，用于初始化每个线程的单独生成器。

- 第 5 行：内核函数参数是初始基本种子，它对所有线程都是相同的，可以由用户和设备全局内存中的数组状态设置，每个线程都存储其生成器的最终状态。

- 第 7 行：将 id 设置为线程网格中当前线程的排名。

- 第 8 行：调用 curand_init 初始化默认的随机数生成器。到目前为止，cuRAND 所有版本都是 XORWOW 生成器，这里我们使用更快的方法（2）来初始化，每个线程都有不同的种子。我们使用最简单方法 seed+id 为每个线程提供唯一种子值。在要求苛刻的应用中，可能需要一种获得更多随机比特模式的更好方法。例如，乘以大素数或使用 id 作为预先计算的表的索引。早期随机数之间的相关性是最有可能的问题，因此刷新前 1000 左右的数字是另一种可能性（而且仍然比方法（1）快得多）。请注意，生成器的初始状态存储在第四个参数 state[id] 中。

- 第 9 行：这是替代方法（1）的初始化；这里有注释。

● 第 11～23 行：这是内核函数 piG，它是程序的核心，也是花费所有时间的地方。

- 第 11 行：第一个和第三个参数与主机版本相似。第一个参数 tsum 是一个设备数组，用于保存每个线程累积的部分和。第二个输入参数 states 包含每个线程的 RNG 状态，该状态由先前对 init_generator 的调用设置，最后的参数 points 是每个线程要生成的点数。请注意，由于找到的命中数要存储在浮点数组 tsum 中，因此点数不应超过 225，否则有丢失命中数的危险。可以将 tsum 升级为 double 来解决这个问题，就不会产生显著的时间损失，因为它只在内核函数结束时使用一次来存储最终结果。为了便于后续的 thrust 减少操作，我们将 tsum 设为浮点类型而非长整数。

还要注意，这是一个模板化函数，参数 S 的类型与所使用的随机数生成器相同，如果使用不同的 cuRAND 生成器，则不需要更改此函数。不同的生成器需要明显不同的初始化方法，因此我们没办法将初始化函数 curand_init 简单地模板化，需要不同的函数来尝试不同的生成器。

- 第 13 行：将 id 设置为当前线程在线程网格中的排名。

- 第 14 行：这将状态 [id] 中的 RNG 状态复制到局部变量 state。在这样的情况下，在内部循环中更新状态，从设备内存复制到寄存器中的本地变量总是值得的。

- 第 15～20 行：这是一个用于 points 传递的主循环，在单位正方形中生成点，并测试它们是否也在所需的圆内。这些线正好对应于示例 6.1 的 17～21 行中的内循环。这里的外循环代码可以被多线程并行执行所取代。

- 第 21 行：当前线程的最终总和会存储到设备全局内存中的 tsum[id] 中。对这个阵列的归约操作将作为后续步骤执行。

- 第 22 行：当前线程生成器的最终状态保存在状态 [id] 中。对这个例子来说并非绝对必要，因为不会进一步使用生成器。然而，在多核使用生成器的更复杂的程序中，这是不可少的一步。我们建议你在 cuRAND GPU 代码中始终包含最终状态保存。

- 第 30～52 行：这是主机代码，使用用户提供的值设置计算，运行两个内核函数，然后计算并输出最终结果。

- 第 32～36 行：使用可选的用户输入配置计算用的参数。用户输入一个数字，然后通过 shift 指令进行 2 的幂次方生成点数。变量 seed 是用来初始化 RNG 的基础种子。请注意，我们在代码中使用的 atoll[argv(2)]，是为了让用户在有需要时可以输入 long long 类型的值。threads 和 blocks 变量是用来设置 CUDA 中常见的一维线程块和网格的大小。

- 第 37 行：变量 ntot 是要生成的点的总数，由 shift 指令进行 2 的幂次方。

- 第 39～40 行：ntot 的值会被向上取整，以确保它是 size 的整数倍，也就是线程网格中的总线程数以及每个线程要生成点的数量总和。

- 第 41～42 行：这些代码行创建了两个 thrust 设备数组，维度为 size。第一个数组 tsum 将存储每个线程在圆内找到的命中数，第二个数组 state 将保存每个线程的 RNG 状态。我们默认通过内核函数中的 thrust 将 tsum 初始化为 0。需要注意的是，数组 state 的类型为 curandState，这意味着将使用默认的 XORWOW 生成器。

- 第 43～47 行：这个定时部分调用内核函数来执行整个计算，相当于前面的主机代码示例中的计时循环。

  - 第 44 行：调用 init_generator 内核函数来初始化生成器。这个内核函数是一个模板函数，根据第二个输入参数 state 的类型来确定要使用哪个生成器。

  - 第 45 行：调用完成所有计算工作的 sum_part 内核函数，每个线程在圆内找到的点数量被存储在设备数组 tsum 的元素中。

  - 第 46 行：使用主机调用 thrust::reduce 将数组 tsum 的元素加总，使用存储在设备内存中的数据在 GPU 上运算，然后将最终和返回给主机。这个调用在主机上是阻塞的，因此不需要最终的 cudaDeviceSynchronize。

请注意，整个计算都是在 GPU 上完成的；只需要将最终的总和作为 4 字节的浮点运算复制到主机上。

- 第 48～50 行：计算并打印 π，以及其百万分之一的分数误差。

本示例中使用的线程块大小和网格块大小分别为 1024 和 8192，经过手动优化以适应 RTX 2070 显卡。我们认为最终的性能非常出色；将整个计算迁移到 GPU 后，加速效果超过了 280 倍，与我们基准示例 6.1 相比提高了约 18 000 倍。尽管在这个示例中我们使用了一个简单的积分方法，但能够在约 4 s 内处理 10^{12} 个点，对于更复杂的蒙特卡罗积分问题是有趣的。在第 8 章中，我们将提供一个更复杂的示例，涉及模拟正电子发射断层扫描（PET）扫描仪的检测效率。

示例 6.1～6.7 的计时结果汇总在表 6.1 中。

表 6.1　使用 RTX 2070 GPU 的随机数生成器所需的时间

计算方式	处理 10^9 个点花费的时间 /ms	每秒的随机数对数	相对于之前代码的加速	相对于原始主机代码的加速
使用 C++11 的主机代码，使用 uniform_real_distribution	74 229	2.69×10^7	1	1
使用 C++11 的主机代码，使用 uniform_int_distribution	10 275	1.95×10^8	7.2	7.2
使用 C++11 的主机代码，使用 uniform_int_distribution 和 OMP 4 线程	2464	8.12×10^8	4.2	30.1
使用 cuRAND 主机 API 在 GPU 上进行随机数生成的主机代码	2558	7.82×10^8	(0.96)	29.0
主机代码使用 cuRAND 主机 API 在 GPU 上进行随机数生成，并使用固定主机内存缓冲	1737	1.15×10^9	1.4	42.7
主机代码使用 cuRAND 主机 API 在 GPU 上进行随机数生成，并使用 cudaMemcpyAsync 的固定主机内存缓冲	1163	1.72×10^9	1.5	63.8
cuRAND 设备 API 使用 XORWOW 生成器	4.100	4.87×10^{11}	283	18 106

6.3　生成其他分布

通常我们需要非均匀的随机数分布，例如来自泊松分布或正态分布的随机数。C++ 和 CUDA 都提供一些标准情况下的分布函数，如表 6.2 所示。这些分布是从前面示例中使用的相同长整数生成器派生而来的。

表 6.2　C++ 和 CUDA 中的随机数分布函数

分类	名称	类型	细节
C++ 随机数分布	泊松分布	int	$P(i \mid \mu) = \mu^i e^{-\mu} / i!$
	二项分布	int	$P(i \mid n, p) = \dfrac{n!}{i!(n-i)!} p^i (1-p)^{n-i}$
	正态分布	float/double	$P(x \mid \mu, \sigma) = e^{-(x-\mu)^2/2\sigma^2} / \sigma\sqrt{2\pi}$
	对数正态分布	float/double	$P(x \mid \mu, \sigma) = e^{-(\ln x - \mu)^2/2\sigma^2} / \sigma x\sqrt{2\pi}$
	指数分布	float/double	$P(x \mid \lambda) = \lambda e^{-\lambda x}$

（续）

分类	名称	类型	细节
	泊松分布	int	$P(i \mid \mu) = \mu^i e^{-\mu} / i!$
CUDA 随机数分布	标准正态分布	float/double	$P(x) = e^{-x^2/2} / \sqrt{2\pi}$
	对数正态分布	float/double	$P(x \mid \mu, \sigma) = e^{-(\ln x - \mu)^2 / 2\sigma^2} / \sigma x \sqrt{2\pi}$

在 NVIDIA cuRAND 库编程指南中可以找到一个说明 cuRAND 泊松分布 RNG 的使用示例。其他示例也可以在 CUDA SDK 中找到。

事实上，可以使用下面讨论的逆变换方法，从均匀的浮点分布生成任何期望的分布。

逆变换方法

除了库函数之外，原则上还可以在某个区间（例如 [a,b]）内生成任何非负函数 $f(x)$ 的概率分布，我们首先定义相关的归一化累积分布函数 $F(x)$：

$$F(x) = \int_a^x f(x') \mathrm{d}x' / \int_a^b f(x') \mathrm{d}x' \, 。 \tag{6.1}$$

如果 u 是来自 [0,1] 中均匀分布的随机数，那么 $F^{-1}(u)$ 实际上是像 $f(x)$ 一样分布的随机数。$F^{-1}(x)$ 是 $F(x)$ 的反函数。

一个重要的简单例子是函数 $f(x) = x$：

$$F(x) = \int_a^x x' \mathrm{d}x' / \int_a^b x' \mathrm{d}x' = \left(x^2 - a^2\right) / \left(b^2 - a^2\right) \, 。 \tag{6.2}$$

这可以很容易地求解 x，找到反函数：

$$F^{-1}(u) = \left[u\left(b^2 - a^2\right) + a^2 \right]^{1/2} \, 。 \tag{6.3}$$

我们将在后面第 8 章需要这个公式，但这里值得注意的是，在 $a=0$ 这个特殊情况下，公式（6.3）的右侧变为 $bu^{1/2}$。这对于直接生成圆内的点是有用的，因为在离圆心距离 r 处的点的密度与 r 成比例，而不是像正方形内的点那样是常数。因此，为了生成均匀分布在半径为 R 的圆内点，请使用极坐标，并将半径设置为 $r = Ru_1^{1/2}$，将极角设置为 $\phi = 2\pi u_2$，其中 u_1 和 u_2 是从标准均匀分布中提取的随机数。相较于常见的在边长为 R 的正方形内生成笛卡儿坐标并拒绝那些不在圆内样本的方法，这是更适合 GPU 的方法。因为在第一种情况下，所有线程都会得到有效点，而第二种情况下会有一些线程得到无效点，并且必须等待，而同一个 warp 中的其他线程会处理它们的有效点。

在许多情况下，尤其是高斯分布，很难找到反函数的解析形式；在这些情况下可以使用查找表形式的数值解。在 GPU 上，可以使用纹理获取来访问这样的查找表，以获得额外的速度。查找表本身就只是一组 $(x_0, x_1, x_2, \cdots, x_n)$ 的集合，使得 $F(x_i)=i/n$，其中方程是数值求解的。这种方法在反函数的解析表达式确实存在，但计算缓慢的情况下也可能有用。

6.4 伊辛模型

本章的最后一个示例是另一个简单但更有趣的模拟——伊辛模型。这个模型在固体物理学中是很有名的，涉及排列在任意维度的等距离网格上的自旋1/2粒子的演化。在这里，我们将讨论适用于固体的三维网格。在每个网格点上，我们放置一个自旋为 S 的物体，其中 S 可以是 ± 1。每个自旋都受到其邻居的影响，使得平行自旋的能量低于反平行自旋，因此自旋网格位置 (x, y, z) 的能量可取为：

$$E = J\left(S_{x-1,y,z} + S_{x+1,y,z} + S_{x,y-1,z} + S_{x,y+1,z} + S_{x,y,z-1} + S_{x,y,z+1}\right)S_{x,y,z}。 \qquad (6.4)$$

式（6.4）是最简单的伊辛模型，我们只考虑相邻粒子之间的交互作用。常数 J 衡量自旋之间交互作用的强度，在我们的模拟中将其设置为 1。注意，如果大多数相邻自旋与 $S_{x,y,z}$ 平行，则 E 为正；如果它们大多不平行，则 E 为负。在模拟中，我们测试单个任意自旋，并根据方框所示的标准翻转。

伊辛模型的蒙特卡罗模拟

在 (x, y, z) 处翻转旋转，如果

$E < 0$

或 $e^{-E/T} > R$

其中 R 是从 $[0,1]$ 中的均匀分布中采样的随机数，T 是温度。

上框中的标准能够正确地模拟一个绝对温度与 T 成比例的物理系统的热力学行为。伊辛模型最有趣的特征是，它在大约 $T_c = 4.5115$ 的温度下发生相变，这是本系统使用的单位制中的温度。低于 T_c 温度时会形成大规模的平行自旋区域，高于 T_c 的温度则不会形成。对此感兴趣的读者可以在标准教材或在线资源中找到更多固态物理的详细信息。

伊辛模型模拟要求每个自旋更新时都独立于其他自旋。考虑一个在正方形网格上的二维伊辛模型，如果我们将自旋位置交替涂成白色和黑色，就像棋盘一样，那么白色格子的最近邻都是黑色格子，反之亦然。因此，我们可以并行更新所有白色格子，然后再单独地更新所有黑色格子来实现并行模拟。这个想法可以很容易地扩展到三维模型，前提是 z 轴上的交替切片在每个 x-y 位置具有相反的颜色。这种方法的优点是，我们可以在原地更新自旋，从而减少模拟所需的内存。

模拟三维伊辛模型的代码如示例 6.8 所示。我们使用标准的三维网格方法，每个 x-y 位置使用一个线程，并在 z 值上循环。自旋数组使用 char 类型实现，可以在范围 [−128，127] 内保存值。实际上，我们只需要 1 和 −1 两个值，所以一个比特位就足够了。除非我们需要一个非常大的网格，否则使用 char 更好，因为这能让代码更简单，内核函数被实现为模板函数，但只使用 char 类型。

下面提供示例 6.8、示例 6.9 和示例 6.10 的代码与描述。此示例具有两个特点，第一，

展示一个使用简单内核函数代码的三维伊辛模型的实现，代码与前几章讨论过的图像处理模板代码相似，性能很快，但毫无疑问，像向量加载这样的技巧可以从内核函数中挤出更多的性能。第二，展示了如何使用 OpenCV 创建一个简单的交互式程序，允许你可视化模型中自旋翻转的过程，并实时查看模型温度变化的过程。

示例 6.8 的说明

- 第 1～5 行：包括在内核函数代码中使用 cuRAND 所需的语句。
- 第 7～10 行：包括在主机代码中使用 OpenCV 所需的语句。
- 第 14～27 行：调用内核函数 setup_randstates 来初始化每个线程使用的随机数生成器。输入参数是数组状态，它保存每个线程的当前生成器状态，以及 x 和 y 方向上的线程数。注意，虽然 ny 是自旋数组在 y 方向上的维度，但 nx 仅是自旋阵列的在 x 方向上维度的一半。内核函数执行以下两个功能：
  - 第 20 行：使用快速方法（2）为每个线程初始化一个单独的生成器。
  - 第 24～26 行：对于每个线程，刷新生成器生成的前 100 个数，然后将结果存储在设备数组 state 中。这个过程减少了生成器之间产生相关性的机会，并且仍然比使用方法（1）快得多。
- 第 40～56 行：内核函数 init_spins 将三维的 spin 设备数组中的自旋值随机初始化为 +1 或 −1，输入的参数包括生成器状态 state 数组、自旋数组 spin 和自旋数组维度。请注意，尽管自旋数组的类型是一个模板参数，但这个代码仅适用于有符号整数类型。对于大型自旋系统来说，char 类型显然是节省内存的最佳选择。还要注意，为了实现棋盘更新方案，自旋数组的实际维度是 2nx×ny×ny。在这个内核函数和 flip_spin 内核函数中，输入参数 nx 是指在一次调用中更新的 x 方向上的旋转次数，变量 nx2 用于阵列寻址目的。
  - 第 45 行：将 id 设置为自旋数组的 x-y 平面中的当前线程位置。
  - 第 46 行：如上面所述，将 nx2 设置为 2×nx。
  - 第 47 行：定义一个 lambad 函数 idx 来处理数组 spin，需要注意的是我们使用 nx2 作为 x 维度。
  - 第 49～54 行：这是一个遍历了所有 z 值的循环，当前线程会根据 x 与 y 坐标以及所有可能的 z 值，对 spin 数组进行元素的初始化，同时还考虑了 x+nx 和 y 的情况，因为 nx 只是 x 维度的一半。初始化时，自旋朝上和朝下的概率是相等且随机的。这里还可以使用其他初始化方法，例如，将一组自旋设置为相同的值，以研究它们在边缘区域的熔化行为。

示例 6.8　三维伊辛模型的 setup_randstates 和 init_spins 内核函数

```
01  #include "cx.h"
02  #include "cxtimers.h"
```

```
03  #include "cxbinio.h"
04  #include <curand_kernel.h>
05  #include <random>

07  #include "Windows.h"
08  #include "opencv2/core/core.hpp"
09  #include "opencv2/highgui/highgui.hpp"
10  using namespace cv;

12  // NB because of 2-pass checkerboard update pattern
13  // the nx parameter in the GPU code is NX/2 where NX
    // is x dimension of volume
14  __global__ void setup_randstates
        (r_Ptr<curandState> state,cint nx,cint ny,cllong seed)
15  {
16    int x = threadIdx.x + blockIdx.x*blockDim.x;
17    int y = threadIdx.y + blockIdx.y*blockDim.y;
18    if(x >= nx || y >= ny) return;
19    int id = nx*y+x;
20    curand_init(seed+id,0,0,&state[id]);
21
22    // flush values to remove any early correlations
23    curandState myState = state[id];
24    float sum = 0.0f;
25    for(int k=0;k<100;k++) sum += curand_uniform(&myState);
26    state[id] = myState;
27  }
40  template <typename T> __global__ void
        init_spins(r_Ptr<curandState> state, r_Ptr<T> spin,
                  cint nx, cint ny, cint nz)
41  {
42    int x = threadIdx.x + blockIdx.x*blockDim.x;
43    int y = threadIdx.y + blockIdx.y*blockDim.y;
44    if(x >= nx || y >= ny) return;

45    int id = nx*y+x;
46    int nx2 = 2*nx;   // actual x-dimension NX of volume
47    auto idx = [&nx2,&ny,&nz](int z,int y,int x)
                        { return (ny*z+y)*nx2+x; };

48    curandState myState = state[id];
49    for(int z=0; z<nz; z++){   // random initial states
50      if(curand_uniform(&myState) <= 0.5f)
                  spin[idx(z,y,x)] = 1;
51      else
                  spin[idx(z,y,x)] = -1;
52      if(curand_uniform(&myState) <= 0.5f)
                  spin[idx(z,y,x+nx)] = 1;
53      else
                  spin[idx(z,y,x+nx)] = -1;
54    }
55    state[id] = myState;
56  }
```

示例 6.9　三维伊辛的二维模型 flip_spins 内核函数

```
60  template <typename T> __global__ void
        flip_spins(r_Ptr<curandState> state,r_Ptr<T> spin,
        cint nx, cint ny, cint nz,cfloat temp, cint colour)
61  {
        // NB thread x here not spin x
62      int xt = threadIdx.x + blockIdx.x*blockDim.x;
63      int y = threadIdx.y + blockIdx.y*blockDim.y;
64      if(xt >= nx || y >= ny) return;

65      int id = nx*y+xt;
66      int nx2 = 2*nx;        // NB nx2 is volume x dimension
67      auto idx = [&nx2,&ny,&nz](int z,int y,int x)
                        { return (ny*z+y)*nx2+x; };
68      // lambda functions for cyclic boundary conditions
69      auto cyadd = [](int a,int bound)
                { return a < bound-1 ? a+1 : 0; };
70      auto cysub = [](int a,int bound)
                { return a > 0 ? a-1 : bound-1; };

71      curandState myState = state[id];

72      int yl= cysub(y,ny);    // l low
73      int yh = cyadd(y,ny);   // h high
74      for(int z = 0; z < nz; z++){
75          int zl = cysub(z,nz);
76          int zh = cyadd(z,nz);
            // In our 3D chess board voxel (0,0,0) is white
77          int x = 2*xt+(y+z+colour)%2;
78          int xl = cysub(x,nx2);
79          int xh = cyadd(x,nx2);

80          float sum = spin[idx(z,y,xl)] + spin[idx(z,y,xh)] +
                        spin[idx(z,yl,x)] +
                        spin[idx(z,yh,x)] + spin[idx(zl,y,x)] +
                        spin[idx(zh,y,x)];

81          float energy = 2.0f*sum*(float)spin[idx(z,y,x)];
82          if(energy <= 0.0f ||
              expf(-energy/temp) >= curand_uniform(&myState)) {
83                  spin[idx(z,y,x)] = -spin[idx(z,y,x)];
84          }
85      }
86      state[id] = myState;
87  }
```

示例 6.9 的说明

● 第 60～87 行：这是实现伊辛模型的 flip_spin 内核函数。采用棋盘方法，将最邻格用相反颜色的去更新黑白方格，更新的颜色取决于最后一个输入参数 colour 的值。其他参数还有随机数状态、自旋数组、维度以及变量 temp 中的伊辛温度。请注意，nx 是自旋数组 x 维度的一半。

■ 第 62～64 行：将 xt 和 y 设置为对自旋数组切片中的单个颜色进行索引。

- 第 67 行：声明一个 lambda 索引函数 idx 来索引自旋数组；注意 x 维度使用了 nx2。
- 第 69～70 行：这里定义两个额外的 lambda 函数，用于循环的加 1 或减 1。
- 第 72～73 行：这里使用循环算术方式去找到最近邻居的 y 索引。这些坐标与切片索引 z 不相关。
- 第 74～85 行：这是 z 向切片的循环，我们在这里完成所有工作；需要注意的是，对于我们的三维棋盘，白色和黑色方块的位置会根据 z 是偶数还是奇数而翻转。
- 第 75～79 行：在第 77 行中，我们根据当前线程的 y、z 和 colour 值确定其 x 坐标。其他行确定其在 x 和 z 方向上的最近邻格。
- 第 80 行：在这里，我们简单加上六个最近邻居的自旋。
- 第 81～83 行：在这里，我们实现了伊辛模型基于热力学的自旋翻转。

主程序在示例 6.10 中显示，这里使用 OpenCV 来实现模型的简单交互式可视化。

示例 6.10 三维伊辛模型主例程

```
90    int main(int argc,char *argv[])
91    {
92      std::random_device rd;   // many parameters here
93      int nx = (argc >1) ? atoi(argv[1]) : 256;   // image nx
94      int ny = (argc >2) ? atoi(argv[2]) : nx;    // image ny
95      int nz = (argc >3) ? atoi(argv[3]) : nx;    // image nz
96      llong seed = (argc >4) ? atoll(argv[4]) : rd(); // seed
97      seed = (seed > 0) ? seed : rd(); // random seed if 0
        ;// Ising temperature
98      double temp  = (argc >5)  ? atof(argv[5]) : 4.4
        // Ising iterations
99      int steps    = (argc >6)  ? atoi(argv[6]) : 100;
        // save result
100     int  dosave  =   (argc >7) ? atoi(argv[7]) : 1;
101     uint threadx = (argc >8)  ? atoi(argv[8]) : 32;
102     uint thready = (argc >9)  ? atoi(argv[9]) : 8;
        // view progress ?
103     uint view    = (argc >10) ? atoi(argv[10]) : 0;
        // ms delay per frame if viewing
104     uint wait    = (argc >11) ? atoi(argv[11]) : 0;

105     if(nx%2==1)   nx += 1; // force nx even
106     int nxby2   = nx/2;    // index for checkerboard
107     int volsize = nx*ny*nz;
108     int slice   = nx*ny;

109     double tc = 4.5115;  // critical temperature
110     double tstep = 0.2;  // temperature step for +/- key

111     // define thread blocks
112     dim3 threads ={threadx,thready,1};
113     dim3 blocks ={(nxby2+threads.x-1)/threads.x,
                     (ny+threads.y-1)/threads.y,1};
114     int statesize = blocks.x*blocks.y*blocks.z*
                     threads.x*threads.y*threads.z;
```

```
115   thrustDvec<char> dspin(volsize);  // dev  3D spins
116   thrustHvec<char> hspin(volsize);  // host 3D spins
117   thrustDvec<char> dslice(slice);   // x-y slice of
118   thrustHvec<char> hslice(slice);   // spin array

119   // openCV image
120   Mat view_image(ny,nx,CV_8UC1,Scalar(0));
121   if(view) namedWindow("Spins",WINDOW_NORMAL |
                WINDOW_KEEPRATIO | WINDOW_GUI_EXPANDED);

122   // per thread buffer for random generator state
123   curandState *dstates;
124   cx::ok( cudaMalloc((void **)&dstates,
                statesize*sizeof(curandState)) );

125   cx::timer tim;
126   setup_randstates<<<blocks,threads>>>
            (dstates,nxby2,ny,seed);
127   cudaDeviceSynchronize();
128   double state_time = tim.lap_ms()
129   init_spins<char><<<blocks,threads>>>
            (dstates, dspin.data().get(), nxby2, ny, nz);
130   cudaDeviceSynchronize();
131   double init_time = tim.lap_ms();

132   for(int k = 0; k<steps; k++){
          // white squares
133       flip_spins<char><<<blocks,threads>>>(dstates,
            dspin.data().get(), nxby2, ny, nz, temp, 0);
          // black squares
134       flip_spins<char><<<blocks,threads>>>(dstates,
            dspin.data().get(), nxby2, ny,nz, temp, 1);

135       if(view > 0 && (k%view==0 || k==steps-1)){
            // use thrust to copy one x-y slice to host
136         thrust::copy(dspin.begin()+slice*nz/2,
              dspin.begin()+(slice+slice*nz/2), hslice.begin());
137         for(int i=0;i<slice;i++) // copy to openCV
                    view_image.data[i] = hslice[i];
138         imshow("Spins", view_image);
139         char key = (waitKey(wait) & 0xFF); // mini event loop
140         if(key == ESC) break;
141         else if(key =='s'){
142           char name[256];
143           sprintf(name,"ising_%d_%.3f.png",k,temp);
144           imwrite(name, view_image);
145         }
146         else if(key== '+'){temp += tstep;
                printf("temp %.3f\n",temp);}
```

示例 6.10 的说明

● 第 92～104 行：在这里设置了大量可选参数，如下所示。

■ nx、ny 和 nz：自旋阵列的维度，这些应该是偶数。

■ seed：cuRAND 随机数生成器的初始种子。请注意，这里将 0 值的点选为真正的随机种子。

- `temp`：这是伊辛模型中的温度，在这里使用的单元系统的临界温度为 4.5115。

- `steps`：更新周期数所需要的步数。如果要使用交互式方式，则可以将这个值设置为非常大的数字。

- `dosave`：如果这个标示不是 0 的话，则最终数据将写入磁盘。

- `threadx` 和 `thready`：启动 flip_spins 内核函数的二维线程块维度。

- `view`：当这个值大于零的时候，将打开一个显示自旋数组的中心 z 切片状态的窗口。每次视图更新周期完成时，窗口都会更新。请注意，更新窗口相对耗时，因此如果你想检查早期的进化阶段，可以将视图设置为一个小数字（例如 1～10），如果你想检测渐近的行为，可以设置一更大的数字（例如 100）。

- `wait`：这是以毫秒为单位的暂停，用来等待用户在当前帧上进行输入。如果设置为大值（例如 5000），则可以按键盘上的任意键移动到下一帧。如果设置为较小的值（比如 50），则可以有效地观看视频流。

- 第 105～108 行：将 x 维度 nx 调整为偶数，并将 nxby2 设置为 nx 的一半。在某些情况下，变量 nxby2 在某些内核函数调用中被用作沿 x 轴的黑色或白色正方形的数量。

- 第 109 行：将 tc 设置为三维伊辛模型的临界温度。

- 第 110 行：将 tstep 设置为温度步长，使用 "+" 和 "−" 进行交互式命令。

- 第 112～113 行：设置主要内核函数的启动配置。

- 第 115～118 行：在主机和设备上为三维自旋数组和该数组的单个 x-y 切片分配 thrust 数组，后者用于显示目的。

- 第 120～121 行：创建一个 OpenCV Mat 对象 view_image 以保存单个自旋数组切片，如果设置了视图，则创建一个命名的显示窗口 Spins。

- 第 123～124 行：创建一个设备数组 dstates 以保存每个线程的 cuRAND 生成器状态。使用 curandState 类型会隐式选择 XORWOW 生成器，数组 statesize 的大小等于启动配置中的线程总数。

- 第 125～128 行：计时块，会调用内核函数 setup_randstates 来初始化生成器，变量 seed 是内核函数的一个参数。

- 第 129～131 行：定时块，调用 init_spins 初始化设备自旋数组 dspin。

- 第 132～150 行：这是一个实施伊辛模型的循环，自旋被测试并根据模型随机翻转，循环重复 steps 次。只要循环的前两行代码就可以实现模型，剩下的代码实现了进度的简单可视化。

  - 第 133～134 行：这里调用两次 flip_spins，白色块与黑色块各一次。

  - 第 135 行：如果要显示 for 循环当前步骤的内容，就会执行第 136～145 行中的代码，用户可调整 view 变量去控制视图显示的频率。

  - 第 136 行：用 thrust 将三维数组 dspin 的 x-y 切片复制到二维主机数组 hslice。

- 第 137 行：将 hslice 复制到 OpenCV Mat 对象 view_image。
- 第 138 行：使用 OpenCV 的 imshow 函数在命名为 Spins 的窗口显示复制的切片。
- 第 139 行：在 OpenCV 中调用 imshow 填充的窗口，只有在调用 waitKey 之后才能看见。在这里，用户可设置 wait 参数指定用户输入之前的等待时间（以 ms 为单位），0 值表示无限等待。按任何键此函数都会返回，返回值是所按键的相对应代码值。
- 第 140~148 行：这是一个小型的事件循环，针对按键采取不同的操作。行为如下：

ESC：（在 cx.h 中，转义键定义为 127）关闭窗口并退出程序。

s：将当前视图保存到 .png 文件中，名称中包含温度和步数。

+：升高温度。

−：降低温度。

c：将温度设置为临界温度。

- 第 151~159 行：这是伊辛模型模拟的结束，在这里我们输出计时信息，并可以选择将最终的自旋数组保存到磁盘，最终退出。

示例 6.10 结尾处显示的计时结果大约是每秒 4×10^{10} 次自旋，在 Nsight Compute 报告的计算性能约为 180 GFlop/s，虽然对 RTX 2070 GPU 来说还算不错，但也并不突出。内存延迟阻碍了性能的提高，因此如果使用向量加载的方式应该会有较好的预期效果。如果使用共享内存也可能改善性能，尽管每个自旋值最多被七个线程共享，因此本机缓存也可能同样有效。另一个可以提高内存访问局部性的优化方式，是对白色体素和黑色体素使用单独的三维数组。尽管如此，这个非常简单的代码足够快，允许对大型三维系统进行研究和可视化，并且帧率非常出色。模拟的一些结果如图 6.2 所示。

图 6.2 中所示的图像是模拟一个 $512 \times 512 \times 512$ 自旋体积的中心切片。在图 a 中显示了具有随机自旋的起始配置，图 b 显示了在 T_c+1 下经过 500 次迭代后的稳态，图 c 显示了 T_c 下经过 100 次迭代之后的稳态，图 d~h 显示了在 T_c-1 经过 5 次、20 次、50 次、100 次和 500 次迭代后的状态演变，其中 T_c 是值为 4.5115 的临界温度，+1 自旋显示为黑色，−1 自旋显示为白色。当温度为 T_c 及以上时的状态持续地波动，但没有形成结构。当温度为 T_c 以下时的状态发展出持续的类自旋簇，随着时间的推移而增长和合并。在这些星团上可以看到来自单个自旋翻转的热"噪声"，当我们从下面接近 T_c 时，这种噪声会增加。

最后是对可视化的评论，这里显示的 OpenCV 实现是低效的，因为在 PCI 总线上执行了多个逻辑上不必要的图像数据复制。一开始从 GPU 的 dspin 数组将切片数据复制到 hspin 数组，再复制到 OpenCV Mat 文件 view_image 这个主机数组，最后对 imshow 的调用会触发另一个数据副本，通过 PCI 总线返回到由 OpenCV 维护的单独 GPU 内存缓冲区。这些开销对于我们的例子来说并不重要，但对于要求更高的可视化来说可能很重要。

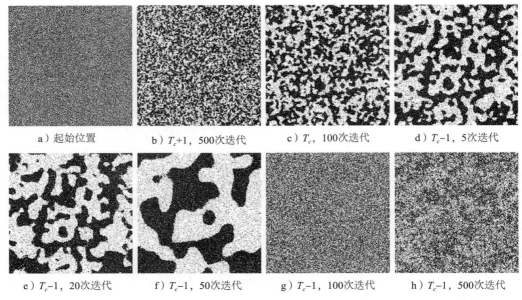

a）起始位置　　b）T_c+1，500次迭代　　c）T_c，100次迭代　　d）T_c-1，5次迭代

e）T_c-1，20次迭代　　f）T_c-1，50次迭代　　g）T_c-1，100次迭代　　h）T_c-1，500次迭代

图 6.2　显示 z 中心二维 x–y 切片的三维伊辛模型结果

对于可视化，OpenCV 的一个替代方案是使用 OpenGL，它从第一个版本开始就与 CUDA 很好地集成在一起。主要优势在于 CUDA 内核函数可以直接在 OpenGL 内存缓冲区上操作，不过生成的代码会非常冗长并且不透明，感兴趣的读者可以在《NVIDIA C++ 编程指南》第 3 章中找到更多信息。SDK 中的 volumeRender 示例是一个很好的研究对象，有趣的是，最新版本的 OpenCV 引入了与 thrust 良好交互的 GpuMat 对象，我们觉得这可能是新项目的更好选择[5]。

第 7 章将向你展示如何通过重叠运算来加快计算速度，然后在第 8 章我们回到随机数，并开发代码来模拟医学成像系统。

第 6 章尾注

1. 现代 PC 可以通过使用热噪声的特殊的硬件或其他硬件来生成真正的随机数。在 C++ 标准 \<random\> 库中已经提供 random_device 随机数生成器，如果有的话就使用这种源，但是 random_device 生成器非常慢，在实践中最好用于初始化其他随机数生成器。在实际的程序开发过程中通常不会使用真正的随机数，因为我们不可能重复一个序列去检查由一组特定生成的数字集合所产生的问题。

2. 我们也在 Windows 10 的 ubuntu 14.04.4 shell 下使用 gcc 4.8.4 运行这段代码，但是得到完全相反的行为，浮点版本大约需要 8.2 s，整数版本则需要大约 120 s。

3. 在编写多线程主机代码时，线程安全是一个重要的考虑因素。如果多个线程同时访问同一个函数实例，则许多函数可能会失败。一种解决方案是实现锁定和排队机制，以便一个资源同时间只能被一个线程使用。但是，这种排队的方式会破坏原本想通过让多个线程之间共享任务以达到加速的目的。然而这在 CUDA 代码中并不是一个大问题，因为可能被多个线程同时访问的资源（例如共享内存）是显式的，并且如 syncthreads( ) 之类的工具会提供帮助。不用说，CUDA 内置函数是线程安全的。

4. 在 cuRAND 中使用的许多对象，都有通过在实际名称后附加 "_t" 的 typedef 别名，例如 curandStateXORWOW_t。有些程序员使用 "_t" 表示一种类型而非对象，但对编译器没有影响。NVIDIA SDK 的 cuRand 示例大多遵循这个约定，但我更喜欢简洁，因此省略 _t。

5. 请参阅 https://docs.opencv.org/master/d8/db9/tutorial_gpu_thrust_interop.html。

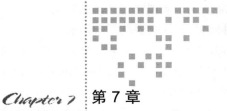

使用 CUDA 流和事件的并发

典型的 CUDA 工作流包括三个步骤：

1）使用 cudaMemcpy、cudaMemcpyAsync 或 thrust 将数据从主机传输到 GPU 全局内存。

2）运行一个或多个内核函数来处理数据，并将结果留在 GPU 内存中。

3）使用与 1）中相同的函数将 GPU 全局内存中的结果传输回主机。

这些步骤在 GPU 上按主机发送的顺序依次运行，每个进程必须在下一个进程开始之前完成。这当然是这个简单工作的唯一正确行为，但它会使 GPU 处理核心在 IO 操作期间处于空闲状态，反之亦然。

7.1　并发内核函数执行

事实上，现代 NVIDIA GPU 的硬件能够并行运行多个内核函数和数据传输，本章将解释如何使用 CUDA 流来释放这一潜力。受益于此的典型应用如下：

（1）对大量数据进行重复处理，例如，在长电影的每一帧运行图像处理过滤器。如果 GPU 内核函数可以处理第 n 帧，同时将第 $n-1$ 帧的结果发送回主机，第 $n+1$ 帧发送到 GPU，那就太好了。在理想的情况下，每个过程需要的时间大致相同，这样这种方案将使性能提高 3 倍。这是一个三步管道的例子。

（2）在同一 GPU 上同时运行内存限制的内核函数和处理器限制的内核函数。这对使用相同硬件为多个用户提供服务的计算机中心特别有帮助。最近的 GPU（如 Ampere）的硬件本机支持 GPU 资源共享。我们不需要在这里讨论这些细节，因为它们不会影响单个内核函数的编写方式。

　　我们已经讨论过在主机和 GPU 上并行运行代码的方法，利用了主机上的内核函数启动和调用 cudaMemcpyAsync 都是不阻塞的这个事实，这样就可以在主机与 GPU 上并行地完成数据传输与执行内核函数等有用的工作。前一章的示例 6.6 就是 cudaMemcpyAsync 的一个例子。

　　在 GPU 上并行运行多个工作负载的关键是使用 CUDA 流，一个 CUDA 流就是要串行完成的工作队列（即设备 IO 和内核函数）。然后，主机可以将独立工作的包发送到不同的 GPU 流，然后再并行运行这些工作流。在主机代码中，CUDA 流由 cudaStream_t 对象表示。启动内核函数，调用 cudaMemcpyAsync，可以在最后一个可选参数中包含一个 cudaStream 对象，将不同的工作放入不同的 cuda 流中。如果省略此参数或将其设置为 0，则将使用所谓的默认流。实际上，本书前面的大多数示例都隐含地使用了这个默认流。CUDA 流由主机创建和管理，最重要的函数如表 7.1 所示。

表 7.1　CUDA 流和事件管理函数

分类	函数	描述
流管理	cudaStreamCreate (cudaStream_t *pStream) cudaStreamSynchronize (cudaStream_t stream) cudaStreamQuery(cudaStream_t stream) cudaStreamDestroy(cudaStream_t stream)	创建一个新的异步流，并将句柄复制到 pstream 主机等待流中的所有当前任务完成 如果流上所有操作都已完成则返回 cuda-Success；否则返回 cudaErrorNotReady 删除流对象并释放资源
事件管理	cudaEventCreate(cudaEvent_t *event) cudaEventRecord(cudaEvent_t event, cudaStream_t stream) cudaEventElapsedTime(float *tdiff, cudaEvent_t start, cudaEvent_t end) cudaEventQuery(cudaEvent_t event) cudaEventSynchronize(cudaEvent_t event) cudaEventDestroy(cudaEvent_t event)	创建一个新事件将句柄复制 event 将事件放置在 streams 的 FIFO 工作队列的下一个位置。在队列完成插入点之前的所有工作之前，事件的状态将更改为未完成。然后，事件状态变为完成，完成时间记录在事件中 计算一对已完成事件的时间。结果以 ms 为单位存储在 tdiff 中，精度约为 0.5 μs 查询事件的状态，如果事件捕获到工作完成，返回 cudaSuccess；否则返回 cudaErrorNotReady 主机等待放置 event 的流到达 event 删除事件并释放资源
二者都有	cudaStreamWaitEvent(cudaStream_t stream, cudaEvent_t event, unsigned int flags)	阻止 stream 上的未来的工作，直到 event 报告完成。注意，stveam 不必是放置 event 的 CUDA 流。这对于流间同步非常有用。不会阻塞主机

　　CUDA API 会对每个流都会创建一个单独的工作队列，特定队列中的项目按 FIFO 顺序完成，它们的执行不会重叠。相比之下，不同队列中的操作是无序的，它们的执行可以

重叠。具体来说，现代 GPU 可以在一个流上支持从主机到设备（H2D）的并发 IO，在另一个流上支持设备到主机（D2H）的并发 IO 以及在其他流上执行多个内核函数。CUDA 事件（下文讨论）提供了管理多个流上的工作的工具，例如，允许一个流等待第二个流上的工作完成。

在先前的章节中我们已经看到，运行具有大量线程块的内核函数可能是有利的，因为这样硬件可以更好地隐藏内存延迟。通过不断地在内存需求可用时切换 warp 来实现这一点。实际上，GPU 还可以通过在不同的并发执行的内核函数之间切换 warp 来进一步提高延迟隐藏。例如，如果一个 CPU 限制的内核函数与一个内存限制的内核函数同时运行，那么两者的执行时间可能不会超过仅运行内存限制的内核函数的执行时间。NVIDIA GPU 硬件通常最多可以支持 32 个并发执行的内核函数，但为了节省资源，默认情况下将其减少到 8 个。可以使用环境变量 CUDA_DEVICE_MAX_CONNECTIONS 在运行时更改此数字，如示例 7.1 中所示。

使用 cudaStreamCreate 创建 CUDA 流，如下框中所示。

```
// create CUDA stream
cudaStream_t stream1;
cudaStreamCreate(&stream1);
```

创建了一个流对象后，我们可以通过在内核函数启动或 cudaMemcpyAsync 调用中将其用作参数来为其添加工作。

7.2 CUDA 管道示例

在示例 7.1 中的管道，我们考虑到主机有大量数据需要复制到 GPU 内存，然后由内核函数处理，最后将结果复制回主机。如果数据可以分成若干独立的子集（或帧），我们可以建立一个与上述情景（A）相对应的管道。处理视频帧是一个现实世界的例子，但在示例 7.1 中，我们只是使用 mashData 内核函数去独立地处理每个数据字，大小为 *N* 个字的大数据块可以分成 *F* 个单独的帧，每个帧的大小为 *N/F*。每个帧在单独的 CUDA 流上进行处理，以便在 GPU 上能重叠地处理不同流，进而提高速度。这样的代码允许用户尝试不同的 *N* 和 *F* 值去进行实验。检查代码是否正常工作的一种好方法是使用 NVIDIA Visual Profiler NVVP，在执行给定内核函数时显示在 GPU 上运行的所有进程的时间线。NVVP 将在第 10 章中更详细地讨论，并在 NVIDIA CUDA Profiler 用户指南中得到详细说明，这个指南是 SDK 文档集的一部分。以下讨论中包含了 NVVP 时间线示例。

请注意，这个示例中优化与我们之前讨论的主机计算与 GPU 处理的重叠优化不同。如果有用的额外主机工作需要执行，那么可以将该优化添加到这个示例中。

示例 7.1　管道数据处理

```
01  #include "cx.h"
02  #include "cxtimers.h"
03  #include "helper_math.h"
    . . .
08  __global__ void mashData(cr_Ptr<float> a, r_Ptr<float>,
                    uint asize, int ktime)
09  {
10    int id =      blockDim.x*blockIdx.x + threadIdx.x;
11    int stride = blockDim.x*gridDim.x;
12    for (int k = id; k<asize; k+=stride) {
13      float sum = 0.0f;
14      for (int m = 0; m < ktime; m++) {
15        sum += sqrtf(a[k]*a[k]+
                (float)(threadIdx.x%32)+(float)m);
16      }
17      b[k] = sum;
18    }
19  }

20  int main(int argc, char *argv[])
21  {
22    int blocks  = (argc >1) ? atoi(argv[1]) : 256;
23    int threads = (argc >2) ? atoi(argv[2]) : 256;
24    uint dsize  = (argc >3) ? 1 << atoi(argv[3]) :
                            1 << 28;  // data size
25    int frames  = (argc >4) ? atoi(argv[4]) : 16; // frames
26    int  ktime  = (argc >5) ? atoi(argv[5]) : 60; // workload
                            // max connections
27    int maxcon  = (argc >6) ? atoi(argv[6]) : 8;
28    uint fsize = dsize / frames;  // frame size

29    if (maxcon > 0) {
30      char set_maxconnect[256];
31      sprintf(set_maxconnect,
              "CUDA_DEVICE_MAX_CONNECTIONS=%d", maxcon);
32      _putenv(set_maxconnect);
33    }
34    thrustHvecPin<float>  host(dsize); // host data buffer
35    thrustDvec<float>   dev_in(dsize); // dev input buffer
36    thrustDvec<float>  dev_out(dsize); // dev output buffer
37    for (uint k = 0; k < dsize; k++) host[k] =
                            (float)(k%77)*sqrt(2.0);

      // buffer for stream objects
38    thrustHvec<cudaStream_t> streams(frames);
39    for (int i = 0; i < frames; i++)
                    cudaStreamCreate(&streams[i]);

40    float *hptr    = host.data();  // copy H2D
41    float *in_ptr  = dev_in.data().get();  // pointers
42    float *out_ptr = dev_out.data().get(); // used in loop

43    cx::timer tim;
44    // data transfers & kernel launch in each async stream
45    for (int f=0; f<frames; f++) {
46      if(maxcon > 0) {  // here for multiple async streams
```

```
47        cudaMemcpyAsync(in_ptr, hptr, sizeof(float)*fsize,
              cudaMemcpyHostToDevice, streams[f]);
48        if(ktime > 0)
            mashData<<<blocks,threads,0,streams[f]>>>
                        (in_ptr, out_ptr, fsize, ktime);
49        cudaMemcpyAsync(hptr, out_ptr, sizeof(float)*fsize,
              cudaMemcpyDeviceToHost, streams[f]);
50      }
51      else {  // here for single synchronous default stream
52        cudaMemcpyAsync(in_ptr, hptr, sizeof(float)*fsize,
              cudaMemcpyHostToDevice, 0);
53        if(ktime > 0)mashData<<<blocks,threads,0,0>>>
                          (in_ptr, out_ptr, fsize, ktime);
54        cudaMemcpyAsync(hptr, out_ptr, sizeof(float)*fsize,
              cudaMemcpyDeviceToHost, 0);
55      }
56      hptr    += fsize;  // point to next frame
57      in_ptr  += fsize;
58      out_ptr += fsize;
59    }
60    cudaDeviceSynchronize();
61    double t1 = tim.lap_ms(); printf("time %.3f ms\n",t1);

62    . . . // continue host calculations here

63    std::atexit( []{cudaDeviceReset();} )
64    return 0;
65  }

D:\ >pipeline.exe 256 256 28 1 60 0
time 229.735 ms
D:\ >pipeline.exe 256 256 28 8 60 8
time 122.105 ms
```

示例 7.1 的说明

- 第 8～19 行：这里定义了 mashdata 内核函数，使用线程线性寻址对输入数组 a 的每个元素执行一些 GPU 计算，并将结果存储在输出数组 b 中。数组的大小由第三个参数 asize 给定。第 13～16 行中的实际计算并没有什么意义，但模拟了实际计算，所需时间与输入参数 ktime 成比例。我们可以使用 ktime 来改变内核函数和 IO 操作所需的相对时间。

- 第 22～28 行：在主例程开始时设置一些控制计算的参数，可以从用户提供的命令行值设置，也可以使用默认值。变量 blocks 和 threads 是所有内核函数启动的常用配置参数。第三个变量 dsize 是用于计算的数据集的完整大小，指定为 2 的幂。为了进行处理，将整个数据集划成多个由变量 frames 指定的大小相等的帧，这个变量也是 2 的幂。每个帧的大小在第 28 行计算，然后存储在 fsize 中。参数 ktime 控制 mashdata 内核函数的执行时间，最后一个参数 maxcon 控制 CUDA 的连接数量，我们约定，如果 maxcon≤0，则默认流用于所有工作，但环境变量 CUDA_DEVICE_MAX_CONNECTIONS 不会更改，允许进行基线性能测量。

- 第 29～33 行：配置用于并行处理多个流的 CUDA 连接数，默认值是 8。但 Turing GPU 可以增加到 64，早期版本可以增加到 32。这是通过将 maxcon 或本地环境变量 CUDA_DEVICE_MAX_CONNECTIONS 设置为所需数字来实现的。第 31 行创建了适当的文本字符串（适用于 Windows），并在第 32 行中作为系统函数 _putenv() 的参数。只有当 maxcon > 0 时才会执行这部分代码。
- 第 34～36 行：使用 thrust 向量作为容器，为主机和 GPU 上的工作数据集分配所需的内存缓冲区。请注意，主机向量 host 是使用固定内存创建的，这是主机和 GPU 之间任何异步数据传输的必要条件。固定内存还允许主机和 GPU 之间进行更快的数据传输。
- 第 37 行：用任意数值填充主机数据缓冲区 data。
- 第 38～39 行：创建并初始化一组用来保存 CUDA 流的 thrust 容器数组 stream，每个流对应一个帧。在 CUDA 中，通常需要单独的步骤来执行声明和初始化。
- 第 40～42 行：将指针复制到数据缓冲区的起始位置。这些指针在处理循环中递增，为每一帧选择连续的数据部分。
- 第 43 行：启动代码的计时部分。
- 第 45～59 行：这里执行内核函数的实际工作，从帧上的 for 循环开始，根据 maxcon 的值，每个帧 f 将执行第 46～58 行或第 51～53 行中的代码。请注意，由于整个过程都要使用 cudaMemcpyAsync，所以这个循环的所有传递都在主机上执行，不会有任何延迟，所有工作都会立即在 CUDA 流上排队。
- 第 47～49 行：当 maxcon>0 时，执行此由三条语句组成的代码块，并将工作发送到 CUDA 流的 stream[f]。
  - 第 47 行：使用 cudaMemcpyAsy 将此数据帧从主机传输到 GPU。
  - 第 48 行：启动 mashupdata 内核函数以处理数据，并将所需的流指定为启动配置中的第四个参数。
  - 第 49 行：这使用 cudaMemcpyAsy 将帧 f 的结果传输回主机。请注意，这个传输会覆盖该帧的主机数组 data 的原始内容。

请注意，这组语句在特定流上按顺序运行，使用 cudaMemcpyAsync 允许 GPU 上不同流可以重叠操作，不一定非得在同一个流。

- 第 52～54 行：与第 47～49 行相同，但对所有帧使用默认流，适用于 maxcon≤0 情况。尽管调用 cudaMemcpyAsyc 在主机上仍然不会阻塞，但我们预计在 GPU 上不会出现异步行为。
- 第 56～58 行：在这里递增所有的数据指针，以指向下一帧。
- 第 60 行：在这里调用 cudaDeviceSynchronize，使主机等待所有流的工作都完成之后，才能继续往下执行。这对于计时目的以及主机能够使用从 GPU 复制的结果是必要的。请注意，只调用简单的同步 cudaMemcpy 会造成阻塞，并且这种调用是不必要的。如果使用异步 GPU 操作，必须更加小心地处理显式同步。

- 第 61 行：在这里输出处理所需的时间。只有使用 NVVP 这样的分析工具，才能研究代码中真正有趣的特性。
- 第 62 行：这是一个占位符，指示现在主机数组 data 中的结果可以被进一步处理或写入磁盘。
- 第 63 行：这是程序的结尾，我们需要"清理"以释放执行期间所分配的任何资源。

本例末尾的计时结果显示，在默认流（maxcon=0）和八个流（maxcon=8）上运行所有工作，存在 2 倍的性能差异。

第 63 行的复杂性有个有趣的解释，在继续讨论结果之前，我们将在下一节作为一个小的插曲来解释。

7.3 thrust 与 cudaDeviceReset

在 C++ 程序（以及其他地方）结束时进行整理总是有点烦琐，并且容易忘记。这就是我们使用 thrust 作为主机和设备数组的容器类的原因——内存分配会在退出时自动释放。但是还需要释放其他已分配的 CUDA 资源。在简单情况下，你可以依赖操作系统在退出 CUDA 程序后进行清理，但这始终不是一个好习惯。这里我们打算使用一个分析工具，在退出程序之前调用 cudaDeviceReset，以便让性能分析器获取正确的信息。我们执行这么复杂操作的原因与我们发现 thrust 和 cudaDeviceReset 之间存在不兼容性有关。

在 cudaDeviceReset 和 thrust 向量之间的不兼容性表现为，默认情况下，在程序中包括 cudaDeviceReset 的所有语句都被执行完后，thrust 的析构函数将在程序退出时运行。这意味着设备已被重置，因此原始进行设备内存分配的上下文已丢失。（在 Windows 系统上）在退出阶段隐式调用析构函数时，程序会崩溃。这种崩溃反过来会导致 NVVP 完全失败——这很讽刺，因为我们使用 cudaDeviceReset 是为了改善 NVVP 的报告。幸运的是，有种方案可以解决 thrust 和 cudaDeviceReset 之间明显的不兼容性，就是在 main 退出和析构函数的任何隐式调用后使用 C++11 的 atexit 函数，将 cudaDeviceReset 的调用移到操作系统清理的最后一步。

atexit 函数接受一个参数，该参数是一个指向在退出时要运行的函数的指针。在第 63 行，我们为匿名的 C++11 lambda 函数提供了

```
[]{ cudaDeviceReset(); }
```

作为参数，这为不兼容问题提供了一个很好的解决方案。事实上，atexit 函数可以放在代码中的任何位置，但这种情况下将其放在 exit 之前是自然的选择。

7.4　管道示例的结果

在示例 7.1 底部输出了运行管道示例的一些结果，这个程序已经在 RTX 2070 上运行多次，其中 blocks 和 threads 都设置为 256、dsize 设置为 2^{28}（1 GB 的浮点数据）、ktime 设置为 60。结果显示，在默认流 frames=1 与 frames=8 完成相同任务的时间分别为 230 ms 和 122 ms，当 frames = 8 时能得到 2 倍左右的改善。在先前的计时测试中，我们发现固定主机内存的 PCI 总线传输速率约为 11.5 GB/s，因此我们预计将 1 GB 数据从主机传输到 GPU 然后再传回主机大约需要 175 ms。由于 8 帧的运行总时间只有 130 ms，证实了双向 IO 和 GPU 计算都有重叠。

通过使用 NVVP 运行 pipeline 并获得实际 CUDA 时间线，来获得更多的见解。图 7.1 显示了程序在四次不同 ktime 和 frames 值所运行的时间线。第一次运行（图 7.1a）使用一个帧和默认流以设置我们的基准性能，其余三次运行（图 7.1b~d）分别使用 frames = 8 和 ktime = 60、1 或 400。这三个 ktime 值所给出的 GPU 计算时间，大致与 ktime=60 时的单向 IO 时间相近，远小于 ktime = 1 的 IO 时间，并且远大于 ktime = 400 的 IO 时间。

在图的每个部分中，NVVP 显示了三条时间线，一个用于从主机到设备的 IO（H2D），一个用于从设备到主机的 IO（D2H），还有一个用于内核函数计算，然后这些时间线都显示两次：一次在顶部，这三个活动流都有一行在所有流上求和的代码；另一次在底部，每个流都有一行显示每个活动发生在各个流中的时间。对于使用默认流和 frames = 1 的第一种情况（图 7.1a）中，底部集合只有一行显示，而在另外三种使用 8 个流的情况（图 7.1b~d）中则有八行显示。（请注意，尽管我们用 0~7 为这些流的句柄编制索引，但在图中被称为流 14~21）

图 7.1a 表示默认流，显示了为单个帧数据处理的情况。在 3 个步骤之间没有重叠，而 ktime = 60 所需的总时间约为 230 ms，等于各个步骤的时间总和。

图 7.1b 显示了在使用 8 帧和 8 个流处理相同数据时的结果。大部分时间里，管道的三个步骤都在不同流上重叠，所需的总时间减少到 125 ms 左右。请注意，除了在开始和结束的时候，数据在主机和 GPU 之间双向持续传输。因此，内核函数计算实际上是"免费的"。使用 16 个帧（未显示）可以将总运行时间进一步减少到 115 ms 左右。

图 7.1c 显示了 ktime=1 时的时间线。现在内核函数时间几乎可以忽略不计，但运行时间略微减少到 116 ms 左右。除了首尾帧之外，H2D 和 D2H IO 仍然重叠。

图 7.1d 的内核函数时间比传输 1 帧的时间长得多，因此我们可以看到，尽管 H2D 传输没有间隙，但在它们完成和相关内核函数启动之间存在越来越大的延迟。我们还注意到，现在时间线上有两个内核函数同时运行。在默认流上运行计算时，大约需要 500 ms，而在单独流上运行 32 帧大约需要 315 ms，在这种情况下 IO 时间几乎是"空闲"的。

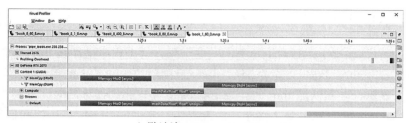

a）默认流，frames=1，ktime=60

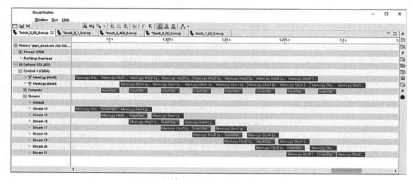

b）8个流，frames=8，ktime=60

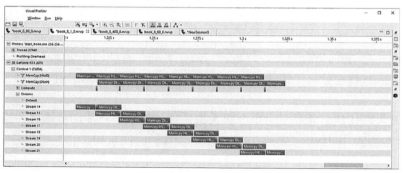

c）8个流，frames=8，ktime=1

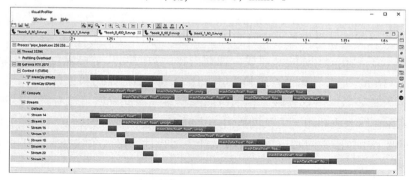

d）8个流，frames=8，ktime=400

图 7.1　使用 NVVP 生成的三步管道代码的时间线

7.5　CUDA 事件

CUDA 事件是一个具有两种可能状态的对象：已完成和未完成。CUDA 事件对象的类型为 cudaEvent_t，并使用 cudaEventCreate 创建，如下框中所示。

```
cudaEvent_t event1;
cudaEventCreate(&event1);
```

创建 CUDA 事件时会同时完成其初始状态设置，可以使用 cudaEventQuery(event1) 查询事件的后续状态；如果事件已完成则返回 cudaSuccess ；如果事件尚未完成返回 cudaErrorNotReady。[1] 在主机上调用 cudaEventQuery 是非阻塞的。

主机程序可以使用 cudaEventRecord 函数，在内核函数执行和 / 或内存复制操作之间，将 CUDA 事件插入到 CUDA 流中。例如：

```
cudaEventRecord(event1);
或
cudaEventRecord(event2,stream3;
```

如果省略流参数或将其设置为 0，则将使用默认流。与内核函数启动一样，在主机上调用 cudaEventRecord 是非阻塞的，通常放置事件的流需要一段时间才能赶上并处理记录指令，事件在此期间的状态是未完成。主机可以使用 cudaEventQuerey(event) 来监控进度，当相关流中事件先前所有的挂起操作都已完成后，事件的状态会改回已完成，并将花费时间存储在事件中。主机代码还可以使用 cudaEventSynchronise(event) 来等待特定事件的完成。注意，虽然这在主机上的调用是阻塞的，但不会影响任何 CUDA 活动流上的操作，因此它相比 cudaDeviceSynchronize( ) 或 cudaStreamSynchronize( ) 而言是更好的选择。无法直接访问已完成事件中所占用的时间，但可以使用 cudaEventElapsedTime 来查找两个已完成事件中所保存时间的差异。

示例 7.2 和 7.3 中探讨了 CUDA 事件与流之间的相互作用。在示例 7.2 中，我们重复使用 mashData 内核函数，以显示如何在主机上使用传统的 C++ 定时器与 CUDA 事件来测量内核函数的执行时间。然后在示例 7.3 中，我们展示了在尝试对多个异步流上事件进行计时可能出现的一些复杂情况。示例 7.2 只显示了主程序的部分内容，缺失的代码与示例 7.1 类似。

示例 7.2　显示在默认流中使用 CUDA 事件的 event1 程序

```
      . . .
      // kt1 & kt2 control kernel execution times
25    int kt1 = (argc >4) ? atoi(argv[4]) : 100;
26    int kt2 = (argc >5) ? atoi(argv[5]) : kt1;

27    thrustHvecPin<float> host(dsize);
28    thrustDvec<float>    dev_in(dsize);
29    thrustDvec<float>    dev_out(dsize);
30    for(int k=0; k<dsize; k++) host[k] =
                      (float)(k%77)*sqrt(2.0);
31    dev_in = host;    // copy H2D
```

```
32      // run kernel twice timing with host timers
33      cx::timer tim;
34      mashData<<<blocks,threads>>>(dev_in.data().get(),
                      dev_out.data().get(), dsize, kt1);
35      cudaDeviceSynchronize();  // wait
36      double host_t1 = tim.lap_ms();
37      mashData<<<blocks,threads>>>(dev_out.data().get(),
                      dev_in.data().get(), dsize, kt2);
38      cudaDeviceSynchronize();  // blocks host
39      double host_t2 = tim.lap_ms();

        // now repeat using CUDA event timers
40      cudaEvent_t start1; cudaEventCreate(&start1);
        // need two events for each time measurement
41      cudaEvent_t stop1;  cudaEventCreate(&stop1);
42      cudaEvent_t start2; cudaEventCreate(&start2);
43      cudaEvent_t stop2;  cudaEventCreate(&stop2);

44      cudaEventRecord(start1);  //time at first launch
45      mashData<<<blocks,threads>>>(dev_in.data().get(),
                      dev_out.data().get(), dsize, kt1);
46      cudaEventRecord(stop1);    //time at first finish
47      cudaEventRecord(start2);   //time at second launch
48      mashData<<<blocks,threads>>>(dev_out.data().get(),
                      dev_in.data().get(), dsize, kt2);
49      cudaEventRecord(stop2);   //time at second finish

50      . . . // extra asynchronous host work possible here

        // after this sync the event based timers are ready
51      cudaEventSynchronize(stop2);

52      float event_t1 = 0.0f;
53      float event_t2 = 0.0f;
        // times for first & seconds kernel runs
54      cudaEventElapsedTime(&event_t1,start1,stop1);
55      cudaEventElapsedTime(&event_t2,start2,stop2);
56      float diff = host_t1 + host_t2 - event_t1- event_t2;

57      printf("times %.3f %.3f %.3f %.3f diff %.3f ms\n",
                host_t1,host_t2,event_t1,event_t2,diff);
        . . .
D:\ >event1.exe 256 256 26 10 10
times 3.462 3.462 3.387 3.380 diff 0.157 ms
```

示例 7.2 的说明

- 第 25~26 行：设置用户定义的参数 kt1 和 kt2，用于控制内核函数的核执行次数；其他参数与示例 7.1 相同。
- 第 27~31 行：声明并初始化数据缓冲区，如示例 7.1 所示。
- 第 33~39 行：运行示例 7.1 中的 mashData 内核函数两次，使用 cx 计时器例程来测量每次内核函数的运行时间。
  - 第 33 行：声明 cx 计时器 tim，构造函数将计时器初始化为当前时间。
  - 第 34 行：使用次数控制参数 kt1 运行 mashData 内核函数。

- 第 35 行：执行 cudaDeviceSynchronize，以便主机等待所有挂起的 CUDA 工作完成。在这种情况下，只有第 34 行中的内核函数处于挂起状态。
- 第 36 行：在变量 host_t1 中存储初始化或上次重置 tim 后经过的时间，这也会重置计时器。
- 第 37 行：使用次数控制参数 kt2 再次运行内核函数 mashData。
- 第 38～39 行：等待第二个内核函数完成，并将运行时间存储在 host_t2 中。
- 第 40～55 行：这是使用 CUDA 事件计时的双核函数的另一个版本；这种方式更为详细，但不使用 cudaDeviceSynchronize。
  - 第 40～43 行：声明并初始化 start1 和 start2 以及 stop1 和 stop2 这 4 个 CUDA 事件；这些将用于测量运行两个内核函数所需的时间间隔。
  - 第 44 行：将 start1 的 cudaEventRecord 放在默认的 CUDA 工作流中。
  - 第 45 行：运行 mashData 内核函数。
  - 第 46 行：将 stop1 的 cudaEventRecord 放在默认的 CUDA 工作流中。
  - 第 47～49 行：这些与 45～47 行相同，但使用事件 start2 和 stop2 来计算 mashdata 内核函数的第二次运行时间。请注意，在第 38 行和这一点之间没有主机阻塞指令。
  - 第 50 行：这是一个占位符，在代码的这一点上，可以执行额外的主机工作，这些工作将与第 45 行和第 48 行中启动的内核函数异步运行。
  - 第 51 行：此时，所有异步工作都已添加到默认的 CUDA 流中，并且所有额外的主机工作都已完成，因此我们重新同步主机和 GPU 的操作，为 stop2 事件发出 cudaEventSynchronise。主机将被阻止，直到 CUDA 流到达 stop2 事件。我们选择 stop2 是因为它是最后一个插入默认流中的事件；这样，我们就可以确信它与该流中所有的任务都已经完成。请注意，主机只有在 CUDA 默认流中会被阻塞，其他活动 CUDA 流中的任何工作都将异步地继续。这与 cudaDeviceSynchronize 不同，后者会阻塞主机，直到所有 CUDA 流的工作完成。
  - 第 52～55 行：在这里，我们使用 cudaEventElapsedTime 来存储 event_t1 和 event_t2 中的 stop1-start1 和 stop2-start2 时间差，从而找到两个内核函数的执行时间，单位为 ms。
- 第 56 行：计算第一组和第二组定时测量值之间的差值。
- 第 57 行：输出测量时间。

示例 7.2 底部显示的 3.4 ms 左右的结果，是一个典型的内核函数的运行时间。这种情况下使用 CUDA 事件进行计时，始终比需要 cudaDeviceSynchronize() 的主机计时器快 0.15ms 左右。尽管差异很小，但非常有趣，这表明 cudaDeviceSynchronize() 具有很大的开销，而使用 CUDA 事件可以提供更准确的内核计时。在更复杂的情况下会需要使用多个 CUDA 流，这时 cudaDeviceSynchonize() 将阻塞主机的进程，直到所有活动流完成工作，而 CUDA 流允许主机等待单个流上的特定点。

最后一点在示例 7.3 中得到验证，这是用先前示例去修改的，在两个不同 CUDA 流上运行两个内核函数，而不是在默认流上同时运行两个内核函数。

示例 7.3 使用多个流的 CUDA 事件的 event2 程序

```
. . .
25  int kt1   =   (argc >4) ? atoi(argv[4]) : 100;
26  int kt2 =     (argc >5) ? atoi(argv[5]) : kt1;
27  int sync =    (argc >6) ? atoi(argv[6]) : 0;

28  // allocate sets of buffers for two CUDA stream
29  thrustHvecPin<float> host1(dsize);
30  thrustDvec<float>    dev_in1(dsize);
31  thrustDvec<float>    dev_out1(dsize);
32  thrustHvecPin<float> host2(dsize);
33  thrustDvec<float>    dev_in2(dsize);
34  thrustDvec<float>    dev_out2(dsize);

    // create two CUDA streams
35  cudaStream_t s1;  cudaStreamCreate(&s1);
36  cudaStream_t s2;  cudaStreamCreate(&s2);

37  // initialise buffers
38  for(uint k=0; k<dsize; k++) host2[k] = host1[k] =
                    (float)(k%77)*sqrt(2.0);
39  dev_in1 = host1;  dev_in2 = host2;  // H2D transfers

40  // test1: run kernels sequentially on s1 and s2 and
    // time each kernel using the host-blocking timers
    // host_t1 and host_t2
42  cx::timer tim;
43  mashData<<<blocks,threads,0,s1>>>(dev_in1.data().get(),
                dev_out1.data().get(), dsize, kt1);
44  cudaStreamSynchronize(s1);  // blocking on s1 only
45  double host_t1 = tim.lap_ms();
46  mashData<<<blocks,threads,0,s2>>>(dev_in2.data().get(),
                dev_out2.data().get(), dsize, kt2);
47  cudaStreamSynchronize(s2); // blocking on s2 only
48  double host_t2 = tim.lap_ms(); // both kernels done

49  // test2: run kernels asynchronously and measure
    // combined time host_t3
50  mashData<<<blocks,threads,0,s1>>>(dev_in1.data().get(),
                dev_out1.data().get(), dsize, kt1);
51  mashData<<<blocks,threads,0,s2>>>(dev_in2.data().get(),
                dev_out2.data().get(), dsize, kt2);
52  cudaDeviceSynchronize();    // wait for all steams
53  double host_t3 = tim.lap_ms();

54  // test3: create CUDA events for GPU based timing of
     asynchronous kernels
55  cudaEvent_t start1; cudaEventCreate(&start1);
56  cudaEvent_t stop1;  cudaEventCreate(&stop1);
57  cudaEvent_t start2; cudaEventCreate(&start2);
58  cudaEvent_t stop2;  cudaEventCreate(&stop2);

59  // test3: launch and time asynchronous kernels
    // using CUDA events
```

```
60    cudaEventRecord(start1,s1);
61    mashData<<<blocks,threads,0,s1>>>(dev_in1.data().get(),
                   dev_out1.data().get(), dsize, kt1);
62    cudaEventRecord(stop1,s1);
      // optional pause in s2
63    if(sync != 0) cudaStreamWaitEvent(s2,stop1,0);

64    cudaEventRecord(start2,s2);
65    mashData<<<blocks,threads,0,s2>>>(dev_in2.data().get(),
                   dev_out2.data().get(), dsize, kt2);
66    cudaEventRecord(stop2,s2);
67    // all work now added to CUDA streams

68    cudaEventSynchronize(stop1); // wait for s1
69    float event_t1 = 0.0f;
70    cudaEventElapsedTime(&event_t1, start1, stop1);
71    cudaEventSynchronize(stop2); // wait for s2
72    float event_t2 = 0.0f;
73    cudaEventElapsedTime(&event_t2, start2, stop2);

74    float hsum = host_t1+host_t2;
      float hdiff = hsum-host_t3;
75    printf("host : ht1+ht2 %.3f ht3 %.3f diff %.3f\n",
                                hsum,host_t3,hdiff);
76    float esum = event_t1+event_t2;
      float ediff = esum-host_t3;
77    printf("event: et1+et2 %.3f et1 %.3f et2 %.3f
          diff %.3f ms\n",esum,event_t1,event_t2,ediff);
      . . .

>event2.exe 256 256 28 1000 1000 0      (sync is set to 0)
host : ht1+ht2 1542.569 ht3 1416.593 diff 125.975
event: et1+et2 2211.594 et1 805.213 et2 1406.381 diff 795.001 ms

>event2.exe 256 256 28 1000 1000 1      (sync is set to 1)
host : ht1+ht2 1533.053 ht3 1409.700 diff 123.353
event: et1+et2 1534.690 et1 767.489 et2 767.200 diff 124.989 ms
```

示例 7.3 中展示三种不同测量内核函数运行时间的策略，前两种在主机上，第三种在 GPU 上使用事件。第一种主机方法，在每次内核函数启动后立即使用 cudaStream-Synchronize，以便这两个内核函数能按顺序运行，尽管在不同的流上。第二种主机方法，在启动两个内核函数之后使用单个 cudaDeviceSynchronize。如果两个内核函数的执行有任何重叠，我们预计第二种方法测量的时间会小于第一种方法测量的时间。最后，第三种方法使用 CUDA 事件而不是主机计时器来测量两个异步内核函数的运行时间。为了显示 cudaStreamWaitEvent 的效果，在两次调用 cudaEventRecord 之间的第 63 行有一个对这个函数的可选调用，两组结果显示它的效果。

示例 7.3 的说明

- 第 25~27 行：获取用户可设置的参数。与前面的一样，kt1 和 kt2 控制 mashData 内核函数的执行次数，并且在第 27 行中设置了一个新参数 dosync，用来控制第 57 行中的 cudaStreamWaitEvent 语句。

- 第 28～34 行：为主机与内核函数代码分配数据缓冲区。请注意，我们使用两组缓冲区，每个内核函数启动一组。在这个程序中，缓冲区共享是个坏主意，因为内核函数现在是异步的，其执行可能发生重叠。请注意，在前面的示例 7.2 中，我们确信内核函数将按顺序运行，因此我们可以在两次内核函数启动中使用相同的缓冲区。
- 第 35～36 行：创建并初始化 s1 和 s2 这两个 CUDA 流。
- 第 38～39 行：初始化主机缓冲区并将其复制到设备输入缓冲区。
- 第 42 行：初始化并启动主机 cx 定时器 time。
- 第 43～48 行：计算两个内核函数在单独的 CUDA 流 s1 与 s2 的启动时间。在第 44 行和第 47 行使用 cudaStreamSynchronize 意味着主机将在第 44 行等待，直到第一个内核函数启动完成，于是这两个内核函数会按顺序运行，因此测量的时间就可能反映实际的内核函数执行时间。这实现了我们的第一个主机计时方法。
  - 第 43 行：使用第一组缓冲区在 CUDA 流 s1 中启动 mashData 内核函数。
  - 第 44～45 行：等待 s1 中所有挂起的工作完成，将花费的时间存储在 host_t1 中。
  - 第 45～47 行：使用第二组缓冲区在流 s2 上启动 mashData 内核函数，使用第二个 cudaStreamSynchronize 等待完成，然后将花费的时间存储在 host_t2 中。
- 第 49～53 行：在 CUDA 流 s1 与流 s2 中重复启动内核函数，但现在不去调用 cudaStreamSynchronize，现在两个内核函数可以在 GPU 上同时执行。如果真的发生了这种情况，我们预计完成两次执行的测量时间 host_t3，将小于按顺序运行的 host_t1 和 host_t2 之总和。请注意，我们在第 52 行使用 cudaDeviceSynchronize 来确保在第 53 行测量 host_t3 之前，所有流中挂起的工作都已完成。这实现了我们第二个主机计时方法。
- 第 54～66 行：在这一段代码中，我们使用 CUDA 事件而不是基于主机的计时器来实现第三种计时方法。
  - 第 55～58 行：声明并创建两个流的 start 和 stop 事件。
  - 第 60～62 行：在流 s1 中运行 mashData 内核函数，其中包括为事件 start1 和 stop1 调用 cudaEventRecord，这些事件所记录的时间差异就是运行内核函数所花费的时间。
  - 第 63 行：这里调用 cudaStreamWaitEvent 去阻止流 s2 的活动，直到流 s1 上挂起的事件 stop1 完成。这个调用取决于用户可设置的参数 sync，如果进行这项调用，我们预计在 s1 上的所有工作完成之前不对流 s2 执行任何操作，因此两个内核函数是按照顺序去执行的，这样就与第一种基于主机的计时方法相同。
  - 第 64～66 行：与第 60～62 行相同，在流 s2 中运行内核函数，包括为事件 start2 和 stop2 调用 cudaEventRecord。

如果没有调用 cudaStreamWaitEvent，那么第 64 行的 start2 事件将在流 s2 中立即完成，但下一行启动的 mashData 内核函数，可能要到稍后的某个时间才能在 s2 上开始运行，因为 GPU 已被先前在流 s1 上添加的工作完全占用。因此，start2 和 stop2 的时间间隔可能大于 s2 上内核函数的运行时间。当多个流处于活动状态时，使用 CUDA 事件进行计时始终存在一个潜在的陷阱。调用 cudaStreamWaitEvent 可以解决这个问题，因为它会强制流 s1 和 s2 中的步骤按顺序运行，而不是异步运行。然而，这并没有给我们提供关于异步情况下的任何计时信息。

- 第 68～73 行：这里使用 start 和 stop 事件中记录的计时信息。请注意，第 54～66 行中的语句在主机上不会阻塞；为了确保所有事件在尝试使用 cudaEventElapsedTime 之前，已经被正确记录，我们在第 68 行和第 71 行中使用了 cudaEventSynchronize。
- 第 74～77 行：在这里我们输出结果；图的底部显示了两组示例结果。

示例 7.3 末尾所示的计时结果分别对应调用与不调用 cudaStreamWaitEvent（上面第 63 行）的情况下运行 event2。在第一种情况（无等待）下，ht3 和 et2 都是两个内核函数重叠执行的净时间。在第二种情况下，et1 和 et2 分别测量没有重叠的独立内核函数的执行时间。因此，et1+et2 与 ht1+ht2 的值大致相同，两者都表示执行两个不重叠内核函数所需要的时间。在 GPU 上同时运行两个内核实例的 mashData 内核函数，可以提供大约 8% 的加速。

为了更清楚地说明这一点，图 7.2 显示了使用 NVVP 获得的两种情况的时间线。

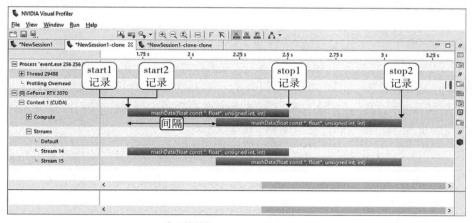

a）不调用 cudaStreamWaitEvent

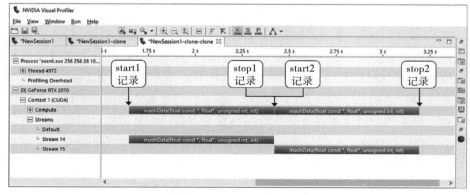

b）调用 cudaStreamWaitEvent

图 7.2 event2 程序的 NVVP 时间线

cudaStreamWaitEvent 只是用于管理多个 CUDA 流的活动的众多函数之一，这些流可能分布在多个 GPU 上。表 7.1 中显示了其中一些函数，而 CUDA Runtime API 参考手册包含 5.4 节中流管理和 5.5 节中事件管理的所有函数的详细信息。

7.6 磁盘的开销

如果要处理的数据是在主机上生成的，那么如示例 7.1 所示，主机和 GPU 存储器之间的异步数据传输是非常值得的。然而，许多实际的数据流问题是，要处理的数据是存储在磁盘上，需要在处理之前传输到主机。同样的，最终结果可能需要在计算结束时写回磁盘。典型 PC 硬盘驱动器的读写速度约为 100 MB/s，远低于主机和 GPU 之间的 11.5 GB/s 传输速度。因此，所有的实际数据流问题都可能受到磁盘传输而不是 GPU 传输的限制。在示例 7.1 中，将 1 GB 数据从传统磁盘传输到主机，总时间增加了 18 s 左右，反之亦然。这使得重叠 GPU IO 和计算所节省的数百毫秒变得微不足道。[2] 固态硬盘驱动器的速度大约是传统硬盘驱动器的五倍；在我们的系统上传输 1 GB 大约需要 3.8 s，即使这样也远大于示例 7.1 中的收益。

在本节中，我们将展示一种将磁盘 IO 与主机计算重叠的方案。在 C++ 中没有类似于 cudaMemcpyAsync 的 IO 方法，但一个很好的可移植方法是使用 C++ 的 <threads> 库，这个库允许启动异步线程，这些线程可以与主机计算并行地执行 IO。我们需要使用的线程库的特性如表 7.2 所示，使用的方法与示例 7.1 非常相似

表 7.2 C++ 的 <threads> 库

元素	说明
std::thread t;	使用默认构造函数创建线程对象 t。线程已创建，但处于非活动状态
t(fun,arg1,arg2,...);	激活线程 t 以与父代码异步运行 fun（arg1, arg2, …）
bool t.joinable();	测试线程 t 是否处于活动状态
void t.join();	等待线程 t 完成

想法是运行一组步骤，每个步骤处理多个帧的不同管道阶段。一个典型的步骤是，在运行第 n 帧计算的同时处理第 $n-1$ 帧与第 $n+1$ 帧的 IO。我们实际使用的方案如图 7.3 所示，为了处理 N 个帧，我们总共需要 $N+3$ 个步骤来满足任何计算之前的初始读取和计算完成后的最终写入。由于我们将使用异步线程去读取和写入不同的数据帧，因此必须确保在启动下一个读取之前已经完成上一次读取。这就是在表中每个读取 Rn 之前都有一个 JRn-1 的原因。同样的，这个方案中每个写入 Wn 之前都是 JWn-1。（这里 R 代表读取，W 代表写入，J 代表连接，相当于 cudaStreamSynchronize 的 C++ 线程）。

与图 7.3 相对应的 asyncDiskIO 代码如示例 7.4 和 7.5 所示。

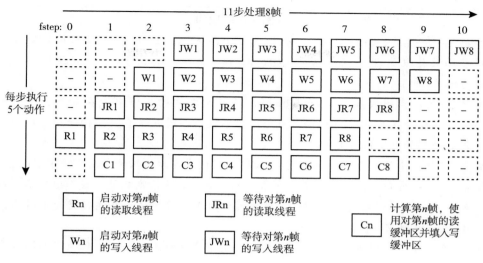

图 7.3　异步主机磁盘 IO 方案

示例 7.4　asyncDiskIO 程序的支持函数

```
20  template <typename T> int read_block
                (FILE *fin, T *buf, uint len)
21  {              // read frame
22    uint check = fread(buf,sizeof(T), len, fin);
23    if(check != len) {printf("read error\n"); return 1;}
24    return 0;
25  }

26  template <typename T> int write_block
                (FILE *fout, T *buf, uint len)
27  {              // write frame
28    uint check = fwrite(buf,sizeof(T), len, fout);
29    if(check != len) {printf("write error\n"); return 1;}
30    return 0;
31  }

32  template <typename T> int swork
      (thrustHvecPin<T> &inbuf, thrustHvecPin<T> &outbuf,
       thrustDvec<T> &dev_in, thrustDvec<T> &dev_out,
       int blocks, int threads, uint fsize, int ktime)
33  {
34    dev_in = inbuf; // copy H2D
35    mashData<<<blocks,threads,0,0>>>
      (dev_in.data().get(), dev_out.data().get(),
                  fsize, ktime); // do some work
36    cudaDeviceSynchronize(); // wait for kernel
37    outbuf = dev_out;  // copy D2H

38    return 0;
39  }
```

示例 7.4 的说明

示例 7.4 介绍了 read_block、write_block 和 swork 这些主机代码主要的支持函数。这些函数类似于 cx::read_raw 和 cx::write_raw 函数，但不同之处是这里由调用方去维护文件句柄 fin 和 fout。

- 第 20 行：声明模板函数 read_block，从 fin 指向的文件中读取类型 T 的 len 字块到数据缓冲区 buf 中，这些参数是函数参数。函数假设 fin 指向一个已成功打开进行二进制读取操作的文件。[3]

- 第 22 行：使用旧的 C 函数 fread 读取数据块，实际读取的字数存储在 check 中。

- 第 23 行：检查已读取的数据量是否正确。尽管为了清晰起见，我们通常不会在代码列表中包含错误检查，我们这么做是因为数据文件的错误在运行时无法排除，这对 IO 操作特别重要。

- 第 26~31 行：模板函数 write_block 类似于 read_block，但执行写操作而不是读操作。

- 第 32 行：声明主机函数 swork。调用 swork 去实现图 7.3 所示在 GPU 工作的 Cn 块。这里实现的 swork 版本所做的工作与示例 7.1 中的相同，参数是输入和输出主机缓冲区 inbuf 和 outbuf，以及相应的设备缓冲区 dev_in 和 dev_out。这些参数是作为对调用方 thrust 向量对象的引用而接收的，而不是空指针。

- 第 34 行：为了简单起见，将输入数据复制到 GPU；我们已经将示例 7.1 中调用的 cudMemocpyAsync 替换为基于主机阻塞 thrust 的复制操作。

- 第 35 行：这里调用的 mashData 内核函数是示例 7.1 中显示的版本。

- 第 36~37 行：第 37 行将输出缓冲区复制回主机之前，必须调用 cudaDevice-Synchronize( ) 以确保内核函数已经完成。

主程序如示例 7.5 所示。

示例 7.5 asyncDiskIO 程序主例程

```
    // this program is based on figure 7.3 in the book
50  int main(int argc,char *argv[])
51  {
52    int blocks  =  (argc >3) ? atoi(argv[3]) : 256;
53    int threads =  (argc >4) ? atoi(argv[4]) : 256;
54    uint dsize  =  (argc >5) ? 1 << atoi(argv[5]) :
                                   1 << 28; // data size
55    int frames  =  (argc >6) ? atoi(argv[6]) : 16;
56    int ktime   =  (argc >7) ? atoi(argv[7]) : 100;
57    int flush   =  (argc >8) ? atoi(argv[8]) : 0;
58    uint fsize = dsize/frames;  // frame size

      // optional flush of OS disk cache a file size
      // of 1 GB needs flush=10 on test PC
59    if(flush>0){
```

```
60      uint flsize = 1<< 28;
61      thrustHvec<float> flbuf(flsize);
62      char name[256];
        // use file names A1.bin A2.bin etc.
63      for(int k=0;k<flush;k++){
64        sprintf(name,"A%d.bin",k+1);
65        cx::read_raw(name,flbuf.data(),flsize,0);
          // use data to fool smart compliers
66        printf(" %.3f",flbuf[flsize/2]);
67      }
68    }

69    thrustHvecPin<float> inbuf1(fsize);
70    thrustHvecPin<float> inbuf2(fsize);
71    thrustHvecPin<float> outbuf1(fsize);
72    thrustHvecPin<float> outbuf2(fsize);
73    thrustDvec<float>    dev_in(fsize);
74    thrustDvec<float>    dev_out(fsize);

75    FILE *fin  = fopen(argv[1],"rb"); // open input file
76    FILE *fout = fopen(argv[2],"wb"); // open output file

77    std::thread r1; // read  thread for odd steps
78    std::thread w1; // write thread for odd steps
79    std::thread r2; // read  thread for even steps
80    std::thread w2; // write thread for even steps
81    int fstep = 0;  // column counter
82    while(fstep<frames+3) {
83      // even fsteps here (= 0,2,4...)
84      if(w2.joinable()) w2.join();  // wait for w2 & r2
85      if(r2.joinable()) r2.join();  // to complete

86      if(fstep>=2)       // async write blocks w1,w3,w5...
            w1 = std::thread(write_block<float>,
                      fout,outbuf1.data(),fsize);
87      if(fstep<frames)  // async read blocks r1,r3,r5...
            r1 = std::thread(read_block<float>,
                      fin,inbuf1.data(),fsize);
88      if(fstep >0 && fstep<=frames) // do work c2,c2,c4...
            swork<float>(inbuf2,outbuf2, dev_in, dev_out,
                          blocks,threads, fsize,ktime);
89      fstep++;

90      // odd fsteps here (= 1,3,5...)
91      if(w1.joinable()) w1.join();  // wait for w1
92      if(r1.joinable()) r1.join();  // wait for r1

93      if(fstep>=3)   // async write blocks w0,w2,w4...
            w2 = std::thread(write_block<float>,
                      fout, outbuf2.data(),fsize);
94      if(fstep < frames) // async read blocks r0,r2,r4...
            r2 = std::thread(read_block<float>,
                      fin, inbuf2.data(),fsize);
95      if(fstep >0 && fstep<=frames) // do work c1,c3,c5...
            swork<float>(inbuf1,outbuf1, dev_in,dev_out,
                          blocks,threads, fsize,ktime);
96      fstep++;
97    }
```

```
98     fclose(fin);
99     fclose(fout);
100    std::atexit( []{ cudaDeviceReset(); } );
101    return 0;
101  }
```

示例 7.5 的说明

- 第 52～58 行：可由用户输入或必要时使用默认值设置所有控制参数。这些参数与示例 7.1 中使用的参数相同，只有第 59 行的 flush 参数不同，它用于控制操作系统磁盘缓存的刷新。

- 第 59～67 行：现代操作系统会尽力隐藏硬盘的高延迟和相对较慢的特性。最近读取的文件副本存储在主存和高级缓存中，甚至可能存储在磁盘单元本身的硬件缓冲区中。这使得涉及磁盘 IO 的计时测量变得不可靠。一种解决方案是，在读取或（特别是）重新读取感兴趣的文件之前，从磁盘中读取大量新数据。我们发现在测试的 PC 上，10 GB 就足够了。刷新过程大约 90 s，所以有一个标志来打开或关闭它是很有用的。

  ■ 第 60 行：设置用于读取刷新文件的缓冲区大小。

  ■ 第 61 行：创建读取的临时缓冲区。

  ■ 第 64～65 行：为每个刷新文件创建一个文件名并读取该文件。此版本假定文件 A1.bin 等位于当前工作目录中，第 64 行的 sprintf 语句可以根据需要包含路径名。

  ■ 第 66 行：读取每个文件后，可能有必要以某种方式使用数据，以防止智能编译器优化这段代码。我们选择从每个文件中输出一个字，这也为你提供了一个简单的进度指示器，可以在等待时观看。

- 第 69～74 行：将主机和设备的输入和输出缓冲器分配为 thrust 向量。请注意，缓冲区大小是一个帧，可能远小于整个数据集的大小。尽管图 7.3 似乎表明我们需要为每一帧设置单独的缓冲区，但事实证明只要两个缓冲区就足够了，一个用于图中的偶数列，另一个用于奇数列。

- 第 75～76 行：这里我们以二进制读取和写入打开输入和输出数据文件。如果出现错误，文件指针 fin 和 / 或 fout 将被设置为 nullptr。此时，在生产代码中包含错误检查非常重要。

- 第 77～80 行：这里声明了 r1、r2、w1 和 w2 四个主机线程变量，用来异步读写操作。

- 第 81～102 行：这是代码中最有趣的部分，实现了图 7.3 中的方案。这是个基于步数计数器 fstep 的 while 循环，循环的主体有两个部分，每个部分代表图 7.3 中的一列。第一部分（第 84～88 行）对应于图中的偶数列，第二部分（第 91～95 行）对应于奇数列。

- 第 81 行：初始化变量 fstep，作为下面 while 循环中的列计数器。

- 第 82 行：这是我们在 fstep 上进行 while 循环的开始。进入时 fstep 的值为 0。请注意，终止条件是 fstep=frames+3，以允许在过程的开始和结束时有额外的步骤。第 86～88 行和第 93～95 行的条件子句是用于满足图 7.3 中的空白框。

- 第 84～85 行：在这里进行检查，并在必要时等待与 JRn 和 JWn 对应的偶数 n 的待处理读取和写入操作的完成。在 C++ <threads> 库中，join 和 joinable 是像 w1 这样的线程对象的成员函数。join 函数等待活动线程完成，或者当线程还未处于活动状态时立即返回。如果线程处于活动状态且未分离，那么函数 joinable 将返回 true。

- 第 86 行：在这里启动线程 w1，将上一步的结果写入 outbuf1。这对应于图 7.3 中奇数 n 的 Wn。请注意启动主机线程时看似简单的语法，我们将类初始化器构造函数新创建的线程分配给 w1，这个线程执行构造函数参数中指定的函数调用。在这种情况下，我们将调用传递给我们的 write_block 函数。

- 第 87 行：启动线程 r1，将下一步的数据读入 inbuf1 中。这对应图 7.3 中奇数 n 的 Rn。

- 第 88 行：这里我们调用 swork，使用 inbuf2 作为输入、outbuf2 作为结果。这个调用在主机线程上会阻塞，但在异步线程 w1 和 r1 上不会阻塞。这对应于图 7.3 中偶数 n 的 Cn。

- 第 89 行：增加 fstep 以移到图 7.3 的下一列。

- 第 91～86 行：这些行与第 84～89 行相同，但用于奇数列；因此 r1 和 w1 被 r2 和 w2 取代，反之亦然。同样地，inbuf2 和 outbuf2 被 inbuf1 和 outbuf1 所取代。

- 第 98～100 行：在 while 循环结束时整理好并退出。

请注意，我们已经从这些清单中省略了性能计时代码，但它存在于代码库的版本中。

在测试 PC 上运行示例 7.5 获得的一些结果如表 7.3 所示，所有测试都是使用 1 GB 数据集和 4 个 ktime 参数值运行的，所有时间都以秒为单位显示。表格中显示了三组对列：基线是磁盘 IO 和内核函数执行没有重叠的情况；内核函数重叠是指只有一个线程用于将 IO 操作与内核函数执行重叠，但读取和写入操作之间没有重叠。最后一对列是示例 7.5 asyncDiskIO 的内核函数执行和读写 IO 操作完全重叠。

在这个例子里，要获得可靠的定时测量结果是相当棘手的，原因是现代操作系统竭尽全力隐藏硬盘驱动器的延迟和缓慢的读写速度。在读取操作时，会将最近读取的文件缓存在内存中，这样在最初缓慢的第一次读取操作之后，对同一文件的后续读取会很快。写入操作也被缓存，因为数据不是直接写入硬盘驱动器，而是使用主机内存和驱动器硬件中的缓存排队等待写入。在我的 Windows 10 PC 上进行的实验中，我们发现读取缓存可以处理高达 10 GB 的最近读取的文件，对于写入操作，命令行驱动的程序写入大文件可能完成得更快，但操作系统会等待写入操作完成后，再响应下一个命令。因此，为了模拟管道处理情况，我们使用一个脚本文件来运行 12 个作业，每个作业使用不同的输入和输出文件对，并且在每个作业之间都用命令行的计时步骤，这种策略会破坏读缓存和写缓存。由于系统上有其他背景活动，单个作业的时间仍然显示出显著的波动。表 7.3 的结果是每批 12 个作业的平均时间。其他操作系统可能会有不同的行为，这种策略比简单地刷新读取缓存要好。

表 7.3　使用 1 GB 数据集的 asyncDiskIO 示例的结果

GPU 时间	基线		内核函数重叠		完全重叠	
	情况 A	情况 B	情况 A	情况 B	情况 A	情况 B
时间 /s						
0.19	20.16	12.17	21.09	10.21	22.36	10.43
8.45	29.33	20.93	23.08	10.25	21.11	10.14
16.77	36.08	29.20	25.83	17.65	22.07	16.98
25.17	**44.36**	37.72	**33.18**	25.10	**25.29**	24.86
相比于基线的加速						
0.19	—		−0.93 (−5%)	1.96 (16%)	−2% (−11%)	1.74 (14%)
8.45	—		6.25 (21%)	10.68 (51%)	8.22 (28%)	10.79 (52%)
16.77	—		10.25 (28%)	11.55 (40%)	14.01 (39%)	12.22 (42%)
25.17	—		11.18 (25%)	12.62 (34%)	19.07(43%)	12.86 (34%)

表 7.3 的四行显示 10、6400、12 800 和 19 200 这 4 个不同 ktimes 参数值的结果，第一列显示的 GPU 时间是包括主机和 GPU 之间的 thrust 传输 [4]，都是使用单独程序去测量这些时间。表中显示两种不同磁盘配置的结果，情况 A 使用同一个传统硬盘进行读取和写入操作，情况 B 使用两个驱动器，用于读取文件的快速固态硬盘驱动器和用于写入文件的传统硬盘驱动器。过去在磁盘 IO 无缓存时，如果试图对同一物理驱动器同时读取和写入，可能会对性能产生灾难性影响，因为机械读 / 写头会不断运动。然而，我们在情况 A 的结果中没有看到这个问题的证据——这很好地证明缓存是有效的。情况 A 和 B 之间的大部分差异是由于固态硬盘比传统磁盘快五倍。在四行结果中，我们看到以下内容：

（1）GPU 时间 0.19 s：这三种情况之间几乎没有差异，这并不奇怪，因为几乎没有 GPU 时间与磁盘 IO 重叠。

（2）GPU 时间 8.45 s：现在 GPU 时间与将数据读取或写入硬盘驱动器的时间大致相同。在这里，我们看到情况 A 的速度分别提高了 21% 和 28%，情况 B 的速度分别提高了 51% 和 52%。对于这两种情况，这相当于整个 GPU 计算被隐藏，对于完全重叠的 IO，可以额外节省约 2 s。

（3）GPU 时间 16.77 s：这里的 GPU 时间与情况 A 中向硬盘顺序读取和写入数据所需的时间大致相同。结果表明，对于示例 7.5 的完全重叠 IO，内核函数执行时间占据大部分的计算时间，磁盘 IO 在情况 A 中增加了约 5.3s，在情况 B 中仅增加了 0.21 s。在没有磁盘 IO

重叠的情况下，情况 A 的这些开销会上升到 9.06 s，情况 B 的这些开销则会上升到 0.88 s。

（4）GPU 时间 25.17 s：在这里，GPU 时间主导了磁盘 IO 完全重叠的计算时间，现在基本上是免费的。对于情况 A 中的串行磁盘 IO，仍有大约 8 s 的开销。

最后值得注意的是，虽然示例 7.5 中的任务涉及 GPU 计算，但任何基于 CPU 的计算也会受益于计算和磁盘 IO 的重叠，如表 7.3 所示。一种方法是根据需要简单地更改 swork 函数。

7.7　CUDA 图

CUDA 图（Graphs）于 2018 年与 CUDA 10.1 一起推出，实际上是将包括可能相互依赖的内核函数的多个内核函数启动打包到单个图形对象，以捕获所需工作的所有细节。在《CUDA C++ 编程指南》11.0 版 3.2.6.6 节对图进行了描述，这个指南解释了图的用途如下：

将图的定义与其执行分离可以实现许多优化：首先，与流相比，CPU 启动成本降低了，因为大部分设置都是提前完成的；其次，将整个工作流程呈现给 CUDA 可以实现可能无法通过流的逐段工作提交机制实现的优化。

CUDA 图在更复杂的情况下也很方便，例如深度学习应用程序，一旦创建一个图，就可以多次启动，或者作为单个节点嵌入另一个（父）图形中。一些可能的图形拓扑结构如图 7.4 所示。

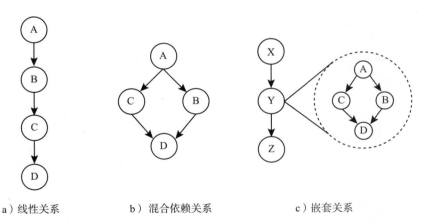

　　　a）线性关系　　　　　　b）混合依赖关系　　　　　　c）嵌套关系

图 7.4　CUDA 图对象的可能拓扑结构

图中的节点表示各种活动，可以是调用内核函数、cudaMemcpy 或 cudaMemset 操作、调用 CPU 函数、空节点或子图，图中的边表示依赖关系。图 a 显示一个简单的线性情况，每个节点都依赖于前一个节点，例如 H2D memcpy、kernel1、kernel2 和 D2H memcpy。图 b 显示节点 B 和 C 不相互依赖，而是依赖于节点 A。这里，节点 B 和 C 可以同时运行，并将在网格运行时自动启动。图 c 显示一个三步线性结构，中间节点 Y 实际上将整个图 b 作为子图嵌入。这是基于《NVIDIA C++ 编程指南》。

CUDA 图实际上可以通过两种方式创建。在简单的情况下，例如线性图没有复杂的依赖关系，可以将现有的工作流"捕获"为图，然后可以多次运行生成的图，或者嵌入更复杂的父图中。如果存在更复杂的依赖关系，那么第二种方法更好，它使用 CUDA API 函数来显式声明节点间的依赖性，同时将组织并发执行的细节留给系统。

示例 7.6 是基于 Alan Gray[5] 的 "Getting Started with CUDA Graphs" 博客文章，展示了如何捕获涉及多个内核函数启动的简单工作流，以及与直接运行相比，当工作流以图的方式运行时，如何减少内核函数启动的开销。

示例 7.6　CUDA 图程序

```
02   __global__ void scale(r_Ptr<float> dev_out,
         cr_Ptr<float> dev_in, int size, float lambda)
03   {
04     int tid = blockIdx.x*blockDim.x+threadIdx.x;
05     while(tid<size) {
06       dev_out[tid] = lambda*dev_in[tid];  // scale & save
07       tid += blockDim.x*gridDim.x; }
08   }

10   int main(int argc,char *argv[])
11   {
12     int blocks  = (argc >1) ? atoi(argv[1]) : 256;
13     int threads = (argc >2) ? atoi(argv[2]) : 256;
14     int size    = (argc >3) ? 2 << atoi(argv[3])-1 :
                           2 << 15;
15     int steps   = (argc >4) ? atoi(argv[4]) : 1000;
16     int kerns   = (argc >5) ? atoi(argv[5]) : 20;

17     thrustHvec<float> host_data(size);
18     thrustDvec<float> dev_out(size);
19     thrustDvec<float> dev_in(size);

20     for(int k=0;k<size;k++) host_data[k] = (float)(k%419);
21     dev_in = host_data; // H2D
22     float lambda = (float)pow(10.0,
                   (double)(1.0/(steps*kerns)));
23     cudaStream_t s1;  cudaStreamCreate(&s1);

24     cx::MYTimer tim;
25     for(int n=0; n<steps; n++){
26       for(int k=0; k<kerns/2; k++){   // ping pong
27         scale<<<blocks,threads,0,s1>>>
                 (trDptr(dev_out),trDptr(dev_in),size,lambda);
28         scale<<<blocks,threads,0,s1>>>
                 (trDptr(dev_in),trDptr(dev_out),size,lambda);
29       }
30     }
31     cudaStreamSynchronize(s1);
32     double t1 = tim.lap_ms();
33     float x1 = dev_in[1];
34     printf("standard    time %8.3f ms check %f
           (expect %f)\n",t1,x1,host_data[1]*10.0);
```

```
35    dev_in = host_data;  // restore dev_in
36    tim.reset();  // capture work on stream s1
37    cudaStreamBeginCapture(s1,cudaStreamCaptureModeGlobal);
38    for(int k=0; k<kerns/2; k++){
         scale<<<blocks,threads,0,s1>>>
39          (trDptr(dev_out),trDptr(dev_in),size,lambda);
         scale<<<blocks,threads,0,s1>>>
40          (trDptr(dev_in),trDptr(dev_out),size,lambda);
41    }
42    // end capture, create graph then instantiate as g
43    cudaGraph_t graph;
      cudaStreamEndCapture(s1,&graph);
44    cudaGraphExec_t g;
      cudaGraphInstantiate(&g,graph,nullptr,nullptr,0);
45    // now launch graph g steps times in stream s2
46    cudaStream_t s2;  cudaStreamCreate(&s2);
47    for(int n=0; n<steps; n++)cudaGraphLaunch(g,s2);
48    cudaStreamSynchronize(s2);
49    double t2 = tim.lap_ms();

50    float x2 = dev_in[1];
51    printf("using graph time %8.3f ms check %f
            (expect %f)\n",t2,x2,host_data[1]*10.0);
52    return 0;
53 }

>graphs.exe 256 256 16 1000 50
standard    time  142.644 ms check 9.980973 (expect 10.000000)
using graph time   89.686 ms check 9.980973 (expect 10.000000)
```

示例 7.6 的说明

这个示例的主函数中有三个代码块。第 12~19 行设置了两个后续处理块使用的变量。第 24~34 行是第一个使用传统内核函数启动的处理块，第 36~52 行是第二个使用 CUDA 图来替换第一个处理块中使用的内循环的处理块，这样可以得到明显的加速效果。

- 第 2~8 行：这是一个名为 scale 的内核函数，简单地将输入向量 dev_in 中的每个元素乘以因子 lambda，并将结果存储在向量 dev_out 中。这里使用标准线性线程寻址方式。

- 第 12~16 行：这里设置用户提供的参数。变量 blocks 和 threads 就不用多说了，size 是数组大小，输入为 2 的幂。变量 steps 和 kerns 一起定义了分组在一起的要启动的内核函数总数，作为 steps，通过第 25 和第 26 行中的两层 for 循环设置 kerns。

- 第 17~19 行：在这里定义了用于数据处理的主机和设备数组。

- 第 20 行：用测试数据填充主机数组 host_data。注意，host_data[1] 被设置为 1.0f。

- 第 21 行：使用 thrust 将 host_data 复制到设备数组 dev_in。

- 第 22 行：将参数 lambda 设置为 10 的 N 次根，其中 N=steps*kerns。这里的想法

是，通过使用 scale 内核函数将数据乘以 N 次 lambda，最终结果将乘以 10。

- 第 23 行：建议不要使用默认流来定义 CUDA 图；因此我们定义 CUDA 流 s1 来处理。
- 第 24～32 行：这是一个计时代码块，以传统方式重复调用 scale 内核函数：
  - 第 24 行：定义并启动主机计时器 tim。
  - 第 25～26 行：一对嵌套 for 循环，外循环有 steps 次迭代，内循环有 kerns/2 次迭代。
- 第 27～28 行：这两个内核函数调用是循环的主体，参数 dev_in 和 dev_out 使用乒乓球方式去调用 scale 内核函数两次，因此在每对调用之后 dev_in 的内容已经乘以 lambda²。请注意，我们使用非默认流 s1 启动内核函数。
- 第 31 行：在检查主机计时器之前，等待流 s1 上的工作完成。
- 第 32 行：将双循环的时间存储在 t1 中。
- 第 33 行：使用 thrust 将 dev_in[1] 的值隐式复制到主机变量 x1。这应该已经通过内核函数调用从 1.0 缩放为 10.0。
- 第 34 行：输出 t1 和 x1。
- 第 35 行：在第二个处理块中重复计算之前，将 dev_in 恢复到其原始起始值。
- 第 36 行：在第二个计时块开始时重置主机计时器。
- 第 37～43 行：将第一个处理块内部循环（第 26～29 行）中，包含的 CUDA 工作捕获到 cuda_graph_t graph 这个 CUDA 图对象。
  - 第 37 行：调用 cudaStreamBeginCapture 开始从 CUDA 流 s1 捕获工作。
  - 第 38～41 行：这些行与第一个处理块的第 26～29 行完全相同，但在这里它们被捕获而不是执行。
  - 第 43 行：使用 cudaStreamEndCapture 结束捕获，将结果存到 CUDA 图 graph。
- 第 44 行：cuda_graph_t graph 对象不能直接启动，反而得用 cudaGraph-Instantiate 从中派生（或实例化）一个单独的 cudaGraphExec_t 对象，这样做是为了创建可启动的对象 g。
- 第 46 行：创建第二个 CUDA 流 s2 用来启动 g。注意，不必使用与用于捕获的流不同的流，我们可以在第 47 行使用 s1 或 s2 中的任何一个。
- 第 47 行：这一行取代了前一个块的外循环（第 25～30 行），并使用 cud-GraphLaunch 在流 s2 中启动 steps 次图 g。
- 第 50～52 行：显示第二个处理块的结果，类似于第一个块的第 32～34 行。

所示的结果是使用 50 000 次内核函数调用来处理 2^{16} 个 4 字节浮点数组，这些调用被分组为 1000 组的 50 次调用，第一种方法在主机上测量的每个内核函数的时间为 2.853 μs，而将每 50 次调用合并为一个 CUDA 组的第二种方法，将时间减少到 1.793 μs。这里减少了

1.059 μs，也就是 37%。[6] 请注意，目前性能提升只对执行时间在微秒级的内核函数有效，这是因为目前 CUDA 图主要减少内核函数的启动开销。然而，这个相对较新的特性会在 CUDA 的未来版本中变得更加强大。

使用捕获创建 CUDA 图所需的函数摘要如表 7.4 所示。

CUDA 还提供了一组替代的 API 函数，允许直接定义图而不使用捕获。这种替代方法比捕获方法要详细得多。尽管如此，在图中节点之间存在复杂依赖关系的情况下，这也是很有用的，因为这些依赖关系可以直接定义，而不用通过事件隐式定义。我们不会在这里给出一个例子，但感兴趣的读者应该查看 CUDA SDK 最新版本中的 simpleCudaGraphs 示例。

本章重点介绍了 IO 操作与内核函数和 / 或 CPU 活动的重叠，作为进一步加速并行代码的手段。我们已经研究了主机与 GPU 之间以及主机与外部磁盘之间的传输。后一种情况实际上并不是 CUDA 的主题，但在这里进行了讨论，因为这经常是数据处理管道中的瓶颈。

表 7.4　通过捕获创建 CUDA 图所需的 API 函数

函数	描述
cudaStreamBeginCapture(cudaStream_t s, cudaStreamCaptureMode mode)	在 CUDA 流上开始捕获。模式通常为 StreamCaptureMode-Global
cudaStreamEndCapture(cudaStream_t s, cudaGraph_t * graph)	在 CUDA 流 s 上结束捕获。指向结果图的指针被放置在图中
cudaGraphInstantiate(cudaGraphExec_t* gexec, cudaGraph_t graph, cudaGraphNode_t* errornode, char* errorlog, size_t errorlogsize)	参数 gexec 设置为图形中图形的可执行版本。最后三个参数提供了详细的错误信息，如果不需要这些信息，可以设置为 nullptr、nullptr 和 0
cudaGraphLaunch(cudaGraphExec_t gexec, cudaStream_t s)	在流 s 中启动可执行图形 gexec。启动流不必与捕获流相同

第 8 章的重点会回到随机数，将介绍一个基于现代医学成像正电子发射（PET）断层扫描仪的实例。这种扫描仪通过检测患者体内各个解剖区域，摄取示踪剂衰变所产生的伽马射线对。我们将提供描述模拟扫描仪事件检测，以及随后对患者体内活性分布进行断层重建的示例，这些示例对于特定的医学成像问题与其他科学数据采集系统的模型模拟，都具有一定的意义。里面讨论的断层重建方法是著名的最大似然期望最大化（MLEM）算法，它在各个领域都有应用。该章将展示 GPU 在解决这些复杂问题中取得的显著加速效果。

第 7 章尾注

1. 函数 cudaEventQuery 还可以返回一些其他错误代码，指示输入事件参数存在问题。有关详细信息，请参阅 CUDA Runtime API 文档。

2. PC 在从磁盘读取数据时会进行大量数据缓存。因此，第二次读取大文件通常比第一次读取快得多。这些缓存可能有很多 GB，为了真实地测量磁盘 IO 的时间，我们必须在每次测试运行之间从其他文件中读取高达 10 GB 的数据，以便"刷新"缓存并迫使 PC 在每次运行测试时从磁盘中实际读取数据。

3. 根据我们的自定义，这些函数清单中没有显示错误检查。然而，实际的代码确实包含错误检查，这对 IO 操作尤为重要，因为运行时无法排除与数据文件相关的问题。

4. 在前面的例子中，我们已经向你展示了如何将这些传输与内核函数执行重叠，但为了避免代码过于复杂，我们在例子 7.4 中没有包括这种改进。事实上在这个例子中，thrust IO 总共花费大约 180 ms，与大约 17 s 的磁盘传输开销相比很小。

5. Getting Started with CUDA Graphs，Alan Gray，https://devblogs.nvidia.com/cuda-graphs/，2019 年 9 月 5 日。

6. 请注意，这些是我在 Windows 10 上运行的 RTX 2070 GPU 的典型数字，每个人执行的结果会有很大的差异。

PET 扫描仪的应用

本章展示如何根据许多研究应用的典型特征，用 CUDA 进行更实质性的计算。具体来说，就是利用快速随机数生成来进行模拟。这些实验设备的模拟如今已经成为许多研究领域的重要工具。

在本章的应用中，我们将展示如何使用 GPU 来大大加快临床正电子发射断层扫描（PET）扫描仪的校准和图像重建。在开发此代码的过程中，我们将说明设计 GPU 代码的一般注意事项，特别是映射到 GPU 线程的对称映射和内存布局的周密设计。这个应用程序所需的主机代码比我们前面的章节更复杂，但 GPU 代码（几乎完成了所有工作）都包含在少数短内核函数中。完整的细节，包括所有主机代码，都可以在我们的代码库中找到。

8.1 节将详细阐述这个问题，包括如何组织数据以利用系统中的对称性的重要细节。这一节很长，第一次可以略读一遍。8.2 节中的模拟代码非常简单，将帮助读者模拟其他系统，而无须掌握 8.1 节中的所有细节。

8.1　PET 简介

临床 PET 扫描的工作原理是首先给受试者注射一种含有短寿命放射性同位素（如 18F）的药物，该同位素通过发射正电子而衰变。发射的正电子会与受试者组织中的邻近电子湮灭，产生一对背靠背的伽马射线，这对伽马射线可以在周围的伽马探测器阵列中作为巧合事件被探测到。PET 的原理如图 8.1 所示。

图 8.1 显示了一个 PET 探测器的例子，该探测器有四个环，每个环有 48 个探测器。图 8.1a 的倾斜三维视图显示了总体排列，图 8.1b 显示了横向视图。受试者的正电子湮灭事

件（如中心所示）产生两条背靠背的伽马射线，路径如线所示。伽马射线穿过第二环和第四环中的探测器。这些探测器的位置定义了一条响应线（LOR）。在典型的扫描中记录许多这样的 LOR，并且在结束时使用全套 LOR 对受试者中的放射性分布进行断层成像重建。

PET 扫描仪中使用的典型探测器由光电倍增管观察到的闪烁晶体组成。晶体吸收伽马射线的能量，并将其转换为可见光范围内的光子，从而在光电倍增管中产生信号。重合事件中的两个探测器定义了衰变事件发生的响应线（或 LOR）。较旧的 PET 探测器具有几纳秒的定时分辨率，这足以在排除大多数其他背景来源时，从真正的湮灭事件中发现事件之间的一致性。然而，这个定时不足以给出关于响应线上发生特定衰变事件的位置的任何有用信息。临床 PET 扫描可能涉及数十亿 LOR 的采集，因此通过统计分析来重建受试者活动的最可能分布是可行的。重建的活动通常显示为三维笛儿体素网格，其中 x–y 平面在扫描仪的横向平面上，z 轴沿着探测器形成的圆柱体轴线对齐。该 x–y 坐标系如

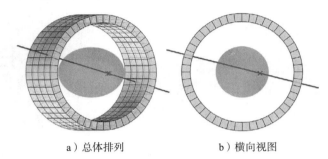

a）总体排列　　　b）横向视图

图 8.1　显示四环每环 48 个探测器的 PET 探测器

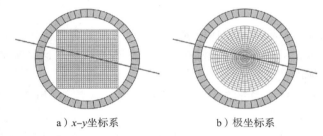

a）x–y 坐标系　　　b）极坐标系

图 8.2　用于 PET 的坐标系的横向视图

图 8.2a 所示。一个很少使用但有趣的替代方案是在横向平面中使用极坐标，产生不同大小的楔形体素，如图 8.2b 所示。

图 8.2a 显示了在 PET 扫描仪中定义受试者体积的笛卡儿体素网格。图中显示了一个 x–y 切片，在轴向 z 方向上，每个探测器环都有一个或多个这样的切片。网格具有 8 倍对称性（关于水平轴、垂直轴和主对角线）。在图 8.2b 中，该图显示了 x–y 平面中的平面极坐标网格。该网格的对称性等于 PET 环中检测器的数量（这里为 48），极大地减少了断层成像重建所需的 PET 系统矩阵中不同元素的数量。

一种流行的图像重建算法是最大似然期望最大化（Maximum Likelihood Expectation Maximisation，MLEM）方法，如果在每个 LOR 中观察到的衰变数量遵循潜在放射性衰变过程的泊松分布，则该方法在理论上是最优的。该方法的早期描述可以在 Linda Kaufman 的论文中找到[1]。这篇论文也很有趣，因为它包含了使用极坐标体素几何而不是笛卡儿体素几何进行事件重建的优点的早期讨论。

MLEM 方法是迭代的，并使用式（8.1）中看似简单的公式。

$$a_v^{n+1} = \frac{a_v^n}{\sum\limits_{l'=1}^{N_l} S_{vl'}} \sum_{l=1}^{N_l} \frac{m_l S_{vl}}{\sum\limits_{v'=1}^{N_v} a_{v'}^n S_{v'l}} \qquad (8.1)$$

其中，a_v^n 代表第 n 次迭代时体素 v 中的估算活动，m_l 代表 LOR l 中测得的衰变数，S_{vl} 代表 PET 系统矩阵（System Matrix，SM）。系统矩阵的元素 S_{vl} 表示在体素 v 中发生的衰变被 LOR l 探测到的概率。通常，迭代过程从给所有的 a_v^0 赋予相等的值开始。求和的限制 N_l 和 N_v 分别对应于参与计算的 LOR 和体素的总数。

式（8.1）的应用并不局限于 PET；它适用于所有断层成像应用，更普遍地适用于使用来自多个源的一组检测测量值来估计这些源的强度的任何问题[2]。本章末尾给出了此类应用的另一个示例。

式（8.1）中涉及三个求和，每个求和都有直接的物理解释。

分母中的项 $FP_l = \sum_{v'} a_{v'}^a S_{v'l}$ 表示当前估算的所有体素活动 a_v^0 对 LOR l 的总贡献。这称为受试者活动到探测器的正向投影（Forward Projection，FP）。中间项可以写成 $BP_v = \sum_l m_l S_{vl} / FP_l$，这是将所有探测到的衰变 m_l 到体素的逆向投影（Backward Projection，BP）回体素的操作。随着迭代的进行，我们期望 a_v^n 逐渐趋向于 m_l，于是 BP_v 因子将趋向于一个常数，表示体素 v 中的衰变在探测器中被探测到的总概率。因此，它是该体素的检测效率。最后的求和项 $\sum_{l'} S_{vl'}$ 也代表这个检测效率，因此乘以 a_v^n 的整体因子会随着迭代的进行趋向于 1。

MLEM 方法的问题是，对于一个有用的 PET 系统来说，矩阵 S_{vl} 是巨大的——但这正是 GPU 代码所面临的一个有趣挑战。我们将考虑一个临床系统，每个环有 400 个探测器和 64 个环，并假设每个探测器的表面尺寸为 4 mm × 4 mm，大约形成 256 mm 的内环半径（足够容纳一个头部或瘦的受试者）。

8.2　数据存储和扫描仪的几何结构的定义

为了清楚起见，我们在本节中对想法和代码的说明将使用各种扫描仪参数的显式值，例如，探测器的数量，即每个环 400 个和 64 个环。然而，所有生产代码都使用文件 scanner.h 中定义的参数化常数，例如，cryNum 和 zNum 分别表示每个环的探测器数量和环的数量。

我们的首要任务也是最重要的任务是考虑存储所需的数据：

- 体素数组 a_v 非常简单，我们将使用具有 400 个角位置的极坐标网格来匹配探测器、100 个径向扇区（间距为 2 mm）和 64 z 切片（每个环一个）。如果使用浮点数据，最终数组的规模 $N_v = 400 \times 100 \times 64 = 2\,560\,000$ 个字，相当于大约 10^7 字节。这并不是问题。

- LOR 数组比较困难。每个探测器由两个数字定义，"c"（对于晶体）是环周围的角度位置，范围为 0～399，"z" 是探测器环的数量，范围为 0～63。LOR 由一对探测器（c1，z1）和（c2，z2）定义。因此，可能性的总数是 $(400 \times 64)^2$，约为 6.55×10^8，这需要超过 2.6×10^9 字节才能存储为 4 字节整数——这是一个问题。我们注意到 LOR 没有首选方向，这可在一定程度上缩小尺寸，因此我们可以采用 $z1 \leqslant z2$ 这个约定。此外，当 z1=0 时，z2 有 64 种可能性；当 z1=1 时，z2 中有 63 种可能性，以此类推，当 z1=63 时，z2 只有一种可能性。因此（z1，z2）对的总数为 64+63+…+1 = 2080。在采用我们对 z1 的约定后，必须允许相关的 c1 具有所有 400 个可能的值，但对于每个 c1 值，我们可以对相应的 c2 施加限制，即它与 c1 相差 100 以上。这将 c2 限制为 201 种可能性，并有效地将 c2 放入横向平面内的探测器的另一半中[3]。例如，当 c1=0 时，$100 \leqslant c2 \leqslant 300$。最后，我们注意到，所有四个值都可以打包到一个 4 字节的字段中，允许 c1 和 c2 使用 9 位，z1 和 z2 使用 7 位。由此产生的存储需求现在是 N_l= 2080×400×201=167 232 000 个字，对应于 668 928 000 字节，这仍然是一个很大的数字，但我们已经尽了最大努力。事实证明，我们的代码的性能受到访问此数组的限制。

- 系统矩阵 **S** 的标称大小为 $N_v \times N_l$，约为 4.28×10^{14}（我们提到过这是巨大的），但幸运的是，**S** 是一个非常稀疏的矩阵，具有许多对称性。

  - 极体素表示扫描仪的旋转对称性。因此，对于任何整数 c，LOR（z1，c1，z2，c2）和（z1，c1+c，z2，c2+c）具有相同的 s 值。这里，我们假设探测器 c 值的加法是以模 400 完成的。通过将相邻的 GPU 线程分配给相邻的 c1 值，这种对称性将被映射到我们的 GPU 代码。请注意，这是一个重要的设计选择，将推动我们编写主机和 GPU 代码的方式。这也是为什么我们选择使用极体素几何而不是更传统的笛卡儿几何[4]。当应用这种对称性时，体素极角也通过 c 进行调整。与使用笛卡儿体素相比，以这种方式使用极对称性大大减小了系统矩阵的大小，并简化了我们的内核函数代码。

  - z 的平移对称性，即 LOR（z1，c1，z2，c2）和（z1+z，c1，z2+z，c2）对于所有 z 具有相同的 s 值，使得 z1+z≥0 且 z2+z≤63。在我们的内核函数中，z 上的循环会利用这种对称性。当应用这种对称性时，体素位置也会通过 z 进行调整。

  - 其他对称性，例如 x–y 平面中的垂直轴的反射对称性，使得 LOR（z1，c1，z2，c2）和（z1，399-c1，z2，399-c2）对于相应反射的体素位置具有相同的 s 值。为了使我们的内核函数代码尽可能简单，我们没有使用这些额外的对称性。如果使用笛卡儿坐标，那么使用这些更复杂的对称性对于管理系统矩阵的大小是至关重要的。

我们将 SM 矩阵存储为 8 字节项目的列表，第一个项目是如上所述的 4 字节压缩 LOR，但 z1 和 z2 表示从体素 z 位置向左和向右的位移，而不是绝对探测器位置。这种变化在应用 z 平移对称性时很有帮助。最后 4 字节是通过我们的模拟计算出的检测概率的浮点值。事实证明，对于每个体素环扇区，我们需要存储大约 1.3×10^5 个值，从而导致总 SM 大小

大约为 1.2×10^8 字节，这比我们对 LOR 的需求低一个数量级。

在传统系统上，每个 MLEM 迭代需要数分钟的 CPU 时间，并且通常需要大量迭代，完整的 MLEM PET 重建需要数小时。为了加快进程，人们通常为每个 MLEM 交互使用 LOR 的一个子集，并且在每次迭代中使用不同的子集。这种所谓的有序子集期望最大化方法（OSEM）是由 Hudson 和 Larkin 于 1994 年引入的[5]。我们将展示使用全 MLEM 方法和 OSEM 进行重建的示例。

图 8.3 说明了检测到的 LOR 和系统矩阵元素的坐标和存储方法。

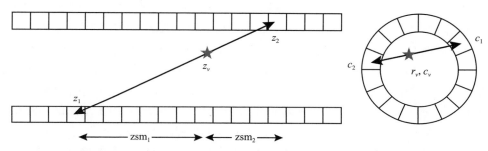

体素由坐标 r（距轴的径向距离）、c 探测器角度（400 步距垂直方向的距离）和 z（探测器环数）这三个整数定义。

一个 lor 探测器由具有未知衰变位置的（z_1，c_1，z_2，c_2，计数）组成。

系统矩阵元素由（zsm_1，c_1，zsm_2，c_2，概率）组成，其中通过给定 zsm_1 或 zsm_2 值来隐含衰变点 z 值。如果使用 c_1 和 c_2，则衰减点 c 值为零；如果使用 c_1+c 和 c_2+c，则衰减点 c 值不变。r 值是通过对 SM 数组进行索引而隐含的。

在代码中，坐标被压缩为 32 位键：

图 8.3　PET 扫描仪中响应线的编码方案

图 8.3 显示的是 PET 扫描仪中检测到的衰变的纵向和横向视图。对于检测到的事件，LOR 包含同时发射的两个探测器的 c 和 z，以及发生这种情况的总次数（计数）。对于 SM，LOR 包含已知衰减体素的 z 位移和衰减体素为 $c=0$ 时 LOR 的 c 值。所使用的压缩键格式允许最多 128 个探测器环，每个探测器环最多有 512 个晶体（更准确地说，PET 扫描仪可以具有超过 128 个环，但仅使用检测到的最大 z 差为 127 的 LOR）。

本章中描述的代码包含多个组件：

（1）使用蒙特卡罗方法计算扫描仪的 SM。PET 扫描仪由头文件 scanner.h 定义，包含定义探测器元件和程序使用的极体素网格的参数。本章中的所有程序都使用此文件，如果更改此文件，则代码应适用于其他扫描仪和体素网格（但请注意 32 位键格式中隐含的环和探测器数量的限制）。常数是使用 C++11 constexpr 定义的，而不是使用 C/C++ 宏定义的。这样做的优点是，所有派生值都在编译时进行求值，并且参数被视为常量。

通过使用 fullsim 程序模拟探测器对代表体素衰变的响应来计算系统矩阵。文件 fullsim.cu 包含所有必要的主机代码和内核函数。这个程序本身就提供了一个很好的物理模拟示例。

（2）fullsim 程序被设计为对于体素到扫描仪的中心轴的每一组不同的径向距离单独运行。然后将 fullsim 的所有结果组合到系统矩阵中。使用简短的 readspot 程序完成，该程序只使用 readspot.cpp 中包含的主机代码。

（3）我们为扫描仪实现了完整的 MLEM 重建。为此，我们需要一个测试或幻影数据集。创建这样的数据集是作为 fullsim 程序中的一个选项实现的。通过将 fullsim 使用的模拟体积从单极体素扩展到其他体积（如椭球体），可以很容易地做到这一点。

（4）我们在 GPU 代码中有效地实现了式（8.1）中的 MLEM，这是用 reco.cu 文件中的 reco 程序完成的。该程序中的核心内核函数代码很快，所需行数不到 60。MLEM 在现实世界中有许多应用，因此这个例子应该对许多断层成像和其他应用是有好处的。

（5）为了进一步加速并与常见实践进行比较，我们还实现了 PET 重建的 OSEM 版本。为此，我们需要将系统矩阵排序为子集，这是通过主机程序 smsplit.cpp 完成的。

（6）用修改后的系统矩阵实现 OSEM 只是对 reco.cu 的简单修改，并且在文件 recosem.cu 包含的单独的 recosem 程序中。

（7）为了检查我们重建的图像，我们必须将极体素重建重新映射回笛卡儿网格，用于显示和进行潜在的定量分析。这是由 poluse.cpp 中包含的简单主机 poluse 程序完成的。该程序使用一个简单的查找表，该查找表是由 pol2cart.cu 文件中的 pol2cart 程序在 GPU 上使用另一个模拟预先计算的。

在 scanner.h 里定义了以下基本扫描程序参数：

```
constexpr int cryNum = 400; // 一个环中的晶体数量
constexpr float crySize = 4.0f; // 方形面尺寸4×4 mm
constexpr float cryDepth = 20.0f; // 晶体深度20 mm
constexpr int zNum = 64; // 探测器中的环数
```

扫描仪由 cryNum 定义，cryNum 是每个环的探测器数量（设置为 400），crySize 是正方形探测器面的尺寸（设置为 4 mm），zNum 是探测器环的数量（设置为 64）。此外，探测器在横向平面 cryDepth 中的深度规定为 20 mm。如果我们在模拟中包括交互的深度，就会使用这个参数。我们使用前缀 cry 作为探测器尺寸参数，因为大多数情况下，探测器实际上是闪烁晶体，在这种情况下，尺寸为 4 mm × 4 mm × 20 mm[6]。这也是为什么我们使用 c 作为探测器在环周围的角位置。

可以导出许多次要参数，例如，系统的内半径为

$$detRadius = cryNum*crySize/cx::pi2<>.$$

注意，这个公式假设探测器的内表面形成一个完美的圆，这是真实 PET 系统的近似值。图 8.4 展示了一个小型 PET 系统的横向平面中体素的可能坐标系，每个环有 32 个探测

器，极性体素网格有 7 个环。图中网格的每个环有 32 个体素，可以选择将同一环中的相邻体素进行合并，以保持所有体素的体积大致相等。图中外部三个环显示为每个环有完整的32 个体素，内部四个环则只有 16 个体素。整数环的坐标 r 从最内层环的 0 开始。角坐标 c 是每个探测器环内的探测器数量，从环顶部的 0 开始，并随着顺时针旋转而增加。体素被布置在 z 切片的三维堆栈中，每个探测器环通常具有一个或两个切片。整数 z 坐标决定了体素属于哪个切片。因此，总体而言，我们使用三维圆柱极坐标 (r, c, z)作为体素网格。通常，坐标原点在扫描仪一端的中心轴上，因此对于 16 环扫描仪，z 坐标将从 0到 15。在这里给出的例子中，我们不合并较小 r的体素，以便让代码保持简单，并且整数极坐标 (c, z) 的值也能用于识别 PET 扫描仪中的单个探测器。这些坐标的浮点版本也被广泛用于模拟体

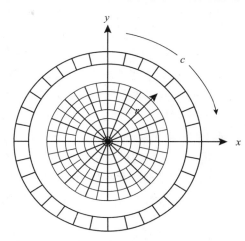

图 8.4　PET (c, r) 和 (x, y) 坐标

素内衰变事件和检测器内交互作用点的精确位置。注意，我们的极角是非常规的，因为平行于 y 轴的方向从 0 开始，然后顺时针增加。

代码中所模拟的扫描仪使用传统的 z 坐标，表示从 0～63 的整数探测器数量，或者表示为 0.0～256.0 连续的精确轴向位置。在最简单的模拟中，使用 64 个厚度为 4mm 的轴向体素切片来精确匹配探测器环，于是体素尺寸在 r、c 和 z 方向上通常为 $2 \times 2 \times 4$mm。c维度是近似值，并且随着环的位置而变化，因为体素是楔形而非立方体，这些细节汇总在表 8.1 中。在现实世界的临床 PET 扫描仪中，通常使用探测器 z 维度的一半作为体素的 z 维度，以在各个方向上提供更均匀的分辨率。在这种情况下，z 切片通常排列为以探测器中心或探测器边缘为中心的交替切片，这将导致在 127 个 z 切片的首尾切片宽度为 3mm，而其他切片的宽度为 2mm。

表 8.1　PET 模拟的坐标范围

符号	坐标范围	一个体素的物理范围	描述
r	0～99	$2r - 2(r+1)$(mm)	径向位置
c	0～399	$2\pi c/400 - 2\pi(c+1)/400$(rad)	极角位置
z	0～63	$4z - 4(z+1)$ (mm)	轴向位置

scanner.h 中定义了以下参数，以帮助创建和管理数据存储：

```
constexpr int mapSlice = cryNum*zNum;    // c1-z1组合的数量
constexpr int detZdZNum = zNum*(zNum+1)/2;  // z1-z2组合的数量
constexpr int cryCdCNum = cryNum*(cryDiffMax-cryDiffMin+1); // c1-z2组合的数量
```

参数 mapSlice 是一个环中探测器的数量乘以环的数量，也就是 $400 \times 64 = 25\ 600$ 个，这只是系统中探测器的总数。当在模拟中生成 LOR 时，需要一个足够大的数组以存放各种可能的累积数，这里需要大小为 mapSlice² 的 4 字节的 uints 数组，总计约 2.6 GB。map 数组在 GPU 代码中使用，同时在 fullsim 程序中生成事件，因此本章中的示例需要在拥有 4 GB 以上主存的 GPU 上运行。对每个探测器环分别进行模拟，这意味着需要 100 个不同的模拟来生成一个完整的系统矩阵。如果我们只是简单地将所有生成的映射文件复制回主机磁盘空间，就需要大约 260 GB 存储空间，不仅缓慢而且浪费。

可以对映射文件进行一些压缩，如同前面已经说过的，由 detZdzNum 给出数量为 2080 的有效 z1-z2 组合，而 cryCdVNum 提供数量为 $400 \times 201 = 80\ 400$ 的有效 c1-c2 组合，这两个数字在模拟中被广泛使用，其乘积数 167 232 000 是探测器模拟中可能出现的不同有效 LOR 的最大数量，这是式（8.1）中的 N_l 的值。使用这种压缩将映射文件大小差不多减少为原来的 1/4，并且在我们的代码中使用了这种方法，我们将其称为 zdz 格式。

探测器中的对称性意味着我们可以使用每个环中的单个体素来完全模拟系统。在我们的模拟中，我们将使用 100 个体素，其整数坐标为 $c_v = z_v = 0$，而 r_v 的范围在 0～99 之间。注意，c_v 和 z_v 的范围与物理扫描仪中探测器的排列相匹配，但 r_v 范围的选择只是为了能很好地覆盖扫描仪的有用体积。

如上所述，响应线由（z1，c1，z2，c2）四个坐标指定，这四个坐标定义了 LOR 的起点和终点处的探测器。LOR 的起点位于探测器（z1，c1），终点位于（z2，c2），其中 z1≤z2。系统的对称性意味着任何两个具有相同 dz = z2-z1 和 dc = c2-c1（mod 400）值的 LOR，将与对应体素的系统矩阵元素有相同的值。

我们可以将一对特定的（dz，dc）定义为"基准 LOR"（BL），通过旋转（400 个位置）和平移（根据 dz 的值计算出平均有 32 个位置）它，可以生成的许多实际探测器 LOR。典型的衍生 LOR 由（z1，c1，z1+dz，c1+dc）定义，最终相加的值需要经过模 400 处理。由于 c1 有 400 个选择，z1 有 64 - dz 个选择，因此每一个 BL 平均会有大约 $400 \times 32 = 12\ 800$ 个探测器 LOR，而这些 BL 的数量为 $64 \times 201 = 12\ 462$ 个，其中 c2 值（201）在 100≤dc≤300 范围内，这是行业的惯例。

在 fullsim 模拟程序中，我们发现所有 LOR 都会通过坐标为 $c_v = 0$、$z_v = 63$ 和 $r_v = n$ 的极体素，其中 0≤n≤99。我们使用了具有 127 个环的超长扫描仪，以便在具有 64 个环的真实扫描仪中所生成的 LOR 的 dz 范围可以达到最大允许值 63。这些 LOR 与前面提到的基准 LOR 具有相同的旋转和平移对称性，不同之处在于它们还具有确定位置的相关体素。在任何变换下，关联的体素都必须与基准 LOR 一起移动。我们可以将 fullsim 所发现的 LOR 视为式（8.2）中定义的"带体素的基准 LOR"（BLV）。

$$\text{带体素的基准 LOR: } (zsm1, c1, zsm2, c2)\ \{\ r_v = r,\ c_v = 0,\ z_v = zsm1\ \} \tag{8.2}$$

其中，zsm1 是从 LOR 的起点到体素的位移，而 zsm2 是从体素到 LOR 终点的位移。LOR

沿着 z 轴的范围为 dz=zsm1+zsm2，相关的衰变体素坐标在大括号 {} 中显示。在代码里，体素 r 值是隐式的，因为具有相同 r 值的体素被分组在一起。fullsim 程序的结果是在与该体素相关联的一组基准 LOR 中检测到体素衰减的概率，当 BLV 沿着 z 轴平移或在 x–y 平面中旋转时，这些概率是不变的。从式（8.2）中定义的 BLV 导出的 LOR 集合如式（8.3）所示。

$$(z, c1+c, z+dz, c2+c) \{ r, c, z +zsm1 \} \tag{8.3}$$

其中 dz=zsm1+zsm2，$0 \leqslant z \leqslant 63-dz$，$0 \leqslant c \leqslant 399$。

8.3　模拟 PET 扫描仪

经过较长的介绍，现在可以深入研究一些代码了，我们从生成用于系统矩阵的 BLV 的 fullsim 程序开始。示例 8.1 显示了 scanner.h 中定义并在程序中使用的一些基本结构。

示例 8.1　在 fullsim 中使用的结构

```
10  struct Lor {   // detected Line of response (lor)
11    int z1;       // leftmost z of physical LOR
12    int c1;       // corresponding c for Z1
13    int z2;       // rightmost z of physical LOR
14    int c2;       // c2-c1 (mod 400) or position
15  };

// Same as Lor except names of z variables changed
16  struct smLor {
17    int zsm1;     // displacement to left of decay voxel
18    int c1;       // corresponding c for zsm1
19    int zsm2;     // displacement of right of decay voxel
20    int c2;       // corresponding c for zsm2
21  };

22  struct Ray {   // specifies 3D line r = a+λn
23    float3 a;
24    float3 n;
25    float lam1;   // first end point  λ₁
26    float lam2;   // second end point λ₂
27  };

// can define polar voxel or complete cylinder etc.
28  struct Roi {
29    float2 z;     // z.x & z.y start and end z
30    float2 r;     // r.x & r.y start and end r
31    float2 phi;   // phi.x & phi.y start and end phi in radians
32  };
```

示例 8.1 的说明

● 第 10～15 行：定义 Lor 结构体来表示检测到的响应线。根据惯例，响应线的最左侧检测点位于探测器（z1，c1），最右侧检测点位于探测器（z2，c2）。

- 第 16～21 行：定义 smLor 结构体来表示具有隐含体素的 LOR。变量 zsm1 和 zsm2 是到体素 z 位置的左侧和右侧的 z 位移。

- 第 22～27 行：Ray 结构体用来在三维空间中定义一条线。直线穿过点 a 并具有向量方向 n，通过设置 lam1 和 lam2 的值，最多可以定义射线上的两个特定点。在代码中，a 是生成的衰减点，n 是伽马行进的方向，lam1 和 lam2 表示伽马与周围探测器内表面相遇的两个点。如果 n 被归一化，lam1 和 lam2 测量从 a 到检测点的距离。这种类型的几何对象在仿真软件中很常见。

- 第 28～31 行：这里定义一个用来生成衰变事件的兴趣区域（ROI），体积为圆柱形的极坐标和 z 坐标的范围，r 的范围是 r.x 到 r.y，极角 phi 和轴向距离 z 也是如此。

内核函数 voxgen 是代码的核心，负责在给定的扫描仪体素或其他 ROI 中生成衰变，并跟踪产生的背靠背伽马射线，直到它们撞击扫描仪内表面的点。伽马对的方向在三维空间中以同位素生成，衰减位置在体素体积内均匀生成，这样的事件生成是众多模拟的基础。voxgen 内核函数代码如示例 8.2 所示，并且支持示例 8.3 的 ray_to_cyl 内核函数。

示例 8.2 用于 PET 事件生成的 voxgen 内核函数

```
40   template <typename S> __global__ void voxgen
     (r_Ptr<uint> map, r_Ptr<double> ngood, Roi roi,
                         S *states, uint tries){
41     int id = threadIdx.x + blockIdx.x*blockDim.x;
42     S state = states[id];
43     Ray g;    // generate rays
44     Lor lor;  // find Lor where ray meets detector
45     uint good = 0;
46     float r1sq = roi.r.x*roi.r.x;       // r1^2
47     float r2sq = roi.r.y*roi.r.y-r1sq; // r2^2 - r1^2
48     float dphi = roi.phi.y-roi.phi.x;  // phi range
49     float dz =   roi.z.y-roi.z.x;       // z range
50     for (uint k=0; k<tries; k++){
51       // generate point in cylindrical roi
52       // uniform in z, phi & annulus between r1 and r2
53       float phi = roi.phi.x + dphi*curand_uniform(&state);
54       float r =   sqrtf(r1sq +r2sq*curand_uniform(&state));
55       g.a.x = r*sinf(phi); // Cartesian x y
56       g.a.y = r*cosf(phi); // from r and phi
57       g.a.z = roi.z.x + dz*curand_uniform(&state);

58       // generate isotropic back to back gammas
59       phi_gam = cx::pi2<>*curand_uniform(&state);
60       // theta from acos of cos sampled uniformly in [-1,1]
61       float theta_gam = acosf(1.0f-2.0f*
                              curand_uniform(&state));
62       g.n.x = sinf(phi_gam)*sinf(theta_gam);
63       g.n.y = cosf(phi_gam)*sinf(theta_gam);
64       g.n.z = cosf(theta_gam);
65       // find & save hits in scanner detectors
66       if(ray_to_cyl(g, lor, detLongLen)){
```

```
67        good++;
68        uint zsm2 = max(0,lor.z2-zNum+1); // zsm2
69        uint zsm1 = max(0,zNum-lor.z1-1); // zsm1
70        uint index = (zsm1*cryNum+lor.c1)*mapSlice +
                        zsm2*cryNum+lor.c2;
71        atomicAdd(&map[index],1); // Histogram hits
72      }
73    }  // end generate loop
74    ngood[id] += good;  // count good hits for each thread
75    states[id] = state; // save cuRand state
76  }
```

示例 8.2 的说明

● 第 40 行：模板化内核函数 voxgen 是 fullsim 程序的核心，在体素内随机均匀分布的点上生成大量衰变事件。这些事件的背靠背伽马射线被投影到周围的 PET 探测器环上，并且将命中点保存在 LOR。我们期望为每个体素生成 10^{11} 个或更多 LOR，因此累积每个 LOR 发生次数的总和，而不仅仅是输出单个事件[7]。voxgen 使用的参数如下：

■ 数组 unit *map 用于存储生成的 LOR，这是一个维度为 $(zNum \times cyrNum)^2$ 的大数组，示例中的 GPU 内存大约是 2.6 GB。代码中当 4 维数组命中 [z1][c1][z2][c2] 时，对该数组进行寻址。这对代码来说是一个重要的设计决策，避免了调用内存较小但产生快速直接代码的底层 CUDA GPU。

　　map 数组用于保存整数个命中数，因此选择 uint 作为数组类型，这样就能为单个 LOR 累积高达 $2^{32}-1$ 的计数，而浮点型仅适用于高达 2^{25} 的计数。选择 ushort 是为了节省内存，但需要检查和处理某些存储箱中潜在的溢出，这会减慢速度并使代码复杂化。此外，CUDA 对 16 位 atomicAdd 的支持只有在最新的 GPU（计算能力 7.0 及以上）中可用。

　　这个数组实际上比它需要的要大，通过 $z1 \leqslant z2$ 和 $dc \leqslant 201$ 的约束，可以将大小缩小到原来的 1/4。这些约束在 MLEM 重建代码 reco 中使用过，稍后将在 8.5 节中讨论。这里使用蒙特卡罗模拟的结果随机寻址非常大的映射数组的元素——这对 CUDA 来说是最坏的情况，不确定是否值得添加额外代码来压缩数组。

　　我们还注意到，性能对 fullsim 程序虽然很重要，但只需要生成一次系统矩阵。因此，最好花点时间去优化稍后的重建代码，这段代码在临床应用会运行多次，需要尽可能快。

■ 数组 double* ngood 的大小等于线程块网格中的线程总数，用于存储单个线程发现的良好事件的总数。类型 double 用于将单个线程的贡献存储在全局内存中，以便能以足够的精度让最终 thrust::reduce 操作完成对良好命中总数的查找。同时要记住，总数可能超过用于累积单个线程贡献的 uint 变量的最大值。

- Roi roi 结构体定义了要在其中生成衰变的体积。[8] 在 scanner.h 中定义了该结构体，如示例 8.1 所示，它包含 float2 变量 r、phi 和 z。每个成员的 x 和 y 分量指定模拟中使用的值的范围，例如，径向值的范围为 roi.r.x≤r≤roi.r.y。

- 模板数组 S*state 是用于存储每个线程使用的 cuRAND 状态，如之前的蒙特卡罗示例中所述。

- 最后，uint tries 保存每个线程要尝试的生成数，通常在 $10^4 \sim 10^6$ 范围内。

- 第 41 行：使用标准一维线性线程寻址方法为每个线程确定唯一的 id 编号。

- 第 42 行：将当前 cuRAND 状态复制到局部变量 state。

- 第 43～44 行：声明稍后会使用到的 Ray g 和 Lor lor 结构体。

- 第 45 行：声明用来统计线程生成良好命中数的 ngood 变量。

- 第 46～49 行：初始化常数，指定模拟循环中使用的体素坐标 r、phi 和 z 的范围。

第 50～73 行：这是主要事件生成循环，每个线程执行 tries 次。

- 第 53～57 行：这里在 roi 指定区域内生成一个随机点，这些点需要均匀地填充空间，这对立方体来说很容易，但对其他对象来说会比较难，需要使用第 6 章的逆变换方法来正确地对径向坐标进行逆变换。体素 r 的范围从 roi.r.x 到 roi.r.y，但是由于楔形，处理较大的 r 值比处理较小的 r 值需要更多的点。我们需要的公式就是第 6 章的式（6.3），涉及均匀生成随机数的平方根。

  - 第 53 行：将 phi 设置为期望范围 [roi.phi.x, roi.phi.y] 内的均匀随机值。

  - 第 54 行：将 r 设置为期望范围 [roi.r.x, roi.r.y] 中带有偏离的随机值，以便更频繁地出现大的值，并且得到均匀的空间分布。这里使用的是式（6.3）。

  - 第 55～56 行：将对应于 r 和 phi 的笛卡儿 x-y 坐标存储在 g.a 中。

  - 第 57 行：将 z 坐标存储在 g.a 中，其中 z 在 [roi.z.x, roi.z.y] 范围内均匀生成。

- 第 58～64 行：通过生成归一化的三维方向向量 g.n，来模拟衰变点处一对背靠背伽马射线的产生。该方向也是随机的，为此我们使用适当生成的随机球面极坐标（θ, φ）。在这些坐标中，单位球面（或立体角）上的面积元素为 $\sin\theta d\theta d\varphi$：

  - 第 59 行：在 $[1, 2\pi]$ 区间均匀生成 phi_gam；

  - 第 61 行：要计算 theta_gam，需要再次使用第 6 章的逆变换方法来处理 $\sin\theta$。由于 $\sin\theta$ 的积分是 $\cos\theta$，因此需要在 $[-1, 1]$ 中均匀生成 u，然后找到 $\cos^{-1}(u)$。

  - 第 62～64 行：将方向向量的笛卡儿分量存储在 g.n 中。

- 第 66 行：找到由前面步骤构造的随机 Ray g 与扫描仪内表面相交的两个点，通过调用带有参数 g、lor 和 detLongLen 的函数 ray_to_cyl（探测器以毫米为长度单位，本示例为 508）来完成计算。如果发现命中点之间的环差小于 zNum（本示例为 64），则函数将计算出的 (z，c) 对存储在第二个参数 lor 中，并返回 1 表示已生成检测到的事件，然后执行第 67～71 行以获得好的命中率。

- 第 67 行：增加局部变量 good 来追踪成功的命中，这一点很重要，因为它让我们能根据良好命中与所有生成的伽马对的比率，来计算 PET 系统检测伽马的效率。
- 第 68～69 行：将 z1 和 z2 的 LOR 位置从长扫描仪中的绝对值重新格式化为 z=zNum-1 处源体素的位移。在系统矩阵中使用 zsm1 和 zsm2 这样的格式。
- 第 70～71 行：使用第 71 行的 atomicAdd 来增加映射数组的相应元素。这个索引模仿四维的 map[zms1][c1][zms2][c2] 布局。请注意，这里所做的是有效地创建一个频率直方图，用来表示所使用的特定体素几何体生成每个可能的 LOR 的频率。直方图对 GPU 内存访问来说是最坏情况，因为任何 warp 中的 32 个线程可能访问到 32 个完全不同的内存位置。这里并没什么好办法来合并内存中访问模式。早期的 GPU 使用一些复杂的处理来提升性能，包括共享内存中的缓冲和其他技巧。好在现代 GPU 更宽容，我们认为最好的做法是别太计较性能上的损失，尽量让代码保持简单。
- 第 74～75 行：对于每个线程，将局部变量 good 和 state 的最终值分别存储到全局数组 ngood 和 state 中。注意，这里对 ngood 使用 +=，以便正确地累积重复调用的内核函数。

示例 8.3 中列出了函数 ray_to_cyl 的清单，这是 voxgen 用来找到射线与圆柱体探测器桶相遇点的函数。

示例 8.3　用于跟踪射线到圆柱体的 `ray_to_cyl` 设备函数

```
80   __device__ int ray_to_cyl(Ray &g,Lor &l,  float length)
81   {
82     // find interection of ray and cylinder, need to
       // solve quadratic solve quadratic Ax²+2Bx+C = 0
83     float A = g.n.x*g.n.x +g.n.y*g.n.y;
84     float B = g.a.x*g.n.x +g.n.y*g.n.y;
85     float C = g.a.x*g.a.x +g.a.y*g.a.y -detRadius*detRadius;
86     float D = B*B-A*C;
87     float rad = sqrtf(D);
88     g.lam1 = (-B+rad)/A;  // gamma1
89     float z1 = g.a.z+g.lam1*g.n.z;
90     g.lam2 = (-B-rad)/A;  // gamma2
91     float z2 = g.a.z+g.lam2*g.n.z;

92     if (z1 >= 0.0f  && z1 < length && z2 >= 0.0f &&
                        z2 < length && abs(z2-z1) < detLen){
93       float x1  = g.a.x+g.lam1*g.n.x;
94       float y1  = g.a.y+g.lam1*g.n.y;
95       float phi = myatan2(x1,y1);
96       l.z1 =  (int)(z1*detStep);
97       l.c1 =  phi2cry(phi);
98       float x2 = g.a.x+g.lam2*g.n.x;
99       float y2 = g.a.y+g.lam2*g.n.y;
100      phi = myatan2(x2,y2);
101      l.z2 = (int)(z2*detStep);
102      l.c2 = phi2cry(phi);

103      if (l.z1 > l.z2){  // enforce z1 <= z2 here
```

```
104        cx::swap(l.z1,l.z2);
105        cx::swap(l.c1,l.c2);
106      }
107    return 1;  // 1 indicates success - good hits in scanner
108  }
109  return 0;    // 0 indicates failure - miss scanner
110 }
     . . .
120 // NB x and y reversed compared to usual atan2
121 template <typename T> __host__ __device__
                            T myatan2(T x, T y)
122 {
123    T angle = atan2(x,y);
124    if(angle <0) angle += cx::pi2<T>;  //  0 ≤ angle ≤ 2π
125    return angle;
126 }

    // convert phi in radians to integer crystal number
127 __host__ __device__ int phi2cry(float phi)
128 {
129    while(phi < 0.0f) phi += cx::pi2<float>;
130    while(phi >= cx::pi2<float>) phi -= cx::pi2<float>;
131    return (int)( phi*cryStep );
132 }
```

示例 8.3 的说明

- 第 80 行：函数声明有三个参数，包括输入的射线 g、输出的 LOR l 和以毫米为单位的扫描仪长度 length。这个函数求解式（8.4），并返回 λ 的浮点值（即二次方程的两个解），以及击中探测器的（z，c）的整数值，然后将这些值都存储到输出参数 l 中。

如果射线为 $r = a + \lambda n$，圆柱的半径为 R，则要求解的就是 λ 的二次方程，如式（8.4）所示。

已知 $r = a + \lambda n$，求 λ，使得 $r_x^2 + r_y^2 = R^2$

因此 $\lambda^2 \left(n_x^2 + n_y^2\right) + 2\lambda\left(a_x n_x + a_y n_y\right) + a_x^2 + a_y^2 - R^2 = 0$

$$求得 \lambda = \frac{-B \pm \sqrt{B^2 - 4AC}}{2A}$$ （8.4）

其中 $A = \left(n_x^2 + n_y^2\right)$，$B = 2\left(a_x n_x + a_y n_y\right)$，$C = a_x^2 + a_y^2 - R^2$

射线与沿 z 轴对齐的圆柱体相交。

- 第 83～85 行：计算式（8.4）的参数 A、B 和 C。注意，公式中的系数 2 和 4 在代码中并不存在，因为在最终结果中被抵消了。

- 第 86～87 行：计算二次方程解中使用的平方根（根号）。由于点 a 始终在圆柱内部，因此二次方程将始终具有实根，所以 D 必须为正数，无须在取平方根之前进行检查。然而在更一般的情况下，当射线没有穿过圆柱体时，则 a 可能落在圆柱体外部，此

时 D 值可能为负数，这就需要进行检查。

- 第 88~91 行：计算命中点的 lam1 和 lam2 值，使用正的 D 值计算 lam1，使用负的 D 值计算 lam2，结果存储在 g 中。这里同时计算命中点的 z 坐标 z1 和 z2。
- 第 92 行：检查 z1 和 z2 是否都在扫描器的有限长度内，也就是 [0, length] 范围（这里使用的 length 为 508 mm），并且这些值之间的差与实体短扫描器的长度（这里设定为 256 mm）一致。相对于 z 轴具有小倾斜角的 LOR 将无法通过此测试。
- 第 93~97 行：计算 lam1 指定点上的探测器 z1 和 c1 的整数值，这里使用示例 8.3 中的 myatan2 和 phi2cry 这两个小型实用函数。
- 第 98~102 行：用同样的方式计算第二个命中点。
- 第 103~106 行：如果 z1 > z2，就交换探测器元素，以确保在后续处理中满足 z1 ≤ z2。
- 第 107 行：返回 1 表示成功。
- 第 109 行：返回 0 表示失败，这意味着一个或两个伽马未命中扫描仪。
- 第 121~126 行：这是基于标准 C++ atan2 数学库函数的支持函数 myatan2，但是以相反的参数顺序调用，因此这里的（x, y）实际上是常规的（y, x），然后遵循我们的 PET 惯例返回一个角度值，平行于 y 轴的向量表示为 0，并且随着顺时针方向增加，最大值为 2π。像这样将特殊惯例抽离成单个函数是一种良好的编程实践，因为后面可以很轻松地进行修改。如果代码在多个地方重复使用，则更改这些惯例时会容易出错。CUDA 有个特别好的特性，可以在主机和设备上使用完全相同的函数，以减少出现错误的机会。
- 第 128~132 行：函数 phi2cry 将弧度表示的角度 phi 转换为 0~399 的探测器编号，这是遵循图 8.4 所示的探测器编号惯例。

未在此处显示的主机代码是很简单的，遵循我们例子的通常模式：读取参数、分配和初始化内存缓冲区、调用内核函数、整理结果并完成操作。如果要比较 GPU 代码与类似的 CPU 代码的性能比较，可以使用一些运行在单个 CPU 线程上的类似主机代码替换内核函数 voxgen。下框中显示了一些典型结果。

GPU 事件生成：

```
D:\ >fullsim.exe 1 144 2048 10000 12344 88 89 0 1
len 508.0 radius 254.648 rings 127 crystals/ring 400 zstep 4.000
 phistep 0.900
Roi  phi (0.000 0.016) r (176.0 178.0) z (252.0 256.0) a (1.39
 176.99 254.00)
file big_map088.raw written
ngen 10000465920 good 5054418255 gen 2.056, io 25.999, total 28.059 sec
```

单核 CPU 事件生成：

```
D:\ >fullsim.exe 3 100 12344 88 89 0 1
```

```
len 508.0 radius 254.648 rings 127 crystals/ring 400 zstep 4.000
 phistep 0.900
Roi  phi 0.000 0.016) r (176.0 178.0) z (252.0 256.0) a (1.39
 176.99 254.00)
file host_big_map088.raw written
ngen 100000000 good 50540716 gen 25.306, io 22.324, total 47.631 sec
```

fullsim 代码在 GPU 和单核主机上运行的计时结果显示：GPU 的事件生成速度比 CPU 快 1200 多倍。

我们在 RTX 2070 GPU 上运行 GPU 版的 fullsim，每秒可以生成约 5×10^9 个各向同性方向的事件，其中大约一半的事件与我们特定几何形状的 PET 探测器进行交互，这个信息本身很有趣，因为它允许用户根据体素位置计算 PET 扫描仪的几何效率，输出文件中的详细信息将让我们进一步创建完整的系统矩阵。尽管 Nsight Compute 对 GPU 的性能分析表明，GPU 代码受到内存访问的限制，"只能"达到约 450 GFlops 性能。然而在单 CPU 的主机 PC 上运行相同的代码，时间却多了 1000 多倍。

由于 GPU 仅需几分钟的总生成时间，为了获得合理的统计精度，整个系统矩阵需要 100 次这样的生成。请注意，这里使用的极坐标体素非常重要，一个等效的 200×200 笛卡儿网格具有 8 倍对称性，并且需要大约 5000 次不同的 fullsim 运行，结果的计算时间和磁盘空间需求都增加了 50 倍。

如果要将 map 数组的 2.6 GB 输出数据都写入磁盘，则磁盘 IO 所需的时间会明显多于生成内容所需的时间，程序确实具有这样的选项，因为这些文件对调试很有用。对于每个固定的（c1，zsm1）对，map 的一个切片是其全部关联（c2，zsm2）命中点所形成的二维平面图。现在，所有 LOR 都必须通过第一个探测器的 4 mm × 4 mm 区域，以及适当的 2 mm³ 的固定源体素，并且这会将其可能的方向限制在从源体素转向第二个探测器的狭窄锥形。这些锥形的散度会随着第一个探测器上源体素之间距离的减小而增加。两个对应于斑点大小极值的示例如图 8.5 所示。

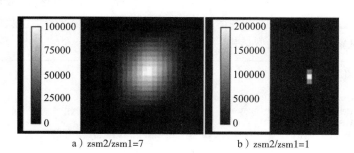

a）zsm2/zsm1=7   b）zsm2/zsm1=1

图 8.5　来自 LOR 的第二个射线的 PET 探测器分布点图

图 8.5 显示了当固定（c1，zsm1）=（6,5）时，（c2，zsm2）的分布点图。zsm2 轴是垂直的，c2 轴是水平的。在 8.5a 中，源体素位于扫描仪表面附近，其中 198 mm $< r <$ 200 mm 并且 $0 < \varphi < 7.5°$，这里的点较大，有 278 个以（c2，zsm2）=（247,35）为中心的非零值，产生 10^{10} 次衰变时，峰值为 95 518。图 8.5b 显示源体素靠近扫描仪中心，其中 $0 < r < 2$ mm 并且 $0 < \varphi < 7.5°$，这里的点很小，有 6 个以（c2,zsm2）=（206,5）为中心的非零值。产生 10^{10} 次衰变时，峰值为 182 121。这个"杠杆臂"zsm2/zsm1 在图 8.5a 中等于 7，在图 8.5b 中等于 1，这就解释了斑点大小的差异。

除了调试之外，没有必要为每个固定对（c1,zsm1）输出全部的 400×64 个 (c2，zsm2) 数组。事实上，一个 24×24 的正方形已经足够大，可以容纳每一个使用（zsm1，c1）的"点"，使用已知位置（zsm1，c1）和源体素来计算该点中心是容易的。这个计算类似于式（8.4），除了已知所需射线上的一个点已经在扫描仪的表面上，我们只需要求解一个线性方程。结果如式（8.5）所示。

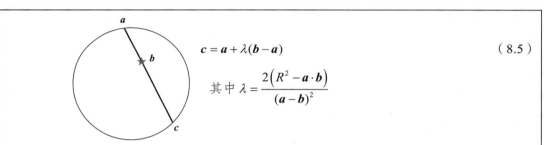

$$c = a + \lambda(b - a) \tag{8.5}$$

$$其中 \lambda = \frac{2\left(R^2 - a \cdot b\right)}{(a - b)^2}$$

通过 **b** 的 LOR 在 **a** 和 **c** 处遇到探测器。如果 **a** 是已知的，则 **c** 由式（8.5）给出，其中 R 是圆的半径。

我们编写一个 find_spot 内核函数来压缩输出文件，将需要传输回主机并写入磁盘的数据量从 2.6 GB 减少到 59 MB。内核函数如示例 8.4 所示，这个内核函数并不是特别优雅也不太高效，不过可以看出，只要懂得一点点 CUDA，就能相对轻松地撰写内核函数，以执行不太可能存在定制库函数的特定编程任务。由于内核函数需要处理 400×64 个 400×64 尺寸的独立帧，因此我们使用 400 个线程的 64 个块来为每帧分配一个 CUDA 线程。在做出这种设计选择后，不可能进一步调整启动块的尺寸了。

示例 8.4　用于压缩 `full_sim` 结果的 `find_spot` 内核函数

```
140   __global__ void find_spot(r_Ptr<uint> map,
                      r_Ptr<uint> spot, Roi vox) {
141   // MUST be called with zNum blocks of cryNum threads
142   float c1 = threadIdx.x; // use floats for (z1,c1) as
143   float z1 = blockIdx.x;  // they are used in calculations
144   if (c1 >= cryNum || z1 >= zNum) return;

145   float3 a; // LH hit on scanner
146   float phi = (cx::pi2<> / cryNum)*(c1 + 0.5f);
147   a.x = detRadius * sinf(phi); // phi = 0 along y axis
148   a.y = detRadius * cosf(phi); // and increases clockwise
149   a.z = crySize * (z1 + 0.5f); // use slice centre
```

```
150    float3 b;  // source voxel centre
151    phi = 0.5f*(vox.phi.y + vox.phi.x);    // mean phi
152    float rxy = 0.5f*(vox.r.y + vox.r.x); // mean r
153    b.x = rxy * sinf(phi);          //
154    b.y = rxy * cosf(phi);          // source voxel
155    b.z = 0.5f*(vox.z.y + vox.z.x);// mean x,y,z

156    // find λ₂ and point c where ray hits scanner again
157    float lam2 = -2.0f*(a.x*b.x + a.y*b.y -
           detRadius*detRadius)/((b.x-a.x)*(b.x-a.x) +
                                 (b.y-a.y)*(b.y-a.y));
158    float3 c = lerp(a,b,lam2); // c = a + λ₂(b-a)
159    phi = myatan2(c.x,c.y);
160    int c2 = phi2cry(phi);  // calculated end point
161    int z2 = c.z / crySize; // of LOR starting at (z1,c1)

162    // copy the 24x24 tile at (z2,c2) from map to spot
163    int zsm1 = zNum-1 - (int)z1;
164    int zsm2 = z2 - zNum+1;
165    zsm2 = clamp(zsm2,0,zNum-1);  // could be out of range
       // map slice
166    size_t m_slice = (zsm1*cryNum + c1)*mapSlice;
       // spot slice
167    size_t s_slice = (zsm1*cryNum + c1)*spotNphi*spotNz;

168    int sz = max(0,zsm2 - spotNz/2); // tile z offset
169    for (int iz=0; iz<spotNz; iz++) {
170      int sc = cyc_sub<cryNum>(c2,spotNphi/2); // c offset
171      for (int ic=0; ic<spotNphi; ic++) {
172        uint val = map[m_slice + sz * cryNum + sc];
173        spot[s_slice + iz * spotNphi + ic] = val;
174        sc = cyc_inc<cryNum>(sc);
175      }
176      sz++;
177      if (sz >= zNum) break;
178    }

179    // store offsets in top LH corner of tile
180    spot[s_slice] = max(0,zsm2-spotNz/2) );
181    spot[s_slice+spotNphi] = cyc_sub<cryNum>(c2,spotNphi/2);
182  }
     // utility functions used above
     //  cyclic addition: returns i+step modulo cryNum
190  __host__ __device__ int cyc_add(cint i,cint step) {
191      return i+step < cryNum ? i+step : i+step-cryNum;
192  }

     // cyclic subtraction: returns i-step modulo cryNum
193  __host__ __device__ int cyc_sub(cint i,cint step) {
194      return i >= step ? i-step : i-step+cryNum;
195  }

     // cyclic increment: returns i+1 modulo cryNum
196  __host__ __device__ int cyc_inc(cint i) {
197      return i+1 < cryNum ? i+1 : 0;
198  }

     // cyclic decrement: returns i-1 modulo cryNum
```

```
199   __host__ __device__ int cyc_dec(cint i) {
200       return i >= 1 ? i-1 : cryNum-1;
201   }
```

示例 8.4 的说明

- 第 140 行：内核函数声明有三个输入参数，uint 数组 map、spot 与描述模拟中使用的体素 Roi vox。输出数组 spot 接收从 map 相关区域复制的 24×24 的分片。
- 第 142～143 行：使用线程和块排名设置正在处理的 LOR 的左端位置（z1，c1）。请注意，这里的变量使用 float 类型。
- 第 145～149 行：计算扫描仪表面上 *a* 点的坐标。
- 第 150～155 行：计算源体素的中心坐标 *b*。
- 第 156～161 行：使用式（8.5）中的结果来计算 LOR 在 *c* 处的终点。
  - 第 157 行：使用式（8.5）计算 lam2。
  - 第 158 行：使用 CUDA 文件 helper_math.h 中定义的 lerp 实用函数，执行线性插值 $c = a + \lambda(b-a)$。
  - 第 159～161 行：计算点的中心的整数探测器坐标（z2，c2）。
- 第 163～165 行：将扫描仪 LH 端测量的 z1 和 z2，转换为 map 索引与 spot 数组的源体素位移 zsm1 和 zsm2。请注意，我们得将 zsm2 限制在 [0,zNum–1] 这个允许的范围后才能再继续，因为 zsm2 可能超出扫描仪的有效范围，但相关点中的一些 LOR 光晕仍然可以检测到。
- 第 166～167 行：在 map 和 spot 中查找与当前线程的相关（zsm1，c1）切片的索引。代码的剩余部分涉及将 map 的正确分片位置复制到 spot。
- 第 168～178 行：在 map 中以计算的命中点（zsm2，c2）为中心的 24×24 分片上的循环，并将值复制到 spot。对于涉及角度 c 坐标的索引计算，我们使用由实用函数 cyc_inc 和 cyc_sub 实现的模运算。
- 第 180～181 行：最后将分片位置存储在第一列的前两个元素中。这里有个默认的假设，就是分片足够大，可以防止任何有用的数据被覆盖。显然可以使用更稳健的策略，例如将这些数字写入一个单独的文件中，但在这里，我们希望保持代码尽可能简单。
- 第 190～201 行：一组用来对 cryNum 执行模块化加法和减法的小型支持函数。由于 cryNum 已经在 scanner.h 中定义为 constexpr，因此这个值在编译时是已知的，有助于编译高效的内联函数。

这里虽然没有充分讨论调用这些内核函数的主机代码，但它很直观，可以在我们的代码库里找到。基本上，用户可以指定要模拟的体素子集以及每个体素的尺寸，模拟所使用的大部分参数都在 scanner.h 文件中定义了，如果要更改的话，就需要重新编译整个程序。

每个模拟的体素都保存在一个包含 400×64 个 24×24 分片的独立二进制文件中，文件名为 spot_map000.raw 到 spot_map099.raw 的文件对应于 100 个不同半径的完整体素集合。这里系统中的每个体素都会使用 10^{11} 个生成（相当多！），所有文件都可以在 36 分钟内生成。使用较旧的 GTX 970 GPU，时间大约为 2.5 倍，需要大约 90 分钟。有趣的是，我们在 RTX 2070 卡上的结果，比我在 2007 年一个类似项目中的结果快了 160 倍[9]，那时使用的是 32 个双处理器 Xeon 3.2 GHz PC 集群系统，无论是购买或者运行都不便宜，并且噪声很大，还需要一名全职的系统经理和大量的空调。

完整的数据集虽然不到 6 GB，但还是相当大。然而文件中仍然有大量的零（大多数点远小于 24×24）或微小的值，由于这些值在构建实用的系统矩阵时是可以舍弃的，因此这个大小可以进一步减小。

8.4　建立系统矩阵

MLEM 图像重建所需的系统矩阵元素 S_{vl} 是指在 LOR l 上检测到体素 v 衰变的概率。这些概率仅是从我们的模拟中积累的点图文件中的数字，按生成数归一化而得。具体而言，具有值（zsm1，c1，zsm2，c2）的基准 LOR 与 $c = 0$，$z = $ zsm1 和 $r = r_s$ 的体素的衰变概率成正比，其中 r_s 在 [0, 99] 之间，取决于使用 100 个点图文件中的哪一个。需将点图文件中的整数值除以模拟中使用的总衰变数目 N_{gen}，以获得实际概率。作为一个实现细节，在我们的代码中，通过读取存储在系统矩阵中的未缩放值的重建代码来进行 N_{gen} 的缩放[10]。

将 100 个点图文件合并成一个单独的系统矩阵相对快速和简单。我们只需将所有点图文件连接成一个单独的文件，并压缩数据以最小化存储需求。我们使用四个整数值来定义基准 LOR，并将其压缩为一个 32 位字，使用 7 位 z 值和 9 位 c 值，如图 8.3 所示[11]。

在代码中，我们称压缩值为"键"，并将每个点图文件中的键按升序键值顺序排序，存储在系统矩阵文件中。这是一个重要的细节。

实际的系统矩阵文件是一个 smPart 对象的栈，包含了转换为 32 位浮点数的键值和相应的衰变次数。示例 8.5 中显示了这个定义，以及用于打包和解包键的函数。

示例 8.5　具有实用函数 key2lor 和 lor2key 的 smPart 对象

```
// 8-byte system matrix element. Each matrix element is the
// probability that a decay in voxel v is detected in a
// particular lor. The probability is given by val and the lor
// and decay voxel are given the 4 zsm1, c1, zsm2, c2 values
// compressed into key. The voxel is at z=zsm1, c = 0 and
// r = rs. The lor goes from z=0 & c1 to z=zsm1+zsm2 & c2.
// The matrix elements are invariant under rotation and
// translation. The rs values are implicit as sm elements are
// stored by ring number.

struct smPart {
  uint key;
```

```
  float val;
};

__device__ __host__ inline smLor key2lor(uint key) {
  smLor sml;
  sml.c2 = key & 0x000001ff;        // bits  8-0
  sml.zsm2 = (key>>9) & 0x0000007f; // bits 15-9
  sml.c1 = (key>>16) & 0x000001ff;  // bits 24-16
  sml.zsm1 = (key>>25);             // bits 31-25
  return sml;
}

__device__ __host__ inline uint lor2key(smLor &sml) {
  uint key = 0;
  key = (sml.zsm1<<25) | (sml.c1<<16) | (sml.zsm2<<9)
                                      | (sml.c2);
  return key;
}
```

一个简单的主机代码程序 readspot 将 100 个点图文件转换为单个系统矩阵文件，这个代码可以在我们的代码库中找到。这个程序的输出是两个文件。第一个文件 sysmat. raw 是系统矩阵本身，它包含点图文件中有效响应线的所有 smParts。重要的是，条目首先按射线体素位置的升序排序，然后将每个射线子集的数据按键升序排序。按键排序会影响重建代码的内存访问模式。使用排序键的后果是，在遍历 sysmat.raw 时，zsm1 和 c1 的变化比 zsm2 和 c2 的变化慢。构建内核函数代码时要注意，zsm1 或 c1 对应的数组索引对应较大的步幅，而 zsm2 或 c2 对应较小的步幅，因此同一 warp 中的线程应该倾向于使用相同的 zsm1 和 c1 值。这可以提高运行内核函数时的内存缓存性能。

readspot 程序可以使用用户可设置的截断拒绝点图文件中的一些 LOR 数据。特别地，用户可以为 zsm1+zsm2 指定一个最大值，即 LOR 的最大扫描仪环差。这在现实世界的扫描仪中很有用，因为具有较大环差的 LOR 提供的信息不够精确。另一个截断是对 LOR 的概率值进行截断。我们发现，这是一个非常小的值的尾部，对重建的准确性没有任何贡献。对于每个 zsm2-c2 点，我们找到最大值，然后拒绝值小于该值固定小数的 LOR。例如，3% 的截断值可以将 sysmat 文件的大小减少 34%。经过这样的截断，sysmat 文件包含约 6×10^6 个基准 LOR，只需要 48 MB 的内存。

readspot 程序生成的第二个文件是 systab.raw，一个小的索引文件，它包含指向 sysmat 文件中每个径向子集的数据开头和结尾的指针。systab 文件在每个径向子集中包含一个 smTab 对象，其结构如示例 8.6 所示。整数 start 指向此环中 sysmat 的第一个条目，end 是此环的最终索引加 1。其他值用于可能的开发，目前不使用，但它们将 smTab 的大小填充到 16 字节，与 GPU L1 缓存行匹配。

示例 8.6　用于索引系统矩阵的 smTab 结构

```
struct smTab {
  int ring;   // voxel radial position
```

```
    uint start;   // pointer to sysmat start of data
    uint end;     // pointer to sysmat end of data
    int  phi_steps;
};
```

8.5 PET 重建

我们现在可以使用式（8.1）中展示的 MLEM 方法实现 PET 图像重建程序，这个 reco 程序是从 "数字幻影"（digital phantoms）中重建图像，用来对真实扫描仪的实际 LOR 图像数据进行模拟。幻影数据文件格式是 fullsim 程序使用的非常大的映射数组的压缩版本，LOR 通过一组 (z_1, c_1, z_2, c_2) 值定义，但它们不是基准 LOR，并且不会 "记住" 衰变发生的父体素，所以要使用变量名称 z_1 和 z_2，而不是 zsm1 和 zsm2。由于我们约定 $z_1 \leqslant z_2$，$100 \leqslant |c_2-c_1| \leqslant 300$，因此我们必须允许 z_1 和 c_1 的所有可能值，但是对应的 z_2 值被限制为 $64-z_1$ 个可能值，c_2 被限制为 201 个可能值。根据 z_1 的 64 个可能值，组合 z_1-z_2 可能性的总数就是 $1+2+\cdots+64 = 2080$ 个，因此数字幻影的大小是 $400 \times 2080 \times 201$，对应 4 字节 uint 数据的大小约为 668 MB。我们为任何有效的 (z_1, z_2) 对计算唯一的索引值，如 z_1+zdz_slice(z_2-z_1)，其中支持函数 zdz_slice 如示例 8.7 所示，我们将这样组合的 z 索引称为 zdz 索引，在代码中，幻影数据的索引为 phant[zdz][dc][c1]。

式（8.1）中的 MLEM 迭代方案涉及三个独立的求和项：

（1）分母项 $FP_v^n = \sum_{v'=l}^{N_v} a_{v'}^n S_{v'l}$ 是迭代 n 时体素 v 中活动的正向投影，获得的 LOR l 为所有体素的活动 a_v^n 与它们对 LOR l 的贡献概率 $S_{v'l}$ 的乘积之和。这个求和通过示例 8.7 中的内核函数 forward_project 来执行。该实现涉及对 l 值的外循环和对 v'（包含 $S_{v'l}$ 的非零值）子集的内循环。该项在每次 MLEM 迭代中首先求值。

（2）分子项 $BP_v^n = \sum_{l=1}^{N_l} M_l^n S_{vl}$，其中 $M_l^m = m_l / FP_l^n$，而 m_l 是 LOR l 中测量到的活动。该项是将 LOR 中检测到的计数反向投影到体素中的活动值。通过示例 8.8 中的内核函数 backward_project 来执行求和，该函数还使用了对 l 值的外循环。

（3）最后一步是将当前活动估计 a_v^n 与 $BP_v^n / \sum_{l'}^{N_l} S_{vl'}$ 相乘，其中分母是一个只依赖于 v 的归一化常数，只需要计算一次。这一步是通过内核函数 rescale（也在示例 8.8 中展示）来完成的。

值得注意的是，两个投影内核函数都使用了反映我们极坐标体素设计角度对称性的线程块大小——这里为 400。这意味着每个 sysmat 元素只由一个线程块处理，通过每个 phi 值使用一个线程来处理 phi 对称性，然后这些线程循环遍历可能的 z 位移。通过这种设计，实现式（8.1）所需的核心代码很简单，示例 8.7 ~ 8.9 中展示了这些代码。

示例 8.7　用于 MLEM PET 重建的 forward_project 内核函数

```
    // calculate c2-c1 rotating clockwise from c1 (modulo 400)
```

```
01  __host__ __device__ int c2_to_dc2(cint c1, cint c2) {
02    return cyc_sub(c2,c1)-cryDiffMin;
03  }
04  __host__ __device__ int zdz_slice(int z) {
05    return detZdZNum - (zNum-z)*(zNum-z+1)/2;
06  }
    . . .
10  __global__ void forward_project(cr_Ptr<smPart> sm,
        uint smstart, uint smend, cr_Ptr<float> a,
        int ring, r_Ptr<float> FP, int dzcut, float valcut)
11  {
12    int phi = threadIdx.x;  // assumes blockDim.x = cryNum
13    uint smpos = smstart+blockIdx.x;

14    while (smpos < smend) {
15      smLor tl = key2lor(sm[smpos].key); // sysmat key
16      tl.c1 = cyc_add(tl.c1, phi); // rotate base-lors
17      tl.c2 = cyc_add(tl.c2, phi); // c1 and c2 by phi
18      int dc = c2_to_dc2(tl.c1,tl.c2);
19      int dz = tl.zsm1+tl.zsm2;

20      float val= sm[smpos].val; // sysmat value
21      if(dz > dzcut || val <valcut)
                  {smpos += gridDim.x; continue; }

22      uint lor_index = zdz_slice(dz)*cryCdCNum +
                              dc*cryNum + tl.c1;
23      uint vol_index = (ring*zNum + tl.zsm1)*cryNum + phi;
24      for (int zs1 = 0; zs1 < zNum-dz; zs1++) {
25        float element = a[vol_index]*val;
26        atomicAdd(&FP[lor_index],element);
27        lor_index += cryCdCNum;  // lor index for z-step
28        vol_index += cryNum;     // vol index for z-step
29      }
30      smpos += gridDim.x;  // next sysmat element
31    }
32  }
```

示例 8.7 的说明

　　每次调用这个内核函数都会将体素环的贡献添加到 FB 值中。主机代码通过遍历 r 值循环调用内核函数,并设置参数 smstart 和 smend 来涵盖 sm 元素的范围,使其适合于每次调用的特定的 r 值。

- 第 1~3 行:支持函数 c2_to_dc2 计算 c1 和 c2 的 dc 索引。首先按顺时针方向计算出从 c1 到 c2 的差 c2-c1,再将其取模 400,然后减去 100,就可获得一个在 [0,200] 范围内的索引。

- 第 4~6 行:支持函数 zdz_slice,它返回给定 dz 值的压缩 LOR 文件格式的起始索引。

- 第 10 行:声明 forward_project 内核函数。它的参数如下:

   ■ sm:这是作为设备指针传递给 smPart 对象数组的系统矩阵。在我们的测试中,

sm 数组的大小约为 16.5×10^6。

- **smstart 和 smend**：指向当前体素环要处理的 sm 值范围的整数指针。
- **a**：指向保存体素活动 a_v^n 当前估计的浮点数组的指针。体素数组大小为 radNum × phiNum × zNum $= 100 \times 400 \times 64 = 2.56 \times 10^6$。
- **ring**：要在此调用中处理的体素环的 int 类型值。在索引体素数组 a 时需要它，并且其值隐含在所使用的 sm 元素的范围中。
- **FP**：保存正向投影值的输出数组。由于 a 中的当前活动，正向投影会检测到 LOR。该数组由主机初始化为零，并在不同环的每个后续调用中递增。
- **dzcut 和 valcut**：由用户定义的可选的截断值，用于跳过一些 sysmat 值，以便进行更快的处理。可以用于调优目的。

- 第 12 行：将体素径向位置 "phi" 设置为本地线程号。这里我们使用了极坐标定义的体素的 400 倍对称性。如果我们使用笛卡儿坐标，我们的代码将会更加复杂。

- 第 13 行：将 uint 指针 smpos 设置为此线程块使用的系统矩阵 sm 中的第一个条目。我们需要处理 [smstart, smend-1] 范围内的 sm 元素，并使用线程块 id 来完成这个任务。这种方法只是许多示例中使用的线性线程寻址模式的一个版本，但这里我们使用的是线程块 id，而不是线程 id。

- 第 14～31 行：这是遍历 sm 元素的处理循环。请注意，第 30 行的索引 smpos 是按线程块的数量递增的。这种设计意味着具有相邻 id 的线程块将按内存中相邻的顺序处理 sm 元素，虽然原则上我们无法控制线程块在 GPU 上的调度顺序，但实际上相邻的线程块很可能在一起运行，从而提高了 sm 的内存缓存效率。

  - 第 15 行：解码 sm[smpart] 中的键值，并将四个元素存储在本地 smLor 对象 t1 中。
  - 第 16～17 行：调整 sm 键中的 c1 和 c2 极角，以适应每个线程的 phi 值。这里将单个 sm 元素扩展为 400 个元素。
  - 第 18 行：使用第 1～3 行的实用函数。将整型变量 dc 设置为 LOR 末端的角度差。
  - 第 19 行：将整数变量 dz 设置为 LOR 的 z 长度，即 zsm1+zsm2。
  - 第 20 行：将存储在 sm 元素中的值存储在本地浮点变量 val 中。注意，在线程块中为所有 400 个线程使用相同的值是正确的。
  - 第 21 行：如果当前的 sm 元素未通过用户在运行时提供的截断值，则跳过对当前 sm 元素的处理。请注意，在线程块内部没有线程分歧，因为所有线程都使用相同的 sm 元素。此特性允许用户快速尝试截断，但出于生产目的，最好在 readspot 程序中修剪系统矩阵，这种情况下可以删除此行。
  - 第 22～23 行：我们将开始执行所需的计算，使用体积数组 a 的元素来更新 FP 的元素。在这些行中，我们计算起始索引 lor_index 和 vol_index，分别对应于 FP[zdz_slice(dz)][dc][t1.c1] 和 a[ring][t1.zsm1][phi]。请注意，在线程块内部，右侧索引 tl.c1 和 phi 在相邻线程中是连续的，从而带来高效的内存缓存。索引 [ring] 在内核函数中也是常数。不幸的是，其他索引在线程块之间变化很大，这意味着内存访问仍然是此内核函数的性能限制特征。

- 第 24～29 行：这里我们循环遍历平移不变的 sm 元素的所有有效的 z 位置。在 for 循环中，变量 zs1 表示 LOR 左端的位置，其范围为 [0,63-dz]。体素的相应位置为 [tl.zsm1,63-tl.zsm2]。
- 第 25～26 行：这里进行最后所需的计算，使用 atomicAdd 将 $a_v S_{vl}$ 添加到 FP_l 来执行加法。atomicAdd 是必要的，因为许多体素对每个 LOR 都有贡献。但实验结果显示，在现代 GPU 上，atomicAdd 的使用对性能并没有太大影响。
- 第 27～28 行：这里为 LOR 和体素 z 位置适当地增加数组指针。
- 第 30 行：在内核函数最后一行，smpos 索引按线程块的数量递增，以为下次迭代做准备。

在这个内核函数中，所有实际工作都在第 25～26 行遍历 zsm1 的 for 循环内完成；其余代码都是一个包装器，用于循环系统矩阵中的所有条目。

示例 8.8 展示了 backward_project 内核函数的代码，使用与 forward_project 内核函数相同的包装器代码，但将计算 BP 作为 MLEM 迭代公式的第二步。

示例 8.8　backward_project 和 rescale 内核函数

```
40  __global__ void backward_project(cr_Ptr<smPart> sm,
        uint smstart, uint smend, cr_Ptr<uint> meas,
        int ring, cr_Ptr<float> FP, r_Ptr<float> BP,
        int dzcut, float valcut)
41  //
... // These lines identical to lines 11-24 in forward_project
55  //
        // no division by zero
56      float FPdiv = max(1.0f,FP[lor_index]);
        // one term in sum
57      float element = val*meas[lor_index]/FPdiv;
58      atomicAdd(&BP[vol_index],element); // add
59  //
... // These lines identical to lines 27-32 in forward_project
64  //
    . . .
    // perform rescale step - scale estimated activities
70  __global__ void rescale(r_Ptr<float> a,
            cr_Ptr<float> BP, cr_Ptr<float> norm)
71  {
72    int id = blockIdx.x*blockDim.x + threadIdx.x;
73    while(id < zNum*radNum*cryNum){
74      a[id]  *= BP[id]/norm[id/cryNum];
75      id += blockDim.x*gridDim.x;
76    }
77  }
```

示例 8.8 的说明

- 第 40 行：内核函数声明了 BP 和 meas 数组，而不是 FP 和估计的活动数组 a。meas 数组包含数字幻影的 LOR 数据，在真正的 PET 扫描中，这将是每个 LOR 中测量的计数数量，通常称为列表模式数据[12]。

- 第 56～58 行：在内部的 zs1 循环中，这三行代码替换了正向投影示例中的第 26～27 行，并计算了 BP_v 而不是 FP_l。
  - 第 56 行：BP 数组元素的计算涉及 FP 元素的除法。在本行指令中，我们通过将本地副本 FPdiv 设置为最小值 1，来防止 FP 元素为 0 时被零除的情况。这种启发是基于 FP 有效值总是很大的观察结果。
  - 第 57 行：将局部变量 element 设置为 BP 所需的贡献。
  - 第 58 行：使用 atomicAdd 将 element 添加到 BP 中。

第 56 行的检查是必要的，因为在 GPU 上，除以 0 时会将结果静默地设置为 nan，然后在迭代计算中，BP 中的任一个 nan 元素将传播到整个计算中。FP 中可以出现 0，因为第 57 行使用的数组 meas 中的某些测量值可以合法地为 0。

- 第 70～77 行：最终的 rescale 内核函数需要执行式（8.1）的计算，简单地按照因子 $BP_v / \sum_l S_{vl}$ 将每个元素 a_v 进行缩放，分母的值在主机上计算一次，然后通过 norm 参数传递给 rescale 内核函数。

8.6 结果

我们使用 Derenzo 幻影模拟衰变来测试代码，这些幻影通常用于研究 PET 重建，由多个不同直径的圆柱组成一个六边形图案，如图 8.6 所示。

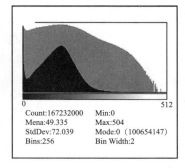

a）横截面   b）三维视图   c）每个LOR检测到衰变次数直方图

图 8.6　Derenzo 幻影横截面和三维视图以及每个 LOR 生成的计数

图 8.6 显示了生成 Derenzo 幻影的圆柱形状，圆柱直径分别为 24.5、17.1、9.8、8.6 和

6.1 mm，长度为 128 mm。图 8.6a 显示横截面的布局，图 8.6b 显示三维渲染结果。在幻影中模拟衰变的直线路径（LOR）是使用 fullsim 程序的修改版本生成的。假定各处单位体积活动是恒定的，约为每立方毫米 2.5×10^5 次衰变，总活动量约为 2.3×10^{10} 次衰变，用于重建的列表模式数据集中检测到的衰变次数约为 8.25×10^9，对应于该对象的几何探测效率为 36%。数据集中超过一半的 LOR 检测计数为 0。图 8.6c 显示了每个 LOR 中检测到的衰变次数的直方图，LOR 计数为 0 的可能性约为 60%，单个 LOR 中的最大计数值为 504，灰色分布对应对数尺度。

最初的测试表明代码是能够工作的，并可能提供出色的重建，但是所耗费的时间令人相当失望。对于 1024 个线程块、每块有 400 个线程的启动配置，每次迭代需要 12.7 s，如果要得到高质量的执行结果，就需要 50~100 次迭代，花费 10~20 分钟的时间。尽管这比在单个 CPU 上运行等效代码快了约 40 倍，但还远远没发挥 GPU 的潜力——显然，这个代码受到了内存访问的限制。花费一些时间对不同的内存组织进行实验，例如在保持每个块的线程数为 400 的前提下去优化线程块的数量，但是都不见成效。结果发现 "1024 个线程块适用于大多数问题" 这个标准假设，在这个问题上是非常错误的，最优数大约为 156 000。每次迭代执行时间与块数变化的对应关系如图 8.7 所示。在使用最优数之后，每次迭代的时间缩短到 3.9 s 左右，性能提升大约 3.3 倍。

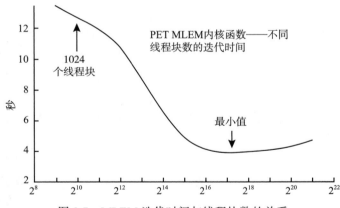

图 8.7　MLEM 迭代时间与线程块数的关系

我们可以通过关注正向投影与反向投影的内核函数内部循环来估算代码的性能，里面包括一个除法和两个原子加法运算，共约 20 个算术指令。遍历 zs1 的这些内部循环平均对每个系统矩阵元素执行 32 次。这里的测试使用一个大约 12.8×10^6 个元素的系统矩阵，每个元素被 400 个线程使用。因此每次迭代中执行的算术运算总数约为 $20 \times 400 \times 32 \times 12.8 \times 10^6 \approx 3.3 \times 10^{12}$，即每秒不到 10^{12} 次运算，这对于内存密集问题来说是合理的。

这是 GPU 在有足够的线程时隐藏内存延迟的绝佳的示例。这个测试结果是基于 RTX

2070 GPU 的, 其他架构可能有不同的最佳性能表现。

相比之下, 使用 Maxwell 架构的 GTX 970 GPU 运行相同代码, 每次迭代的最优执行时间为 23.5 s, 速度是原来的 1/8。这个显卡还需要大量线程块才能发挥最佳性能。我们发现, 使用约 50 000 个线程块可以得到最佳结果, 但与使用 1024 个线程块相比, 仅提高了 20%, 而使用 RTX 2070 则可获得 330% 的加速。这虽然只是相差两代的显卡, 但存在令人意想不到的显著差异。

8.7 OSEM 的实现

这是我们在性能调优内核函数代码方面所能达到的极限。但是, 我们还可以通过在每次迭代中处理更少的系统矩阵元素来获得更快的结果。对于 PET, 有一种众所周知的方法可以做到这一点, 在每次迭代中处理不同的 LOR 数据子集, 这种方法称为有序子集期望最大化 (Ordered Subset Expectation Maximisation, OSEM)。如果我们将测量的 LOR 分成 B 个子集, 则式 (8.1) 的修改版本如式 (8.6) 所示。

$$a_v^{n+1} = \frac{a_v^n}{\sum\limits_{l' \in \text{Set}_b}^{N_l} S_{vl'}} \sum\limits_{l \in \text{Set}_b}^{N_l} \frac{m_l S_{vl}}{\sum\limits_{v'=1}^{N_v} a_{v'}^n S_{v'l}} \text{, 其中, 子集 } b = 1, 2, \cdots, B \tag{8.6}$$

从这个公式可以看出, 子集在连续迭代中是按顺序处理的, 因此经过 B 次迭代后, 所有测量的 LOR 数据都已使用, 我们将 B 次这样迭代的结果称为完整的 OSEM-B 迭代。这个算法的原始思路是, 一个完整的 OSEM-B 迭代应该与单个 MLEM 迭代花费相同的时间, 但收敛速度会快 B 倍。事实上, OSEM 一开始的迭代效果很好, 但可能无法收敛到与 MLEM 完全相同的最终状态。子集的数量 B 被称为 OSEM 因子, 在 PET 社区中广泛使用 16 这样相对较大的值。

OSEM 可以很容易地在我们的代码中实现, 无须更改内核函数, 只需将系统矩阵元素分成合适数量的子集, 并在主代码中设置 smstart 和 smend 内核函数参数, 然后在每次迭代中遍历一个子集。同样, 由 rescale 内核函数使用的 norm 指针在每次迭代中由主机设置为适当的子集总和。然而, 我们的方法利用旋转对称性, 这意味着需要谨慎处理对 OSEM 子集的定义。为了使 OSEM 方法工作, 必须使 LOR 的每个子集都以相当均匀的方式覆盖整个兴趣区域, 通常使用平行投影来完成, 这些投影是在横向 x–y 平面上相互平行的 LOR 集合。在标准 PET 图像重建中, 每个这样的平行投影都可以作为 OSEM 的子集。

然而, 在我们的方法中, 线程块中的每个线程都处理相同的 LOR, 但在 x–y 平面上旋转到 400 个不同的角度。此外, 每个物理 LOR 可能出现在许多具有不同体素半径或 c1 偏移量的系统矩阵元素中。有用的是, 在我们的实现中, 用系统矩阵 key 获得的 c1+c2 值定义了 LOR 横向平面的角度, 而对于线程块中的每个线程来说, 它们都会将一个 0~399

的整数添加到 c1 和 c2 上，从而使每个线程计算出的角度是不一样的。给定线程块中的所有线程都会就 c1+c2 的奇偶性达成一致——我们可以利用这一点将系统矩阵分为两个互斥的子集，用于 $B=2$ 的 OSEM 处理。再进一步地，我们可以用 c1 的奇偶性将这些子集分为 $B=4$ 的 OSEM，或用 c1%m 的值将这些子集分为 $B=2m$ 个子集。以这种方式使用 c1，可以确保我们系统矩阵中特定物理 LOR 的所有实例都被映射到同一个子集，但不能确保完全覆盖感兴趣区域，特别是对于更大的 B 值。OSEM-1 显然与 MLEM 相同，在实践中，我们发现 $B=2$、4 和 8 可以获得较好的收敛效果，但更大的 B 值则不行。当 B 值分别为 2、4 和 8 时，完整 OSEM 迭代的执行时间分别为 3.8 s、4.6 s 和 5.9 s。图 8.8 和图 8.9 展示了 Derenzo 幻影的一些结果，对于大于 8 的 OSEM 因子，我们发现重建开始失去质量，每个完整迭代的时间也会增加。

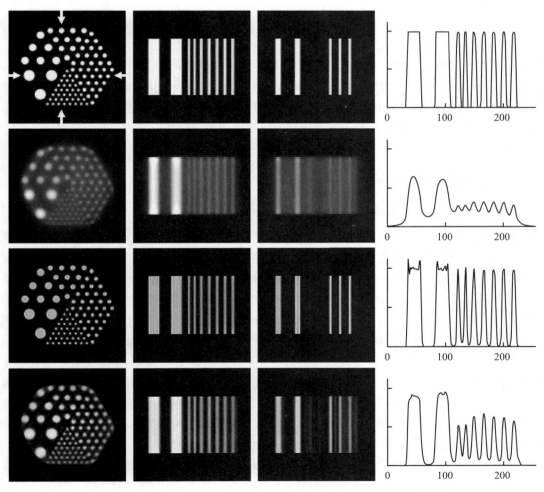

图 8.8　使用 RTX 2070 GPU 的 MLEM 和 OSEM 的 PET 重建结果

事实上，使用高达 8 个 OSEM 因子的迭代方法，可以在一分钟内重建出良好的定量和出色的定性图像数据，这在一些临床应用中非常有帮助。而且，这可以使用与临床环境兼容的廉价的 GPU 来实现，这也具有重要意义。

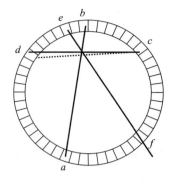

图 8.9 展示了 Derenzo 幻影的中心切片的一排图像。顶部一行展示了原始活动分布，第二行展示了进行 5 次 MLEM 迭代（15.8 s）的重建结果，第三行展示了进行的 5 次 OSEM 迭代，其中 B=8 个子集（24.3 s），最后一行展示了进行 100 次 MLEM 迭代后（312.5 s）的重建结果。每行中的四个图像依次是 x–y 平面的切片、x–z 平面的切片、y–z 平面的切片，以及沿 x 方向水平线上的计数剖面。第二列中 x–z 切片的 y 位置和第四列中的剖面的 y 位置，由顶部左侧图像中的水平箭头表示。第三列中 y–z 切片的 x 位置，由顶部左侧图像中的垂直箭头表示。

图 8.9　PET 交互深度误差

在我们的代码库中可以找到运行本节中描述的内核函数所需的所有主机代码。到目前为止，我们只模拟了一个理想的 PET 伽马探测器，为了获得更精确的结果，需要进行更复杂的模拟，这将在下一节中进行讨论。有趣的是，尽管这些复杂性会影响系统矩阵的大小和生成它所需的时间，但这里显示的重建代码不需要更改。

8.8　交互作用的深度

到目前为止，我们仅模拟了一个理想的 PET 扫描仪的几何结构，假设伽马射线首次到达探测器阵列内部表面的探测器是伽马交互作用的地方。实际上，辐射传输的物理学原理意味着伽马射线在被检测之前会在探测介质中穿透一定深度，因此可能会被"错误"的探测器检测到，或者可能在没有被检测到的情况下逃离。这些可能性在图 8.9 中有所说明，该图显示了来自它们相交点衰变的三个 LOR。从 a 到 b 的 LOR 的伽马射线在它们首次遇到的探测器中发生交互作用，因此，探测器对（a，b）定义了几何正确的 LOR。从 c 到 d 的第二个 LOR 在探测器中检测到一条伽马射线并不是它首次遇到的，因此这个 LOR 将被错误地视为图中所示的虚线，这会导致重建图像的交互作用的深度（DOI）变得模糊。尽管这是在横截面中说明的，但伽马射线也可以在轴向上穿越探测器边界。从 e 到 f 的第三个 LOR 有一条穿过 f 探测器的伽马射线，因此不会记录任何 LOR 事件。但是 e 探测器的信号将有助于 PET 系统观测到的"单光子"背景计数率。在实际系统中，只有一部分达到探测器的伽马射线会被记录下来，通常约为 50%。

辐射传输的物理学原理是穿过均匀介质的伽马射线束会呈指数衰减——具体来说，如果初始强度为 I_0，那么穿过介质传播距离 x 后的残余强度为 $I_0 e^{-x/\lambda_{attn}}$，其中 λ_{attn} 是介质的一个属性，称为衰减长度。许多临床 PET 系统使用 BGO（铋酸盐）作为探测器材料，BGO 的衰减长度约为 10.1 mm。垂直进入这种材料 20 mm 深层的伽马射线有 86% 的机会发生交互作用。对于 PET，两个伽马射线需要以 74% 的联合概率被检测到。这对于临床 PET 系统来说是一个合理的值。实际上，大多数伽马射线以斜角进入材料（如图 8.9 所示），因此更容易被检测到，尽管使用基于入射点的系统矩阵有可能会出现 DOI 误差。

我们可以直接修改 fullsim 模拟以包括 DOI 效应，从而得到一个物理上准确的系统矩阵，然后被未修改的重建代码使用。用于 PET 的探测器使用密集的闪烁材料吸收伽马射线，然后发出能被光电倍增管检测到的光。PET 常用的两种闪烁材料是 LSO 和 BGO，它们的衰减长度分别为 11.4 mm 和 10.4 mm。这些值在 scanner.h 中定义为 LSO_atlen 和 BGO_atlen。伽马射线穿过材料传播距离 x 后，发生交互作用的概率分布函数为

$$P(x) = \frac{1}{\lambda_{\text{attn}}} e^{-x/\lambda_{\text{attn}}} \tag{8.7}$$

伽马射线在超过距离 x 之前发生交互作用的概率为

$$f(x) = \int_0^x \frac{1}{\lambda_{\text{attn}}} e^{-x'/\lambda_{\text{attn}}} \, dx' = 1 - e^{-x/\lambda_{\text{attn}}} \tag{8.8}$$

将第 6 章中的逆变换方法应用到此函数，得到以下用于生成类似于 $f(x)$ 分布的值的公式：

$$x = -\lambda_{\text{attn}} \ln(1 - U) \tag{8.9}$$

其中 U 是 [0,1] 范围内的均匀随机数。

为了模拟交互作用的深度，我们将 PET 探测器阵列建模为圆柱形壳体，内半径为 detRadius，外半径为 detRadius + cryDepth，其中 cryDepth 只是径向材料的厚度。这些常数在 scanner.h 中定义，其中还定义外半径的平方 doiR2 常数。

包含 DOI 功能的示例 8.9 展示了对示例 8.1 的 voxgen 和 ray_to_cyl 内核函数进行的修改。

示例 8.9　**ray_to_cyl_doi** 和 **voxgen_doi** 设备函数

```
40  template <typename S> __global__ void voxgen_doi
    (r_Ptr<uint> map, r_Ptr<double> ngood, Roi roi,
                      S *states, uint tries) {

41    int id = threadIdx.x + blockIdx.x*blockDim.x;
42    S state = states[id];
      . . .
65    // find & save hits in scanner detectors
66    if (ray_to_cyl_doi(g, lor, detLongLen, state)) {
      . . .
76  }
      . . .
80  template <typename S> __device__ int ray_to_cyl_doi
              (Ray &g,Lor &l, float length, S &state)
```

```
81  {
82      // track lor to cylinder
        // solve quadratic solve quadratic Ax²+2Bx+C = 0
83      float A = g.n.x*g.n.x + g.n.y*g.n.y;
84      float B = g.a.x*g.n.x + g.a.y*g.n.y;
85      float C = g.a.x*g.a.x + g.a.y*g.a.y
                            - detRadius*detRadius;
86      float D = B*B-A*C;
87      float rad = sqrtf(D);
88      g.lam1 = (-B+rad)/A;   // gamma1
88.1    float path1 = -BGO_atlen*
                        logf(1.0f - curand_uniform(&state));
88.2    g.lam1 += (g.lam1 >= 0.0f) ? path1 : - path1;
88.3    float x1 = g.a.x + g.lam1*g.n.x;
88.4    float y1 = g.a.y + g.lam1*g.n.y;
88.5    if(x1*x1+y1*y1 > doiR2) return 0;   // fail ray escapes
89      float z1 = g.a.z+g.lam1*g.n.z;
90      g.lam2 = (-B-rad)/A;   // gamma2
90.1    float path2 = -BGO_atlen*
                        logf(1.0f - curand_uniform(&state));
90.2    g.lam2 += (g.lam2 > 0.0f) ? path2 : - path2;
90.3    float x2 = g.a.x + g.lam2*g.n.x;
90.4    float y2 = g.a.y + g.lam2*g.n.y;
90.5    if (x2*x2+y2*y2 > doiR2) return 0;   // fail ray escapes
91      float z2 = g.a.z+g.lam2*g.n.z;
92      if (z1 >= 0.0f && z1 < length && z2 >= 0.0f
                        && z2 < length && abs(z2-z1) < detLen){
            . . .
107         return 1; // 1 indicates success
108     }
109     return 0;   // 0 indicates failure - gammas escaped
110 }
```

示例 8.9 的说明

- 第 66 行：这一行代码是原始 voxgen 内核函数和 voxgen_doi 内核函数的唯一区别，这里调用了 ray_to_cyl_doi 函数，而不是原始的 ray_to_cyl。

- 第 80～110 行：示例 8.3 中 ray_to_cyl 函数的修改版本。

- 第 80 行：请注意，这里有一个额外的参数——cuRAND 状态对象 &state。这个参数作为引用传递，因为重要的是调用者在函数调用后接收到更新版本的 state。

- 第 88.1～88.5 行：插入这些是为了添加一个交互作用点（从沿着探测器材料内第一个伽马射线路径的指数概率分布中采样），并检查它是否在交互作用之前逃逸。

  - 第 88.1 行：从中生成均值为 BGO_atlen 的指数分布随机步长，然后结果存储在 path1 中。

  - 第 88.2 行：Ray 对象保存了与衰变相关的湮没事件的两个伽马射线，它们共享相同的方向向量 g.n。因此，g.lam1 和 g.lam2 中的一个是正数，另一个是负数。这里的条件赋值适用于任何一种可能性。

  - 第 88.3～4 行：计算伽马射线在探测器中的交互作用点的 x 和 y 坐标，即 x1 和

y1。在原始版本中不需要这些坐标。

- ■ 第 88.5 行：在这里，我们测试交互作用点距离原点的径向距离是否小于探测器的外半径。这个半径的平方存储在 consexpr doiR2 中，以避免在这里进行平方根运算。如果点在探测器之外，伽马射线已经逃逸，则我们返回失败标志。
- ● 第 90.1～90.5 行：这些对第二条伽马射线进行相同的交互作用点检查。
- ● 第 91～110 行：这与示例 8.3 相同。请注意，现在 z1 和 z2 坐标还取决于生成的交互作用点。

8.9　使用交互作用的深度的 PET 结果

在每个体素生成 10^{11} 个事件的状况下，不使用 DOI 的 fullsim 版本耗时 2041 s，而生成包含 DOI 效应的完整系统矩阵的时间略微减少到 1925 s。这是因为一些以前检测到的伽马射线现在没有被检测到，使得探测器效率从 45.8% 降至 34.8%，因此在执行 DOI 内核函数期间需要更少地使用 atomicAdds 的存储器写入。这不是真正的节省时间，只意味着我们应该生成超过 10^{11} 个事件，以便获得系统矩阵元素的相同统计误差。

尽管检测到的事件更少，但包含 DOI 的新系统矩阵的大小是原始系统矩阵的两倍多。这是因为到达任何特定探测器的伽马射线集，可能现在会触发其中一个相邻的探测器，而不是最初遇到的探测器，从而导致"点"大小增加。事实上，不同 LOR 的数量从 1.64×10^6 增到 3.58×10^6，大约是 2.2 倍，这可能也会使重建程序 reco 的运行时间以相同的倍数增加。实际上的影响小于这个倍数，因为大量增加的 LOR 具有极低的概率，可以被丢弃。事实上，新系统矩阵中 48% 的 LOR 仅对矩阵中的总概率和做出 1% 的贡献，并且发现那些被丢弃的 LOR 对重建的质量没有明显影响。

然而，添加 DOI 对于模拟真实扫描仪是很重要的，因为这个影响在真实情况下是存在的。如果我们也使用 DOI 模拟创建一个数字幻影，并使用系统矩阵比较其重建是否具有 DOI，那么没有 DOI 的原始版本大约低估了重建活动量的 25%，而具有 DOI 的新版本给出了正确的结果。

我们使用指数分布的样本对通过材料的伽马射线进行跟踪，这些是许多辐射传输问题模拟中使用的代码的典型特征。我们内核函数代码中的一个重要特征是，线程的分歧只发生在线程退出的时候，因为这时候伽马射线并没有发生交互作用，可能因为还未能达到探测器或者从探测器环外表面退出。但是，我们仍然简化了几何结构，下一节将介绍一些模拟更复杂情况的思路。随着几何形状变得更加复杂，伽马射线有更多的机会去跟随不同的路径，这样防止线程分歧的部分就会变得更加困难。下一节所展示的代码只是一种方法，我们不敢说这一定是最好的。

8.10　块探测器

事实上，PET 探测器并非呈完美的圆形排列，而是由一圈圈块组成，其中每个块是一组长方形闪烁晶体。在我们的模拟中使用尺寸为 4 mm × 4 mm × 20 mm 的晶体，现在假设它们排列成 8 × 8 个晶体的块，每个块的尺寸是 32 mm × 32 mm × 20 mm。完整的探测器由 50 个块组成，以 50 边形在 x–y 平面中排列，8 个这样的块环在 z 方向上堆叠，共计 64 个探测晶体。

图 8.10 展示了新排列中三个块的近距离横向视图，并说明了可能发生的各种轨迹。LOR A 在进入块的同一晶体中被检测到，LOR B 通过块之间的狭窄间隙逃脱检测，LOR C 进入中央块但在相邻的块中被检测到，LOR D 通过整个晶体深度逃脱检测，LOR E 在进入的块中被不同的晶体检测到。我们的最初进入点模拟对于 LOR A 和 D 是足够的，DOI 模拟对于 LOR E 是足够的，但 LOR B 和 C 需要完整的块模拟。注意，任何实际设计中都无法避免块之间的小间隙。虚线表示"接触圆柱体"，它刚好接触到块中心。在我们改进的模拟中，伽马射线穿过该圆柱体的点被用作伽马射线与探测器相遇的块和晶体的第一个猜测点。

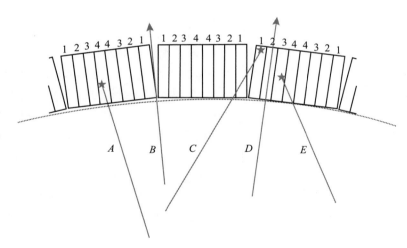

图 8.10　堵塞 PET 探测器中的 LOR 路径

对于完整的块模拟，首先需要追踪每条伽马射线到达并且穿过特定的块的路径。后者实际上是所有射线追踪代码的标准问题。基本几何形状如图 8.11 所示。

这个块与坐标轴平行，由角点 p 和 q 定义。面的法线向量指向外，标记在 p 面的有 u_x、u_y 和 u_z，标记在 q 面的有 v_x、v_y 和 v_z。典型射线从下方的面进入、上方的面离开。

在三维空间中，直线或射线由公式 $r = a + \lambda n$ 定义，其中 r 是射线上某点的位置向量，a 是射线上的固定点，n 是射线的方向向量，λ 是测量 r 到 a 的距离的参数。如果 n 是单位向量，则 λ 表示实际距离，否则距离就是 $\lambda|n|$。

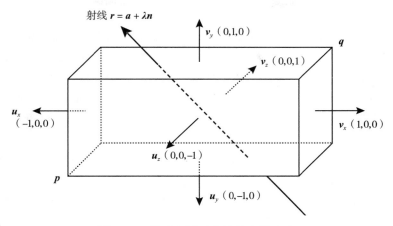

图 8.11　通过坐标对齐块的光线追踪

在三维空间中，平面由公式 $r \cdot m = d$ 定义，其中 r 表示平面上一点的位置向量，m 是平面的法线向量，d 是平面到原点的垂直距离。

要找到由射线 $r = a + \lambda n$ 定义的 LOR 与图 8.11 中的平面相交的点，我们需要求出方程 $r \cdot m = p \cdot m$ 或 $r \cdot m = q \cdot m$ 的解 λ，其中 p 和 q 是图 8.11 中指示的块角处的点，m 是接触该角的一个平面的法线向量。我们可以通过关注公共点来求解这些方程：

$$(a + \lambda_p n) \cdot m = p \cdot m \Rightarrow \lambda_p = (p - a) \cdot m / n \cdot m$$
$$(a + \lambda_q n) \cdot m = q \cdot m \Rightarrow \lambda_q = (q - a) \cdot m / n \cdot m \quad （8.10）$$

其中，m 表示面上的一个 u_i 或 v_i 法线向量。区块的表面法线向量都与坐标轴平行，因此向量 m 只有一个分量非零。因此，我们可以将 6 个解表示为

$$\lambda_i^p = (p_i - a_i) / n_i, \lambda_i^q = (q_i - a_i) / n_i, i = x, y, z \quad （8.11）$$

注意，u_i 和 v_i 的非零分量的值已经相互抵消，因此选择这些向量的方向（即块的内部或外部）并不重要。如果 n_i 为零，则射线与所讨论的平面平行，没有解。

我们可以利用为 CUDA 的 `float3` 数据类型定义的重载运算符是按组件执行操作的这一事实。因此，如果射线由 `float3` 向量 a 与 n 定义，并且坐标对齐块的角由 `float3` 向量 p 与 q 定义，则式（8.7）中 λ 的表达式只需通过两行代码即可计算，如下框中所示。

```
...
float3 lam_p = (p-a)/n;    // λp 3-componensts for 3 p faces
float3 lam_q = (q-a)/n;    // λq 3-componensts for 3 q faces
...
显示CUDA内核函数代码中实现式（8.7）的代码片段。
```

不幸的是，找到 6 个 λ 值是不够的，我们还必须找到射线在物理块表面上而不是在块平面的延伸面上的两个实际交点。这意味着需要找到所有 6 个空间点，并检查它们的坐标

是否都在正确的范围内。

实际上，在射线追踪应用中，找出射线是否与矩形块相交是基础性的问题。如图 8.11 所示，块的边与坐标轴对齐的块通常称为轴对齐边界块（Axes Aligned Bounding Block, AABB），这些块用于构建已渲染的场景中所包含的对象的分层树。这个很容易证明，要用给定的射线和块来求解式（8.7），那么只有当 lam_p 的所有分量都大于或小于 lam_q 的所有分量时，射线才会错过该块，否则射线就会与该块相交。这个测试可通过使用 max 和 min 函数来执行，这在许多射线未命中块的情况下非常有用。

在我们的 GPU 代码里并不值得做这样的测试，因为在 warp 的 32 个线程中很可能有一些线程的伽马射线会与目标块相交，即使有些线程的总体工作量减少，但这样的测试将导致线程变慢，从而会增加整个模拟的时间。这是 GPU 程序的优化需要与单线程 CPU 优化有不同思维方式的例子。

其余的计算部分并不如上面代码片段那么优雅——需要从计算出来的 6 个 λ 值中，找到分别对应于所需要的入射点和出射点的两个值 λ_{in} 和 λ_{out}，这得依次检查 6 个 λ 值。可能会找不到候选者，这表示伽马射线没有通过这个块；也可能会找到两个候选者。在我们的模拟中，射线的方向向量 n 是从衰变点 a 开始，随着我们的移动使 λ 从零开始增加。因此，两个候选者中较小的是入射点 λ_{in}、较大的是出射点 λ_{out}。此外，λ_{out} 和 λ_{in} 之差是穿越块的路径长度，这可以用于 DOI 概率检查。我们的代码如示例 8.10 所示 [13]。

示例 8.10 `ray_to_block` 设备函数

```
10  __device__ int ray_to_block(Ray &g, cfloat3 &p, cfloat3 &q)
11  {
12      // find points were ray meets the 6 planes that define
        // the block. NB all overloaded operations are
        // performed on corresponding components.
13      float3 lam_p = (p-g.a)/g.n;
14      float3 lam_q = (q-g.a)/g.n;

15      float lmin =  1.0e+06f;  // this is lam-in
16      float lmax = -1.0e+06f;  // this is lam-out
17      int exit_plane = 0; // return code, zero means missed

18      float3 b = g.a + lam_p.x * g.n;  // y-z left side plane 1
19      if(b.y >=p.y && b.y <=q.y && b.z >=p.z && b.z <=q.z) {
20        lmin = fminf(lmin,lam_p.x);
21        if(lam_p.x > lmax){exit_plane = 1; lmax =lam_p.x;}
22      }
23      b = g.a + lam_p.y * g.n;  // x-z  bottom plane 3
24      if(b.x >=p.x && b.x <=q.x && b.z >=p.z && b.z <=q.z) {
25        lmin = fminf(lmin, lam_p.y);
26        if(lam_p.y > lmax){ exit_plane = 3; lmax =lam_p.y; }
27      }
28      b = g.a + lam_p.z * g.n;  // x-y front plane 5
29      if(b.x >=p.x && b.x <=q.x && b.y >=p.y && b.y <=q.y) {
30        lmin = fminf(lmin, lam_p.z);
31        if(lam_p.z > lmax){ exit_plane = 5; lmax =lam_p.z; }
32      }
```

```
33    b = g.a + lam_q.x * g.n;  // y-z right side plane 2
34    if(b.y >=p.y && b.y <=q.y && b.z >=p.z && b.z <=q.z) {
35      lmin = fminf(lmin, lam_q.x);
36      if(lam_q.x > lmax){ exit_plane = 2; lmax =lam_q.x; }
37    }
38    b = g.a + lam_q.y * g.n;  // x-z top plane 4
39    if(b.x >=p.x && b.x <=q.x && b.z >=p.z && b.z <=q.z) {
40      lmin = fminf(lmin, lam_q.y);
41      if(lam_q.y > lmax){ exit_plane = 4; lmax =lam_q.y; }
42    }
43    b = g.a + lam_q.z * g.n;  // x-y back plane 6
44    if(b.x >=p.x && b.x <=q.x && b.y >=p.y && b.y <=q.y) {
45      lmin = fminf(lmin, lam_q.z);
46      if(lam_q.z > lmax){ exit_plane = 6; lmax =lam_q.z; }
47    }

48    g.lam1 = lmin;  // set hit points
49    g.lam2 = lmax;  // for caller

50    return exit_plane;  // zero is failure, 1-6 success
51  }
```

示例 8.10 的说明

- 第 10 行：函数声明带有 3 个输入参数，需要测试的射线 g 与定义块的 float3 类型变量 p 和 q，所有参数都通过引用方式进行传递，入射点出射点的 λ 值将在退出时存储在 g 中。函数返回 1~6 的值是射线通过的平面编号，如果返回 0 值，就表示没有命中的块。

- 第 13~14 行：在上面所示的代码片段中，将 λ 的 6 个值存储在 lam_p 和 lam_q 中。

- 第 15~16 行：初始化变量 lmin 和 lmax，并保存到 λ_{in} 和 λ_{out}。

- 第 17 行：初始化 exit_code，如果找到平面就返回 1~6 的编号并退出；否则就返回 0，表示射线并未命中任何块。在这个例程中，并不会将入口平面返回给用户，因为我们的代码不需要它，但如果需要的话，也可以很容易地修改代码。

- 第 18~22 行：检查射线是否与 lam_p.x 所定义的射线在块的左侧面上相交，如果是，更新 λ_{in} 和 λ_{out}。

  - 第 18 行：使用射线公式 $\bm{b}=\bm{a}+\lambda^p_x\bm{n}$ 在平面求得 $\bm{b}$ 点，这个平面需要包含 $\bm{p}$ 点，并且其法线与 x 轴平行。

  - 第 19 行：检查 $p_y \leqslant b_y \leqslant q_y$ 与 $p_z \leqslant b_z \leqslant q_z$，因此这个点位于块的左侧面。

  - 第 20 行：如果点在平面上，则使用 fminf 来更新 lmin。

  - 第 21 行：如果点在面上，则也更新 lmax 和 exit_plane，这里需要使用 if 语句而不是 fmaxf。

- 第 23~47 行：重复第 18~22 行的代码，为其他 5 个点适当地更改组件和 exit_plane 编号。通常我会尽量避免代码的重复，因为这会很丑而且容易出错，但这次很难避免，对于 GPU 代码，NVCC 编译器实际上喜欢代码重复，并且会展开 for

循环。第 33～47 行几乎与第 18～32 行的代码完全相同，只需要将 lam_p 替换为 lam_q，并将 exit_plane 代码加 1 即可。示例 8.11 利用这一点将部分代码封装在 C++11 lambda 函数中。如果你喜欢新的 C ++，那么会更喜欢这个版本。

- 第 48～49 行：将最终的 λ_{in} 与 λ_{out} 存储在 g 中，并将其返回给调用者。
- 第 50 行：结束函数并返回最终的 exit_plane 值。

此函数有很多 if 语句，但没有 else 子句。于是很多的条件执行会导致许多线程处于空闲状态，但至少代码中没有真正的线程分歧。最小化线程分歧是我们模拟代码中十分关键的设计目标。代码包含 6 个与下面相类似的求值：

```
float3 b = g.a + lam.x * g.n;
```

每个 b 的三个分量都需要一个浮点数乘法和一个加法，共 36 个浮点数指令。但是，在每种情况下，我们仅使用 b 的三个分量中的两个，因此浪费了 12 个指令。这表明放弃使用重载运算符来计算所有三个分量的优雅向量表达式，而显式计算所需的分量应该更有效，这将涉及使用如下代码替换第 18 行：

```
float3 b;
b.y = g.a.y + lam.x * g.n.y;
b.z = g.a.z + lam.x * g.n.z;
```

其他 5 个 b 值的计算也是类似的。这里可以将计数指令缩减到 24 个浮点操作，效果显著。然而在进行这种更改之前，查看 CUDA NVCC 编译器为示例 8.10 生成的 ptx 代码会很有意思。下框中显示了示例 8.10 第 23 行的生成代码。

```
// float3 b = g.a+lam_p.x*g.n;  // y-z left side plane
        .loc 1 184 11
        fma.rn.ftz.f32 %f338, %f35, %f34, %f32;
        fma.rn.ftz.f32 %f339, %f16, %f35, %f12;
```
示例 8.10 第 23 行的 ptx 代码。注意，只生成两个融合的乘法和加法指令。编译器不计算 b.x，因为后续代码中没有使用该值。

可以看到，这里只生成了两个机器代码指令，每个指令都是一个融合乘加计算，需要三个输入（g.a.y/z，lam_p.x 和 p.n.y/z）和存储一个输出（b.y/z）。这是可以生成的最佳代码。b 组件未使用到的部分并没有被计算，并且使用单个融合乘加来将加法和乘法组合成单一指令。因此没必要修改我们的代码，保持已经使用的优雅向量公式，总共只生成 12 个指令，而不是我们担心的 36 个，甚至比我们预期在优化后会生成 24 个指令的效果更好。在这种情况下，编译器至少与我们一样聪明，而且在通常情况下，简单的代码是最好的。

示例 8.10 的代码仍然冗长，存在很多易错的重复。示例 8.11 与示例 8.10 是一样的，只不过用第 21～38 行中定义的 lambda 函数 lam_check 去替换第 18～47 行，然后在第 40 行和第 41 行调用两次。

示例 8.11　演示用于减少代码重复的 C++11 lambda 函数的 **ray_to_block2**

```
10   __device__  int ray_to_block2(Ray &g, const float3 &p,
                                           const float3 &q)
11   {
12     // find points were ray meets the 6 planes that define
       // the block. NB all overloaded operations are
       // performed on corresponding components.
13     float3 lam_p = (p - g.a) / g.n;
14     float3 lam_q = (q - g.a) / g.n;

15     float lmin = 1.0e+06f;   // this is lam-in
16     float lmax = -1.0e+06f;  // this is lam out
17     int exit_plane = 0; // return code, zero means missed

18     // lambda function (C++11) Capture 6 items
19     auto lam_check = [&lmin, &lmax, &exit_plane, g, p, q]
       (float3 &lam, int side)
20     {
21       float3 b = g.a + lam.x * g.n;  // y-z l/r side plane
22       if(b.y >=p.y && b.y <=q.y && b.z >=p.z && b.z <=q.z) {
23         lmin = fminf(lmin, lam.x);
24         if(lam.x >lmax){ exit_plane = 1+side; lmax =lam.x; }
25       }
26       b = g.a + lam.y * g.n;  // x-z  bottom/top plane
27       if(b.x >=p.x && b.x <=q.x && b.z >=p.z && b.z <=q.z) {
28         lmin = fminf(lmin, lam.y);
29         if(lam.y >lmax){ exit_plane = 3+side; lmax =lam.y; }
30       }
31       b = g.a + lam.z * g.n;  // x-y front/back plane
32       if(b.x >=p.x && b.x <=q.x && b.y >=p.y && b.y <=q.y) {
33         lmin = fminf(lmin, lam.z);
34         if(lam.z >lmax){ exit_plane = 5+side; lmax =lam.z; }
35       }
36     };

37     lam_check(lam_p, 0); // Faces 1, 3 and 5
38     lam_check(lam_q, 1); // Faces 2, 4 and 6

39     g.lam1 = lmin;  // set hit points
40     g.lam2 = lmax;  // for caller

41     return exit_plane;  // zero is failure
42   }
```

示例 8.11 的说明

- 第 10~17 行：这些与示例 8.10 完全相同。
- 第 18 行：声明 lambda 函数 lam_check，将示例 8.10 的第 18~32 行与第 33~47 行的代码块替换成第 21~35 行的单个代码块。这个 lambda 函数需要 6 个本地变量，并接受两个参数。第一个参数是 lam，在第 37~38 行被设置为 lam_p 或 lam_q，复制示例 8.10 中的第一个和第二个代码块。第二个参数是 side，根据问题中的平面是 p 还是 q 来调整 exit_plane 的值，此技巧仅在平面按特定顺序编号时才有效。

- 第 21~34 行：这是函数的主体，类似示例 8.10 中那两个代码块的任一块。
- 第 37~38 行：这里调用 lam_check 两次以检查所有 6 个平面。
- 第 39~41 行：这些与示例 8.10 的第 48~51 行相同。

示例 8.12 展示了调用 ray_to_block2 函数的 track_ray 内核函数，它扮演的角色与示例 8.3 的 ray_to_cyl 内核函数以及示例 8.9 的 ray_to_cyl_doi 相同。

示例 8.12 处理对 **ray_to_block2** 调用的 **track_ray** 内核函数

```
60   __device__ int track_ray(Ray &g, cfloat length, float path)
61   {
62       //swim to touching cylinder: solve Ax^2+2Bx+C = 0
63       float A = g.n.x*g.n.x + g.n.y*g.n.y;
64       float B = g.a.x*g.n.x + g.a.y*g.n.y;
65       float C = g.a.x*g.a.x + g.a.y*g.a.y - bRadius * bRadius;
66       float D = B * B - A * C;
67       float rad = sqrtf(D);

68       float lam_base = (-B + rad) / A; // this is +ve root
         // b at inner surface of block centres
69       float3 b = g.a + lam_base * g.n;
70       float phi = myatan2(b.x, b.y);
71       int block = (int)(phi*bStep);
72       block = block % bNum; // nearest block to b

73       // rotated ray rg meets AABB aligned block
74       float rotback = rbStep * ((float)block + 0.5f);
75       Ray rg = rot_ray(g, rotback);

         // block p  and q corners
76       float3 p { -bcHalf, bRadius, 0.0f);
77       float3 q {  bcHalf, bRadius + cryDepth, length };

78       // find rg intersection with block
79       int exit_plane = ray_to_block2(rg, p, q);
         // gamma is detected
80       if(exit_plane > 0 && rg.lam2-rg.lam1 >= path ){
81           g.lam1 = rg.lam1;
82           g.lam2 = rg.lam1+path;// interaction point defines LOR
83           return exit_plane;
84       }
85       if(exit_plane > 2) return 0;  // gamma not detected

86       // try adjacent block if not absorbed
87       if(exit_plane > 0)  path -= rg.lam2-rg.lam1;
         // enters on RH side of block
88       if (rg.n.x < 0.0f)  rotback -= rbStep;
         //enters on LH side of block
89       else                rotback += rbStep;
90       rg = rot_ray(g, rotback);
91       exit_plane = ray_to_block2(rg, p, q);
92       if(exit_plane > 0 && rg.lam2-rg.lam1 >= path) {
93           g.lam1 = rg.lam1;
94           g.lam2 = rg.lam1+path;// interaction point defines LOR
95           return exit_plane;
```

```
96      }
97      return 0;  // not detected
98  }
```

<h2 style="text-align:center">示例 8.12 的说明</h2>

- 第 60 行：设备函数 track_ray 声明了三个参数，前两个是正在处理的光线 g 和 z 方向上扫描仪的长度 length。这些与之前的版本相同，但是 g 的用法已更改。先前使用单个 g 表示衰变事件中产生两个背对背的伽马射线，其中 g.lam1 和 g.lam2 分别是它们到圆柱内表面的距离。这个版本中的 g 表示单个伽马射线，其中 g.lam1 和 g.lam2 被设置为块中的入射点和交互作用或出射点。第三个参数 path 是新的，它是伽马射线在交互作用之前所必须经过的路径长度。路径参数与 ray_to_cyl_doi 中使用的 path1 和 path2 变量相同，但这里是作为一个参数传递而不是在本地计算。

- 第 63～67 行：计算射线与半径为 bRadius 的"接触圆柱体"表面相交的点[14]。由于现在我们在一个 50 面体而不是一个真正的圆柱体内部，半径 bRadius 是从原点到一个定义块的内表面中心的距离。

- 第 68 行：将 lam_base 设置为第 63～67 行求解的二次方程的正根。这个函数中必须知道随着射线参数（lambda）的增加，相关点穿过检测块沿射线方向向外移动。正确执行此操作是调用内核函数 track_ray 的责任。

- 第 69 行：计算射线与接触圆柱体相交的点 b。

- 第 70 行：找到点 b 相对于 y 轴的极角 phi。

- 第 71～72 行：从 phi 确定对应点 b 的块（一些射线实际上会"命中"块之间的小缝隙）。变量 block 在 [0,49] 范围内。

- 第 73～77 行：计算一个旋转的射线 rg，这个射线所相交的块是与原始射线具有相同几何形状的 AABB 对齐块。由于旋转不变性，我们为 AABB 对齐块所计算的 lam1 与 lam2 距离也适用于原始射线 g。

- 第 79 行：使用第 76～77 行中设置的角的值，为射线 rg 调用 ray_to_block。

- 第 80～84 行：如果射线与块相交（exit_code>0），并且通过块的路径长度至少与 path 相同，这就是成功检测到了射线。在这种情况下，我们将 g.lam1 重置为块的入射点，将 g.lam2 重置为块内的检测点，然后返回一个正数的退出码。

- 第 85 行：如果 exit_code 是正数并且大于 2，则射线已穿过块并从块的顶部、前面或背面退出。在这些情况下，进一步的交互作用是不可能的，于是伽马射线就不会被检测到，我们返回 0 表示失败。

- 第 87～96 行：这里处理通过块之间的间隙或从块左右侧退出而没有交互的情况。在这些情况下，射线可能会被相邻块检测到，因此我们继续使用相邻块进行计算。

  ■ 第 87 行：如果我们实际上已经穿过一个块，则 path 值应当适度调整下来，因为它是穿过两个块的总距离，将确认这条射线是否被检测到。

- 第 88～89 行：这里使用 rg.n.x 的符号来确定伽马射线是朝向 AABB 对齐块的左侧还是右侧移动。如果伽马射线向左移动，则我们将 rg 修改为原始块右侧的块，以便伽马射线可以进入其右侧；反之亦然，对于向右移动的射线也是一样。这有点违反直觉。
- 第 90～96 行：这只是对第 79～85 行的重复，以查看伽马射线是否在新块中发生交互作用，并将结果传回给调用者。
- 第 97 行：如果我们到达这里，则射线已经穿过两个块之间的缝隙。

这说明了在 GPU 上进行 MC 辐射传输计算的普遍困难——随着粒子穿过材料，它们获得不同的历史记录会导致线程分歧的增加。幸运的是，在我们的问题中，几何形状使得有效射线永远不会穿过超过两个块。此处最多需要调用两次 ray_to_block，并且此处提供的代码是完整的 [15]。

最后需要修改的代码是调用 track_ray 的顶层内核函数 voxgen_block，其修改后的代码显示在示例 8.13 中。请注意，这个内核函数的很多内容与示例 8.2 的 voxgen 相同。

示例 8.13　用于在阻塞 PET 探测器中生成事件的 **voxgen_block** 内核函数

```
110   template <typename S> __global__ void voxgen_block
      (r_Ptr<uint> map, r_Ptr<double> ngood, Roi roi,
                          S *states, uint tries) {
111     int id = threadIdx.x + blockIdx.x*blockDim.x;
112     S state = states[id];
        // NB now using separate rays for the two gammas
113     Ray g1, g2;
114     Lor lor;
115     uint good = 0;
116     float r1sq = roi.r.x*roi.r.x;          // r1^2
117     float r2sq = roi.r.y*roi.r.y - r1sq; // r2^2 - r1^2
118     float dphi = roi.phi.y - roi.phi.x;  // phi range
119     float dz = roi.z.y - roi.z.x;          // z range
120     for (uint k = 0; k < tries; k++) {
121       float phi = roi.phi.x + dphi*curand_uniform(&state);
122       float r = sqrtf(r1sq + r2sq*curand_uniform(&state));
123       g1.a.x = r*sinf(phi);
124       g1.a.y = r*cosf(phi);
125       g1.a.z = roi.z.x + dz*curand_uniform(&state);
126       phi = cx::pi2<float>*curand_uniform(&state);
127       float theta = acosf(1.0f-2.0f*curand_uniform(&state));
128       g1.n.x = sinf(phi)*sinf(theta);
129       g1.n.y = cosf(phi)*sinf(theta);
130       g1.n.z = cosf(theta);

131       g2.a = g1.a;  // copy ray to g2
132       g2.n = -g1.n; // and flip direction

133       float path1 = -BGO_atlen*
                        logf(1.0f-curand_uniform(&state));
```

```
134        float path2 = -BGO_atlen*
                             logf(1.0f-curand_uniform(&state));
135        int ex1 = track_ray(g1, detLongLen, path1);
136        int ex2 = track_ray(g2, detLongLen, path2);
137        if (ex1 > 0 && ex2 > 0) {
138          float3 p1 = g1.a + g1.lam2*g1.n;
139          float phi = myatan2(p1.x, p1.y);    // here now
140          lor.z1 = (int)(p1.z*detStep);
141          lor.c1 = phi2cry(phi);
142          float3 p2 = g2.a + g2.lam2*g2.n
143          phi = myatan2(p2.x, p2.y);
144          lor.z2 = (int)(p2.z*detStep);
145          lor.c2 = phi2cry(phi);
146          if (abs(lor.z2 - lor.z1) < zNum) {
147            if (lor.z1 > lor.z2) {
148              cx::swap(lor.z1, lor.z2);
149              cx::swap(lor.c1, lor.c2);
150            }
151            uint zsm2 = max(0, lor.z2-zNum+1);
152            uint zsm1 = max(0, zNum-lor.z1-1);
153            uint index = (zsm1*cryNum+lor.c1)*mapSlice +
                                 (zsm2*cryNum+lor.c2);
154            atomicAdd(&map[index], 1);
155            good++;
156     } } }
157     ngood[id] += good;
158     states[id] = state;
159   }
```

示例 8.13 的说明

- 第 110 行：voxgen_block 的参数与 voxgen 相同，这样就可以使用相同的主机代码来调用这两个内核函数。

- 第 112~130 行：这几行与示例 8.2 的第 42~64 行几乎相同，为射线 g1 找到随机的 a 和 n 值。名称从原始版本的 g 更改为 g1，因为现在我们希望使用 g1 代表单条伽马射线，而先前版本是用来表示两条伽马射线。

- 第 131~132 行：这里简单地将 g1 复制到 g2，再反转 g2.n 的符号来创建第二个伽马射线对 g2。现在，当远离衰变点并朝向探测器环上的不同点移动时，两个伽马射线都以 g1.n 或 g2.n 的正方向前进。

- 第 133~134 行：这里计算了在生成衰变点之前，射线要在探测器中行进的随机距离 path1 和 path2。

- 第 135~136 行：这里调用两次 track_ray 来判断射线是否被探测到，如果没有探测到，就将返回值 ex1 和 ex2 设置为 0。

- 第 137~155 行：当两条射线都被探测到时就执行这些代码，建立一个 LOR，然后将其添加到系统矩阵中。

  ■ 第 138 行：使用 g1.lam2 将点 p1 设置为 g1 的检测点。

  ■ 第 139 行：根据 p 的 x 和 y 坐标计算横向平面上的极角 phi。

- 第 140～141 行：在此处找到 LOR 坐标 c1 和 z1。
- 第 142～145 行：以相同的方式找到 g2 射线的 LOR 坐标 c2 和 z2。
- 第 146 行：如果候选 LOR 中两个点的 z 方向距离小于探测器环的数量，就执行第 147～151 行。必要时交换 LOR 的两个端点，然后使用 atomicAdd 适当地增加 map 的元素。
- 第 157～158 行：当生成循环结束时，将当前线程的良好的 LOR 数量以及最终随机数状态都存到全局内存中。

准确模拟阻塞探测器所需的额外步骤对代码生成事件的速率没有太大影响，三个版本的性能如表 8.2 所示。

表 8.2   事件生成器的性能

程序版本	模拟中良好事件的比例（%）			典型的良好事件 /s
	环 0	环 70	环 99	
fullsim	46.9	48.1	52.7	2.3×10^9
fullsimdoi	32.8	36.9	42.8	1.8×10^9
fullblock	30.6	35.3	41.1	1.8×10^9

请注意，表 8.2 中的效率反映了 PET 几何结构和探测器捕获衰变事件的实际效率，而不是软件的性能。实际上，这些效率本身就是有用的结果，我们的快速模拟可以成为优化硬件设计的有用工具。

这基本上完成了本节有关 PET 代码的讨论。然而，需要在主机代码上进行大量额外的工作，以支持使用阻塞探测器。仔细检查图 8.10 可以发现，引入块探测器会打破系统矩阵的 400 倍几何对称性。100 倍对称性仍然存在，在这个图中具有相同数字的晶体探测器具有相同的系统矩阵元素值。在这里，我们使用相对块中心点的旋转对称性和反射对称性，这意味着系统矩阵的大小将增加 4 倍，重建内核函数也将变得更加复杂。

我们还忽略了射线通过物质时可能改变角度的伽马射线散射事件。对 PET 来说，探测器中的伽马射线散射不是太大的问题。在伽马射线对到达探测器之前，主体内的散射和吸收是一个重要的问题，但这超出了本章的讨论范围。然而，这里再次强调，模拟可以发挥重要作用。

8.11   Richardson-Lucy 图像去模糊

MLEM 方法不仅适用于 PET，在许多应用中也很常见。有个适合使用 GPU 的有趣应用是图像去模糊，例如，消除成像系统缺陷所引起的图像模糊，这就是知名的 Richardson-Lucy 算法或 Lucy-Richardson 去卷积，是以 William Richardson 和 Leon Lucy 的名字命名的，这两个人分别阐述了这种算法 [16]。这个算法能有效地使用 MLEM 迭代，其中模糊图像对应于 PET 扫描仪中检测到的 LOR（线源），以及潜在的真实图像对应于未知的体素活动。PET 系统矩阵被一个二维内核函数表示的已知图像滤波器所取代，这个内核函数通常是高斯模糊。我们通常称之为成像系统的点扩散函数 (point spread function)。一个重要的简化是，对于线性光学的所有像素都使用相同的内核函数，这与 PET 相比是一个很大的简化，因为 PET 的系统矩阵依赖于体素。

式（8.12）、式（8.13）、式（8.14）总结了这个算法。

如果一幅图像具有真实像素值 p_i，则观测到的图像的像素值 q_i 是由正向投影给出的：

$$q_i = \sum_{\{j\}} K_{ij} p_j \qquad (8.12)$$

其中，K_{ij} 是模糊滤波器，它给出了像素 p_j 对 q_i 的贡献，i 和 j 分别表示 x 和 y 坐标的二维范围，求和符号中的 $\{j\}$ 表示 j 覆盖以 i 为中心的二维像素邻域。RL 迭代方法如下：

$$p_j^{n+1} = p_j^n \sum_{\{i\}} \frac{q_i}{c_i} K_{ij} \qquad (8.13)$$

其中 p_j^n 是第 n 次迭代中我们对 p_j 的估计，c_i 由以下公式给出：

$$c_i = \sum_{\{j\}} K_{ij} p_j^n \qquad (8.14)$$

式（8.12）、式（8.13）和式（8.14）是我们用于 PET 的相同 MLEM 算法。式（8.13）中的求和是从测量图像像素 q_i 到真实图像的反向投影，但是 q_i 被 c_i 加权，当 $c_i \rightarrow q_i$ 时，比率趋于 1，所以迭代已经收敛。

示例 8.14 和示例 8.15 展示了我们的实现。

示例 8.14　Richardson-Lucy 的 FP 和 BP 设备函数

```
10   __device__ void convolve(int &x, int &y, float *kern,
        int &nkern, float *p, float &q, int &nx, int &ny)
11   {
12     int offset = nkern/2;
13     float sum = 0.0f;
14     for(int ky=0;ky<nkern;ky++){
15       int iy = y+offset-ky;
16       iy = clamp(iy,0,ny-1);   // clamp to edge values
17       for(int kx=0;kx<nkern;kx++){
18         int ix = x+offset-kx;
19         ix = clamp(ix,0,nx-1); // clamp to edge values
20         sum += p[nx*iy+ix]*kern[ky*nkern+kx];
21       }
22     }
23     q = sum; // q_i is sum K_ii*P_j over neighbourhood of i
24   }
30   __global__ void rl_forward(float *kern, int nkern,
        float* p1, float *c,float *q, int nx, int ny)
31   {
```

```
32    int x = blockDim.x*blockIdx.x +threadIdx.x;
33    int y = blockDim.y*blockIdx.y +threadIdx.y;
34    if(x >= nx || y >= ny) return;
35    float f= 0.0f;   // single element of c
36    convolve(x,y,kern,nkern,p1,f,nx,ny);
37    c[y*nx+x] = (abs(f) > 1.0e-06) ? q[y*nx+x]/f : q[y*nx+x];
38  }

40    __global__ void rl_backward(float *kern, int nkern,
         float *p1, float* p2, float *c, int nx, int ny)
41  {
42    int x = blockDim.x*blockIdx.x +threadIdx.x;
43    int y = blockDim.y*blockIdx.y +threadIdx.y;
44    if(x >= nx || y >= ny) return;
45    float f=0.0f;
46    convolve(x,y,kern,nkern,c,f,nx,ny);
47    p2[y*nx+x] = p1[y*nx+x]*f;
48  }
```

示例 8.14 的说明

- 第 10 行：GPU 函数 convolve 的声明，此函数是用来对式（8.13）和式（8.14）进行求和。参数 x 和 y 对应于要执行求和的点，这是式（8.14）的索引 i 和式（8.13）的 j。参数 kern 和 nkern 分别是内核函数及其大小，数组 p 是要用内核函数卷积的数组，nx 和 ny 是图像尺寸。

- 第 12 行：变量 offset 是内核函数中心可以从目标点（x, y）移动的 x 或 y 中的最大距离，仍然对总和有贡献。

- 第 13 行：变量 sum 用于累积来自卷积的贡献。

- 第 14~16 行：这些代码组织了内核函数中心的 y 位移上的循环，假定内核函数中心从目标 y 坐标的 y 位置 +offset 开始，然后向 y 减小的方向的移动。第 15 行计算位于内核函数中心处的 p 元素的 y 索引，在第 16 行中将该值固定在允许的范围内 [17]。

- 第 17~19 行：这些行与 y 类似地组织 x 上的循环。

- 第 20 行：这是唯一执行实际工作的代码行，这里将 p 元素的贡献添加到适当的核值加权的目标邻域中。

- 第 23 行：这里将最终结果存储在 q 中。请注意，q 在该函数中是标量，因为在内核函数中每个线程是分别调用 convolve 的，但在相应的主机代码中 q 是一个数组。

- 第 30 行：这里声明的 rl_forward 内核函数是处理式（8.14）的正向投影，参数是卷积核（kern 与 nkren）、当前估计的活动 p1、输出数组 c、测量图像 q 与图像尺寸。

- 第 32~34 行：找到当前线程执行卷积的点 (x, y)（就是式（8.14）的索引 i）。

- 第 35~36 行：执行式（8.14）的卷积，将结果存放在临时变量 f 中。

- 第 37 行：将 q_i/c_i 的结果存储在输出数组 c 中，这是下一步所需的比率，会比简单地存储 c 更有效。

- 第 40 行：这里声明的 rl_backward 内核函数是处理式（8.13）的反向投影，参数是卷积核（kern 与 nkren）、当前估计的活动 p1、改进的估计 p2、由 rl_forward 计算的 c 数组和图像尺寸。

- 第 42~44 行：找到线程所执行的图像点 (x, y)。

- 第 45~46 行：执行对应于式（8.13）的卷积步骤。

- 第 47 行：保存结果。

示例 8.15　rl_deconv 主机函数

```
50   int rl_deconv(thrustHvec<float> &image,
            thrustHvec<float> &kern, int nx, int ny,
            int nkern, int iter, dim3 &blocks, dim3 &threads)
51   {
52     int size = nx*ny;
53     thrustDvec<float> p1(size,1.0f); // ping-pong buffers
54     thrustDvec<float> p2(size);       // for RL iterations
55     thrustDvec<float> c(size);        // forward proj denominator
56     thrustDvec<float> q(size);        // device copy of blurred image
57     thrustDvec<float> kn(nkern*nkern); // kernel
58     q = image;
59     kn = kern;

60     for(int k=0;k<iter;k+=2){ // ping-pong pairs of iterations
61       rl_forward <<<blocks,threads>>>(kn.data().get(),
            nkern, p1.data().get(), c.data().get(),
                        q.data().get(), nx, ny);
62       rl_backward<<<blocks,threads>>>(kn.data().get(),
            nkern, p1.data().get(), p2.data().get(),
                        c.data().get(), nx, ny);
63       rl_forward <<<blocks,threads>>>(kn.data().get(),
            nkern, p2.data().get(), c.data().get(),
                        q.data().get(), nx, ny);
64       rl_backward<<<blocks,threads>>>(kn.data().get(),
            nkern, p2.data().get(), p1.data().get(),
                        c.data().get(), nx, ny);
65     }
66     image = p1;
67     return 0;
68   }
```

示例 8.15 的说明

- 第 50 行：主机函数 rl_deconv 的声明，对 CUDA 内核函数执行必要的调用，以实现 RL 去模糊处理。函数参数 image 是一个主机数组，最初包含一个模糊的图像，并在结束时接收最终去模糊的结果。还有 image 滤波器 kern 和 nkern（这是已知或估计的）、图像尺寸 nx 和 ny、RL 迭代次数 iter，以及内核函数启动配置的 blocks 与 threads。

- 第 53~54 行：这一对与图像大小相同的设备数组保存计算中使用的 p_j^n 和 p_j^{n+1} 图像缓

冲区。由于它们在计算过程中以类似乒乓球的方式来回交替使用，因此只需要两个缓冲区。注意，p1 的元素被初始化为 1.0，这是我们对最终图像的初始估计值。

- 第 55～56 行：设备数组 c 和 q 分别保存按照式（8.12）、式（8.13）和式（8.14）的符号所表示的正向投影图像和观测到的模糊图像。
- 第 57 行：设备数组 kn 保存模糊核 K_{ij} 的副本。
- 第 58～59 行：将 image 和 kern 复制到设备数组中。
- 第 60～65 行：主要的迭代循环，执行 iter 次的 RL 算法迭代。
  - 第 61～62 行：调用 rl_forward 和 rl_backward 执行一次完整的 RL 迭代。一开始 p1 保存估计的图像，之后 p2 保存改进的估计值。值得注意的是，这里必须使用两个单独的内核函数，因为 rl_backward 中单个线程的计算可能依赖 rl_forward 中多个线程块所计算的 c 值。因此，在 rl_backward 能安全启动之前，必须完整执行 rl_forward 以计算出全部的 c 值。
  - 第 63～64 行：这与第 61～63 行相同，只是 p1 和 p2 的角色交换了。因此在这两对调用结束时，p1 包含两次迭代的结果。
  - 第 66 行：将最终结果从 GPU 复制到主机。

图 8.12 展示了在某些模糊文本上运行此示例的结果。在 GPU 上运行程序所需的计算时间相当于每秒大约 3.6×10^{11} 个融合乘加指令。由于对内存的需求相对较高，使用向量加载技术可能带来适度的加速。然而，使用共享内存对内核函数可能不会有帮助，因为大的光晕需要更多的卷积核。与主机 PC 上的单 CPU 相比，GPU 版本快约 450 倍。值得注意的是，图像质量在高达至少 10^6 次迭代中持续改善，这对有难度的图像可能有帮助。

我们在这个例子中有点投机取巧，因为我们使用与创建模糊图像相同的内核函数进行去模糊。在现实世界中可能不知道原始内核函数，但这正是 GPU 加速能提供帮助的地方，我们可以快速尝试大量内核函数以找到最佳结果。例如，我们可以设想自动搜索能够最大化图像导数的内核函数，所谓的"盲反卷积"是一个正在进行的研究课题，显然，GPU 能在其中发挥重要的作用。

式（8.12）中的原始模糊操作当然只是图像 p 与内核函数 K 的卷积，还有其他更快的反卷积方法，例如，在傅里叶空间中取图像和核的比值。但是，这些方法对噪声的鲁棒性不如 RL 方法。更有趣的是，标准的基于卷积的方法假定滤波器 K 是与位置无关的，基于 MLEM 的方法没有这个限制，如果 K 依赖图像像素 p 的位置，它们仍旧可以工作。我们的 PET 示例中使用的系统矩阵高度依赖体素位置，我们很容易将 RL 示例扩展到允许线程在必要时计算 K 的元素。例如，在天体摄影中，可以使用这些方法消除长时间曝光图像中的旋转模糊，因为星轨的弧长取决于其在图像上的位置。

图 8.12 展示了一些众所周知的文本，这些图像的大小为 600×320 像素。左上角的图像使用一个 15×15 像素、里面嵌入标准差为 10 像素的截断高斯滤波器所模糊的原始文本，

其余的五幅图像是我们的 GPU 内核函数进行了 10^2、10^3、10^4、10^5 和 10^6 次迭代后的结果，分别需要 204 ms、434 ms、2.4 s、22.1 s 和 230 s。本示例中使用了 RTX 2070 GPU，该文本只需 100 次迭代就成为可阅读的文本，经过 10^6 次迭代后效果非常好 [17]。

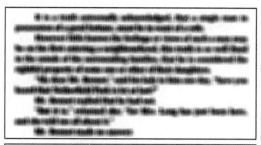

图 8.12　使用 Richardson-Lucy MLEM 方法的图像去模糊

在第 9 章中，我们将介绍使用多个 GPU 来获得更高性能的技术。

第 8 章尾注

1. Kaufman, L. Implementing and accelerating the EM algorithm for positron emission tomography. *IEEE Transactions on Medical Imaging* 6, 37–51 (1987).

2. MLEM 本质上是一种线性方法，它假定探测器记录对接收信号的线性响应。

3. 这实际上是一个常用的限制。具有较小 c1–c2 差值的 LOR 以较小的角度进入探测器，可能在交互作用之前穿透多个晶体，这会导致这些 LOR 的交互作用深度模糊效应更大。

4. 使读者能够将他们自己的研究问题的特定细节有效地映射到 GPU 代码中，是我撰写本书的主要动机。

5. Hudson, H.M. and Larkin, R.S. Accelerated image reconstruction using ordered subsets of projection data. *IEEE Transactions on Medical Imaging*, 13(4), pp.601–609 (1994).

6. 为了清晰起见，本节中我们将使用已经定义的扫描仪参数值，例如 400，而不是 cryNum 之类的参数名称，但是在代码中始终使用参数名称。

7. 这是许多模拟事件的基本设计选择，在此需要一个非常大的数组去累加每个可能的 LOR 总数。这里的直方图具有约 6.5×10^8 个箱子，但与生成 10^{12} 个 LOR 所需的空间相比还是很小。在其他模拟中，生成的事件数量与事件配置数量都相对较小，保存单个事件会比保存直方图更加有效。

8. 缩写 ROI 在医学成像领域中常常使用，表示感兴趣区域。

9. Ansorge, R. "List mode 3D PET reconstruction using an exact system matrix and polar voxels." In *2007 IEEE Nuclear Science Symposium Conference Record*, vol. 5, pp. 3454–3457. IEEE, 2007. Ansorge, R. et al. "Very high resolution 3D list-mode PET reconstruction using polar voxels." *In 2008 IEEE Nuclear Science Symposium Conference Record*, pp. 4112–4114. (2008).

10. 系统矩阵中的总归一化事实上在 MLEM 交互作用的表达式中抵消了，因此在代码中我们将概率标准化到 10^6 而不是 1，以避免在 *S* 中出现微小数字。重要的是，对于每个使用的点文件，进行相同数量的生成尝试。

11. 将大于 2^{25} 的无符号整数值转换成浮点值会产生舍入误差，但与模拟中实际值的泊松统计以及 PET 扫描中所需的准确度相比，这种误差是完全可以忽略的。我们之所以选择使用浮点数，是因为大多数 NVIDIA GPU 上的 32 位浮点计算速度更快，最新的图灵卡可以更好地支持整数运算。

12. 许多早期的 PET 文献所讨论的是正弦图数据，而不是列表模式数据。正弦图只是列表模式数据的一个版本，就是将 LOR 组合计在一起以形成实际活动的 Radon 变换。正弦图既可以减小测量活动数据集的大小，也可以启用快速的分析方法，例如，滤波反投影（Filtered Back Projection，FBP）来重建活动。不幸的是，这些方法都差不多，特别是对于三维数据集，它们使用所有或大多数检测到的 LOR，而不仅仅是位于单个探测器环平面内的 LOR。随着现代计算硬件日益强大，基于完全三维 MLEM 方法的高计算成本的方法变得更加普及。

13. 在开发这段代码时，我们观察到在内核函数中使用带有浮点数的 minf 有时会出现整数溢出的现象，然后将浮点数舍入到较小的整数，从而导致难以发现的错误。为避免歧义，我们改用这些通用函数的显式版本，在这个示例中使用 fminf。

14. 我们在定义 bRadius 为 constexpr 时遇到一些有趣的问题，因为表达式涉及 tan 函数，但 constexpr 对象是在编译时评估的，不能使用标准的数学库。我们编写

constexpr 三角函数，使用幂级数来完成这项工作，这些可以在 cxconfun.h 中找到。

15. 事实上，我们假设沿 z 轴的探测器之间是没有空隙的，但这并不符合大多数扫描仪的实际状况，因此我们可能还需要在 z 方向上搜索相邻块以及 phi。

16. 可以查看维基百科上的在线文章。

17. 在应用图像滤波器时，始终需要考虑边缘处理。在这里钳制边缘时，我们默认假设图像边界以外的光照与边缘相同，这是一个合理的起点推测。

扩展

有时候，单个 GPU 的性能并不能满足需求，CUDA 提供了一些让你能将大型计算分布到多个 GPU 上的工具。此时就进入了高性能计算（HPC）的世界，你可能对已有的应用程序更有兴趣，而不是从头开发自己的代码。然而，你免不了需要编写一些额外的代码，让标准应用程序适配你的特定问题。此外，我们认为了解多个 GPU 共同完成一个大任务总是有帮助的。在扩展中有两个阶段。

第一阶段是使用具备多个 GPU 的单个工作站。

这可以简单地将第二个 GPU 插入现有 PC 中，或者购买预先配置好 4 个或 8 个 GPU 的高端工作站。关键考虑因素是主机代码如何管理这些 GPU 上的工作流，以及 GPU 如何访问彼此的数据。

如果你要进行大规模 GPU 计算，那么现在可能是使用 Linux 而非 Windows 的时候了。因为目前 NVIDIA 不支持在 Windows 中管理多 GPU 的一些最佳特性，大多数配备多个 GPU 的专用工作站可以运行 Linux 操作系统的某个版本。

图 9.1a～c 显示了从单 GPU 的基本系统开始的三个级别的扩展。图 9.1a 显示的是第一步扩展——在单个 PC 里用一条 PCIe 总线连接两个 GPU。图 9.1b 显示的是具有 20 核 CPU 和四个高端 GPU 的一个高级工作站，这些 GPU 不仅通过两个 PCIe 总线连接到 PC，而且两两之间通过 NVIDIA 专属的 NVLINK 多路复用器形成额外的多路连接。最后的扩展步骤如图 9.1c 所示，其中图 9.1a 或图 9.1b 中显示的多个工作站通过可在任意一对工作站之间路由数据的交换网络连接在一起。

在先进的 HPC 系统中，网络互连很可能用的是 InfiniBand，而不是以太网，这种情况下单个工作站通常称为一个节点。网络互连的拓扑结构也会变得复杂，近距离节点之间的通信延迟比远距离节点之间的要低。图 9.1c 中显示的网络具有两个延迟级别，每组 18 个节点都连接到一个单独的 InfiniBand L2 交换机，该交换机允许这些节点直接相互通信。使用第二层中的 L1 交换机则可以在不同的节点组之间进行通信。第二层具有稍高的延迟和较少的聚合带宽。节点和 L2 交换机之间的连接速度为 40 Gbit/s，L1 交换机和 L2 交换机之间的连接速度为 2×40 Gbit/s。图 9.1c 摘自 Mellanox 网站 https://community.mellanox.com/s/article/designing-an-hpc-cluster-with-mellanox-infiniband-solutions。这家生产 InfiniBand 设备的公司目前已经归 NVIDIA 所有，感兴趣的读者可以从该公司的网站中找到更多信息。

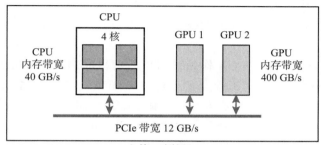

a）第一步扩展

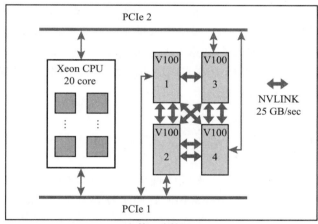

b）第二步扩展

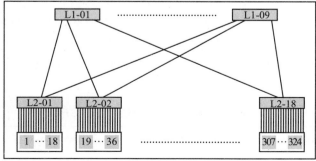

c）第三步扩展

图 9.1 具有多个 GPU 的 HPC 拓扑结构

在 2020 年 11 月 TOP500 超级计算机的前五名中，有三个使用了 Volta 或 Ampere GPU。其中第二名是 Oak Ridge 实验室里拥有 4608 个节点的 Summit 机器（www.olcf.ornl. gov/olcf-resources/compute-systems）。Summit 上的每个节点都配备 2 个 IBM Power9 CPU 和 6 个 NVIDIA V100 GPU。有趣的是，最新的 NVIDIA GPU 具有增强特定 IBM CPU 和 GPU 之间 IO 传输的硬件功能。

在高性能计算领域，Linux 操作系统居于主导地位，一些 NVIDIA CUDA 的最新开发目前都只支持 Linux 操作系统，例如需求页面虚拟统一内存管理。

本章将介绍一些额外的编程工具与技巧，协助我们将计算规模从单个 GPU 扩展为更强大的系统。

图 9.1a 或图 9.1b 显示了单个工作站最简单的编程范例，由主机去控制进出 GPU 的所有数据流。在这种情况下，本质上需要处理的代码部分，就是在主机代码中适当地调用 cudaSelectDevice 函数，去指定运行内核函数或访问 GPU 内存的后续 CUDA 调用。至于图 9.1b 所示的更大规模系统就会变得更加烦琐，NVIDIA 提供了管理 GPU 之间通过 PCIe 或 NVLINK 进行点对点传输的工具，以及允许程序员将 CPU 和 GPU 内存视为单个实体，而不需要显式使用 cudaMemcpy 调用的各种统一内存寻址模式，我们将在下面讨论统一内存。最后，要管理图 9.1c 所示的 HPC 系统中大量互连节点间的通信时，最好使用 MPI，本章也包括 MPI 的内容。虽然 MPI 严格意义上来说不属于 CUDA 主题，但它与 CUDA 有许多相同的理念。事实上，因为 MPI 是在 CUDA 出现之前的 20 世纪 90 年代初期出现的，所以几乎可以肯定它影响了 CUDA 的设计。

9.1　GPU 的选型

示例 9.1 展示了 CUDA 设备管理例程的使用，多 GPU CUDA 程序的主机代码使用这些例程来管理 GPU 的任务分派。一些常用的管理函数如表 9.1 所示，完整的列表及更详细的文档可以在 CUDA API 参考手册的第 5 章里找到。我们注意到，这组函数中也包括我们熟悉的 cudaDeviceSynchronize() 和 cudaDeviceReset()。这两个函数与表 9.1 中的其他函数一样没有任何参数，并且总是将其操作应用于当前的活动 GPU。在 CUDA 程序中，默认活动的 GPU 是 GPU 0，在我们前面大多数单 GPU 的示例中是正确的默认值。然而，在目前使用多个 GPU 的情况下，在隐式地使用相关 GPU 和任何其他设备管理函数之前，必须小心地将相关 GPU 设置为活动状态。

示例 9.1　在单个主机上使用多个 GPU

```
10  __global__ void copydata(float *a, float *b, int n, int gpu)
11  {
12    int id = blockIdx.x*blockDim.x + threadIdx.x;
13    while(id < n){
```

```
14       b[id] = a[id];   // copy a to b
15       id += blockDim.x*gridDim.x;
16     }
17     if(threadIdx.x==0 && blockIdx.x ==0)
               printf("kernel1 gpu = %d\n",gpu);
18   }

19   int main(int argc,char *argv[])
20   {
21     int blocks = (argc >1) ? atoi(argv[1]) : 256;
22     int threads =(argc >2) ? atoi(argv[2]) : 256;
23     uint dsize = (argc >3) ? 1 << atoi(argv[3]) : 1 << 28;
24     uint bsize = dsize*sizeof(float);  // size in bytes

25     int ngpu = 0;
26     cudaGetDeviceCount(&ngpu);
27     printf("Number of GPUs on this PC is %d\n",ngpu);

28     std::vector<float *> host_buf;
29     std::vector<float *> dev_a;
30     std::vector<float *> dev_b;

31     for(int gpu=0; gpu<ngpu; gpu++){
32       cudaSetDevice(gpu);    // must select gpu before use
33       float *a = (float *)malloc(bsize); host_buf.push_back(a);
34       cudaMalloc(&a,bsize); dev_a.push_back(a);
35       cudaMalloc(&a,bsize); dev_b.push_back(a);
36       for(uint k=0;k<dsize;k++) host_buf[gpu][k] =
                                   (float)sqrt((double)k);
37       cudaMemcpy(dev_a[gpu], host_buf[gpu], bsize,
                             cudaMemcpyHostToDevice);
38       copydata<<<blocks,threads>>>
                     (dev_a[gpu],dev_b[gpu],dsize,gpu);
39     }

40     // do host concurrent work here ...

41     for(int gpu=0; gpu<ngpu; gpu++){
42       cudaSetDevice(gpu);   // select gpu before use
43       cudaMemcpy(host_buf[gpu], dev_b[gpu], bsize,
                             cudaMemcpyDeviceToHost);
44     }
45     // do host work on kernel results here ...

46     for(int gpu=0; gpu<ngpu; gpu++){ // tidy up
47       cudaSetDevice(gpu);        // select gpu before use
48       cudaDeviceSynchronize(); // In case of pending work
49       free(host_buf[gpu]);
50       cudaFree(dev_a[gpu]);
51       cudaFree(dev_b[gpu]);
52       cudaDeviceReset();     // reset current device
53     }
54     return 0;
55   }
```

表 9.1   CUDA 设备管理函数

函数	描述
cudaGetDeviceCount(int *count)	返回可用 CUDA GPU 的数量
cudaSetDevice(int *dev)	选择（0, count−1）中的活动 GPU
cudaGetDevice(int *dev)	获取当前活动的 GPU
cudaDeviceReset(void)	重置当前 GPU
cudaDeviceSynchronize(void)	阻止主机，直到当前 GPU 上的所有工作完成
cudaGetDeviceProperties(cudaDeviceProp *prop, int dev)	获取 GPU dev 的设备属性
cudaChooseDevice(int *dev, const cudaDeviceProp *prop)	根据属性 prop 选择最匹配的 GPU，返回 dev 中的结果
cudaDeviceSetCacheConfig(cudaFuncCache cacheConfig)	在支持此选项的设备上设置 L1 缓存 / 共享内存分配
cudaDeviceGetCacheConfig(cudaFuncCache **pCacheConfig)	获取支持此选项的设备上的当前 L1 缓存 / 共享内存分配
cudaDeviceSetSharedMemConfig(cudaSharedMemConfig config)	将共享内存组宽度设置为 4 字节或 8 字节
cudaDeviceGetSharedMemConfig(cudaSharedMemConfig *pConfig)	获取当前共享内存组宽度
cudaSetDeviceFlags(uint flags)	参数 flags 是一个位字段，用于指定各种运行时属性。有关详细信息，请参阅参考手册
cudaGetDeviceFlags(uint *flags)	获取当前运行时标志集

示例 9.1 的说明

- 第 10～18 行：一个简单的用于测试的 copydata 内核函数，从输入数组 b 复制 n 个单词到输出数组 a，还能针对参数 gpu 去输出最低排名的线程以作为验证。

- 第 21～24 行：根据用户设置的参数进行标准的初始化。变量 dsize 是要处理的数据字数，bsize 是相应的字节数。后者很方便，因为许多 CUDA 函数需要以字节为单位的数组大小。

- 第 25～27 行：将 int 类型的变量 ngpu 设置为主机系统上的 GPU 数量，在第 26 行调用 cudaGetDeviceCount() 函数实现，第 27 行将 ngpu 的值作为检查结果输出。

- 第 28～30 行：这里分配了 float* 类型的标准向量，以处理指向实际数据缓冲区的指针。与这些向量一起使用的索引将对应到正在使用的 GPU。这里每个 GPU 需要三个缓冲区，其中 host_buf 用于主机，dev_a 和 dev_b 用于每个 GPU。

- 第 31～39 行：这个循环对系统上每个 GPU 都执行一次。在每个循环中创建一组数据缓冲区，并将它们的指针存储在缓冲向量的元素中，具体如下。

- 第 32 行：用循环变量 gpu 设置当前运行的 GPU，这对代码能正常运行至关重要；循环体的其余步骤将应用于这个 GPU。

- 第 33 行：使用良好的老式 malloc 创建主机缓冲区，而不是使用容器类。这将允许在后续示例中更自然地过渡到 CUDA 内存管理。指针保存在临时变量 float *a 中，然后使用 push_back 存储在 host_buf 向量中。

- 第 34~35 行：创建并存储指向设备数据缓冲区 a 和 b 的指针。请注意，cudaMalloc 的语法与许多 CUDA 函数一样，必须使用临时变量来获取结果，因此在这里我们重复使用变量 a 来实现这个目的。

- 第 36 行：在主机缓冲区 host_buf[gpu] 填入一些随机数据。在真实的示例中，随着 gpu 索引值的改变，host_buf[gpu] 会接收不同的数据。

- 第 37 行：将 host_buf 内容复制到 dev_a 缓冲区中。

- 第 38 行：使用新创建的缓冲区启动内核函数，这个内核函数会在当前活动的 GPU 上运行，本例中为 gpu 索引。这项调用在主机上不是阻塞的，当在 gpu 索引上运行时，循环任务已经进入下一个 gpu+1 的环节。

- 第 40 行：在 GPU 上执行内核函数并行运行的时候，可以在此处添加其他的主机工作。

- 第 41~44 行：执行 GPU 上的循环，等待挂起的内核函数全部完成后，就将设备结果缓冲区 dev_b 复制回主机。需要注意的是，在每次循环通过开始时调用 cudaSetDevice(gpu)。

- 第 45 行：可以在此处进行处理内核函数结果的其他主机工作。

- 第 46~53 行：在主程序结束时进行清理，我们使用另一个循环遍历 GPU，去释放已分配的主机和设备内存块，并重置每个设备。

示例 9.1 中的代码虽然可以工作，但相当丑陋，在更复杂的情况下很容易忽略必要的 cudaSetDevice 而导致难以发现的错误。此外，对于许多问题，例如迭代网格 PDF 求解器，随着计算的进行，需要在 GPU 之间交换数据。虽然在主机和 GPU 之间来回复制数据总能完成任务，但更好的解决方案是，绕过主机在 GPU 之间直接交换数据。通过 PCI 总线或 NVLINK（如果存在的话）可以实现此类直接 GPU 互连或点对点通信，这将在下一节中解释，作为关于 CUDA 所支持的基于 GPU 的典型工作站上管理多个内存子系统的一部分来讨论。

9.2　CUDA 统一虚拟寻址

当你开始为多个 GPU 编写程序时，可能希望将组合的内存视为单个实体，而不是去管理各个 GPU 内存。CUDA 提供了工具来实现这个目标，尽管可能会有一定的性能损失。

在 2011 年所发布的 CUDA SDK 版本 4.00 里，引入一个名为统一虚拟寻址（UVA）的特性，支持 CC≥2.0 的所有设备，应用程序必须编译成 64 位应用程序才能利用 UVA，因为 32 位的寻址太有限，无法处理现代工作站的总内存空间。

UVA 的作用是，在运行时所分配的全部 CUDA 内存指针都指向单一的虚拟地址空间，虽然主机内存和连接的 GPU 物理内存实际上是分开的。如图 9.2 所示，当 UVA 受支持的时候，诸如 cudaMalloc 和 cudaMallocHost 这样的函数总会返回 UVA 指针，但 malloc 这类非 CUDA 函数却不会返回 UVA 指针。

UVA 的主要直接好处是简化对 cudaMemcpy 函数家族的调用，这些函数都具有一个类型为 cudaMemcpyKind 的最终参数，指定源内存指针和目标内存指针是指主机还是 GPU 的内存。这个标志的允许值如表 9.2 所示。

表 9.2　与 cudaMemcpy 函数一起使用的 CUDA cudaMemcpyKind 标志的值

标识	来源	目的地	说明
cudaMemcpyHostToDevice	主机	活动的 GPU	H2D 复制
cudaMemcpyDeviceToHost	活动的 GPU	主机	D2H 复制
cudaMemcpyDeviceToDevice	活动的 GPU	活动的 GPU	源和目标仅限于同一 GPU
cudaMemcpyHostToHost	主机	主机	对 cudaMemcpy2D 和 3D 有用
cudaMemcpyDefault	指针定义	指针定义	需要 UVA，来源和目的可以是不同的 GPU

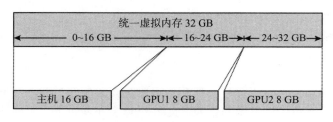

图 9.2　CUDA 统一虚拟内存

建议尽可能使用 cudaMemcpyDefault 这个标志，这会使代码的可移植性更好，并消除了当错误地指定此标志时所产生未定义行为的潜在错误源。另一个重要的变化是，使用 cudaMemcpyDefault 能让同一系统的两个不同 GPU 间直接复制数据。这样的传输数据流将直接通过 NVLINK（如果有的话）或 PCIe 总线传输。这种传输通常被称为点对点或 P2P 传输，需要在 CUDA 程序中做一些额外的准备，下面就来讨论这个部分。

9.3　CUDA 的 P2P 访问

默认情况下，GPU 不允许其他设备访问其内存，这是对系统中其他地方的错误所采取的合理预防措施。同时，一些老旧的 GPU 可能无法访问 P2P。因此，在一对 GPU 之间执行 P2P 操作之前，CUDA 程序应首先检查这些 GPU 是否支持 P2P，如果支持，启用一对 GPU 之间的 P2P 操作。相关代码如示例 9.2 所示。

示例 9.2　展示两个 GPU 之间的 P2P 操作的 p2ptest 内核函数

```
10  __global__ void p2ptest(float *src, float *dst, int size) {
11    for(int id = blockIdx.x*blockDim.x+threadIdx.x; id<size)
                              id += blockDim.x*gridDim.x;
12    dst[idx] = 2.0f*src[idx];
13  }
    . . .
20  // check for p2p access
21  int p2p_1to2;
    cudaDeviceCanAccessPeer(&p2p_1to2, gpu1, gpu2);
22  int p2p_2to1;
    cudaDeviceCanAccessPeer(&p2p_2to1, gpu2, gpu1);
23  if(p2p_1to2 == 0 || p2p_2to1 == 0) return 1;
24  cudaSetDevice(gpu1);
    cudaDeviceEnablePeerAccess(gpu2, 0);
25  cudaSetDevice(gpu2);
    cudaDeviceEnablePeerAccess(gpu1, 0);

26  cudaMemcpy(gpu1_buf, gpu2_buf, size*sizeof(float),
                              cudaMemcpyDefault);
27  p2ptest<<<256,256>>>(gpu1_buf,gpu2_buf,size)
    . . .
30  cudaSetDevice(gpu1);
    cudaDeviceDisablePeerAccess(gpu1);
31  cudaSetDevice(gpu2);
    cudaDeviceDisablePeerAccess(gpu2);
```

示例 9.2 的说明

- 第 10～13 行：这里显示了 p2ptest 内核函数，将输入数组 src 的元素乘以 2 之后，再将结果存储在数组 dst 中。在内核函数的代码中，无论 src 和 dsc 指针是否指向同一个 GPU 的内存，都不会影响任何内容。必要时，通过 NVLINK 或 PCIe 连接的路由数据将由驱动程序在运行时决定，驱动程序会在其将 src 和 dst 中的统一虚拟地址转换为真实设备内存地址时执行这个操作。

- 第 21 行：这个代码段假设 int 变量 gpu1 和 gpu2 引用系统上的有效 GPU，例如 gpu1 = 0 和 gpu2 = 1。在这里检查 gpu1 设备是否支持 P2P 传输到 gpu2 设备，如果不支持，变量 p2p_1to2 将被设置为零。

- 第 22 行：gpu2 设备是否支持与 gpu1 设备之间的 P2P 传输的相应检查。

- 第 23 行：如果不支持 P2P 传输，则放弃测试。

- 第 24～25 行：在两个方向上启用 P2P 传输，这对于 P2P 的正常工作至关重要。

- 第 26 行：使用 cudaMemcpy 将数据通过 P2P 传输从 gpu2 复制到 gpu1。请注意第四个参数 cudaMemcpyDefault 的使用。

- 第 27 行：使用 p2ptest 内核函数来处理在 gpu1_buf 中接收到的数据，并使用
  P2P 复本将结果再次复制回 gpu2_buf，这表明 P2P 传输可以直接在内核函数代码
  中使用，也可以在主机代码中使用 cudaMemcpy 调用。
- 第 30～31 行：释放在第 24～25 行启用调用中分配的 P2P 资源，这在小型项目中不
  是强制性的或必要的，但在 CUDA 资源可能稀缺的较大项目中非常有用。

请注意，这些标志可以使用算术或运算符 "|" 相互组合。

还可以进一步允许主机和所有连接的 GPU 直接使用主机内存的同一区域，而无须使用
CUDA 零复制内存进行显式传输。

9.4　CUDA 零拷贝内存

虽然 UVA 简化了 cudaMemcpy 系列函数的使用并将其扩展到 P2P 操作，但程序员仍
需要使用 cudaMemcpy 调用来管理主机和 GPU 之间的数据流。CUDA 还有另一种操作模
式，即可以配置主机上的固定内存区域由系统的 GPU 直接读取或写入。在这种配置中，固
定内存被称为零拷贝（zero-copy）或映射的内存，此配置的关键是 cudaHostAlloc 函数，
如表 9.3 所示。

可以在 CUDA Runtime API 文档中找到表 9.3 所列函数的更多细节。

表 9.3　CUDA 主机内存分配函数

项目	名称	说明
分配函数	cudaHostAlloc(void **buf,size_t size, uint flags)	除第二个版本允许使用默认值 flags，其他版本都是相同的。当使用非默认值 flags 时，首选第一个版本
	cudaMallocHost(void **buf,size_t size, uint flags=0)	
	cudaHostGetDevicePointer(&dev_buf,buf,0)	将 dev_buf 设置为 buf 对应的设备指针
	cudaFreeHost(buf)	释放以前分配的内存
flags 的可能值	cudaHostAllocDefault	在主机上分配固定内存
	cudaHostAllocMapped	调用 cudaHostGetDevicePointer 设置 dev_buf，将分配映射到 dev_buf 访问的 CUDA 地址空间
	cudaHostAllocPortable	返回的内存被所有 CUDA 上下文视为固定内存
	cudaHostAllocWriteCombined	将内存分配为写入组合。写入速度更快，但读取速度较慢

要设置零拷贝操作，需要通过调用带有 cudaHostAllocMapped 标志的 cudaAllocHost 来分配主机内存池，仍然需要一个单独的设备指针来传递到内核函数调用中，可以通过调用表中所示的 cudaHostGetDevicePointer 来设置。如果使用 cudaHostAllocPortable 标志，则所有设备都可以使用同一内存池，但每个设备都需要有自己的设备内存指针。如果设置了 cudaHostAllocWriteCombined 标志，则主机读取和写入将绕过标准 PC L1 和 L2 内存缓存，这会提高主机向内存写入的速度，但大大降低从内存读取的速度。请注意，写入组合是英特尔 PC 的功能，而不是 CUDA 的功能，如果主机需要经常对池化内存写入数据，但很少读取，这个方式可能会很有用。

需要注意的是，使用零拷贝内存时必须确保主机和设备是正确地同步对该内存的写入和读取，没有任何 cudaMemcpy 调用来提供隐式同步。因此，需要特别注意使用 cudaDeviceSynchronize 和 CUDA 事件，来确保不会发生写入后读取错误。

9.5　统一内存

即便使用零拷贝技术，程序员仍需跟踪主机和每个 GPU 的单独数据指针，尽管这些指针都指向同一块主机内存块。CUDA 统一内存（UM）在 2013 年的 CUDA 6.0 中首次引入，在 UM 模型中，同一个数据指针能处理主机和设备对内存块的访问，但是内存块本身由 CUDA 管理，并于必要时在主机内存和设备内存之间自动复制。实质上，主机和所有连接的 GPU 在本地内存空间中都有内存块的单独副本，CUDA 确保任何内存块都可以更新主机和连接 GPU 之间的写入操作。系统会跟踪对统一内存块的写入操作，并在后续不同设备访问该内存时进行复制。

在统一内存的最初版本中，设备之间的内存自动复制总是整个块；因此在使用统一内存时，需要避免在只更改了少量数据的情况下，自动复制大量数据会产生过多的开销。此外，即使程序员试图让主机去初始化该内存，系统也会在主机首次访问统一内存块时自动触发 D2H 传输。尽管如此，使用统一内存能极大地简化 CUDA 程序中的指针管理，可能是将现有材料移植到 CUDA 代码的良好初始选择。

统一内存在图 9.2 所示的多个 GPU 工作站上是很有用的。在这些情况下，系统会自动选择最快的传输路径，使用 NVLINK 进行 GPU 间传输，不需要显式管理 GPU 间的点对点通信。要使用统一内存时，主机只需使用 cudaMallocManaged 去分配一个内存块，然后使用结果指针对主机和 GPU 进行访问，而不必使用 cudaHostAlloc 和 cudaMalloc 去分配的不同指针。

对于 CC≥6.0（Pascal 及以上）的系统，有更精细的页面错误系统来管理设备间数据迁移，这可能会减少在统一内存第一个版本中遇到的许多低效问题，并有助于其更广泛的采用。但是，截至本书编写时，这种更复杂的内存管理仅适用于 Linux 操作系统，而在 Windows 中不适用。尽管如此，这是一个有趣的特性，在可用的情况下，它可能大大降低使用管理内存方法的当前时间。有关统一内存的更多细节，请参见《NVIDIA CUDA C ++编程指南》的附录。

示例 9.3～9.10 探讨了各种内存分配方法的性能。在这些示例中，我们使用第 3 章中的最佳归约内核函数和这些不同的方法。

示例 9.3 显示了 reduce_warp_vl 内核函数和执行所有测试的简单主程序。

示例 9.3　管理内存定时测试 reduce_warp_vl 内核函数和主例程

```
02  __global__ void reduce_warp_vl(r_Ptr<uint> sums,
                         cr_Ptr<uint> data,uint n)
03  {
04    auto b = cg::this_thread_block();    // thread block
05    auto w = cg::tiled_partition<32>(b); // warp
06    int4 v4 ={0,0,0,0};
07    for(int tid = b.size()*b.group_index().x +
                b.thread_rank(); tid < n/4;
08                tid += b.size()*gridDim.x)
09      v4 += reinterpret_cast<const int4 *>(data)[tid];
10    uint v = v4.x + v4.y + v4.z + v4.w;
11    w.sync();

12    v += w.shfl_down(v,16);
13    v += w.shfl_down(v,8);
14    v += w.shfl_down(v,4);
15    v += w.shfl_down(v,2);
16    v += w.shfl_down(v,1);
17    if(w.thread_rank() == 0)
                atomicAdd(&sums[b.group_index().x],v);
18  }

19  double fill_buf(uint *buf, uint dsize)
20  {
21    double sum = 0.0;
22      for(uint k=0;k<dsize;k++) {
23        buf[k] = k%419;  // some test data
24        sum += buf[k];   // host sum to check correctness
25      }
26    return sum;
27  }

30  int main(int argc, char *argv[])  // used for all tests
31  {
32    int test    =   (argc > 1) ? atoi(argv[1]) : 0;   // choose test
33    int blocks  =   (argc > 2) ? atoi(argv[2]) : 256;
34    int threads = (argc > 3) ? atoi(argv[3]) : 256;
      // data size is
35    uint dsize  =   (argc > 4) ? 1 << atoi(argv[4]) : 1 << 24;
      // a power of 2
36    double t2 = 0.0;  // kernel time
37    cx::MYTimer tim;

38    if(test==0)
          reduce_classic(blocks,threads,dsize,t2);
39    else if(test==1)
          reduce_classic_pinned(blocks,threads,dsize,t2);
```

```
40    else if(test==2)
          reduce_thrust_standard(blocks,threads,dsize,t2);
41    else if(test==3)
          reduce_thrust_pinned(blocks,threads,dsize,t2);
42    else if(test==4)
          reduce_thrust_hybrid(blocks,threads,dsize,t2);
43    else if(test==5)
          reduce_zerocopy(blocks,threads,dsize,t2);
44    else if(test==6)
          reduce_managed(blocks,threads,dsize,t2);

45    double t1 = tim.lap_ms();
46    printf("test %d total time %.3f kernel time %.3f
                              ms\n",test,t1,t2);
47    std::atexit([]{cudaDeviceReset();});
48    return 0;
49  }
```

示例 9.3 的说明

- 第 1～18 行：这个 reduce_warp_vl 内核函数是最好的归约函数版本，已经在第 3 章中详细描述。

- 第 19～27 行：主机的 fill_buf 工具函数将数组参数 buf 填充为 dsize 个测试数据项。这些值的总和在第 24 行进行累加，并在第 26 行返回给调用方。

- 第 32～35 行：主程序根据用户输入的可选设置去进行配置。第一个用户参数 test 用于选择调用哪个测试函数。

- 第 36 行：将双精度变量 t2 设置为内核函数的执行时间。

- 第 37～45 行：这是一个计算时间的代码块，调用 7 个可用测试函数中的一个。在第 45 行将变量 t1 设置为被调用函数所花费的总时间。

- 第 46～48 行：输出时间，整理并退出。

示例 9.4 是我们的第一个测试，使用标准的 cudaMalloc 来分配设备内存。可以用来设定我们的性能基线。

示例 9.4　使用 cudaMalloc 管理内存测试 0

```
50  int reduce_classic(int blocks,int threads,uint dsize,
                                  double &t)
51  {
52    uint *host_buf = (uint *)malloc(dsize*sizeof(uint));
53    uint *dev_buf;
      cudaMalloc(&dev_buf,dsize*sizeof(uint));
54    uint *dev_sum;
      cudaMalloc(&dev_sum,blocks*sizeof(uint));
55    uint host_tot;
56    uint *dev_tot;
      cudaMalloc(&dev_tot,1*sizeof(uint));
57    double check = fill_buf(host_buf,dsize);
58    cx::MYTimer cuda;       // timed block start
```

```
59    cudaMemcpy(dev_buf, host_buf, dsize*sizeof(uint),
                              cudaMemcpyHostToDevice);
60    reduce_warp_vl<<<blocks,threads>>>(dev_sum,dev_buf,dsize);
61    reduce_warp_vl<<<      1,blocks>>>(dev_tot,dev_sum,blocks);
62    cudaMemcpy(&host_tot, dev_tot, sizeof(uint),
                              cudaMemcpyDeviceToHost);
63    cudaDeviceSynchronize();
64    t = cuda.lap_ms(); // timed block end
65    if(check != host_tot)
        printf("error classic: sum %u check %.0f\n",
                              host_tot,check);
66    free(host_buf);
67    cudaFree(dev_buf); cudaFree(dev_sum); cudaFree(dev_tot);
68    return 0;
69  }

D:\temp>memtests.exe 0 256 256 24
test 0 total time 176.503 kernel time 13.147 ms
```

示例 9.4 的说明

- 第 50 行：reduce_classic 函数使用标准的 malloc 和 cudaMalloc 的结合来管理内存缓冲区，并使用 cudaMemcpy 在主机和 GPU 之间传输数据。函数所需要的参数，包括运行内核函数的启动参数（blocks 和 threads）、数据缓冲区大小，以及最后要传回给调用方的耗用时间参数 t，这是 double 类型并且使用引用调用形式的参数。

- 第 52~56 行：使用 malloc 与 cudaMalloc 分别为主机缓冲区和为设备缓冲区分配所有需要的内存。host_buf 数组和 dev_buf 数组大小都为 dsize，与整个数据集的大小相同。设备数组 dev_sum 的大小为 blocks（使用的线程块数），作为第一个内核函数调用（第 60 行）的输出数组，用来存放每个块的总和，并作为第二个内核函数调用（第 61 行）的输入数组。

- 第 57 行：在此处调用 fill_buf 来用数据填充主机数组 host_buf，这些值的总和由函数返回并存储在 check 中。

- 第 58 行：开始计算时间的代码块，到第 64 行结束。

- 第 59 行：调用显式的 cudaMemcpy 函数将主机数据复制到设备。

- 第 60~61 行：两次调用 reduce_warp_vl 内核函数，第一次将线程块的总和传递到设备数组 dev_sum 中，第二次将 dev_sum 元素总和传递到数组 dev_tot 的第一个（也是唯一的）元素。请注意，这里不需要与 dev_sum 相对应的主机数组。

- 第 62 行：使用 cudaMemcpy 将一个字的数据复制到主机中，将最终总和从 dev_tot 复制到 host_tot。

- 第 63 行：在下一行执行计时调用之前调用 cudaDeviceSynchronize()，这不是严格必须的，因为主机上，前面调用 cudaMemcpy 会形成阻塞。

- 第 64 行：计算运行内核函数和执行内存传输所需的时间，并将结果存储在 t 中。

- 第 65 行：检查 GPU 的归约计算与主机上直接计算的结果是否一致。

- 第 66～68 行：明确释放所有分配的内存缓冲区并返回给调用者。

如前所述，通过在主机上使用固定内存，可以让受内存限制的内核函数的性能提高两倍。示例 9.4 是固定内存的版本，我们注意到内核函数执行时间从 12.7 ms 降低到 5.9 ms 左右，这是示例 9.5 中第 79 行和第 82 行的 cudaMemcpy 传输加速所带来的成效。

示例 9.5 使用 cudaMallocHost 的管理内存测试 1

```
70   int reduce_classic_pinned(int blocks, int threads,
                               uint dsize, double &t)
71   {
72     uint *host_buf;
       cudaMallocHost(&host_buf, dsize*sizeof(uint));
73     uint *dev_buf;
       cudaMalloc(&dev_buf,dsize*sizeof(uint));
74     uint *dev_sum;
       cudaMalloc(&dev_sum,blocks*sizeof(uint));
75     uint host_tot;
76     uint *dev_tot;
       cudaMalloc(&dev_tot,1*sizeof(uint));
77     double check = fill_buf(host_buf,dsize);
78     cx::MYTimer cuda; // timed block start
79     cudaMemcpy(dev_buf, host_buf, dsize*sizeof(uint),
                              cudaMemcpyDefault);
80     reduce_warp_vl<<<blocks,threads>>>(dev_sum,dev_buf,dsize);
81     reduce_warp_vl<<<    1,blocks>>>(dev_tot,dev_sum,blocks);
82     cudaMemcpy(&host_tot, dev_tot,sizeof(uint),
                              cudaMemcpyDefault);
83     cudaDeviceSynchronize();
84     t = cuda.lap_ms(); // timed block end
85     if(check != host_tot)
             printf("error classic pinned: sum %u check %.0f\n",
                                            host_tot,check);
86     cudaFreeHost(host_buf);
87     cudaFree(dev_buf); cudaFree(dev_sum); cudaFree(dev_tot);
88     return 0;
89   }

D:\temp>memtests.exe 1 256 256 24
test 1 total time 176.023 kernel time 6.194 ms
```

示例 9.5 的说明

与示例 9.4 只有两个语句不同，其他部分都一样。

- 第 72 行：这里使用 cudaMallocHost 去取代 malloc 来分配大块的主机缓冲区 host_buf，创建一个固定内存分配。

- 第 86 行：这里使用 cudaFreeHost 来释放分配给 host_buf 的内存，而不是像以前的版本那样使用 free。

使用固定内存的方法，为这个受内存访问速度限制的内核函数提供了两倍的加速，与我们在第 3 章找到的结果一样。

示例 9.6 将使用 thrust 向量作为存储器分配的容器，这是我们大部分示例的标准做法，因此在这里完整显示。向量 host_buf 再次使用固定主机内存分配。

示例 9.6　使用 thrust 进行内存分配的管理内存测试 3

```
90   int reduce_thrust_pinned(int blocks,int threads,
                             uint dsize, double &t)
91   {
92     thrustHvecPin<uint> host_buf(dsize);
93     thrustDvec<uint>    dev_buf(dsize);
94     thrustDvec<uint>    dev_sum(blocks);
95     thrustHvecPin<uint> host_tot(1);
96     thrustDvec<uint>    dev_tot(1);
97     double check = fill_buf(host_buf.data(),dsize);
98     cx::MYTimer cuda; // timed block start
99     dev_buf = host_buf;
100    reduce_warp_vl<<<blocks,threads>>>
          (dev_sum.data().get(), dev_buf.data().get(),dsize);
101    reduce_warp_vl<<<    1,blocks>>>
          (dev_tot.data().get(),dev_sum.data().get(),blocks);
102    host_tot = dev_tot;
103    cudaDeviceSynchronize();
104    t = cuda.lap_ms(); // timed block end
105    if(check != host_tot[0])
            printf("error pinned thrust: sum %u check %.0f\n",
                                        host_tot[0],check);
106    return 0;
107  }

D:\temp>memtests.exe 3 256 256 24
test 3 total time 175.360 kernel time 5.887 ms
```

示例 9.6 的说明

- 第 91~96 行：改用 thrust 作为容器类区执行与上一个版本中相同的内存分配操作，这个方式的优点在于我们无须管理额外的指针变量，也不必在函数结束时记得释放内存。主机缓冲区 host_buf 被分配在固定内存中。

- 第 99 行：使用 thrust 数组之间的简单复制操作替代先前使用的显式 cudaMemcpy。请注意，thrust 仍然会在底层使用 cudaMemcpy 或等效操作来执行实际的数据传输。

- 第 100~101 行：内核函数的调用与之前相同，使用 thrust 的 .data() 和 .data().get() 成员函数获取所需的内存指针，用于主机和设备 thrust 向量。

- 第 102 行：最终结果从设备内存传输回主机。请注意，在这个版本中，host_tot 声明为长度为 1 的 thrust 向量，以便用于主机和设备之间的 thrust 数据复制。

- 第 105~106 行：这些最终代码与之前相同，但无须使用 free 或 cudaFree 来释放内存。

示例 9.7 说明了零复制内存的使用，其中设备可以直接访问一块主机的固定内存块，于是主机和设备之间就不需要任何数据的传输。

示例 9.7　使用 cudaHostMallocMapped 的管理内存测试 5

```
110    int reduce_zerocopy(int blocks,int threads,
                               uint dsize,double &t)
111    {
112      uint *host_buf; cudaHostAlloc(&host_buf,
                 dsize*sizeof(uint), cudaHostAllocMapped);
113      uint *host_sum; cudaHostAlloc(&host_sum,
                  blocks*sizeof(uint), cudaHostAllocMapped);
114      uint *host_tot; cudaHostAlloc(&host_tot,
                      1*sizeof(uint), cdaHostAllocMapped);
115      uint *dev_buf; cudaHostGetDevicePointer(&dev_buf,
                                     host_buf,0);
116      uint *dev_sum; cudaHostGetDevicePointer(&dev_sum,
                                     host_sum,0);
117      uint *dev_tot; cudaHostGetDevicePointer(&dev_tot,
                                     host_tot,0);

118      double check = fill_buf(host_buf,dsize);

119      cx::MYTimer cuda;      // timed block start
120      reduce_warp_vl<<<blocks,threads>>>
                              (dev_sum,dev_buf,dsize);
121      reduce_warp_vl<<<      1,blocks >>>
                              (dev_tot,dev_sum,blocks);
122      cudaDeviceSynchronize();
123      t = cuda.lap_ms();    // timed block end

124      if(check != host_tot[0]) printf("error zero-copy:
                 sum %u check %.0f\n",host_tot[0],check);

125      cudaFreeHost(host_buf);
126      cudaFreeHost(host_sum);
127      cudaFreeHost(host_tot);
128      return 0;
129    }

D:\temp>memtests.exe 5 256 256 24
test 5 total time 170.782 kernel time 6.010 ms
```

示例 9.7 的说明

- 第 112~114 行：与前面示例一样分配三个主机内存缓冲区，但这次使用带有 cudaHostAllocMapped 标志的 cudaHostAlloc。就像 cudaMallocHost 一样，这样会分配固定的主机内存块，但这个额外的标志会告诉 CUDA 编译器，GPU 也可以通过特殊的设备指针使用这个内存块。

- 第 115~117 行：创建与之前相同的三个设备内存指针，但这次不在 GPU 上分配任何内存；相反，我们使用 cudaHostGetDevicePointer 来创建三个设备指针，并将这些设备指针与相应的主机内存缓冲区关联起来。GPU 对这些指针的任何操作都会导致数据在 PCIe 总线上流动。尽管 GPU 主存并不参与，但仍可能发生 GPU 内存缓存。

- 行 120~121：像先前一样运行归约内核函数，但不需要任何与 GPU 之间的显式复制数据。

- 行 125～127：像先前一样释放固定的内存分配。

最后，在示例 9.8 中，我们演示了内存管理的使用方法，其中在主机和 GPU 上都使用相同的指针。

示例 9.8　使用 cudaMallocManaged 的管理内存测试 6

```
140    int reduce_managed(int blocks,int threads,
                                uint dsize,double &t)
141    {
142      uint *buf; cudaMallocManaged(&buf,dsize*sizeof(uint));
143      uint *sum; cudaMallocManaged(&sum,blocks*sizeof(uint));
144      uint *tot; cudaMallocManaged(&tot,sizeof(uint));
145      double check = fill_buf(buf,dsize);
146      cx::MYTimer cuda;

// timed block start
147      reduce_warp_vl<<<blocks,threads>>>(sum,buf,dsize);
148      reduce_warp_vl<<<      1,blocks >>>(tot,sum,blocks);
149      cudaDeviceSynchronize(); // necessary
150      t = cuda.lap_ms();    // timed block end
151      if(check != tot[0])
              printf("error managed: sum %u check %.0f\n",
                                          tot[0],check);
152      cudaFree(sum);
153      cudaFree(buf);
154      cudaFree(tot);
155      return 0;
156    }

D:\temp>memtests.exe 1 256 256 24
test 6 total time 647.316 kernel time 51.985 ms
```

示例 9.8 的说明

这个示例的代码非常简单，在主机和 GPU 代码中使用相同的内存指针，CUDA 驱动程序将自动在主机和 GPU 之间传输数据，以确保代码的正确性。目前在具有 CC≥6.0 设备的 Linux 系统上，使用相对高效的需求分页虚拟内存方案去管理内存传输。在 Windows 和所有 CC<6.00 的设备上，始终会在主机和设备之间传输整个内存块，从而降低了性能。

- 第 142～144 行：分配与以前一样的三个内存块，但此时我们使用 cudaMalloc-Managed，这意味着主机和设备代码都使用相同的指针。因此，这个版本中省略上一个版本中用于指针的前缀 host_ 和 dev_。在 Windows 和 CC<6.0 的设备上，会分配一块与 GPU 内存相同大小的固定内存块。在 Linux 和 CC≥6.0 的设备上会使用需求分页虚拟内存，并且在读取或写入时，由驱动程序将这些其映射到实体主机或 GPU 内存。
- 第 145 行：在主机上填充 buf。请注意，驱动程序假定管理内存分配最初在 GPU 上有效。因此，在 Windows 和 CC <6.00 设备上，在主机写入之前，整个内存块 buf

会从 GPU 复制到主机上，这解释了我们测试中所观察到的大部分性能下降。

- 第 147 行：这是第一个内核函数调用，buf 的内容会在内核函数开始之前复制回 GPU。与数组 sum 相关的没有复制，因为驱动程序假定这个数组第一次在 GPU 上使用时是有效的。
- 第 148 行：此第二个内核函数调用并不会导致任何隐式内存传输。
- 第 151 行：主机使用 tot[0] 来触发将数组 tot 从 GPU 复制到主机。
- 第 152～154 行：使用 cudaFree 释放管理的内存分配。

测试代码的完整版本还包括测试 2、4 和 7，这里没有显示出来。测试 2 和 4 是对 thrust 测试 3 的变种，性能类似于测试 1 或测试 3。测试 7 使用高级内存管理，目前只能在 Linux 系统上执行。

从上述示例中包括的计时测试中显示：

（1）使用固定主机内存与使用普通内存相比，性能提升大约 2 倍。

（2）使用零复制内存的归约示例的性能，与主机和 GPU 内存数据使用显式复制一样好。

（3）在 Windows 平台上，受管理的内存明显较慢。

在示例 9.7 中，我们没有看到使用零拷贝内存（测试 5）时性能受到显著影响的原因，是我们通过 PCIe 总线使用从主机到 GPU 的单个数据副本。使用零拷贝内存时，在第一个内核函数读取输入数据缓冲区的时候隐式地执行。我们设计的这个内核函数能非常高效地读取输入数据，因此这个操作速度基本上与 cudaMemcpy 相当。但是，如果 GPU 在处理过程中多次读取输入数据，那么零拷贝版本示例的性能会更差，因为需要跨 PCIe 总线进行多次读取。相比之下，在 cudaMemcpy 版本示例（测试 1）中，只需要跨 PCIe 总线读取一次数据，这是因为后面输入数据存储在 GPU 内存中。

我们可以通过在示例中添加两个额外的内核函数调用来说明这一点，如示例 9.3 所示。添加的内核函数首先用原始值的平方根四舍五入为整数去替换设备数据缓冲区的内容，然后第二个新内核函数对此结果进行平方。于是，这两个新内核函数都会读取和写入整个设备数据缓冲区。示例 9.2 和 9.3 中计时块和内核函数的执行时间如表 9.4 所示。

表 9.4　CUDA 内存管理方法的计时结果

	测试	定时线程块 9.2 版 /ms	示例 9.2（2 核）时间 /ms	定时线程块 9.3 版 /ms	示例 9.3（4 核）时间 /ms
经典 cudaMalloc 内存	0	190.152	13.351	180.869	14.325
经典主机固定内存	1	182.921	5.917	178.193	6.666
Thrust 主机固定内存	3	185.859	5.882	188.162	6.567
零拷贝内存	5	175.548	6.065	194.633	**20.174**
托管内存	6	**720.358**	61.362	**732.192**	64.397

从表 9.4 中可以看出，在示例 9.2 中添加两个额外的内核函数几乎不会对执行时间产生什么影响，除了零拷贝内存的情况，总内核函数执行时间从大约 6.5 ms 增加到 19.4 ms，大约增加了 3 倍。时间的增加，完全是因为示例 9.3 中的内核函数必须对 16 MB 内存缓冲区进行三次读取与两次写入，与示例 9.2 中只需要读取一次的状况不同。额外的内核函数执行时间仅需要约 0.8 ms。测试 1 和 5 的扩展版本如示例 9.9 所示。

示例 9.9　测试 1 和 5 的扩展版本

```
10   __global__ void intsqrt(r_Ptr<uint> data, uint n)
11   {
12     uint tid = blockDim.x*blockIdx.x+threadIdx.x;
13     while(tid <n){
14       float val = data[tid];
15       data[tid] = (int)sqrtf(val);
16       tid += blockDim.x*gridDim.x;
17     }
18   }

19   __global__ void intsq(r_Ptr<uint> data, uint n)
20   {
21     uint tid = blockDim.x*blockIdx.x+threadIdx.x;
22     while(tid <n){
23       uint val = data[tid]*data[tid];
24       data[tid] = val;
25       tid += blockDim.x*gridDim.x;
26     }
27   }
     . . .
     // main call additional kernels
100a intsqrt<<<blocks,threads>>>(dev_buf,dsize);// read/write
100b intsq<<<blocks,threads>>>(dev_buf,dsize);  // read/write
100  reduce_warp_vl<<<blocks,threads>>>
                       (dev_sum,dev_buf,dsize);
101  reduce_warp_vl<<<     1,blocks >>>
                       (dev_tot,dev_sum,blocks);
     . . .

D:\temp>memtests2.exe 1 256 256 24
test 1 total time 192.078 kernel time 6.471 ms

D:\temp>memtests2.exe 5 256 256 24
test 5 total time 236.591 kernel time 19.412 ms
```

表 9.4 显示了主机代码计时器测量的时间，主要特点是零拷贝内存（测试 5）在 2 个内核函数和 4 个内核函数情况下，其执行时间增加了 3 倍，而在托管内存情况（测试 6）下时间增加了 4 倍。

我们可以从 nvprof 获得更详细的信息，如表 9.5 所示。此表中显示的值是 5 次单独运行的平均值。

请注意，对于测试 6，自动的从主机到设备（H2D）内存传输被分成了 512 个大小为 128 KB 的块的单独传输，并且（不必要的）初始设备到主机（D2H）传输使用了 70 个最多

1 MB 大小的块来完成。

表 9.5　使用 nvprof 进行的附加定时测量

内核和内存传输	测试 0	测试 1	测试 3	测试 5	测试 6
insqrt	409 us	409 us	411 us	**6.837 ms**	408 us
insq	388 us	386 us	385 us	**6.771 ms**	385 us
归约 (blocks = 256)	167 us	166 us	166 us	**5.646 ms**	166 us
归约 (blocks = 1)	2 us	2 us	2 us	5 us	2 us
H2D 内存复制 (总共 64 MB)	12.220 ms	5.536 ms	5.369 us	—	**34.930 ms**
D2H 内存复制 (1 4 字节的词)	806 ns	787 ns	538 ns	—	**290.875 ms**
内核函数启动开销	80 us	82 us	145 us	102 us	**60.513 ms**
设备同步	13 us	14 us	**6.920 ms**	**19.555 ms**	1.147 ms
Thrust	—	—	163 us	—	—

在表 9.5 中可以看到各个内核函数执行时间的更准确的估计。除了测试 5 之外，运行所有四个内核函数所需的时间仅为 0.91 ms 左右，这应该与基于主机的计时器获得的约 6 ms 的值去比较。这种差异是由各种开销引起的，例如运行 CUDA 内核函数时的启动和设备同步等。请注意，其中一些开销对于测试 3~6 会显著增加。在测试 3 和 5 里，设备同步的开销对于示例 9.2 和 9.3 中测试短时段内核函数时间的总作业时间产生重要影响，但仍然只有几毫秒，对于实际应用中使用长时段内核函数来说，就没有那么重要。然而在测试 6 中 Memcpy 的开销很大，这意味着，至少在目前的 Windows 驱动程序下，托管内存只适用于在计算期间数据驻留在 GPU 内存中的应用程序。

9.6　MPI 的简要介绍

MPI 是消息传递接口（Message Passing Interface）的首字母缩写，是一个函数库，目的是在具有分布式计算节点的计算系统上实行并行编程，如图 9.1 所示。最初的版本现在称为 MPI 1.0，于 1994 年 6 月发布，这是个科研人员受困于传统"超级计算"系统的高昂成本，开始利用廉价的 PC 集群来实现相同目的的年代。MPI 对 1998 年开始的名为 Beowulf PC 集群的成功产生了很大的影响力。这些集群可以说是现代所有拥有大量节点的 HPC 计算系统的蓝图，MPI 仍然是这些系统中用于节点间通信的主要软件工具。MPI 随着时间的演变如表 9.6 所示。

分布式系统的一个关键特征是每个节点都有自己独立的主机内存。如果节点需要查看彼此的数据，则必须通过网络连接去进行复制，节点之间的互连带宽通常是限制总体计算性能的因素，MPI 的作用是以最佳方式去管理这些传输。从一开始，MPI 就为编写并行程序提供了舒适和直观的编程范式，这解释了它能快速普及和持续受欢迎的原因。事实上，

MPI 的编程范式本质上与现今的 NVIDIA CUDA 代码所使用的范式相同，可以合理地认为 MPI 是 CUDA 的前身。这对本书的读者来说是个好消息，因为你基本上已经了解了 MPI 中使用的思想。

表 9.6　MPI 版本历史

版本	日期	绑定	说明
MPI 1.0	1994 年 6 月	C & FORTRAN	初始版本
MPI 1.1	1995 年 6 月	C & FORTRAN	
MPI 1.2	1997 年 6 月	C & FORTRAN	
MPI 1.3	2008 年 5 月	C & FORTRAN	
MPI 2.1	2008 年 9 月	C++, C & FORTRAN	有限地支持共享内存
MPI 2.2	2009 年 9 月	C++, C & FORTRAN	
MPI 3.0	2012 年 9 月	C & FORTRAN	更好地支持共享内存
MPI 3.1	2015 年 9 月	C & FORTRAN	
MPI 4.0	草稿	C & FORTRAN？	开发中

- 第一个共享思路是，MPI 程序通过在分布式系统节点上启动一些协作进程，常见的配置是启动与系统计算核相同数量的进程。MPI 会确保每个计算核心都运行一个进程，如果每个节点都有一个 20 核的 CPU，则启动 MPI 作业时就需要使用 20 ×（节点数）作为所需的进程数，这直接类似于在启动 CUDA 程序时，选择的线程块数量和线程块大小。
- 第个共享思路是，只需编写一个能在所有 MPI 进程上运行的程序，就像一个 CUDA 内核函数是由所有 GPU 线程都运行的一段代码。
- 第三个共享思路是，每个 MPI 进程可以找到自己在 MPI 作业中的排名。如果在作业中有 np 个 MPI 进程，那么进程的排名是 0～np–1 之间的整数。这类似于使用内置的 threadIdx 和 blockIdx 常量，或者使用协作组简单的 grid.rank( ) 来查找 CUDA 线程的排名。
- 第四个共享思路是，对一些涉及数据传输的 MPI 函数的调用是阻塞的，这意味着调用 MPI 进程将等待传输完成。例如 MPI_Send 函数，需要等到传输完成之后才继续从调用进程向一个或多个其他进程发送数据。[1] 这与 CUDA 代码中 cudaMemcpy 在主机上被阻塞是类似的。还有一个非阻塞的 MPI_Isend 调用，类似于 cudaMemcpyAsync，以及一个 MPI_Wait 调用，类似于 cudaDeviceSynchronize。
- 第五个共享思路是，大多数 MPI 函数返回错误代码以指示成功或失败；这同样与大多数 CUDA 函数使用的方法相同。

MPI 和 CUDA 之间的一个重要区别是，MPI 使用分布式内存模型，而 CUDA 使用共享内存模型。一开始 MPI 不直接支持共享内存，即使这些进程在同一 CPU 上运行，每个进程也有自己的所有 MPI 管理内存的副本。在 MPI 中，处理共享信息的唯一方法是使用互连传输数据。这在 20 世纪 90 年代是一个完全合理的模型，因为所有 PC 都只有一个单处理核心的 CPU。较新版本的 MPI 能识别两个或多个进程位于同一 PC 上的情况，并使用直接内存复制来尽可能实现交换，现在还支持一些共享主机内存访问。

　　从 2013 年左右开始[2]，一些 MPI 版本是“CUDA 感知”的，这意味着 MPI 将使用 NVLINK 在同一台工作站的 GPU 内存之间直接传输数据。在这种情况下，使用 CUDA 统一虚拟寻址（UVA）和 MPI 一起使用，使编程非常简单。

　　完整的 MPI 库包含数百个函数，但幸运的是，可以只使用其中的一小部分来构建简单的应用程序。其中一些核心功能如表 9.7 所示。

表 9.7　核心 MPI 函数

核心 MPI 函数	描述
MPI_Init(&argc, &argv)	强制初始化，应该是 main 中的第一个语句
MPI_Finalize()	关闭此节点上的 MPI，通常是最后一条语句
MPI_Comm_size(MPI_COMM_WORLD, &procs)	将 int procs 设置为此作业中的进程数
MPI_Comm_rank(MPI_COMM_WORLD, &rank)	将 int rank 设置为此进程在作业中的排名
MPI_Bcast(sbuf, size, type, root, comm)	root 进程将其 sbuf 副本中的数据发送到所有其他进程的 sbuf 副本
MPI_Scatter(sbuf, size1, type1, rbuf, size2, type2, root, comm)	root 进程将其 sbuf 副本中的数据子集发送到所有进程的 rbuf 副本
MPI_Gather(sbuf, size1, type1, rbuf, size2, type2, root, comm)	root 进程将数据的子集从每个进程的 sbuf 副本累积到其 rbuf 副本
MPI_Reduce(sbuf, rbuf, size, type, op, root, comm)	rbuf 的 root 副本的每个元素都被设置为 sbuf 的相应元素的所有节点上的和（或取决于 op 的其他函数）。因此，得到的向量 rbuf 是向量运算 op 的结果。将 op 设置为 MPI_SUM 进行求和
MPI_Allreduce(sbuf, rbuf, size, type, op, comm)	与 MPI_Reduce 相同，只是所有进程都在其 rbuf 副本中获得结果。不需要参数 root

注：1. 为简洁起见，我们在第一列中显示函数调用的示例，而不是函数原型。如果没有发生错误，则这些函数都返回一个错误代码为 0（MPI_SUCCESS）的整数，否则就返回一个正整数。我们使用表格底部解释的标准参数名称。

2. 参数列表中的 sbuf 和 rbuf 是指向包含发送和接收缓冲区数组的指针。这些缓冲区的数据类型由 type 参数指示，这些参数设置为定义的 MPI 关键字，例如 MPI_FLOAT。MPI 为所有常见的数据类型定义了关键字，并允许用户定义的类型。如果这个关键字在参数列表中出现两次，则 sbuf 和 rbuf 可以是不同的数据类型，并且 MPI 将在操作期间执行类型转换。参数 root 是一个整数，表示像执行 Bcast 和 Scatter 这类发送函数的发送节点，或像执行 Gather 和 Reduce 这类操作的接收节点。参数 op 在归约函数中可以设置为 MPI_SUM，表示需要执行经典的元素添加操作，但也可以进行其他操作。最后的 comm 参数是一个 MPI 通信器，指定哪些可用进程将参与调用。最常用的通信器是 MPI_COMM_WORLD，可以使用所有的处理器。还可以使用其他由用户自定义的节点子集通信器，例如，在多核节点的情况下，可以使用通信器将单节点核心上运行的 MPI 进程分组在一起。

有关 MPI 更详细的信息可以在网上获得。完整说明可以从 www.mpi-forum.org/docs/ 获得，教程可以从 https://mpitutorial.com/ 和许多其他网站获得。

表 9.7 中的前四个函数将出现在每个 MPI 程序中，MPI 文档建议在程序启动时调用 MPI_Init，并且在使用任何其他 MPI 函数之前都是必要的。这些参数允许将命令行参数传递给 MPI，但实际上不使用它们。接下来的 Bcast、Scatter、Gather 和 Reduce 四个命令是 MPI 集体命令的示例，涉及所有调用进程之间的协作。20 世纪 90 年代中期，MPI 是我采用的并行编程的方式，我立刻被这种方法的优雅和简单性所打动——同一段代码在所有处理器上运行，这些处理器以对称的方式共享给定任务。这种范式的一个结果是，理论上要通过添加更多处理器来加速计算是很轻松的，因为不需要更改任何代码。当然，正如在其他地方讨论的，并非所有算法都能实现与处理器数量成比例的加速，特别是受到通信和其他开销的限制，无法让所有特定的并行计算任务都随着添加更多处理器来实现加速[3]。

示例 9.4 显示执行归约（还有其他）的简单完整的 MPI 程序。

重要的是，要记住 MPI 程序就像 CUDA 内核函数一样，代码的一个实例会在使用的每个处理器上运行。使用 MPI 的归约算法如示例 9.10 所示。

示例 9.10　使用 MPI 的归约算法

```
03 #include <stdio.h>
04 #include <stdlib.h>
05 #include <string.h>
06 #include <mpi.h>
07 #include <vector>

10 int main(int argc, char *argv[])
11 {
12   // Initialize the MPI environment
13   MPI_Init(&argc,&argv);

14   // get number of processes and my rank
15   int nproc;  MPI_Comm_size(MPI_COMM_WORLD,&nproc);
16   int rank;   MPI_Comm_rank(MPI_COMM_WORLD,&rank);
17   int root = 0;

18   int frame_size = (argc >1) ? atoi(argv[1]) : 100;
19   int size = nproc*frame_size;
20   if(rank==root)printf("dataset size %d frame size %d
            number of processes %d\n",size,frame_size,nproc);

21   std::vector<int> sbuf(size);      // full data buffer
22   std::vector<int> rbuf(frame_size); // frame buffer

23   int check = 0;
24   if(rank==root) { // fill with test data
25     for(int k=0;k<size;k++) sbuf[k] = k+1;
26     for(int k=0;k<size;k++) check += sbuf[k];
27   }

28   // partition data into nproc frames
29   MPI_Scatter(sbuf.data(), frame_size, MPI_INT, rbuf.data(),
```

```
                    frame_size, MPI_INT, root, MPI_COMM_WORLD);
30    // start work for this process
31    int procsum = 0;
32    for(int k=0;k<frame_size;k++) procsum += rbuf[k];
33    // end work for this process

34    // sum values for all nodes and print result
35    int fullsum = 0;
36    MPI_Allreduce(&procsum, &fullsum, 1, MPI_INT, MPI_SUM,
              MPI_COMM_WORLD);
37    printf("rank %d: procsum %d fullsum %d check %d\n",
              rank,procsum,fullsum,check);
38
39    MPI_Finalize(); // tidy up

40    return 0;
41  }
```

示例 9.10 的说明

- 第 1～7 行：在这里引入一些标准的头文件。请注意第 6 行引入的 mpi.h，这是编写 MPI 代码时唯一需要更改的地方。还要注意第 7 行引入的 C++ vector 头文件，虽然我们使用 C 去绑定 MPI，但也可以在 C++ 代码中使用，我们不必将所有内容都改回 C。

- 第 13 行：这是 MPI 的强制初始化，标准命令行接口变量 argc 和 argv 作为参数传递，这是因为某些实现可能会操纵它们以帮助启动过程。如果必要的话，MPI_Init 将撤销任何此类更改。

- 第 15～16 行：这里将变量 nproc 设置为正在运行的进程总数，并将 rank 设置为每个特定进程的排名。rank 值是 [0, nproc-1] 之间的整数。

- 第 17 行：虽然在 CUDA 和 MPI 中所有线程或进程都是相等的，但通常会有一个线程或排名是更加特殊的，这个线程在简单的 MPI 中可能负责将外部数据分发到所有进程并输出等。这里我们使用 int root 表示这个特殊进程，并初始化为 0。

- 第 18～19 行：在这个归约示例中，我们将对一组 nproc*frame_size（size）规模的整数进行求和，其中 frame_size 是用户输入的参数，表示每个进程需要求和的整数数量。

- 第 20 行：这里为用户输出信息。if 语句意味着只有具备排名 root 的单个进程才能执行此操作，如果没有 if 子句，每个进程都将输出此行。

- 第 21～22 行：这里使用标准向量容器去分配 sbuf 发送缓冲区和 rbuf 接收缓冲区，发送缓冲区 sbuf 的大小是变量 size，可以容纳所有数据。这在执行时是很浪费的，因为只有根进程需要这个数组来保存数据，而其他进程只是在第 29 行使用它作为占位符，我们需要在真实程序中解决这个问题。另一方面，接收缓冲区 rbuf 对所有进程都是必要的，但它的大小 frame_size 要小一些。

- 第 23～27 行：这里使用一个简单的计数去初始化根进程中 sbuf 的内容，并将累加的总和存到 int check 里。在真实的情况下，数据可能从磁盘中读取，也可能是先前计算的结果。

- 第 29 行：这是 MPI 进行实际工作的示例，由第七个参数（本示例为 root）指定进程的源缓冲区，然后将其中的数据划分为 nproc 个连续的帧，再将这些帧分配给每个进程的接收缓冲区。前三个参数分别指定源缓冲区、帧大小和数据类型，接收缓冲区、帧大小和数据类型由第 4～6 参数所指定，最后一个参数（MPI_COMM_WORLD）指定了所有进程都参与这个计算。

请注意，接收缓冲区的帧大小和数据类型可能与源缓冲区不同，在本例中，二者（frame_size 和 MPI_INT）是相同的。显然，接收缓冲区的帧尺寸不需要比允许任何隐式类型转换的发送缓冲区的帧尺寸大。还要注意的是，我们不需要指定进程数（MPI 会知道）或 sbuf 的完整大小（MPI 假定它足够大）。最后，由于实际上只需要根进程的 sbuf 版本，因此我们可以将第 29 行替换成下面代码：

```
if(rank==root)MPI_Scatter(sbuf.data(), frame_size, . . ., root,
MPI_COMM_WORLD);
else MPI_Scatter(nullptr, frame_size, . . ., root,
MPI_COMM_WORLD);
MPI_Scatter是一对多集体操作的一个示例。
```

- 第 30～33 行：这是程序中所有进程并行地执行独特工作的地方。这个示例我们没什么要做的事情，就是把 rbuf 的元素加总到 int framesum 变量中，真实的示例中可能会在这里进行更多的工作。

- 第 36 行：这里使用 Allreduce 这个多对多的 MPI 操作，前两个参数是由第三个参数指定的相同长度的向量，类型由第四个和第五个参数指定。在本示例中，这些向量实际上是长度为 1 的标量，因此 procsum 所有进程的值之总和会存到全局变量 fullsum 中。第五个参数 MPI_SUM 指定所需的归约操作类型，此变量的其他选项还包括 MPI_MAX、MPI_MIN 和 MPI_PROD。如果第三个参数值大于 1，第一和第二个参数将是向量，比如 a 和 b，那么对于第 i 个元素的处理，所有处理器上的 a[i] 元素总和将被存到 b[i] 中。

MPI_Allreduce 还有种简称为 MPI_Reduce 的多对一版本，这个版本只有一个进程的接收缓冲区被总和更新，并且该进程的排名是由放置在通信器之前的附加参数指定。

- 第 37 行，这里输出一些结果。由于 printf 没有在任何 if 子句之内，因此每个进程都将输出一行信息。

在示例 9.11 中展示了编译和运行 MPI 程序的示例。这里使用在 Windows 10 下运行的 Linux Bash shell，并使用 SUDO 安装了 OpenMPI。这里提供了编译器 mpic++（g++ 的前端），可以编译和链接 MPI 代码和可执行的 mpirun 去启动 MPI 作业。

示例 9.11　在 Linux 中编译和运行 MPI 程序

```
01 real@PC:~/mpi$  mpic++ reduce_book.cpp -o mpireduce
02 real@PC:~/mpi$  mpirun -np 8 mpireduce 1000

03 dataset size 8000 frame size 1000 number of processes 8
04 rank 6: procsum 6500500 fullsum 32004000 check 0
05 rank 7: procsum 7500500 fullsum 32004000 check 0
06 rank 0: procsum  500500 fullsum 32004000 check 32004000
07 rank 1: procsum 1500500 fullsum 32004000 check 0
08 rank 2: procsum 2500500 fullsum 32004000 check 0
09 rank 3: procsum 3500500 fullsum 32004000 check 0
10 rank 4: procsum 4500500 fullsum 32004000 check 0
11 rank 5: procsum 5500500 fullsum 32004000 check 0
```

示例 9.11 的说明

- 第 1 行：在 Windows 10 的 Bash shell 中，使用 OpenMPI 提供的 mpic++ 编译器去构建 mpireduce。
- 第 2 行：使用 mpirun 启动 8 个 MPI 进程运行该程序。其中 "-np 8" 选项指定要启动的进程总数，最后两个选项是每个进程要运行的任务以及单个参数。因此，这个示例中，每个进程的 frame_size 都设置为 argv [1] 的值，所有进程实际上都在同一台计算机上运行，但会在多个 PC 核心之间均匀共享。在涉及分布式处理器的更复杂情况下，可以指定一个包含要使用的主机名称与网络地址的配置文件。
- 第 3 行：来自示例 9.10 第 20 行的输出，注意这里只出现了根进程的输出。
- 第 4~11 行：来自示例 9.10 第 37 行的输出，现在每个进程都会输出一行信息，但这些信息出现的顺序是随意的。check 值只对排名为 0 的进程是正确的，因为只有根进程才设置这个值。所有进程都会报告 fullsum 的正确值。

一些附加的 MPI 函数如表 9.8 所示。

表 9.8　附加的 MPI 函数

附加的 MPI 函数	描述
MPI_Scan(sbuf, rbuf, count, op, comm)	对于每个进程，结果向量 rbuf 是根据进程排名对向量 sbuf 进行逐元素的包含前级扫描操作，扫描操作使用了指定的操作 op，例如 MPI_SUM
MPI_Alltoall(sbuf, size1, type1, rbuf, size2, type2, comm)	对于每个进程，sbuf 被分割成大小为 size2 的子块，其步长为 size1，并将这些块分布在进程之间，以便进程 p 将子块 q 发送给进程 p 在进程 q 的 rbuf 子块的位置
MPI_Send(buf, size, type, dest, tag, comm)　MPI_Recv(buf, size, type, source, tag, comm, &status)	这两个函数一起使用，允许两个进程交换数据；一个进程使用 MPI_Send 向接收进程发送数据，接收进程必须使用相匹配的 MPI_Recv 调用。int 变量 source 和 dest 分别设置为发送和接收进程的排名。int tag 的值必须对于两个进程是相同的

(续)

附加的 MPI 函数	描述
MPI_Barrier(comm)	等待通信器 comm 中的所有进程达到代码中的这一点。类似于 cudaDeviceSynchronize
MPI_Comm_split(comm, color, key, &newcomm)	从通信器 comm 中的进程子集创建新的通信器 newcomm，其中指定相同 color 值的进程位于同一个新的通信器中。变量 int key 控制 newcomm 通信器中的排名顺序，使用 key 的进程排名是一个常见的选择，它保持了原始的排名顺序

函数 MPI_Scan 与 MPI_Reduce 类似，用来执行扫描操作而非归约操作。MPI_Alltoall 函数则是一个多对多并行操作的示例，其每个进程与所有进程都共享缓冲区的子集。示例 9.12 展示使用 MPI_Alltoall 来转置矩阵。

示例 9.12　使用 MPI_Alltoall 进行矩阵转置

```
01  void showmat(const char *tag, std::vector<int> &m,
                                   int nx, int ny)
02  {
03    printf("\n%s\n",tag);
04    for(int y=0;y<ny;y++){
05      for(int x=0;x<nx;x++) printf(" %3d",m[nx*y+x]);
06      printf("\n");
07    }
08  }

10  int main(int argc,char * argv[])
11  {
12    // Initialize the MPI environment
13    MPI_Init(&argc,&argv);

15    // get number of processes and my rank
16    int nproc; MPI_Comm_size(MPI_COMM_WORLD,&nproc);
17    int rank;  MPI_Comm_rank(MPI_COMM_WORLD,&rank);
18    int root = (argc >1) ? atoi(argv[1]) : 0;

20    int N = nproc;  // matrix size is number of processes
21    int size = N*N;
22    std::vector<int> row(N);
23    std::vector<int> col(N);
24    std::vector<int> mat;  // empty placeholders

26    if(rank==root) {  // mat gets bigger only on root node
27      for(int k=0;k<size;k++) mat.push_back(k+1);
28      showmat("matrix",mat,N,N);
29    }
30    MPI_Barrier(MPI_COMM_WORLD); // just in case

32    // copy one row to each process
33    MPI_Scatter(mat.data(),N,MPI_INT,row.data(),N,MPI_INT,
                                    root,MPI_COMM_WORLD);

35    // get per process column data by sharing row data
36    MPI_Alltoall(row.data(),1,MPI_INT,col.data(),1,MPI_INT,
```

```
                                          MPI_COMM_WORLD);
38    // gather all columns to get transpose in root process
39    MPI_Gather(col.data(),N,MPI_INT,mat.data(),N,MPI_INT,
                                      root,MPI_COMM_WORLD);
40    if(rank==root) showmat("transpose",mat,N,N);
42    MPI_Finalize();  // tidy up
43
42    return 0;
43  }
```

示例 9.12 的说明

- 第 1~9 行：输出一个 nx×ny 矩阵的简单函数，第一个参数是标题。

- 第 13~17 行：初始化 MPI，并在 nproc 和 rank 中设置当前进程的进程数和排名。

- 第 18 行：使用可选的用户输入去设置 root 进程的值。

- 第 20~24 行：分配一个可以处理 N×N 矩阵的数组，其中 N 设置为 MPI 进程数 nproc。对于每个进程，向量 row 和 col 包含这个矩阵一行和一列。此外，只针对根进程而言，向量 mat 可以存储整个矩阵，第 24 行就是为每个进程创建一个空的向量 mat。

- 第 26~29 行：只针对根进程而言，通过使用 std::vector 的 push_back 成员函数将元素存储在根的副本中，从而创建完整的矩阵。矩阵元素的填充范围是 1~N^2 的整数，然后输出。非根的进程则保留大小为 0 的 mat 版本。

C++ 提示：

使用 push_back() 来动态分配 std::vector 对象的空间是一种方便的编程技巧，但对于大型数组来说可能效率不高。如果你知道数组的大小，请使用以下方法之一来分配内存：

std::<vector> bigv(size);

或

std::<vector> bigv; bigv.reserve(size);

前者分配内存，并将 bigv 的所有元素初始化为 0；后者分配内存但不执行任何初始化，因此它可能更快。

- 第 30 行：这里使用 MPI_Barrier，以确保所有进程都已启动并准备执行接下来第 33 行的 MPI_Scatter 操作。这可能不是严格必要的，因为示例中使用的所有核心 MPI 例程，本身都会在其进程发生本地阻塞。然而与 CUDA 不同，我们可能要通过异构处理器跨网络进行同步。如果有疑问，在开发 MPI 代码时建议使用大量同步调用，不必要的可以在生产代码中稍后删除。

- 第 33 行：在这里使用 MPI_Scatter，从 mat 的 root 进程副本向每个进程的 row

向量发送 N 个元素的块，包括发送 root 进程。此时，每个进程的 row 向量都包含矩阵的一行。

- 第 36 行：此处调用 MPI_Alltoal 是这个示例的关键要素。对于每个进程，其 row 向量的单个元素被发送到每个进程中的 col 向量的一个元素。具体来说，进程 p 将其元素 row[q] 发送到进程 q 中的 col[p] 元素，这样 col 向量就会包含原始矩阵的列。
- 第 39 行：这个 MPI_Gather 操作，将每个进程的 col 向量复制到根进程 mat 原始矩阵的一行上，这样 mat 的原始列现在成为它的行。
- 第 40 行：我们再次输出 mat 来检查结果。

使用八个进程编译和运行程序的结果如示例 9.13 所示。

示例 9.13 矩阵转换程序的结果

```
real1@PC:~/mpi$ mpic++   -std=c++11 all2all.cpp -o mpialltoall
real1@PC:~/mpi$ mpirun -np 8 mpialltoall

matrix
    1    2    3    4    5    6    7    8
    9   10   11   12   13   14   15   16
   17   18   19   20   21   22   23   24
   25   26   27   28   29   30   31   32
   33   34   35   36   37   38   39   40
   41   42   43   44   45   46   47   48
   49   50   51   52   53   54   55   56
   57   58   59   60   61   62   63   64

transpose
    1    9   17   25   33   41   49   57
    2   10   18   26   34   42   50   58
    3   11   19   27   35   43   51   59
    4   12   20   28   36   44   52   60
    5   13   21   29   37   45   53   61
    6   14   22   30   38   46   54   62
    7   15   23   31   39   47   55   63
    8   16   24   32   40   48   56   64
```

虽然运行 mpialltoall 的结果符合我们的预期，但有人可能会认为，使用 8 个处理器去处理 8×8 矩阵转置这种小问题是有点多余了。然而，这里有一个有趣的扩展特性，我们需要 N 个处理器来处理 N² 个数据元素。此外，尽管我们使用 alltoall 在处理器之间传输单个整数，但我们可以修改代码以传输更大矩阵的子矩阵。在线性代数中，解决大规模问题正是 MPI 的重要应用领域之一。

这是对 MPI 的简要介绍，但希望它能帮助你入门混合使用 CUDA 和 MPI 的应用。在下一章中，我们将讨论用于分析和调试代码的工具。

第 9 章尾注

1. 实际上，这不完全准确，调用 MPI_Send 所使用的数据缓冲区参数，就是调用进程本地内存的数组。这个调用会将这个缓冲区复制到接收处理器本地内存空间中的相应缓冲区。当调用的进程不再需要数据缓冲区，并且这块缓冲区可以安全地重新使用时，MPI_Send 就会返回。MPI 的实现中，可以选择将发送方的数据缓冲区复制到本地主机上的另一个系统缓冲区中，这以比直接互连传输数据更快地返回。无论哪种情况，都不能保证读取进程获得所需的数据。有许多不同版本的 MPI_Send 可以满足各种同步需求，例如 MIP_Ssend 将阻止发送进程，直到数据真正到达接收进程为止。

2. 请参阅 NVIDIA 博客 " What is CUDA Aware MPI" https://devblogs.nvidia.com/introduction-cuda-aware-mpi/

3. 在 20 世纪 80 年代，我参与了在欧洲核子研究中心和其他地方使用多个处理器加速实时事件数据处理的项目。这涉及将多个处理器链接成一个管道，事件数据会在其中传递，每个处理器在处理链中执行不同的步骤。这里需要为每个处理器编写不同的程序，并且所有程序都必须进行调整，以确保它们在相同的时间内完成任务。因此，每当链添加一个处理器，编程复杂性就会增加。

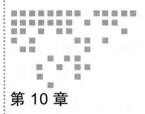

第 10 章

性能分析和调试工具

遗憾的是，并非所有新编写的代码第一次运行就能完美地工作，代码的调试和性能优化通常需要大量的开发时间。幸运的是，NVIDIA SDK 提供了许多工具来分析和调试主机与 GPU 代码。有些工具在 CUDA 早期版本中就已经存在，例如 nvprof，还有一些是比较新的工具，例如 Nsight Systems。用于 Windows 和 Linux 系统的工具在细节上有所不同，但总体上提供类似的信息。本章中的示例大多数将来自 Windows 工具集，因为本书的代码也是在这个操作系统上开发的，相同的方法也适合用于 Linux 开发，只是一些工具的用户界面有所不同。

10.1 gpulog 示例

本章中使用的示例代码是第 1 章中我们最先使用的幂级数的一个变体，对于每个 x 值使用一个线程在 x 值范围内多次计算数学函数 $f(x)$ 的值，然后将函数值求和以估算在 x 值范围内的 $\int f(x)\mathrm{d}x$。本章将使用收敛速度较慢的对数级数。示例 10.1 显示了我们使用如下级数展开式计算在 $1 \leqslant x \leqslant 2$ 范围内自然对数 $\log(x)$ 的模型示例：

$$\log(1+x) = x - \frac{x^2}{2} + \frac{x^3}{3} - \frac{x^4}{4} + \frac{x^5}{5}\cdots$$

实际上，这个级数收敛得非常慢，而且已经存在更快速计算 $\log(1+x)$ 的方法。在这里我们将它作为一个计算密集型内核函数的有趣示例，使用浮点内核函数去计算 $\log(2)$ 的小数误差，我们发现，当项数为 100 时，小数误差约为 0.7%；当项数为 10 000 时，小数误差为 0.008%。

示例 10.1　用于评估 log(1+x) 的 **gpulog** 程序

```
10  // gpulog calculate log(1+x)  series valid for  -1 < x <= +1
11  __host__ __device__  inline float logsum(float x, int terms)
12  {
13    float xpow = x;
14    float xn = 1.0f;
15    float termsum = x;
16    for(int k=1;k<terms;k++) {
17      xn += 1.0f;
18      xpow *= -x;
19      termsum += xpow/xn; // x - x^2/2 + x^3/3 - x^4/4 ...
20    }
21    return termsum;
22  }
23  __global__ void gpu_log(r_Ptr<float> logs, int terms,
                            uint steps, float step_size)
24  {
25    int tid = blockIdx.x*blockDim.x+threadIdx.x;
26    while(tid < steps){
27      float x = step_size*(float)tid;
28      logs[tid] = logsum(x,terms);
29      tid += gridDim.x*blockDim.x;
30    }
31  }

32  float host_log(int terms, uint steps, float step_size)
33  {
34    double sum = 0.0;  // double necessary here
35    for(uint k=0; k<steps; k++){
36      float x = step_size*(float)k;
37      sum += logsum(x,terms);
38    }
39    return (float)sum;
40  }

41  __global__ void reduce_warp_vl(r_Ptr<float> sums,
                       cr_Ptr<float> data, uint steps)
    . . .  // same code a chapter 3


51  // identical to above, different name helps profiling
52  __global__ void reduce_warp_vlB(r_Ptr<float> sums,
                       cr_Ptr<float> data, uint steps)
53  . . . // same code a chapter 3

60  int main(int argc, char *argv[])
61  {
62    int  shift =   argc >1 ? atoi(argv[1]) : 16;
63    uint steps = 2 << (shift-1);
64    int blocks =  argc >2 ? atoi(argv[2]) : 256;
65    int threads = argc >3 ? atoi(argv[3]) : 256;
66    int terms =   argc >4 ? atoi(argv[4]) : 1000;
67    int hterms =  argc >5 ? atoi(argv[5]) : terms;

68    float *logs = (float *)malloc(steps*sizeof(float));
69    cx::timer gpuall;
70    float *dev_logs;
      cudaMalloc(&dev_logs, steps*sizeof(float));
```

```
71    float *dev_sums;
      cudaMalloc(&dev_sums, blocks*sizeof(float));
72    float *dev_tot;
      cudaMalloc(&dev_tot,1*sizeof(float));
73    float step_size = 1.0f/(float)(steps-1);
74    cx::timer tim; // start cuda block timer
75    gpu_log<<<blocks,threads>>>(dev_logs,terms,steps,
                                                step_size);
76    cudaMemcpy(logs,dev_logs,steps*sizeof(float),
                                  cudaMemcpyDeviceToHost);
77    reduce_warp_v1<<<blocks,threads>>>(dev_sums,dev_logs,
                                                steps);
78    reduce_warp_v1B<<<   1,blocks >>>(dev_tot,dev_sums,
                                                blocks);
79    float gpuint = 0.0f;
80    cudaMemcpy(&gpuint,dev_tot,1*sizeof(float),
                                  cudaMemcpyDeviceToHost);
81    cudaDeviceSynchronize();
82    double tgpu= tim.lap_ms();   // end cuda block timer
83    // trapezoidal rule correction
84    gpuint -= 0.5f*(logsum(0.0f,terms)+logsum(1.0f,terms));
85    gpuint *= step_size;   // scale by dx
86    double gpujob = gpuall.lap_ms(); // end cuda work
87    double log2_gpu = logs[steps-1]; // gpu calc of log(2)
88    double log2 = log(2.0);          // true value of log(2)
89    double logint = 2.0*log2 - 1.0;// true value of integral
90    double ferr = 100.0f*(log2-log2_gpu)/log2;// log(2) error
91    printf("gpu log(2) %f frac err %e%%\n",log2_gpu,ferr);
92    ferr = 100.0f*(logint-trapsum)/logint;// gpu error
93    printf("gpu  int %f frac err %e %% \n",trapsum,ferr);

94    // flush denormalized to zero on host needs <float.h>
95    _controlfp_s(nullptr,_DN_FLUSH,_MCW_DN);

96    tim.reset();                   // start host timer
97    double hostint = host_log(hterms, steps, step_size)
                                         *step_size;
98    double thost = tim.lap_ms();   // end host timer

99    hostint -= 0.5f*(logsum(0.0f,hterms)+logsum(1.0f,hterms))
                                              *step_size;
100   ferr = 100.0f*(logint-hostint)/logint; // host error
101   printf("host int %f frac err %e %%\n",hostint,ferr);
102   double ratio = (thost*terms)/(tgpu*hterms); // speedup
103   printf("times gpu %.3f host %.3f gpujob %.3f ms
            speedup %.1f\n", tgpu, thost, gpujob, ratio);

104   free(logs); // tidy up
105   cudaFree(dev_logs);
106   cudaFree(dev_sums);
107   cudaFree(dev_tot);
108   cudaDeviceReset();   // no thrust
109   return 0;
110 }
```

示例 10.1 的说明

- 第 11～22 行：此处定义的 logsum 函数用于主机和设备，接收输入参数 x 和 terms，并通过对前 terms 个级数求和返回 log(1+x) 的值。
  - 第 11 行：输入所需的参数 x 值和项数 terms；
  - 第 15 行：将 termsum 设置为第一项 x 值。
  - 第 16～20 行：简单的 for 循环，用浮点运算将剩余项逐一加到 termsum 中。
- 第 23～31 行：内核函数 gpu_log 使用线程线性寻址，调用 logsum 获取所需的 x 值。
  - 第 23 行：输入浮点数组参数 logs，用来存放所计算的 log(1+x) 值，terms 是求和幂级数所需的项数，steps 是要使用的不同均匀间隔的 x 值数量，step_size 是 x 值之间的间距。我们预测计算时间与 steps 和 terms 的乘积成正比。
  - 第 25 行：使用标准的线程线性寻址方式，将 tid 设为该线程在网格块中的排名。
  - 第 26 和 29 行：线程共享工作的标准循环，一共进行 steps 次迭代。
  - 第 27～28 行：根据 tid 直接计算当前 x 值，这里隐含的假设是第一个 x 值为零，然后将结果存储在 logs [tid] 中。
- 第 32～40 行：host_log 函数使用主机执行与 GPU 相同的计算，使用相同的 logsum 函数计算单个 log(1+x) 值，并直接在第 37 行执行这些值的总和。请注意，累积值 sum 声明为 double 而不是 float，这是避免在 steps 很大时产生过多的舍入误差所必需的。如前所述，GPU 执行的等效并行化归约操作在这方面更加稳健。
- 第 41～53 行：这里有两个前面章节讨论过的并行化归约代码的副本，此处就不再重复代码细节。本例中的两个副本使用不同的名称，轻松欺骗分析器，以便在第 77～78 行的两个不同调用中提供不同的信息。在实际生产的代码中可以不必这样做。从第 60 行开始的代码是主程序。
- 第 62～67 行：用户可以在这里设置作业的参数或使用默认值。这些参数是：
  - steps：这定义了跨越 [0,1] 区间的 x 的步数，计算时间应该与这个数字成正比。这个值设置为用户在第 62 行输入的 2 的幂次。
  - blocks 和 threads：CUDA 网格配置，这里使用标准默认值是 256 和 256，在本例中表现良好。
  - terms：用于 GPU 评估每个对数值的幂级数项数。
  - hterms：控制主机计算使用的项数，与 terms 功能相同。由于主机速度比 GPU 慢得多，因此使用不同的值会比较好。
- 第 68 行：使用 malloc 分配主机数组 logs，用来保存 GPU 计算的对数值。
- 第 69 行：声明并启动计时器 gpuall，以测量所有 CUDA 步骤的时间。
- 第 70～72 行：声明用于计算的设备数组。这里选择使用 cudaMalloc 而不是 thrust，避免分析和调试工具产生难题。数组 logs 和 dev_logs 的大小为 steps，将保存 GPU 评估的完整对数值集。设备数组 dev_sums 的大小为 blocks，将保存在第 77

行第一个归约步骤生成的块总和。变量 dev_tot 将保存第 78 行第二个归约步骤生成的所有对数值的最终总和。

- 第 73 行：设置以 steps 步跨越单位范围所需的步长。请注意，这里将除以 steps-1 而不是 steps，这里如果弄错了，就很可能会出现难以发现的错误。

- 第 74 行和第 82 行：这两行包含 CUDA 计算，定义并使用了基于主机的计时器 tim，以测量运行内核函数以及将结果传输回主机的时间，但不包括 cudaMalloc 的时间。

- 第 75～81 行：CUDA 计算代码，我们对分析和调试感兴趣。

    - 第 75 行：调用 gpu_log 内核函数，根据项数 terms 的幂级数计算 $\log(1+x)$，将每一步的 steps 值填入 dev_logs。

    - 第 76 行：将设备数组 dev_logs 复制回主机数组 logs。请注意，尽管我们只在后面的代码中使用单个值 logs[steps-1]，但这里我们选择复制整个数组——这会使得分析更加有趣。

    - 第 77～78 行：使用我们的标准归约内核函数对 dev_logs 中的值进行两步求和，直到得到单个 dev_tot 值。

    - 第 80 行：将总和 dev_tot 复制回主机变量 gpuint。

    - 第 81 行：最后使用 cudaDeviceSynchonize 确保所有操作在第 82 行的时间测量之前完成 [1]。

- 第 84～85 行：通过在第 84 行进行梯形规则校正，以及通过表示积分中 dx 的 step_size 来缩放结果，将总和 gpuint 转换为所需的实际积分值。请注意，我们在第 83 行直接从主机调用 gpu_log 函数。

- 第 86 行：将 gpujob 设置为包括 cudaMalloc 语句的所有 CUDA 步骤所需的时间。

- 第 87 行：将 GPU 计算的 $\log(2)$ 值从 logs 的最后一个元素复制到 log2_gpu。

- 第 88～89 行：这里使用精确的 C++ 对数函数，将 $\log(2)$ 的值和积分值分别存储到 log2 与 logint 里。

- 第 90～93 行：查找 GPU 计算数量的小数误差并输出结果。

- 第 95 行：这是一个有点晦涩的 Microsoft 魔法，开启硬件来对非规范化浮点数进行清零（FTZ）操作。这解决了主机代码的问题，否则随着 terms 值的增加，速度会显著减慢。这需要头文件 <float.h> 才能工作 [2]。

- 第 96～101 行：这里使用单个主机 CPU 执行计算并计时，使用的项数为 hterms。基于主机的积分计算存储在 hostint，计算时间则存储在 thost 中，小数误差结果在第 101 行输出。

- 第 103 行：这里输出各种时间——GPU 内核函数时间、主机时间、所有 CUDA 步骤的时间，以及第 102 行计算的 GPU 到主机的时间比率。请注意，这个计算会对 terms 和 hterms 的不同值进行校正。

- 第 104～108 行：程序结束时进行清理，这对分析器是有帮助的。

示例 10.2 显示运行该代码的一些结果，其中一个特点是，除了在 CUDA 运行的内核函数之外，还有几百毫秒的巨大开销，主要来自第 76～78 行的 cudaMalloc 操作。为了更详细地了解这里所发生的事情，我们需要进行详细分析。

示例 10.2　在 RTX 2070 GPU 上运行 **gpulog** 的结果

（1）这是一个小规模的作业，对于 GPU 和主机，都是 2^{16} 次计算，每次 100 项。由于计算量较小，因此无法充分展示出 GPU 的全部计算能力。

```
D: >gpulog.exe 16 256 256 100 100
gpu log(2) 0.688172 frac err   7.178e-01%
gpu  int    0.386245 frac err  1.269e-02%
host int    0.386245 frac err  1.268e-02%
times gpu 0.400 host 12.167 gpujob 177.555 ms speedup 30.4
```

（2）与（1）一样，但计算次数提升到 2^{24}。结果的准确性没有改变，但现在 GPU 的速度比主机快了大约 100 倍。

```
D: >gpulog.exe 24 256 256 100 100
gpu log(2) 0.688172 frac err   7.178e-01%
gpu  int    0.386245 frac err  1.267e-02%
host int    0.386245 frac err  1.267e-02%
times gpu 27.611 host 3160.105 gpujob 202.490 ms speedup 114.5
```

（3）现在，GPU 的项数从 100 增加到 10^5。在这种情况下，GPU 得到了充分的利用，并且性能比主机快大约 1600 倍。此外，GPU 计算 log(2) 和积分的准确度也有所提高。

```
D: > gpulog.exe 24 256 256 100000 100
gpu log(2) 0.693134 frac err   1.874e-03%
gpu  int    0.386294 frac err  -8.701e-06%
host int    0.386245 frac err  1.267e-02%
times gpu 1861.515 host 3079.824 gpujob 2049.234 ms speedup 1654.5
```

10.2　使用 nvprof 进行分析

NVIDIA 的 nvprof 分析工具自 2007 年就伴随 CUDA 一起推出，最简单的使用方式是在命令行中运行，如下框所示 [3]。

简单的 nvprof 使用方法

（1）导航到 exe 文件的构建目录

```
> cd /mycode/x64/release
```

（2）像往常一样运行程序，但在最前面加上 nvprof

```
> nvprof myprog.exe arg1 arg2
```

（3）可以添加 nvprof 选项

```
> nvprof --timeout 10 myprog.exe arg1 arg2
```

（4）使用 --help 查看所有选项

```
> nvprof --help
```

使用 nvprof 运行 gpulog 示例的结果显示在示例 10.3 中，每个 CUDA 管道中的 6 个步骤（示例 10.1 的第 68～81 行）都有精确的时间。nvprof 对于任何特定的函数，都会报告其在管道中出现的次数、所有调用的总时间，以及特定调用的最大和最小时间。由于 D2H cudaMemcpy 操作使用了两次（第 76 行和第 80 行），因此可以轻松地推断出 10 000 个字的第一次复制 memcpy 花费了 26.232 ms，第二次复制花费了 704 ns。其余的 4 个步骤都只发生一次，因此它们的时间是明确的。这 6 个时间在示例 10.3 中以粗体显示，这些时间的总和为 244.838 ms，与主机报告的 GPU 时间 245.732 ms 非常吻合。但是，为了获取各个步骤的时间而编写主机代码实在很烦琐，而 nvprof 使这个任务变得简单。另一点需要注意的是，主机运行 gpujob 的报告时间为 655.452 ms，比没有 nvprof 运行时报告的时间多 200 ms，这个增加的部分是运行 nvprof 分析工具的开销。

分析报告中有个明显令人迷惑的地方，就是 2 个 cudaMemcpy API 操作所花费的 245.61 ms，这些操作与报告的 GPU 操作相同，却花费了 10 倍的时间。通过检查实际时间线来解决这个难题，GPU 的时间值是从进程开始到执行结束，而 API 的时间值是从进程添加到 CUDA 工作流队列时开始到进程完成。另一个需要注意地方是，在短作业的状况下，cudaMalloc 与 cudaDeviceReset 都是相对昂贵的操作，分别需要 66 ms 和 44 ms。

示例 10.3 gpulog 示例的 nvprof 输出

```
D:\ >nvprof gpulog.exe 24 256 256 100000 100
==5008== NVPROF is profiling process 5008 ...
gpu log(2) 0.693134 frac err  1.874e-03%
gpu  int   0.386294 frac err -8.701e-06%
host int   0.386245 frac err  1.267e-02%
times gpu 1834.348 host 3051.117 gpujob 2284.805 ms speedup 1663.3

==5008== Profiling application: gpulog.exe 24 256 256 100000 100
==5008== Profiling result:
Type Time(%) Time   Calls  Avg    Min    Max     Name
GPU 98.55%  1.816s  1    1.80s  1.806s 1.806s  gpu_log
     1.44%  26.4ms  2    13 ms  640ns  26.4ms  [CUDA memcpy ]
     0.01%  158 us  1    158 us 158 us 158 us  reduce_warp_vl
     0.00%  1.20us  1    1.24us 1.24us 1.24us  reduce_warp_vlB
API 88.36%  1.831s  2    917 ms 273 us 1.833s  cudaMemcpy
     9.69%  201 ms  3    67.0ms 16.9us 200 ms  cudaMalloc
     1.93%  40.0ms  1    40.0ms 40.0ms 40.0ms  cudaDeviceReset
     0.02%  437 us  3    145 us 21.5us 256 us  cudaFree
     0.01%  120 us  3    40.0us 17.8us 61.6us  cudaLaunchKern
     0.00%  43.2us  1    43.2us 43.2us 43.2us  cuDeviceTotalMe
     0.00%  17.5us  97   180ns  100ns  2.70us  cuDeviceGetAtt
     0.00%  9.90us  1    9.90us 9.90us 9.90us  cudaDeviceSync
     0.00%  5.20us  3    1.73us 200ns  4.40us  cuDeviceGetCount
     0.00%  1.50us  2    750ns  200ns  1.30us  cuDeviceGet
     0.00%  500ns   1    500ns  500ns  500ns   cuDeviceGetName
     0.00%  400ns   1    400ns  400ns  400ns   cuDeviceGetLuid
```

```
   0.00%   200ns   1   200ns   200ns   200ns   cuDeviceGetUuid
```

使用默认参数在命令行运行 nvprof，报告的值按执行时间排序。API 操作可能会与 GPU 上的操作重叠，GPU 的性能分析时间是准确的，并且与主机代码报告的 GPU 时间一致，但是主机代码报告的 gpujob 时间相比未使用 nvprof 时增加了大约 200 ms。这是由于性能分析的开销。报告的内存复制时间为 26.4 ms，这对于使用非固定主机内存传输 2^{24} 个 4 字节的浮点数来说是合适的。API 报告的值为 1.83 s，因为它包含了调用在 CUDA 工作流中待处理的时间，所以有些误导。

　　对于较大的项目，nvprof 可以生成大量与你想要探索的特性无关的输出。一种简单的方法是，在代码块前后使用 cudaProfilerStart(); 和 cudaProfilerStop(); 语句来限制分析范围。头文件 cuda_profiler_api.h 包含必要的定义，必须将其添加到代码头部的声明中。示例 10.4 显示了在几行 CUDA 代码中限制分析范围的内容，还显示了运行修改后程序的更有限的结果。

示例 10.4　具有 cudaProfilerStart 和 Stop 的 nvprof

```
    . . .
    #include "cuda_profiler_api.h"
    . . .
75  gpu_log<<<blocks,threads>>>(dev_logs,terms,steps,step_size);
76  cudaMemcpy(logs,dev_logs,steps*sizeof(float),
                                    cudaMemcpyDeviceToHost);

    cudaProfilerStart();
    // 2 step reduce
77  reduce_warp_vl<<<blocks,threads >>>(dev_sums,dev_logs,steps);
78  reduce_warp_vlB<<<    1,threads >>>(dev_tot,dev_sums,
                                    threads);
79  float gpuint = 0.0f;
80  cudaMemcpy(&gpuint,dev_tot,1*sizeof(float),
                                    cudaMemcpyDeviceToHost);
81  cudaDeviceSynchronize();
    cudaProfilerStop();
    . . .

D: >nvprof --profile-from-start off gpulog.exe 24 256 256 10000 100
==31592== NVPROF is profiling process 31592
gpu log(2) 0.693092 frac err  7.988e-03%
gpu  int   0.386294 frac err -8.701e-06%
host int   0.386245 frac err  1.267e-02%
times gpu 2456.137 host 3111.062 gpujob 2708.699 ms speedup 126.7
==31592== Profiling application: gpulog.exe 24 256 256 10000 100
==31592== Profiling result:
Type Time(%) Time Calls Avg     Min     Max     Name
GPU  98.66% 165 us 1   165 us  165 us  165.00us reduce_warp_vl
      0.98% 1.63us 1   1.63us  1.63us  1.6320us reduce_warp_vlB
      0.36%  608ns 1    608ns   608ns    608ns  [CUDA memcpy]
API  94.88% 4.69ms 2   2.34ms  8.60us  4.6858ms cudaLaunchKern
      4.76% 235 us 1   235 us  235 us  235.70us cudaMemcpy
      0.26% 12.7us 1   12.7us  12.7us  12.700us cudaDeviceSync
      0.10% 4.80us 1   4.80us  4.80us  4.8000us cuDeviceGetCount
```

gpulog 代码片段，将分析限制在第 77~81 行，nvprof 的输出也如预期地减少。需要使用 profile-from-start 的 off 开关来使嵌入的声明生效。此外，运行 nvprof 的开销相较于之前增加了 10 倍，这是需要注意的地方。如果直接运行修改后的程序而不使用 nvprof 的话，就不会有性能损失。

　　头文件 cuda_profiler_api.h 的内容非常有限，只有上述的两个启动和停止函数。

NVIDIA 工具扩展库（NVTX）是一套更加详细的功能套件，允许开发者以许多方式自定义可视化剖析工具的输出。不过这些工具相当冗长，超出了本书范围。更多信息请参阅 https://docs.nvidia.com/pdf/CUDA_Profiler_Users_Guide.pdf 的 NVIDIA Profiler 用户指南。

10.3 用 NVIDIA Visual Profiler 进行分析

NVIDIA Visual Profiler（简称 NVVP）可以从桌面快捷方式，或通过在命令行中输入 nvvp 来启动。下框中展示了一种可能的命令行方法。

> 运行 nvprof 生成配置文件，然后启动 NVVP 查看时间线。
>
> ```
> > nvprof --export-profile prof.nvvp gpulog.exe 24 256 256 10000 100
> > nvvp prof.nvvp
> ```
>
> 如果需要，可以使用其他 nvprof 选项。例如 - -profile-from-start off。

如框中所示，可以在命令行中输入指定文件名称来启动这个可视化分析器。图 10.1 显示了这个分析工具的时间线。即便没有指定任何参数，nvvp 仍然能够启动，并显示一个对话框，让你选择要运行的可执行文件与提供命令行参数，然后程序将自动运行以收集用于显示的剖析数据。此外，可视化分析器也可以按照通常的方式通过桌面快捷方式启动。

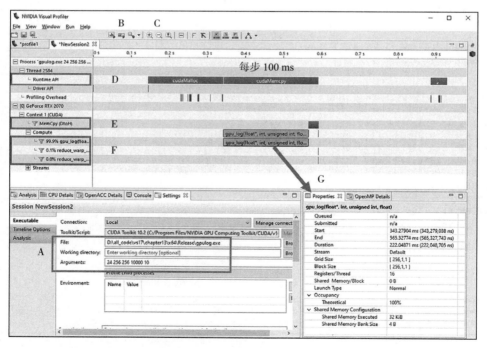

图 10.1　gpulog 示例的 NVVP 时间线：每步 100 ms

图 10.1 显示了上述工作的 nvvp 输出，我们使用 C 处的控件将时间线视图放大几步，主窗口显示运行该作业的所有 CUDA 进程时间线。其中最有趣的三个部分是运行时 API（D处）、cudaMemcpy 操作（E 处）和内核函数（F 处）。可以单击任何显示的任务，在属性窗口（G 处）中查看许多详细信息。图中显示了调用 gpu_log 内核函数（示例 10.1 第 75 行）的细节，我们可以看到这个内核函数调用花费了 222.049 ms。在这个视图中，两个速度更快的归约内核函数显示为垂直条。

左下角可以看到会话设置窗口，提供 exe 文件和程序参数的详细信息。这两个参数都可以手动更改，然后使用 B 处控件重新运行会话，这在探索参数变化的影响时就显得非常方便。也可以在 nvvp 窗口开启的状态下重新编译程序，例如，搭配 Visual Studio，然后使用 B 处的控件查看新版本 exe 文件的结果。

运行时 API 行（D 处）显示了内核函数和 cudaMemcpy 事件被加入 CUDA 管道的始末过程，在此示例中，第 75 行、第 77 行和第 78 行所添加的内核函数在主机上是非阻塞的，第 80 行添加的 cudaMemcpy 操作在主机上是阻塞的。因此，从 API 的角度看，第一个 cudaMemcpy 操作与第一个内核函数同时开始，但这个操作实际上直到第一个内核函数完成后才开始，因为给定 CUDA 流上的操作在 GPU 上是相互阻塞的。这就能解释 nvprof 输出的 API 部分中，这个操作的持续时间明显很长的原因。在具有多个异步 CUDA 流的更复杂情况下，API 信息有助于检查运行是否符合预期。图 10.2 和图 10.3 显示了部分相同的 NVVP 时间线，可以将主窗口进一步放大，以更好地显示在短时间内归约内核函数和 4 字节 cudaMemcpy 操作的细节。

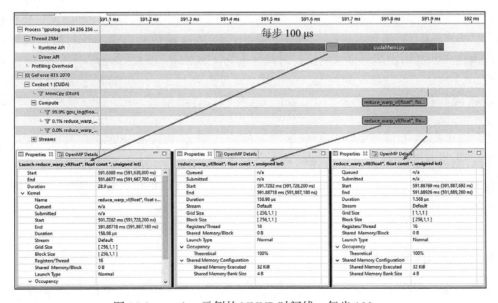

图 10.2　gpulog 示例的 NVVP 时间线：每步 100 μs

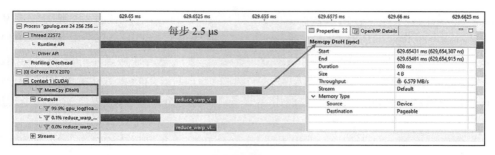

图 10.3　gpulog 示例的 NVVP 时间线：每步 2.5 µs

具体来说，图 10.1 ～ 10.3 显示了在 Windows 10 上使用 Nsight Visual Profiler（NVVP）生成的 gpulog 的部分时间线，图 10.1 显示执行时间大约为 0.9 s，并概述了所有步骤。以下列出几个重要区域的说明：

- A 处：在此面板中输入可执行程序和命令行参数。
- B 处：一旦在 A 处设置好，就可以使用 B 处的工具运行或重新运行作业。
- C 处：可使用 C 处的控件去放大或缩小时间线视图。
- D 处、F 处：分别提供运行时 API、cudaMemcpy 操作和内核函数的时间线视图。每个不同的内核函数都有一个单独的时间线。
- G 处：单击任何对象都可以检查其属性。这里展示了 gpu_log 内核函数的属性，包括运行时间为 222.048 ms。还可以使用 C 处控件放大视图，查看短时间事件的更详细信息，如图 10.2 和图 10.3 所示。

图 10.2 展示将 NVVP 时间线放大 100 倍，以显示归约内核函数的详细信息，现在整个宽度约为 0.9 ms。下部面板显示 reduce_warp_v1 内核函数的启动和执行时间的详细信息。此内核函数的两次运行报告的执行时间分别为 158.98 µs 和 1.568 µs。

图 10.3 展示了更深层次的放大，现在整个宽度约为 12.5 µs，并显示了 reduce_warp_v1B 内核函数和随后的 4 字节 cudaMemcpy 操作的详细信息。memcpy 操作则显示需要 608 ns。

nvprof 和 NVVP 都是 NVIDIA 的第一代产品，适用于早期的 GPU。CC≥6.0 的新型 GPU 具有额外的硬件特性以支持性能分析，因此 NVIDIA 在 2018 年推出了下一代工具组合，包括 Nsight Systems 和 Nsight Compute，能对新型 GPU 提供更好的支持，接下来我们将详细讨论这些工具。

10.4　Nsight Systems

可以从 NVIDIA 开发者网页下载 Nsight Systems[4]。在撰写本书时，其下载链接是 https://developer.nvidia.com/nsight-systems。在我的 Windows 10 机器上的安装目录是 C:\\

Program Files \\NVIDIA Corporation\\Nsight Systems 2020.3.1，版本号显然将随着时间的推移而改变。可执行文件是在 host-windows-x64 子目录下的 nsight-sys.exe。你的桌面可能已安装了快捷方式，如果没有，在 Windows 上搜索 Nsight Systems 会找到它。

启动后，其使用方式与 NVVP 类似。首先可以使用 File 菜单来启动一个新项目，然后会看到一个类似于图 10.4 所示的窗口。

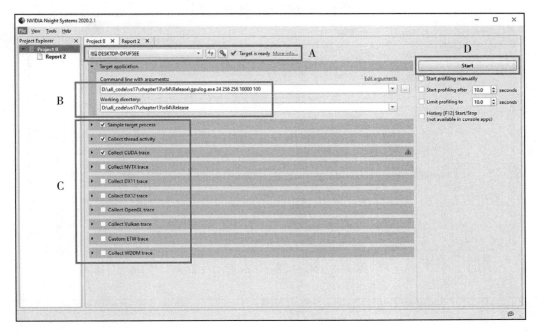

图 10.4　Nsight 系统启动屏幕

第一步，在 A 处选择希望分析的机器，这里我们选择了本地主机。在 Linux 和 Windows 都可以选择远程机器。有关如何配置与远程机器通信的进一步内容，在 NVIDIA 文档中有详细说明。

第二步，在 B 处选择要分析的 exe 文件和相关的命令行参数，这些参数定义了要分析的作业。

第三步，在 C 处的复选框中选择要分析的任务。这里大量的选项也昭示这个工具的功能强大，现在我们只要讨论与单个 GPU 运行的小型作业相关的一些可能性的子集，于是我们选择了前 3 个选项，这已经提供了所有我们感兴趣的 CUDA 信息，以及一些有关主机活动的信息。

图 10.4 显示的一些其他选项主要是游戏开发者比较感兴趣的，包括 DX11、DX12、OpenGL 和 Vulkan。WDDM 驱动程序也是与图形应用程序相关的。NVTX 选项很有趣，将在下面说明。ETW（Windows 事件跟踪）是相当专业的内容。关于跟踪选项的更多信息，

可以在 NVIDIA 的 https://docs.nvidia.com/nsight-systems/tracing/index.html 网页找到。

使用图 10.4 中的选项，其运行 Nsight Systems 的结果如图 10.5 和图 10.6 所示。

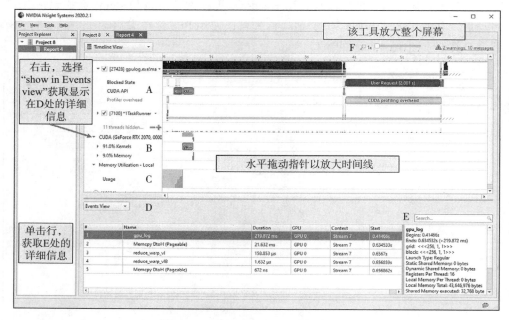

图 10.5　Nsight Systems 时间线显示

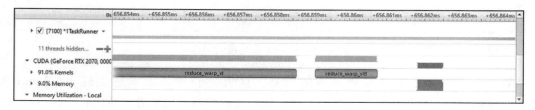

图 10.6　将图 10.5 中的时间线扩展到 6×10^5 倍左右

图 10.5 显示 Nsight Systems 时间线视图。图中呈现多个时间线，其中 A 处、B 处和 C 处显示与 gpulog CUDA 作业直接相关的时间线。A 处显示 CUDA API 调用，B 处显示内核函数和 cudaMemcpy 调用，C 处显示设备内存分配。右击指示的地方，就会在 D 处显示 B 处事件的详细时间信息，并且在 E 处显示个别项目的更多详细信息。只要水平拖动指针就能放大时间线，请注意 F 处的工具只是放大所有东西而不是扩展时间线。图 10.6 显示了将图 10.5 中时间线扩展约 6×10^5 倍，以显示归约内核函数的详细信息。

将 NVVP 和 Nsight Systems 的结果进行比较，我们可以看到图 10.1 和图 10.5 中的完整时间线包含类似的信息，这也适用于扩展的时间线上，因此可以说 Nsight Systems 是 NVVP 的合适替代品。这里需要注意的是，虽然在 Windows 平台上 nvprof 的命令行操作方式可以作为 GUI 驱动的 NVVP 的良好替代，但是在 Nsight Systems 中没有相应的命令行界面。在 Linux 上可以用 nsys 命令行工具作为命令行驱动的分析器工具 [5]，Nsight Systems 也能很好地与 NVTX 代码注释一起使用。

10.5　Nsight Compute

Nsight Compute 是一个强大的新工具，是对 Nsight Systems 的补充，可以详细检查代码中每个内核函数的性能。性能指标被分成几个部分，你可以在程序启动时选择使用哪个指标部分，启动之后可以看到图 10.7 所示的对话框。

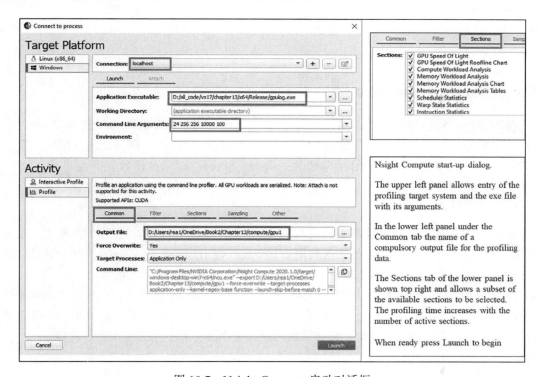

图 10.7　Nsight Compute 启动对话框

按下启动钮就会开始运行分析过程，完成后就会显示所选部分的结果，如图 10.8 所示。这个图显示了三个活动部分的分析结果概要，每个部分都可以通过单击标题左侧的控制按钮来展开。屏幕顶部指示框会显示选择的内核函数的结果，以这部分作为基线，可以在同一视图上显示多个内核函数的结果。

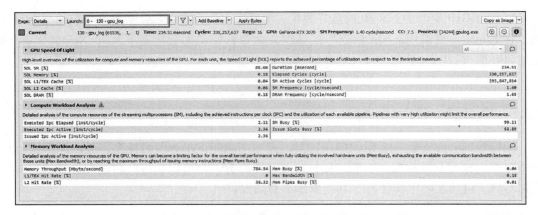

图 10.8　Nsight Compute 的性能分析结果

10.6　Nsight Compute 部分

在本节中，我们将展示当前可用的每个 Nsight Compute 部分的屏幕描述和结果示例。同样，结果是针对在发布模式下编译的 gpulog 程序进行分析的。在下面的视图中，我们将展示 gpu_log 内核函数以及作为基线的 reduce_warp_v1 内核函数。

10.6.1　GPU 光速

屏幕上的描述：" GPU 计算和内存资源利用情况的高级概述。对于每个单元，光速（ SOL）报告了对于理论最大值的实现利用率百分比。以 roofline 图的形式呈现的 GPU 计算和内存资源利用率的高级概述。"

图 10.9 展示了各个内核函数的计算和内存性能图表。很明显，gpu_log 内核函数受到计算的限制，而 reduce_warp_v1 内核函数受到内存的限制。本节与许多其他节一样，显示的结果都是以内核函数为单位。要显示的内核函数在屏幕左上角的框中进行选择。

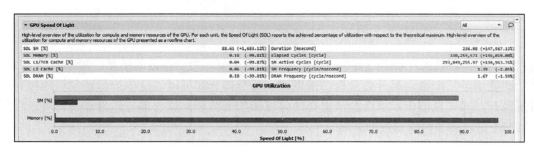

图 10.9　GPU 光速：内核函数性能

"roofline"图表可用于表明特定代码段上的资源限制，如图 10.10 所示，其中横轴表示每字节内存访问所需的浮点计算次数，纵轴表示每秒的浮点计算次数，图左侧的对角线表示性能受到内存限制的状况下，代码可达到的每秒最大浮点计算次数，向右的两条水平线显示硬件对于 4 字节浮点和 8 字节双精度运算可实现的每秒最大浮点计算次数。这些图展示了我们的两个内核函数的性能，我们发现它们都基本上处于其限制线之上。通过用鼠标指针悬停在标志上，可以获得显示数字值的弹出框，这里显示 gpu_log 内核函数的性能为 2.87 TFlops/s，而 reduce_warp_vl 内核函数的性能为 432 GFlops/s。

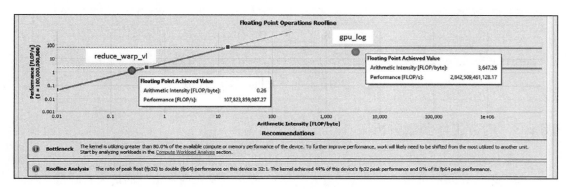

图 10.10 GPU 光速：两个内核函数的性能上限

图 10.9 显示 gpu_log（上栏）和 reduce_warp_vl（下栏）两个内核函数的计算和内存使用情况。可以看出，第一个内核函数是受计算限制，第二个内核函数是受内存限制。

图 10.10 显示两个内核函数与 roofline 线交点上的浮点性能，右击某个点会弹出一个小型汇总框，里面显示每字节浮点运算次数和每秒浮点运算次数。这里的 gpu_log 内核函数实现的计算性能与计算强度分别为 2.84 TFlops/s 与 3.67 kFlops/Byte，而 reduce_warp_vl 内核函数分别为 107.8 GFlops/s 和 0.26 Flops/Byte。

10.6.2 计算工作负载分析

屏幕上的描述："对流多处理器（SM）的计算资源的详细分析，包括每个时钟实现的指令（IPC）和每个可用管道的利用率。利用率非常高的管道可能会限制整体性能。"

在本节中，我们看到了各种 SM 资源的使用情况。这里的屏幕显示了 gpu_log 内核函数比 reduce_warp_vl 内核函数更多地使用 XU 和 FMA，而 LSU 资源的使用状况恰好相反，这表明在某些情况下，它们可以同时运行，以更好地利用所有 SM 资源。

两个内核函数的分析示例如图 10.11 所示。

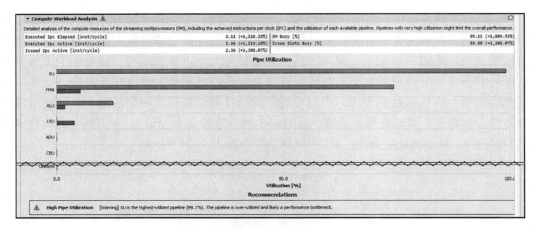

图 10.11 计算工作负载分析：两个内核函数

10.6.3 内存工作负载分析

屏幕上的描述："GPU 的内存资源的详细分析。当充分利用所涉及的硬件单元（内存繁忙）、耗尽单位之间的可用通信带宽（最大带宽），或达到发布内存指令的最大吞吐量（内存管道繁忙）时，内存可能成为整体内核函数性能的限制因素。内存单元的详细图表，详细表格包含每个内存单元的数据。"

gpu_log 内核函数的 Nsight Compute 内存工作负载分析如图 10.12 所示，可以看到从 L1 缓存到系统内存的 64 MB 流量。

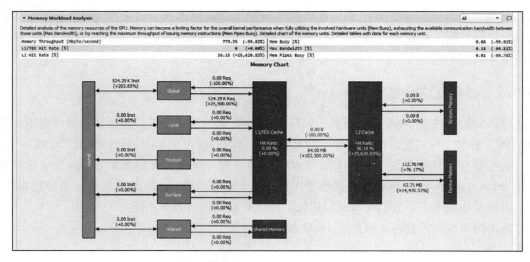

图 10.12 内存工作负载分析：gpu_log 内核函数的流程图

10.6.4　调度器统计信息

屏幕描述:"发布指令的调度器活动的汇总信息。每个调度器都维护着一个可以发布指令的 warp 池,池中 warp 的上限(Theoretical warps)受启动配置的限制。在每个周期内,所有调度器都会检查池中分配 warp 的状态(活动 warps)。正在活动的 warp(合格 warps)已准备好发布下一条指令。调度器从合格 warp 集合中选择一个 warp 来发布一条或多条指令(已发布 warp)。在没有合格的 warp 的周期中,发布槽将被跳过而不发布指令。如果存在过多的发布跳过状况,表明延迟隐藏的效果不好。"

gpu_log 和 reduce_warp_vl 的统计信息如图 10.13 所示。从下方的 Slot Utilisation 框中可以看到,关于 gpu_log 内核函数的 warp 调度器是每 1.7 个周期发布一条指令,而 reduce_warp_vl 内核函数则是每 22.9 个周期发布一条指令。因此,第二个内核函数的内存延迟隐藏效果非常差。

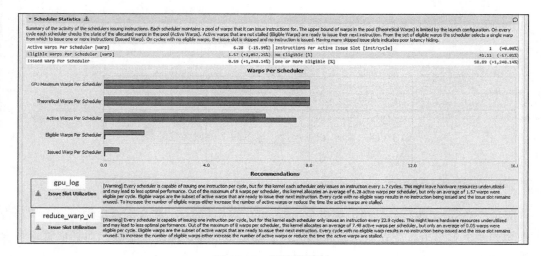

图 10.13　调度器统计

10.6.5　warp 状态统计

屏幕描述:"在内核函数执行期间所有 warp 所花费周期的状态分析。warp 状态描述了它的准备情况或者无法发布下一条指令。每个指令的 warp 周期数定义了两个连续指令之间的延迟,这个值越高,表示需要更多的并行 warp 来隐藏此延迟。对于每个 warp 状态,图表显示每个已发布指令所花费的平均周期数。停滞并不会一直影响整体性能,但也是不可避免的。只有在调度器无法每个周期发布指令时才需要关注停滞原因。执行一个包含混合库和用户代码的内核函数时,这些指标显示的是综合值。"

详细信息以及建议如图 10.14 所示,能帮助有经验的 GPU 程序员改进其代码的设计。

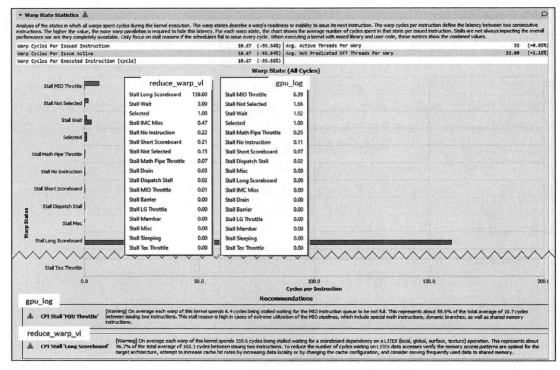

图 10.14　warp 状态统计：显示两个内核函数的数据

10.6.6　指令统计信息

屏幕描述："已执行的低级汇编指令（SASS）的统计信息。指令混合提供了有关执行指令类型和频率的见解，少量指令类型的混合意味着依赖于少量指令管道，而其他管道则未使用。使用多个管道可隐藏延迟并启用并行执行。请注意，'指令 / 操作码'和'执行指令'以不同方式测量，如果系统调用花费数个周期，则两者可能会发散。"

这部分显示每个内核函数执行单个 GPU 指令的次数，这种深层次的信息可能有助于手动调整代码中时间的关键部分。reduce_warp_v1 和 gpu_log 的结果如图 10.15 所示。由于第一个内核函数运行的时间比第二个短得多，因此几乎看不见它在图表上。每个内核函数执行的实际指令数显示在图中的弹出框中。

10.6.7　启动统计信息

屏幕描述："概述了启动内核函数时的配置。启动配置定义了内核函数网格的大小、网格划分为块的方式，以及执行内核函数所需的 GPU 资源。选择高效的启动配置可以最大化设备利用率。"

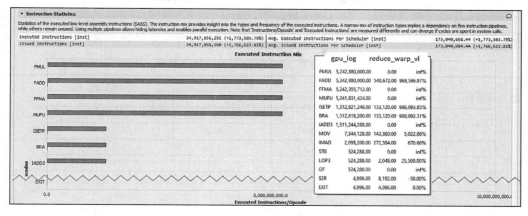

图 10.15　指令统计：两个内核函数的统计

Grid Size	256
Block Size	256
Threads	65 536
Waves per SM	1.78
Registers per Thread	16

这部分没有额外的图表，只是报告了启动配置和一些派生量。对于这个示例，我们得到了如上框中所示的值。

报告中的线程数是网格大小和块大小的乘积，这符合预期结果。每个线程的寄存器数量由编译器决定，并且安全地低于 32 这个全占用的极限值。波值（Waves）是很有趣并且很有帮助的。在 CUDA 中，线程波是指在给定时间在所有流处理器上启动全部线程的集合。在全占用的状况下，这是 GPU 流处理器数量的 2048 或 1024 倍，具体取决于 GPU 的 CC 级别。对于当前 CC 在 3.5～8.0 的 GPU 卡中，只有 CC=7.5 的 Turing GPU 的流处理器是支持 1024 个常驻线程，其他所有 GPU 的最大值为 2048。

这里使用的 Turing RTX 2070 GPU 具有 36 个流处理器，因此波大小为 $1024 \times 36 = 36864$ 个线程，启动配置对应于 $65536/36864 = 1.78$ 个波，这意味着需要启动两个波来处理作业，第一个波可以实现全占用，但第二个波只能实现 78% 的占用率，这个是否会影响性能，还需要取决于内核函数本身。Nsight Compute 允许你轻松尝试并显示 gpulog 程序的一些结果，如表 10.1 所示。

从表中可以清楚地看出，使用整数的波启动配置比我们最初选择的 gpu_log 内核函数效果明显好得多，使用 4 个波可以达到 3.19 TFlops/s 的性能，提升了 12%。最后一个占用率不足的波，有时被 CUDA 程序员称为"尾巴"。虽然我一直都知道，使用 256×256 这样的标准去启动配置时，会造成这种尾巴，但我曾假设它对于受 CPU 限制的内核函数的影响并不大，毕竟单个 GPU 流处理器有足够的硬件，在给定瞬间处理 2 个或 4 个 warp，而完全占用的优势是隐藏延迟——完全占用似乎隐藏了更多的东西，而不仅仅是外部内存访问的延迟。我们尝试过本书中的其他内核函数，发现对于线程块数量的波数选择，使用整数而不是 2 的幂次，并没有显著的差异，我们建议对每个 GPU 项目进行此实验。

表 10.1 调整 gpulog 程序的线程块数量

线程块数量	波数量	gpu_log		reduce_warp_vl	
		性能（TFlops/s）	时间 / ms	性能（TFlops/s）	时间 / μs
256	1.78	2.847	235.73	0.107	160
512	3.56	3.067	218.79	0.110	160
1024	7.11	3.143	213.47	0.114	163
288	2	3.161	212.31	0.108	160
576	4	3.193	210.16	0.101	176
1152	8	3.190	210.35	0.117	160

10.6.8 占用率

屏幕描述："占用率是指每个多处理器的活跃 warp 数与最大可能活跃 warp 数之比例。另一种查看占用率的方法是，硬件处理活动状态 warp 的能力的百分比。更高的占用率并不一定会带来更高的性能，但是低占用率总是降低了隐藏延迟的能力，从而导致总体性能下降。在执行过程中，理论占用率和实际占用率之间的较大差异，通常表明工作负载高度不平衡。"

这部分内容提供了内核函数占用率的实现情况，并附带图表展示了这种占用率如何随着每个线程的寄存器和共享内存使用而变化。根据 gpulog 程序生成的图如图 10.16 所示。

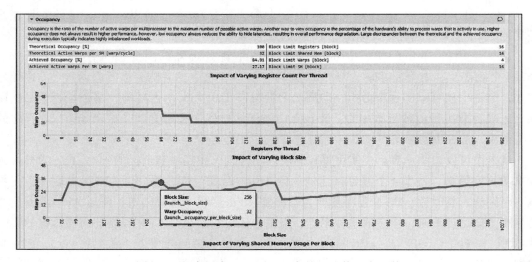

图 10.16 占用率：gpulog 程序的理论值和实际值

10.6.9　源计数器

屏幕上的描述：“源指标，包括 warp 被阻塞的原因。采样数据指标在内核函数运行期间定期进行采样，它们会显示 warp 在何时受阻且无法被调度。参阅文档以获得所有阻塞原因的详细描述。只有在调度器无法在每个周期内发出指令时，才会关注这些阻塞情况。”

本节的详细内容允许我们在单个硬件指令的层面上检查内核函数性能。使用本节来查看每行 GPU 代码所关联的汇编代码的方法如图 10.17 所示。所选行是示例 10.1 中的第 19 行，这是 logsum 设备函数的 for 循环中昂贵的除法操作（在图中被标记为第 24 行）。我们可以观察到，使用和不使用 fast_math 选项所生成的 SASS 代码是不同的。请注意，要获取这种源代码视图，必须在调试模式下编译执行文件。然而，这会使生成配置文件的速度更慢，因此最好将问题规模大幅缩小。在本例中，我们使用了参数 20 288 256 1000 1。图左上角有一个标有“A”的框，允许我们在查看 SASS 或 PTX 代码之间进行切换。

这个源代码计数器部分还可以提供大量关于每条指令使用频率的详细信息。然而，如何利用这些信息超出了本书的范围，属于进阶内容。

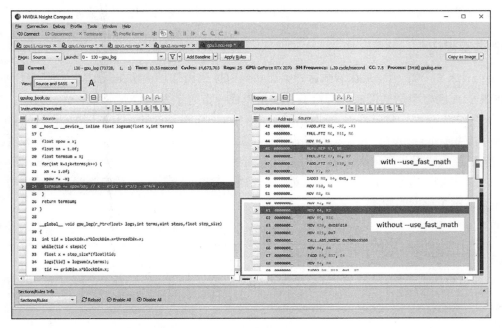

图 10.17　源计数器：gpulog 程序的源代码和 SASS 代码

总的来说，Nsight Systems 和 Nsight Compute 是研究 GPU 代码性能的强大工具。在你怀疑代码性能没有达到预期时，我们强烈推荐使用它们。

即使代码运行得再快，如果不能真正发挥作用，也就没有太大价值，所以现在是时候考虑调试问题了。

10.7 使用 printf 进行调试

计算机代码中出现错误是不可避免的，找到这些错误的代码是一门艺术，会随着经验的增长会变得更加熟练。在编写新代码时就考虑到调试问题是一个很好的做法，包括保持代码简洁，并将其拆分，以便每个任务是单独的函数，主程序应该只是组织函数调用和数据流。然后随着编程进展去尝试逐个调试功能。我喜欢在编写代码时在关键位置添加 printf 语句，这样可以在进行函数处理时逐个检查进程。请记住，你可以在主机代码和内核函数代码中都使用 printf。

在内核函数代码中，建议将所有输出都设为基于条件块和线程值的条件判断，否则会产生太多输出。此外，printf 在所有代码中都很昂贵，因此当你尝试调整性能时，请不要在代码块中保留活动的 printf 语句。

Printf 的一个缺点是，每次想输出其他东西时都需要重新编译，另一方面，在调试过程中可能会频繁地重新编译，尤其较大的 CUDA 程序往往编译速度较慢。此时，下面描述的其他方法可能更有效。需要注意的是，虽然使用 printf 进行调试的代码可以在带有优化的发布模式下编译，但其他更为交互式的调试方法需要在调试模式下编译。

函数错误代码

printf 的一个用途是在函数返回错误代码时生成消息。正如在其他地方提到过的，我们处理 C++ 函数中的错误时，首选的方法是返回一个表示发生错误的非零整数标志。在我们的大部分代码中，只是在输出错误消息后返回 1，而不是设计一套不同的错误代码集合，由调用者决定是否检查，如果没有发现错误，则函数返回 0。NVIDIA 使用类似的方法，提供一组复杂的错误代码，大多数可由主机调用的 CUDA 函数返回类型为 cudaError_t 的值，这是一组枚举类型的定义错误代码。返回值 cudaSuccess（数值为 0）表示成功。示例 10.5 显示了典型的用法。

示例 10.5　检查 CUDA 调用的返回代码

```
10   cudaError_t cudaStatus = cudaSetDevice(0);
11   if (cudaStatus != cudaSuccess) {
12       printf("cudaSetDevice failed!\n");
13       goto Error;
14   }

20   cudaError_t cudaStatus = cudaSetDevice(0);
21   if (cudaStatus != cudaSuccess) {
22       printf("CUDA Error %s\n",
                 cudaGetErrorString(cudaStatus));
23       exit(1);
24   }

30   checkCudaErrors( cudaSetDevice(0) );
```

```
40    cx::ok( cudaSetDevice(0) );

50    kernel<<<blocks,threads>>>(a,b,c);
51    cx::ok( cudaGetLastError() ); // check for launch error
52    cudaDeviceSynchronize();
53    cx::ok( cudaGetLastError() ); // check for run time error
```

<hr>

示例 10.5 的说明

- 第 10～14 行：此代码片段取自 Visual Studio 的 NVIDIA CUDA 项目插件的 kernel.cu 模板代码。

  - 第 10 行：将变量 cudaStatus 声明为 cudaError_t 类型，并设置为 CUDA 函数 cudaSetDevice() 返回的代码。如果没有可用的 CUDA GPU，那么这个函数就会返回错误代码，因此检查这个错误是一个好的习惯。

  - 第 11 行：在这里检查 cudaStatus，如果等于 cudaSuccess，则说明存在 CUDA 设备，我们可以跳过 if 子句并继续执行程序的其余部分。

  - 第 12 行：发生了一个错误，因此输出一个警告消息。

  - 第 13 行：在这个错误发生之后，无法继续执行，于是使用 go to 语句跳转到共享片段代码，执行清理后退出。这种使用 go to 的方式可以追溯到 FORTRAN II 时代，在如今的编程习惯中尽量避免使用。总是有方法避免使用 go to，例如将代码片段封装在一个子函数中，并返回一个错误代码。在 cxbinio.h 中的例程就是这样的例子。

- 第 20～24 行：这部分是上述内容的小幅度改进版本。我们在第 22 行的 printf 中使用 cudaGetErrorString 将 cudaStatus 的值转换为可读的错误描述。我们使用 exit(1) 替换 go to 指令，前者在程序结束时返回错误代码 1 给操作系统。对于简单的程序，我们可以依靠操作系统在致命错误的情况下清理分配的资源，但是高质量的生产代码是不应该依赖这种方式。使用这种 exit 的方法，退出时可能影响 Nsight Compute 这类分析或调试工具正常工作。

- 第 30 行：这是第 20～24 行的更紧凑版本。CUDA 开发套件在许多 SDK 示例中，都会使用函数 checkCudaErrors 检查返回代码。这里执行与第 20～24 行相同的任务，包括在发现错误时退出程序，这个函数在 cuda_helper.h 中定义。

- 第 40 行：与使用 cudaCheckErrors 类似，只不过这里使用 cx.h 中的 cx::ok 定义，就能轻松地将 exit(1) 改成 return 1，这样在检测到错误时还能继续执行。这个方式除了比较简洁之外，也提高了内核函数代码的可读性。

- 第 50～53 行：这些行展示了在内核函数代码中使用相同的方法，因为内核函数无法直接将错误代码返回给调用方，但是 CUDA 系统会维护一个包含来自主机或设备代码的最后报告运行时的错误标志。可以使用 cudaGetLastError 函数读取该标志，就像这段代码所显示的内容。

■ 第 50 行：这里启动一个内核函数并准备检查错误。

■ 第 51 行：我们使用 cudGetLastError 和 cx::ok 来检查内核函数错误——这与第 30 行或第 40 行中的代码很类似，虽然还是有些细微的差异[6]。内核函数的启动与主机的执行是异步操作，所以这个调用可能无法捕捉到内核函数执行过程中的任何错误，除非一开始启动就出现的错误。这个函数能捕捉内核函数启动时的任何错误，例如共享内存不足或线程块过大等。调用 cudaGetLastError 的副作用是，得将内部错误重置为 cudaSuccess，因此重复调用只会检测到一个给定错误一次。（还有一个 cudaPeekAtLastError，它会返回最近的错误而不需重置错误状态。）

■ 第 52 行：调用 cudaDeviceSynchronize 暂停主机执行，直到第 50 行启动的内核函数完成。调用这个函数之后，内核函数报告的最后任何错误将可用于检查。

■ 第 53 行：在这里，我们检查内核函数执行期间的错误。

10.8 通过 Microsoft Visual Studio 进行调试

即使是坚定的 Linux 爱好者，也会承认 Microsoft Visual Studio 是编写和调试 C++ 代码的出色（且免费）工具。网络上有大量的文档可供使用，在这里我们只给出一个基本介绍，强调对 CUDA 的支持。

在 Visual Studio 中进行调试，只需选择调试模式编译，设置一个或多个断点，然后按 F5 即可。这一过程如图 10.18 所示，它还解释了如何设置命令行参数并将所需项目作为调试目标。

图 10.18 中，Visual Studio 启动调试会话的过程如下：

（1）选择 A 处的调试模式。

（2）通过单击适当语句行号左侧的位置，设置一个或多个断点。所选语句在图中用标记 B 表示，分别位于第 116 行和第 134 行。

（3）按 F5 启动会话。

（4）如果你的解决方案中有多个项目，则在开始调试之前，必须通过右击 C 处的项目名称，将所涉及的项目设置为默认启动项目。默认启动项目名称将以粗体显示。

（5）右击项目名称，还允许你打开项目属性页面，如 D 处所示。

（6）在 E 处的调试选项卡设置正在调试的程序的命令行参数，如 F 处所示。

一旦启动调试会话，程序先运行到第一个断点处，然后等待用户输入。此时，图 10.18 中 G 处的调试菜单选项，将显示如图 10.19 所示的多个选项。

图 10.19 中 A 处显示的 F10 和 F11 是两个值得关注的指令，将运行下一行代码，并分别对调用函数提供跳入或跳过选项。需要注意的是，即使选择跳过选项也会执行调用的函数，这也适用于 CUDA 函数和主机函数。

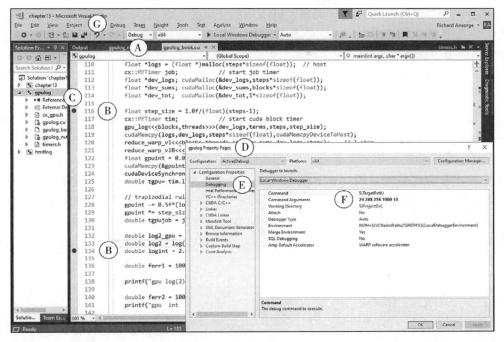

图 10.18　准备 VS 调试会话

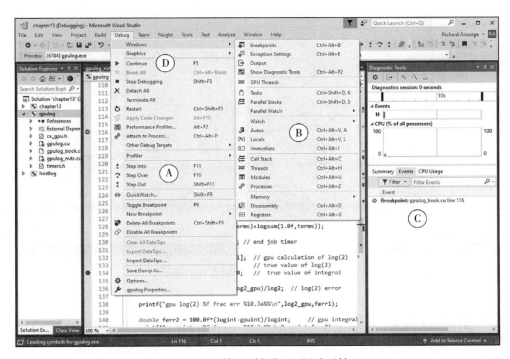

图 10.19　按 F5 键后 VS 调试开始

你还可以在 B 处打开 Locals 视窗去显示局部变量的当前值。当你逐步执行代码时，这些值会动态更新，新更改的值以红色高亮显示。还可以通过鼠标指针悬停在变量上来查看变量的当前值，这显然十分强大，可替代使用 printf 方式。

按下 D 处显示的 F5，程序继续运行直到下一个断点（如果在循环内部，断点可能在代码中的同一位置），C 处显示的是当前断点对应的行号。

可以在网上找到关于 Visual Studio 调试器更深入的处理，例如 https://docs.microsoft.com/en-us/visualstudio/debugger/getting-started-with-the-debugger-cpp?view=vs-2019。

gpulog 代码步进至第二个断点（A 处第 134 行）的结果如图 10.20 所示。Locals 窗口现在显示了计算到此的变量值。在 B 处可以看到 log2 和 log2_gpu 的变量都具有正确值，表示到这里为止 GPU 代码已成功运行，主机数组 logs 也在第一次调用 cudaMemcpy 时填充。可以通过图 10.19 中 B 处的菜单选项打开 Watch 窗口来检查大型数组的内容，然后输入数组元素进行查看，如图 10.20 中的 C 所示。请注意，允许使用有效变量进行简单的索引算术，例如 logs [steps/2] 是可以的。

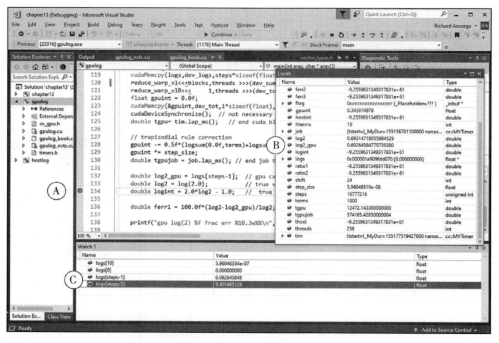

图 10.20　VS 在第二个断点处的调试

10.9　调试内核函数代码

程序中的 CUDA 代码可以在 VS 调试器中正常运行，但无法使用原生调试器进入 GPU

代码并检查内核函数变量。不过 NVIDIA Nsight Visual Studio Edition 插件可以添加此支持，这个插件可以作为 Visual Studio 的扩展来安装，并且是标准 Windows SDK 的一部分，或者可以从 NVIDIA 网站 https://developer.nvidia.com/nsight-visual-studio-edition 中单独下载获取。安装后，在新的 Nsight 菜单选项下提供了多个选项，如图 10.21 中的 B 所示。你可以使用此菜单开始新的调试会话，包括对 CUDA 内核函数的支持。对于最新的 Pascal 和更高版本的 GPU，请选择 Start CUDA Debugging (Next Gen)，对于较早的 GPU，请选择 Start CUDA Debugging (Legacy)。此菜单还允许你从 Visual Studio 中运行 Nsight Systems、Nsight Compute 和 CUDA memchk。

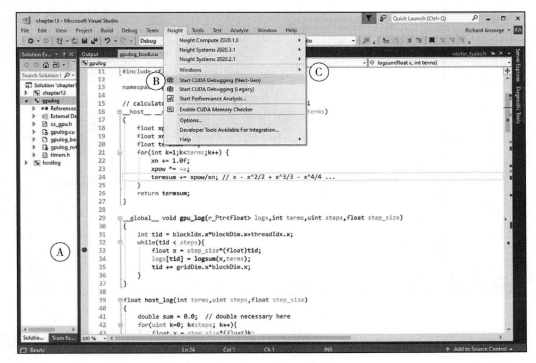

图 10.21　VS 调试：使用 Nsight 调试内核函数代码

现在可以在图 10.21 中的 A 处插入内核函数代码中的断点，然后像以前一样按 F5 来运行代码，直到达到所需的断点。一旦到达内核函数内部的断点，就可以通过图 10.21 中 B 处显示的菜单选项打开图 10.22 的 Warp Info 和 Lanes 面板。需要注意的是，你仍然无法按 F11 从主机函数进入 CUDA 内核函数，按 F5 是到达内核函数断点的唯一方法，一旦进入内核函数就可以按 F11 像主机代码一样地逐步执行内核函数代码。

图 10.22 显示了我们 gpulog 示例的调试会话，这里程序已经运行到 A 处的断点，然后按 F11 步进内核函数代码，执行到第 24 行的 log_sum __device__ 函数。实际上，我们已经步进 for 循环进行了几次迭代，于是图中所示点的 k 值等于 4，变量 k 与其他变量

的当前值显示在 C 处 Locals 窗口中。请注意，这里包括了 CUDA 内置变量，而我们正在查看的是第 0 块的第 99 号线程。默认情况下，CUDA 调试器将显示块 0 中线程 0 的值，但是可以通过使用在 D 和 E 处的 CUDA Warp Info 和 Lanes 窗口来更改设置。只需单击 Warp Info 窗口中 F 处的矩阵元素就可以选择指定的线程，然后使用不同颜色提供区别，就像图中 Warp Info 窗口附近的 99 号线程一样。也可以通过单击 Warp Info 和 Lanes 窗口左列来选择特定的 warp 和 lane，如图中由 D 处和 E 处箭头指示所选的行。

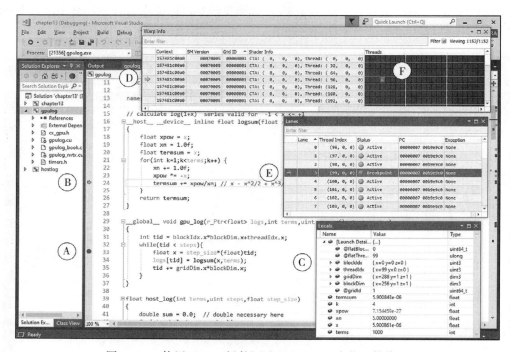

图 10.22　使用 Nsight 插件调试 VS CUDA 内核函数代码

有关在 Visual Studio 中进行 CUDA 调试的更多信息，请访问 NVIDIA 网站，例如 https://docs.nvidia.com/nsight-visual-studio-edition/index.html。

10.10　内存检查

内存泄漏和超出范围的指针，可能导致程序崩溃或更难以发现的错误。好在 NVIDIA 提供了一些专门设计的工具来帮助查找这样的错误。

10.10.1　cuda-memcheck

另一个有用的工具是 NVIDIA CUDA 提供的 cuda-memcheck.exe 内存检查器，可以帮助诊断难以发现的内核函数代码中的数组地址错误，这些错误通常要等到程序崩溃时才会发现。有时 cx::ok 返回代码检查器也能发现一些错误，但并不总是正确的，因此需要 cuda-memcheck 提供更好的诊断。与 nvprof 类似，cuda-memcheck 也是一个运行 CUDA 程序的命令行外壳。例如，我们在示例 10.1 的 gpulog 代码中引入一个错误，如示例 10.6 所示。新的内核函数 mem_put 向输入数组中写入一个元素，而主机代码使用自定义的 loc 参数来指定要覆盖哪个元素。

在示例 10.6 中也显示不同 loc 值的测试结果。情况（1），代码的执行不经过任何检查，给 loc 的值即便到了 $2^{31}-1$ 也没有出现错误，虽然结果仍然是正确的，但 GPU 代码的执行时间增加了。情况（2），我们在第 81 行的 cudaDeviceSynchronize 附近，使用 cx::ok 包装传统的错误检查，此时的确检测到了错误，但只有在 loc 超过合法索引范围的 8 倍左右时才检测到错误，虽然能正确报告出错误类型，但未能识别产生问题的内核函数，程序会在第一次检测到错误时终止。情况（3），使用 cuda-memcheck 工具，当 loc≥steps+blocks 时，发现错误，这种状况下可以识别出有问题的内核函数，并继续执行程序。

示例 10.6　使用 cuda memcheck

```
01   __global__ void mem_put(float *a,int loc)
02   {
03       if(threadIdx.x==0 && blockIdx.x==0) a[loc] = 12345.0f;
04   }
     . . .
67       int hterms = argc >5 ? atoi(argv[5]) : terms;
67.5     int loc =    argc >6 ? atoi(argv[6]) : steps;
     . . .
79       float gpuint = 0.0f;
80       cudaMemcpy(&gpuint,dev_tot,1*sizeof(float),
                             cudaMemcpyDeviceToHost);
80.5     mem_put<<<1,1>>>(dev_logs,loc);
81       cudaDeviceSynchronize();

（1）不经检查
D:\> gpulog.exe 6 288 256 1000 10 2147483647
gpu log(2) 0.692646 frac err  7.233e-02%
gpu  int   0.386294 frac err  1.225e-04%
host int   0.382179 frac err  1.065e+00%
times gpu 15.939 hostjob 1.169 gpujob 182.347 ms speedup 7.3

（2）在81行使用cx::ok( cudaDeviceSynchronize() );
D:\> gpulog.exe 16 288 256 1000 10 524288
cx::ok error: an illegal memory access was encountered at
                 gpulog_book.cu:132 cudaDeviceSynchronize()
（3）使用 cuda-memcheck
D:\ >cuda-memcheck.exe gpulog.exe 16 288 256 1000 10 65824
==== CUDA-MEMCHECK
gpu log(2) 0.692646 frac err  7.233e-02%
gpu  int   0.386294 frac err  1.302e-04%
host int   0.382179 frac err  1.065e+00%
times gpu 120.462 host 1.261 gpujob 342.407 ms speedup 1.0
===== Invalid __global__ write of size 4
===== at 0x000000a0 in mem_put(float*, int)
```

```
===== by thread (0,0,0) in block (0,0,0)
===== Address 0x700e40480 is out of bounds
===== Device Frame:mem_put(float*, int)(mem_put(float*, int)
===== Saved host backtrace up to driver entry point at kernel
===== Host Frame:C:\WINDOWS\system32\nvcuda.dll ...
===== Host Frame:D:\...\gpulog.exe(cudart::cudaApiLaunchKernel+
===== Host Frame:D:\...\gpulog.exe(cudaLaunchKernel + 0x1c4)
[0x1654]
===== Host Frame:D:\...\gpulog.exe mem_put + 0xbd) [0xfcfd]
===== Host Frame:D:\...\gpulog.exe(main + 0x3a6) [0x10346]
===== . . .
```

请注意，情况（3）中使用 cuda-memcheck，只有当 loc 大于 steps+blocks-1 时能检测到错误，并识别出有问题的内核函数，程序依旧继续执行。但即便是 cuda-memcheck，对于查找超出索引范围的错误也是不完美的。我们推测，在示例 10.1 中第 70 行与第 71 行的 dev_logs 和 dev_sums 两块 GPU 内存分配申请，实际上会分配两个连续块，其中 dev_sums 在 dev_logs 后面[7]。因此，只有当 dev_logs 使用的索引超过两个数组大小的总和时，硬件才会标记超出范围的错误。

请注意，使用 cuda-memcheck 时不管是否检测到错误，都会增加 GPU 执行时间，但这并不是个问题，因为使用这个工具并不需要更改代码，并且在生产环境中运行代码时通常不会使用 cuda-memcheck。

10.10.2 Linux 工具

Nsight Eclipse Edition 包含在 CUDA SDK 的 Linux 版本中，并提供与上述 Windows 版本相同的分析和调试工具。在 SDK 的文档中还包含 "Nsight Eclipse Edition Getting Started Guide"，也可从 https://developer.nvidia.com/nsight-eclipse-edition 获取。这个工具里包括 Nsight Systems 和 Nsight Compute 的 Linux 版本。

Linux 版还提供另一个命令行的 cuda-gdb 调试工具，这是基于 Linux 很流行的 gdb 调试器，对于熟悉 gdb 的人会是个不错的选择。在 https://developer.nvidia.com/cuda-gdb 可以找到更多信息。

此外，指令式的 cuda-memcheck 内存检查工具也可在 Linux 上使用。

10.10.3 CUDA 计算过滤器

由于 CUDA mem-check 程序相当陈旧，最近已被功能更好的 CUDA 计算过滤器应用所取代。在简单的情况下，这两个程序执行相同的检查并生成类似的输出，但是比较复杂的情况下就建议使用计算过滤器。两个程序都有大量的文档，可从 https://docs.nvidia.com/cuda/sanitizer-docs/ 和 https://docs.nvidia.com/cuda/pdf/CUDA_Memcheck.pdf 获取。

这结束了关于性能分析和调试的章节，第 11 章将讨论最近 NVIDIA GPU 的较新的张量核心硬件。

第 10 章尾注

1. 最终的 cudaDeviceSynchronize 并非必需的，因为之前的 cudaMemcpy(D2H) 总是在主机上形成阻塞。（但请注意，数据小于 64 KB 的 H2D 复制在主机上可能不会产生阻塞。）

2. 在 Linux 上可以使用在编译器开关 -ftz，或者在 Windows 上使用 Intel C++ 编译器的 /Qftz 开关。

3. 首次尝试此操作时，可能会收到缺少 dll 错误消息，例如，缺少 cupti64_2020.1.1.dll。在 Windows 上，可以向系统 PATH 添加 "%CUDA_PATH%/extras/CUPTI/lib64" 来解决此问题。

4. 你可能需要（免费）开发者账户才能访问这些页面——你不应该对此有任何问题，只需按照说明去注册一个账号即可。

5. CUDA 支持工具在 Windows 和 Linux 平台上存在差异，Windows 工具更注重游戏和图形，而 Linux 工具更注重 HPC。

6. 可以通过编辑 cx.h 头文件中 cx::ok 的定义来修改这种行为。

7. 如果我们要挑剔的话，示例 10.1(2) 第 72 行还有第三次只分配一个字。也许这个分配不是连续的，因此不会对更大的连续块的大小产生影响。我们可以真实地输出 GPU 指针（使用 %lld）来检查并发现这一点，虽然前两个分配是连续的，但第三个分配额外偏移了 96 字节。这是因为每个 cudaMalloc 数组都在 512 Byte 边界上对齐，并且 288 个块的 dev_sums 数组的大小不是 512 的倍数。

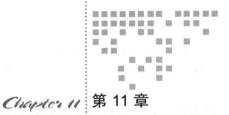

张量核心

在 2018 年 6 月推出的 Volta CC 7.0 代 GPU 中，引入了可以加速矩阵乘法的张量核心（Tensor Core）新硬件，其性能在 2020 年 6 月推出 Ampere GPU 时又得到增强。尽管最初是为人工智能应用而设计的，但我们认为这种硬件应该有更宽广的应用范围，即便人工智能不是你主要关注的领域，也值得一看。

11.1 张量核心与 FP16

这些专用的硬件单元称为张量核心，专门设计用于快速执行两个矩阵 A 和 B 的乘法，并将第三个矩阵 C 相加，将结果存储在第四个矩阵 D 中。所有这些矩阵都是 4×4 的，C 和 D 存储标准的 4 字节浮点数（FP32），而 A 和 B 存储 2 字节浮点数（FP16 或 half）。如式（11.1）所示，其中下标表示元素的位数：

$$D_{32} = A_{16}B_{16} + C_{32} \tag{11.1}$$

硬件支持 C 和 D 是同矩阵的情况：

$$C_{32} = A_{16}B_{16} + C_{32} \tag{11.2}$$

硬件设计为支持大矩阵的分片矩阵乘法。在这种方法中，矩阵片 A 和 B 按照两个大矩阵的行和列依次进行扫描，它们的乘积被累积到固定的矩阵片 C 中，如式（11.3）所示。

$$
\begin{aligned}
C_{ij}^0 &= 0 \\
C_{ij}^k &= A_{ik}B_{kj} + C_{ij}^{k-1}
\end{aligned}
\tag{11.3}
$$

其中索引 k 沿着行或列进行扫描。

张量核心支持 IEEE 的 FP16 格式，使用 5 比特表示指数，10 比特表示小数部分，精确度达到 1/2000。[1] 5 个比特指数覆盖了大约 $10^{-4.5} \sim 10^{4.8}$ 的范围，2 字节浮点数的精度较低显然是一个问题，但事实证明这种精度在一些有趣的应用场景中是足够的，并且新硬件带来的速度提升真的有用。一个显著的例子是机器学习，NVIDIA 的张量核心正在迅速成为不可或缺的硬件，事实上，NVIDIA 硬件似乎开始主导这一重要的新领域。张量核心还支持用于矩阵 *A* 和矩阵 *B* 的单字节整数类型（char 和 uchar、int8 和 uint8 或 u8 和 s8），以及用于矩阵 *C* 和矩阵 *D* 的 32 位整数类型。

计算能力（CC 值）为 7.5 的 Turing 系列 GPU 是在 Volta 之后的 2018 年 8 月发布的，其张量核心升级了包括对 4 比特和 1 比特整数的处理能力。NVIDIA 在 2020 年 6 月发布了计算能力 8.0 的 Ampere 系列 GPU，更升级到第三代张量核心，不仅速度提升 2 倍以上，还支持 BF16 和 TF32 这两种额外的短浮点数类型，这两种新类型都有 8 比特的指数，与在 FP32 中使用的相同，小数部分则分别为 7 比特和 10 比特。这些浮点数的硬件布局如图 11.1 所示。BF16 格式是 IEEE 标准 FP16 格式的一种变体，通过牺牲一些精度扩大了动态范围。TF32 格式是 IEEE FP32 格式的一种变体，虽然指数范围相同但小数部分更短。重要的是，标准的 FP32 值可以用作矩阵 *A* 和 *B* 的输入，然后在内部转换为 TF32 值。这样极大地简化了现有的矩阵代码移植到张量核心上的过程，因为主机端无须进行格式转换。Ampere 架构还针对机器学习和人工智能应用提供其他增强功能，感兴趣的读者可以查阅 NVIDIA 的 "nvidia-ampere-architecture-whitepaper"，可在 www.nvidia.com/content/dam/en-zz/Solutions/Data-Center/nvidia-ampere-architecture-whitepaper.pdf 找到 PDF 格式的文档。

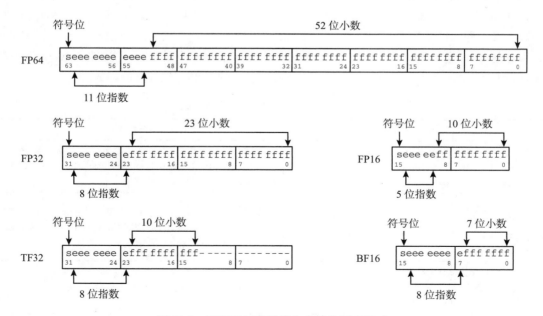

图 11.1　NVIDIA 张量核心支持的浮点格式

图 11.1 中的 FP64、FP32 和 FP16 是标准的 IEEE 格式，而 TF16 和 BF16 则是 NVIDIA 的专有格式。第一代 CC=7 的 GPU（Volta 和 Turing）上只支持 FP16 格式，而第三代 CC=8 的 GPU（Ampere）上则支持所有这些格式。尽管第三代张量核心上可以使用 FP32 和 FP64 作为矩阵 A 和 B 的输入，但性能上并没有提升。

11.2　warp 矩阵函数

在软件方面，NVIDIA CUDA 通过一套 warp 矩阵函数来支持张量核心，这些函数在 CUDA 的 mma.h 头文件中定义，在包含这个头文件之后，half 类型就被定义为表示 FP16 数字，并且可以像 GPU 代码中的其他数值类型一样使用，一定程度上也可以在主机代码中使用。[2] FP16 和 BF16 都有许多内置函数可供使用，可引入 cuda_fp16.h 和 cuda_bf16.h 头文件访问这些函数。值得注意的是，大多数内置函数仅适用于设备代码，但涉及原生 4 字节和 2 字节类型之间的转换函数都可以在主机和设备代码中使用。可以在 NVIDIA CUDA Math API 参考手册中找到这些内置函数的完整集合。

warp 矩阵函数使用 warp 中的 32 个线程来协同执行矩阵乘法，如式（11.2）和式（11.3）所示，但矩阵的大小是 16×16 而非 4×4。虽然文档中没有明确指出，但这必然涉及总共 64 个硬件张量核心的操作，以使用 4×4 分片来进行 16×16 矩阵的乘法。完整的函数集合如表 11.1 所示，这是从《NVIDIA CUDA C++ 编程指南》中摘录出来的。在描述中，分片的 A、B、C 和 D 是由 n、m 和 k 这三个整数所给出大小的片段对象来表示。NVIDIA 的约定是，如果 C 和 D 是 $m \times n$ 矩阵，那么 A 是 $n \times k$ 矩阵，B 是 $k \times n$ 矩阵。实际上，warp 矩阵函数支持三种几何形状 $\{m,n,k\} = \{16,16,16\}$ 或 $\{32,8,16\}$ 或 $\{8,32,16\}$。换句话说，k 必须总是 16，但 m 和 n 可以都是 16，或者一个是 8 而另一个是 32。头文件 mma.h 定义了 warp 矩阵函数和一个 fragment 类，还提供了填充、乘法和存储片段的函数。

表 11.1　CUDA 的 warp 矩阵函数

warp 矩阵函数	描述
template<typename Use, int **m**, int **n**, int **k**, typename **T**, typename **Layout**=void> class fragment;	创建 fragment 类型的对象。参数 Use 必须是关键词 matrix_a、matrix_b 或 accumulator 之一。Layout 是 row_major 或 col_major 之一
void **load_matrix_sync** (fragment<...> &a, const T* **mptr**, unsigned **ldm**, layout_t **layout**);	使用 ldm 作为行或列之间的跨度，从 mptr 数组中根据布局加载一个 16×16 的分片到 fragment a 中。这个版本适用于 accumulator 部分
void **load_matrix_sync** (fragment<...> &a, const T* **mptr**, unsigned **ldm**);	类似上面，但适用于具有已知布局的 matrix 类型部分

（续）

warp 矩阵函数	描述
void **fill_fragment**(fragment<...> **&a**, const T& **v**);	将 fragment a 的所有元素设置为值 v
void **mma_sync**(fragment<...> **&d**, const fragment<...> **&a**, const fragment<...>**&b**, const fragment<...> **&c**, bool **satf**=false);	计算 D = A * B + C。如果 satf 为真，溢出会被设置为 ± max_norm, nan 会被替换为 0
void **store_matrix_sync**(T* **mptr**, const fragment<...> **&a**, unsigned **ldm**, layout_t **layout**);	使用 ldm 作为跨度，将 fragment a 写入 lptr 数组中的一个 16 × 16 的分片中
operator [] e.g.for(k=0; k<**frag_a.num_elements**; k++) frag_a[k] = p*frag_a[k] + q;	可以使用标准数组索引符号访问 fragment 的元素，但不同类型的 fragment 不能在表达式中混合使用。同一个 warp 中的所有线程必须执行相同的 for 循环操作

注：warp 中隐式共享相同片段集的所有线程必须使用相同的参数调用这些函数。

有些函数的最后一个 layout 参数是可选的，如果要指定的话就必须是关键字 row_major 或 col_major 中的一个，当用于矩阵 *A* 和 *B* 片段时需要指定这个参数，但用于矩阵 *C* 和 *D* 时就不需要。不过当矩阵 *C* 或 *D* 与 load_matrix_sync 或 store_matrix_sync 函数一起使用时，就需要配置 layout 参数。

示例 11.1 展示了如何使用张量核心进行矩阵乘法，与早期的示例 2.13 相似，因为两者都使用分片的矩阵乘法。不同之处是，示例 2.13 中线程块的每个线程负责计算整组分片中的一个元素，而示例 11.1 中的一个 warp 就计算一整组分片；因此在这个示例中，一个包含 256 个线程的线程块可以计算 8 个 16 × 16 的分片，而不是一个。在示例 2.13 里，我们对输出矩阵 *C* 中的每个分片使用一个线程块，而在示例 11.1 中，我们使用 warp 的线性寻址来覆盖 *C* 中的所有分片。代码假定矩阵的维度是 16 的倍数，以便可以忽略边缘效应。张量核心计算的分片大小被明确设置为 16 × 16，而不是使用 NVIDIA 的 *m*、*k* 和 *n* 参数，以帮助提高代码的清晰度。

示例 11.1　用于使用张量核心进行矩阵乘法的 matmulT 内核函数

```
05    #include "mma.h"
06    using namespace nvcuda;
      . . .
10    __global__ void matmulT(r_Ptr<float> C, cr_Ptr<half> A,
                        cr_Ptr<half> B, int Ay, int Ax, int Bx)
11    { // warp rank in grid
12        int warp = (blockDim.x*blockIdx.x+threadIdx.x)/warpSize;
13        int cx = warp%(Bx/16);  // (x,y) location if active tile
14        int cy = warp/(Bx/16);  // for current warp in C matrix

15        int Atile_pos = cy*16*Bx; // start x (row) for first A tile
16        int Btile_pos= cx*16;     // start y (col) for first B tile
```

```
17      // Declare the fragments as 16 x 16 tiles
18      wmma::fragment<wmma::matrix_a,16,16,16,half,
                              wmma::row_major> a_frag;  // A
19      wmma::fragment<wmma::matrix_b,16,16,16,half,
                              wmma::row_major> b_frag;  // B
20      wmma::fragment<wmma::accumulator,16,16,16,
                                    float> c_frag;  // C
21      wmma::fill_fragment(c_frag,0.0f);  // set C = 0
        // accumulate sum of row*column tiles.
22      for(int k=0;k<Ax/16;k++){
            // load A as 16x16 tile
23          wmma::load_matrix_sync(a_frag,&A[Atile_pos], Ax);
            // load B as 16x16 tile
24          wmma::load_matrix_sync(b_frag,&B[Btile_pos], Bx);
            // C = A*B + C
25          wmma::mma_sync(c_frag,a_frag,b_frag,c_frag);
26          Atile_pos += 16;       // step along row of A
27          Btile_pos += 16*Bx;  // step down column of B
28      }
29      wmma::store_matrix_sync(&C[(cy*Bx+cx)*16], c_frag,
                                    Bx,wmma::mem_row_major);
30  }

D:\ >matmulT.exe 100 1024 1024 1024
GPU time 229.631 TC time 55.756 ms GFlops GPU 935.2 TC 3851.6
speedup 4.12
```

示例 11.1 的说明

- 第 5~6 行：warp 矩阵函数是从 CUDA mma.h 头文件访问的，位于 nvcuda.wmma 命名空间中。这里和 SDK 示例中使用的约定是隐藏 nvcuda 命名空间，但保留其余的 wmma 限定符。

- 第 10 行：这里声明 matmulT 内核函数，其参数是指向包含矩阵 A、B 和 C 的数组的指针与矩阵的维度。Ax 和 Ay 分别是 A 的列数和行数，因此 A 矩阵是 $Ay \times Ax$。最后，Bx 是 B 的列数，因此 B 矩阵是 $Ax \times Bx$，而 C 矩阵是 $Ay \times Bx$。

- 第 12 行：将变量 warp 设置为当前线程在网格中的排名。假设启动配置具有的含 32 线程的 warp 总数，等于跨越输出矩阵 C 所需的 16×16 分片数。主机代码根据用户提供的线程块大小（通常为 256）计算所需的线程块数。

- 第 13~14 行：计算对应当前 warp 的 C 矩阵中分片的位置（cx, cy），这是一种 warp 线性寻址形式，类似于我们之前的许多示例中使用的线程线性寻址。

- 第 15~16 行：为了执行乘法，我们需要计算 A 分片的一行与 B 分片的一列的乘积。在这里计算 A 的起始行（Atile_pos）和 B 的起始列（Btile_pos）。

- 第 18~20 行：声明 A、B 和 C 中分片的 warp 矩阵片段，A 和 B 的片段使用 f16 的值，而 C 则使用 f32 值。A 和 B 都被指定为 row_major，这是常规的 C++ 约定，片段的类型与输入参数的类型相匹配。

- 第 21 行：调用 fill_fragment，将该片段的所有 256 个值设置为相同的值，这个示例将 c_frag 值设为 0, 这就完成了初始化累加器。

- 第 22~28 行: 这个循环通过计算 A 一行与 B 一列的矩阵元素乘积之和, 来计算分片 C 的值。
  - 第 23 行: 将下一个 A 分片存储在 a_frag 中, 这些值从指向 GPU 全局内存的参数 A 中读取。请注意, 整个 warp 都参与此操作, 只有当 warp 中的所有线程都准备好时, 控制才会传递到下一条语句。
  - 第 24 行: 与前一行类似, 但将下一个 B 分片存储在 b_frag 中。
  - 第 25 行: 这是张量核心对 16×16 的 A 分片和 B 分片执行矩阵乘法, 并将结果累积到累加器 C 分片中。
  - 第 26~27 行: 在这里将 A 和 B 分片的指针推进到 A 的下一行或 B 的下一列位置。
- 第 29 行: 整个过程结束时, 我们将 c_frag 的结果复制到输出数组 C 中。请注意, warp 中的所有线程在 C 中指定相同的地址。

与示例 2.13 中的标准 GPU 版本相比, 1024×1024 矩阵的计算速度提高了约 4 倍, 与在单 CPU 主机上使用未经优化的三个 for 循环的代码相比, 速度提高了超过 8000 倍。从 0~1 的均匀分布的随机数来填充矩阵的结果与 4 倍这个重要数字是一致的。示例 11.1 的性能约为 3.8 TFlops/s, 这个出色的性能可以进一步提高。需要注意的是, 第 23~24 行从 GPU 内存中读取的 A 和 B 分片, 只用于评估单个 C 分片, 并且实际上被不同的 warp 重新读取了 Ax 次。我们可以使用共享内存来保存一个 A 分片, 然后在一个大小为 256 的单一线程块中使用 8 个 warp 来乘以 8 个不同的 B 分片。示例 11.2 就是这样的版本, 我们还将 8 个 B 分片先缓存在共享内存中[3], 这段代码使用 256 大小的线程块, 首先线程块中每个线程协作地在共享内存的矩阵 A 中建立一块分片, 然后 8 个 warp 都会各自将来自矩阵 B 的不同分片加载到共享内存中。

示例 11.2　用于使用张量核心和共享内存进行矩阵乘法的 matmulTS 内核函数

```
10   __global__ void matmulTS(r_Ptr<float> C, cr_Ptr<half> A,
                       cr_Ptr<half> B, int Ay, int Ax, int Bx)
11   {
12     __shared__ half as[256];
13     __shared__ half bs[8][256];

14     if(blockDim.x != 256) return; // block is 256 threads

15     int warp = (blockDim.x*blockIdx.x+threadIdx.x)/warpSize;

16     int cx = warp%(Bx/16); // (x,y) location if active tile
17     int cy = warp/(Bx/16); // for current warp in C matrix

18     int Atile_pos = cy*16*Bx; // start x (row) for first A tile
19     int Btile_pos= cx*16;     // start y (col) for first B tile

20     int wb =  threadIdx.x/32; // warp rank in block  in [0,255]
21     int trw = threadIdx.x%32; // thread rank in warp
```

```
22    int txw = trw%16;          // thread x in warp    in [0,15]
23    int tyw = trw/16;          // thread y in warp    in [0, 1]

24    int idx = threadIdx.x%16; // assign 256 threads to span
25    int idy = threadIdx.x/16; // the 16 x 16 x-y values in tile

26    // Declare the fragments
27    wmma::fragment<wmma::matrix_a,16,16,16,half,
                            wmma::row_major> a_frag;  // A
28    wmma::fragment<wmma::matrix_b,16,16,16,half,
                            wmma::row_major> b_frag;  // B
29    wmma::fragment<wmma::accumulator,16,16,16,float>
                                        c_frag;  // C
30    wmma::fill_fragment(c_frag,0.0f); // set C = 0

31    for(int k=0;k<Ax/16;k++){
32        as[idy*16+idx] = A[Atile_pos+idy*Ax+idx]; // 256 threads here
33        __syncthreads();
34        for(int p=0;p<8;p++) bs[wb][p*32+tyw*16+txw] =
                    B[p*2*Bx+Btile_pos+tyw*Bx+txw]; // 32 threads fill tile
35        __syncwarp();
36        wmma::load_matrix_sync(a_frag,&as[0],16); // load A as
            16x16 tile
37        wmma::load_matrix_sync(b_frag,&bs[wb][0],16);// load B as
            16x16 tile
38        wmma::mma_sync(c_frag,a_frag,b_frag,c_frag); // C = A*B + C
39        Atile_pos += 16;       // move along A row
40        Btile_pos += 16*Bx;    // move down B cols
41    }
42    wmma::store_matrix_sync(&C[(cy*Bx+cx)*16], c_frag,
                            Bx,wmma::mem_row_major);
43 }

D:\ >matmulTS.exe 100 1024 1024 1024
GPU time 264.390 TS time 38.350 ms GFlops GPU 812.2 TC 5599.7
speedup 6.89
```

示例 11.2 的说明

- 第 10 行：这里 matmulTS 的声明与前一个示例中的 matmulT 相同。
- 第 12～13 行：这里声明了 as 共享内存数组，用以保存来自矩阵 A 的一个分片，bs 保存来自矩阵 B 的八个分片，线程块中每个 warp 对应一个。
- 第 14 行：对线程块大小的完整性检查。
- 第 15～19 行：与示例 11.1 中的第 12～16 行相同。
- 第 20～25 行：这部分用于组织共享内存加载。
  - 第 20 行：变量 wb 被设置为线程块中当前 warp 的排名。在处理 256 个线程的时候，wb 的范围为 [0,7]，用来作为共享数组 bs 的最左边索引。
  - 第 21 行：变量 trw 作为 warp 中当前线程的排名。
  - 第 22～23 行：分别设置 32 个 warp 本地变量 txw 和 tyw 在 0～15 和 0～1 之间，这些变量用来为第 34 行 16×16 的 B 分片行进行寻址。

- 第 24～25 行：256 块宽变量 idx 和 idy 都在 0～15 范围内设置，并用于第 32 行中寻址一个完整的 A 分片。
- 第 27～30 行：定义所需的片段，并将 c_frag 初始化为零，这些代码与前一个示例中的第 18～21 行相同。
- 第 31～41 行：在 A 分片和 B 分片对上循环，并对它们的矩阵乘积求和以找到所需的 C 分片。
  - 第 32 行：将整个 A 分片复制到共享内存数组 as 中，线程块中的每个线程都复制一个元素。
  - 第 33 行：在 warp 独立进行余下的迭代之前，需要在这里使用 __syncthreads。
  - 第 34 行：每个 warp 将不同的 B 分片复制到 bs[wb][0 ~ 225]，其中 wb 是线程块中的 warp 排名。由于现在只有 32 个协作线程，所以需要 8 次循环来完成。
  - 第 35 行：在使用 bs[wb] 的内容之前，必须执行 __syncwarp。
  - 第 36～40 行：这部分几乎与前一个示例中的第 23～27 行相同，我们使用 warp 矩阵函数将 A 和 B 分片加载到 a_frag 和 b_frag 中，然后将它们的乘积相加到 c_frag 中。唯一的变化是在第 36 和 37 行，我们从共享内存中加载 a_frag 和 b_frag，而不是从设备全局内存。请注意，这部分代码中的步幅也更改为 16。
- 第 42 行：将完成的 C 分片复制到全局内存，这一行与上一个示例的第 29 行相同。

这个 matmulTS 内核函数的计算性能大约为 6 TFlops，与第 2 章中使用优化的 cuBlas 库例程的 8.8 TFlops 性能相接近。matmulTS 内核函数使用一个固定的线程块大小，也可以轻松更改为 512 或 1024，这允许 A 分片被 16 或 32 个 warp 共享。实际上，可以将 warp 数量设置为模板参数，我们已经尝试过这个方式，并发现 8 个 warp 在我们的平台上能提供最佳性能。如果我们能找到一种方法来在 warp 之间共享 B 分片以及 A 分片的话，性能还可以进一步提高。CUDA SDK 11.0 的示例 cudaTensorCoreGemm 就是这样的，在我的平台上实现约 15 TFlops 的性能，但是那个代码比我们的示例更复杂。

11.3　支持的数据类型

warp 矩阵函数还支持其他数据类型和分片形状，主要选项（从 SDK 版本 11.2 开始）如表 11.2 所示。V100 和 A100 GPU 的理论峰值性能如表 11.3 所示。该表中的数据取自 nvidia-pere-architecture-whitepaper.pdf 文档。

表 11.2　张量核心支持的数据格式和分片尺寸

最小 CC 值	分片 A	分片 B	累加结果 C	布局 n-m-k
7.0	half	half	float	$16 \times 16 \times 16$ 或

（续）

最小 CC 值	分片 A	分片 B	累加结果 C	布局 n-m-k
7.0	half	half	float	$32 \times 8 \times 16$ 或
7.0	uint8	uint8	int32	$8 \times 32 \times 16$
7.0	int8	int8	int32	
8.0	bf16	bf16	float	
8.0	tf32	tf32	float	$16 \times 16 \times 8$
8.0	double	double	double	$8 \times 8 \times 4$
7.5	uint4	uint4	int32	$8 \times 8 \times 32$
7.5	int4	int4	int32	$8 \times 8 \times 32$
7.5	b1	b1	int32	$8 \times 8 \times 128$

注：有关 bf16 和 tf32 专用浮点类型以及 u4、s4 和 b1 子字节类型的说明，请参阅最新的《CUDA C++ 编程指南》。

表 11.3　张量核心性能

GPU	A、B 分片	C 累加器	TOPS	关于 GPU 的加速
V100	fp16 (half)	fp32	125	8
A100	fp16 (half)	fp32	312	16
A100	fp64	fp64	19.5	1
A100	BF16	fp32	312	16
A100	TF32	fp32	156	8
A100	int8	int32	624	32
A100	int4	int32	1248	64
A100	b1	int32	4992	256

注：数据取自 nvidia-ampere-architecture-whitepaper.pdf 文件。

11.4　张量核心的归约算法

NVIDIA 专门为机器学习和矩阵密集型的高性能计算应用设计了张量核心的特性，它们确实在大型数据中心变得非常流行。然而，这些中心的大多数用户更感兴趣的是运行已有的软件包，而不是开发新的 CUDA 内核函数来执行相同的任务。本书的目标读者是那些有兴趣开发软件，可能进一步分析或可视化来自这些中心的数据，或者尝试在自己桌面或本地基于小组设施的规模上实验新想法的读者。在这个背景下，能否将张量核心用于科学计算的其他方式是个有趣的问题。答案是肯定的，对于涉及大量重复矩阵乘法的任务，其中一个示例恰好是我们熟悉的归约计算，如果矩阵乘积 AB 中的一个矩阵的所有元素都设置为 1，那么乘积的所有行或列将是另一个矩阵的列或行的和，如式（11.4）所示。

$$已知 C = AB , \quad C_{ij} = \sum_k A_{ik} B_{kj} , \quad 那么$$

$$如果对所有 i, j 都有 A_{ij} = 1 , 那么 C_{ij} = \sum_k B_{kj}$$ （11.4）

$$如果对所有 i, j 都有 B_{ij} = 1 , 那么 C_{ij} = \sum_k A_{ik}$$

因此，为了部分求和大量的数字，我们可以修改示例 11.1 中的矩阵乘法，将片段 A 的所有元素设置为 1，并将每个 warp 的 256 个数字流集设置为片段 B，在 C 中累积列和。在过程结束时，我们只需要对累加器 C 中一行的 16 个值进行求和，就可以获取这个 warp 对总和的贡献。请注意，我们可以选择任何一行，因为 C 的 16 行都包含相同的列和。当然，我们做了比严格要求缩减多 16 倍的工作，因此如果矩阵乘法不是非常快速，这将是一种疯狂的方法。生成的代码如示例 11.3 所示。

示例 11.3　用于使用张量核心进行规约的 reduceT 内核函数

```
10   __global__ void reduceT(r_Ptr<float> sums,
                             cr_Ptr<half> data, int n)
11   {
12     extern __shared__ float fs[][256]; // one tile per warp

13     auto grid  = cg::this_grid();
14     auto block = cg::this_thread_block();
15     auto warp  = cg::tiled_partition<32>(block);

16     int tid    = grid.thread_rank(); // thread rank in grid
17     int wid    = warp.thread_rank(); // thread rank in warp
18     int wb     = warp.meta_group_rank(); // warp rank in block
19     int wpoint = (tid/32)*256;       // warp offset in data
20     int wstep  = grid.size()*8;      // total warps*256

21     // Declare the fragments
22     wmma::fragment<wmma::matrix_a,16,16,16,half,
                          wmma::row_major> a_frag; // A
23     wmma::fragment<wmma::matrix_b,16,16,16,half,
                          wmma::row_major> b_frag; // B
24     wmma::fragment<wmma::accumulator,16,16,16,
                          float> c_frag; // C
25     wmma::fill_fragment(c_frag,0.0f); // C = 0
26     wmma::fill_fragment(a_frag,(half)1.0); // A = 1

27     // stream data through tensor cores, each warp handles
       // batches of 256 values
28     while(wpoint < n){ // warp linear addressing used here
         // load B from data
29       wmma::load_matrix_sync(b_frag,&data[wpoint],16);
         // C = A*B + C
30       wmma::mma_sync(c_frag,a_frag,b_frag,c_frag);
31       wpoint += wstep;
```

```
32        }
33        wmma::store_matrix_sync(fs[wb],c_frag,16,
                              wmma::mem_row_major); // copy c to fs
34        //reduce first row which holds column sums
35        float v = fs[wb][wid];
36        v += warp.shfl_down(v,8);
37        v += warp.shfl_down(v,4);
38        v += warp.shfl_down(v,2);
39        v += warp.shfl_down(v,1);
40        if(wid==0) atomicAdd(&sums[block.group_index().x],v);
41    }

D:\ >reduceT.exe 1000 28 256 256
reduceT  times Host 533.517 reduceT 1269.198 reduce7_v1 2525.858 ms
```

示例 11.3 的说明

- 第 10 行：这里声明 reduceT 内核函数，与之前第 2 章和第 3 章讨论的归约内核函数使用相同的参数。内核函数参数 sums 用于保存结果，其大小等于线程块的数量，在退出时将保留这些线程块的部分和。数组 data 保存了求和的值，并包含了由第三个参数指定的 n 个元素。一个明显的区别是，在这里的 data 声明为 half 类型，而之前的归约内核函数使用的是 float 类型。

- 第 12 行：声明一个二维共享内存数组 fs，用来为每个 warp 保存一个 256 字的浮点数分片。这里使用动态共享内存，以便可以根据需要调整线程块大小。

- 第 13~15 行：在内核函数中使用协作组，因为第 36~39 行使用了 warp_shfl 函数。

- 第 16~18 行：这里找到了后续计算中使用的 warp 和线程排名。

- 第 19~20 行：在这里初始化变量 wpoint 和 wstep，它们用于在第 28~32 行中以 256 字块的方式对 data 数组进行 warp 线性寻址。

- 第 22~25 行：这里声明了用于计算的 a、b 和 c 片段，见示例 11.1 和 11.2。

- 第 26 行：与之前不同，这一行将 a_frag 初始化为 1，而不是矩阵数据。

- 第 28~32 行：这个循环执行 warp 线性寻址，以步进方式遍历输入数组数据，每个 warp 在每次循环中处理一个 256 字的块。这里隐含的假设是，数组大小 n 是 256 的倍数。

  - 第 29 行：将下一块数据加载到 b_frag 中；需要注意的是，我们在这里使用步长 16 来从数组 data 中加载连续的 256 个值。

  - 第 30 行：执行矩阵乘法，并将得到的列和累积到 c_frag 中。

  - 第 31 行：将数据指针 wpoint 增加此传递中所有 warp 所使用的数据量。

- 第 33 行：这里将列和的最终累积值复制到共享内存二维数组 fs 中。第一个索引 wb 表示当前 warp 在线程块中的排名。

- 第 35~39 行：这里对每个 warp 的 c_frag 数组的前 16 个元素（即第一行）进行了 warp 级的归约操作，方法与第 3 章中使用的相同。然而值得注意的是，在拥有计算能力 CC≥8 的 GPU 上，我们可以有效地使用新的 warp 级归约函数来代替这些操作。

● 第 40 行：在这里各个 warps 将其计算加到输出数组 sums 的相应元素中。

本示例末尾的计时结果是对包含 2^{28} 个值的数组进行归约操作，主机 CPU 只进行一次计算，而 reduceT 和比较 reduce7_v1 内核函数则是进行了 1000 次的重复计算。

示例 11.3 中的另一个有趣细节是，在第 29 行从 GPU 主存读取了一个 512 字节的数据块，这里既没有使用共享内存也没有使用向量加载技术来提高性能，因为 load_matrix_sync 的调用是由 warp 中的所有线程协同完成，可以非常高效地加载了这种大小的数据块。需要注意的是，由于加载的数据只被一个 warp 使用，因此共享内存并没有提供帮助。

新的 reduceT 内核函数的运行速度是我们之前最优的 reduce7_v1 内核函数的两倍，这种改进实际上是因为 data 数组使用 half 类型而非 float，使我们需要从 GPU 主存读取的字节数得以减半，这并不是一个微不足道的细节。由于 NVIDIA 的硬件支持这种新类型，因为有限的精度对于张量核心和人工智能的应用是足够的，这代表我们可以使用第 3 章中的方法，使用新的半精度数据类型从而使速度提升。示例 11.4 展示了 reduce7_half_v1 内核函数的结果。

示例 11.4　用于使用 FP16 数据类型进行归约的 **reduce_half_v1** 内核函数

```
10   __global__ void reduce_half_v1(r_Ptr<float> sums,
                             cr_Ptr<half> data, int n)
11   {
12     // This kernel assumes the array sums is pre-set to zero
13     // and blockSize is multiple of 32

14     auto grid  = cg::this_grid();
15     auto block = cg::this_thread_block();
16     auto warp  = cg::tiled_partition<32>(block);

17     float v = 0.0f;
18     half v8[8] = {(half)0.0f,(half)0.0f,(half)0.0f,
                                    (half)0.0f};
19     for(int tid = grid.thread_rank(); tid < n/8;
       tid += grid.size()) {
20       reinterpret_cast<int4 *>(v8)[0] =
                   reinterpret_cast<const int4 *>(data)[tid];
21       for(int k=0;k<8;k+=2)v += (float)__hadd(v8[k],v8[k+1]);
22     }
23     warp.sync();

24     v += warp.shfl_down(v,16); // warp level
25     v += warp.shfl_down(v,8);  // reduce only
26     v += warp.shfl_down(v,4);  // here
27     v += warp.shfl_down(v,2);
28     v += warp.shfl_down(v,1);  //atomic add sums over blocks
29     if(warp.thread_rank()==0)
                 atomicAdd(&sums[block.group_index().x],v);
30   }

D:\ >reduce_half.exe 1000 28 256 256
reduceTH  times Host 533.517 reduceT 1269.198 reduce7_half_v1
1264.910 ms
```

示例 11.4 的说明

这个示例演示了如何在内核函数代码中使用 half 类型，由于这不是原生的 C++ 类型，因此通常需要进行显式的类型转换，以避免编译器报错。另外，最好使用 NVIDIA 提供的内置函数来执行这种类型的算术运算，因为它们非常高效，通常会被编译成单个机器代码指令。

- 第 10～16 行：与示例 3.7 唯一的不同之处在于，输入数据数组 data 被声明为 half 类型，而不是 float。
- 第 17 行：这里声明一个浮点数 v，用于累积所有线程对总和的贡献，如同示例 3.7 中 v4 变量，为 128 字节的 float4 类型，适用于最佳向量加载和支持向量算术运算。
- 第 18 行：为每个线程声明一个半精度类型 8 元素的 v8 向量，这与例子 3.7 中的 v4 作用相同，但半精度向量缺少重载的运算符来支持算术运算。
- 第 19～22 行：这个 for 循环使用向量加载，一次性加载 sums 的八个元素，然后为每个线程累积贡献。
  - 第 20 行：我们对 int4 数据使用 reinpterpret_casts，以便一次性从 sums 将 128 字节复制到 v8。
  - 第 21 行：这里我们将 v8 中的 8 个值相加到 v 上。我们使用了混合精度的方法，通过使用内置函数 __hadd 将 v8 的值相加，得到另一个 half 类型的值，然后将这个值加到 float 类型的累加器 v 上。这里可以尝试更多种变化，但是太多的 half 值相加可能会导致精度丧失。类型转换（float）可以被内置函数 __half2float() 替代，但是希望编译器能为我们执行这种优化。
- 第 23～30 行：这段代码的最后部分与示例 3.7 的第 20～27 行完全相同。

从归约示例可以得到这样的结论：从 4 字节变量转换到 2 字节变量加速了 2，这与我们对于这种受内存访问限制的程序的预期一致。这强化了本书的一个关键信息，即内存访问通常是基于 GPU 和 CPU 计算的性能限制因素，在可能的情况下使用 float 而非 double 非常重要。因此我们建议，尽可能使用 half 而不是 float，但显然由于精度有限，这在许多情况下是不可行的。从上述的计时结果来看，目前还不能确认使用张量核心执行加法是否比仅使用基于线程的加法更快，这是因为 GPU 在受内存限制的计算中很擅长隐藏计算成本。然而，我们已经证明了这种方法可行并且速度不慢。

Ampere GPU（CC=8）这个第三代张量核心引入了另一个有趣的稀疏特性，涉及自动从 A 片段中删除小的值，来获得性能上的再翻倍提升。具体而言，这个特性通过在硬件中从 *A* 矩阵的每组四个元素中丢弃数值最小的两个元素来实现，这个特性主要用于训练神经网络，其中 *A* 矩阵保存应用于节点输入的权重。在大型问题中，最初有许多这样的权重，但在训练过程中大多数权重变得不重要。如果在训练过程中适当地使用稀疏特性，那么过程将更快并且不会丧失正确性。不得不说，有趣的是，这与自然神经进化非常接近，即突触连接在使用时变得更强大，而在不使用时则萎缩。从示例 11.3 的精神，我们猜测这个稀疏性特性也可以用于排序，或者至少用于在大型数据集中寻找最大值。

11.5　结论

这是本书最后一个主要章节的结尾，但它似乎将我们带回了起点——又涉及了另一种规约问题的变体。然而，这并非因为我们执着于快速地计算大量数字，而是因为规约问题是任何受内存访问限制的 GPU 经典问题，这种受内存访问限制的问题通常难以有效地迁移到 GPU 平台上。在前面的章节中，我们深入探讨了各种有趣的现实世界问题，并展示了一些完全可行的 GPU 代码。这些代码往往能够带来令人瞩目的加速效果，而所需的付出相对有限。

重要的是，我们为读者提供了所有代码的在线获取途径，可以作为解决类似问题的起点。在开发这些示例的过程中，我们积累了许多宝贵经验，也收获了一些惊喜。我们对 Visual Studio 和 g++ 内置的 C++ 随机数生成器的不稳定性感到惊讶。我们同样对非规范化浮点数如何严重降低 Intel CPU 的性能感到吃惊。然而，在第 8 章中，我们在 PET 重建代码中使用 50 000 × 256 个线程，而非更常见的 128 × 128 或 1024 × 256 线程，性能意外地获得了令人满意的显著提升。

我们计划进一步拓展本书中呈现的部分示例，并会定期更新代码库。我们也会为新版本的 CUDA 添加新的内容，因此请随时关注。最后，本书实际上并未完全结束，附录中还包含更多有趣的内容。

第 11 章尾注

1. 请记住，浮点数的小数部分以隐式的 1 开头，所以 10 位小数部分可以表示 11 位的值。

2. 这些算术操作在主机上不受硬件支持，必须由软件来模拟执行，因此速度相当慢。但是 GPU 的硬件能提供支持。这两种情况下都有大量的内置函数可用，应尽可能使用这些函数。

3. 尽管表面上似乎不必要，对 B 分片进行缓冲确实会带来进一步的小幅提速。然而更重要的是，我们发现在我们的平台上（Windows 10 家庭版，CUDA SDK 11.0 和 RTX 2070 GPU），虽然从共享内存加载数据到 A 分片是没有问题的，但直接从 GPU 内存加载数据到 B 分片却无法正常工作。程序可以运行，但会产生不正确的结果，并且每次运行都不同，表明存在一种我们还无法解决的状况。

Appendix

附录

附录 A　CUDA 简史

CUDA 是 NVIDIA 于 2007 年推出的一种高级编程工具，目的在于实现科学计算，虽然一开始 GPU 是为 PC 游戏开发的。在此之前，许多人已经进行了至少十年的努力，试图利用当时可用的相对原始的 GPU 来进行科学计算。GPGPU（general-purpose computation on graphics processing units，通用图形处理单元上的通用计算）被创造出来描述这些工作，还建立了一个有影响力的网站（www.gpgpu.org）来记录和分享这些想法[1]。尽管取得了一些成功，但由于缺乏浮点支持和较小的图形内存，进展受到了限制。当时，这些早期 GPU 的实际编程也很困难，一般的想法是欺骗硬件着色器和纹理单元，使其计算出科学上有用的结果。但这种方式的代码往往受限于特定的 GPU，很难在不同 GPU 之间进行移植；这是令人沮丧的，因为那个时代的 GPU 类型发展得非常迅速。

NVIDIA CUDA 实际上取代了早期的 NVIDIA Cg 计算语言，尽管 Cg 不是通用的计算语言，但却被用于 GPGPU 应用程序，并提供了一定程度的可移植性。Cg 具有类似于 C 的语法，但实际上不是 C，而是真正作为游戏开发者的工具。NVIDIA 对 Cg 的支持一直到 2012 年，目前（2022 年）Cg 仍然作为已弃用的遗留产品可在网站上获得。

CUDA 改变了一切，通过添加一些（在我看来非常优雅的）扩展，实现了用 C 语言进行 GPGPU 编程。此外，NVIDIA 也强烈声明，希望在 GPU 上支持 GPGPU 应用程序。自从 CUDA 推出以来，GPU 计算已经从一个小众领域变成了主流活动，NVIDIA 已经成为高端超级计算的主导力量。这就是为什么我们选择撰写一本关于 CUDA 的 GPU 编程书籍，而不是如 OpenCL 或 OpenMP 这类可能的替代方案。我们认为 CUDA 代码更简单、更优雅，因此有助于创建和维护更好的代码。而且，由于 CUDA 是供应商特定的，可以更好地访问 NVIDIA 硬件功能，例如插值纹理查找和最近所创新的张量核心。[2]

A.1 NVIDIA GPU 的发展

最初的 CUDA 版本支持 GeForce GTX 8800 显卡，拥有 128 个核心和 768MB 的图形内存，这在当时算是一张快速的显卡，并且很快将 CUDA 应用在 GPGPU 应用程序。这个显卡的硬件功能定义了所谓的计算能力 1.0 特性集；计算能力（CC）级别是 NVIDIA 用来区分不同的 GPU 代数，较新的代数具有更高的值，最新的 Turing GPU 代数为 CC 7.5。CC 值是向后兼容的，例如，CC 为 3.5 的 Maxwell GPU 具有直到这个级别的所有 GPU 特性，但不具备更高 CC 值的后续 GPU 的一些特性。关于 CC 级别所具备的特性，可以在《NVIDIA CUDA C 编程指南》的附录中找到详细信息，这个指南在每个 CUDA 版本的文档集中。[3]

支持 CUDA 的软件由 NVIDIA SDK 提供，并且随着时间的推移也更新了不同编号的类似方案。最初 SDK 发布的版本是 CUDA 1.0，但随后编号方案与 GPU CC 级别便有所不同，例如截至 2020 年 12 月，最新的 Ampere GPU 的 CC 级别为 8.6，但对应的 CUDA SDK 版本是 11.5（或简称为 CUDA 11.5），相关的硬件驱动程序也需要不时更新，以匹配 CUDA 硬件和软件的变化。

尽管 CUDA 的推出对于 GPGPU 编程来说是一个巨大的进步，但早期硬件和软件中的一些限制及其相关的变通方法仍然存在，甚至在许多教程中仍然被过分强调。首先，早期 GPU 内存的访问速度较慢，严格的内存访问合并（即相邻线程访问相邻的 4 字节字）对于良好的性能至关重要。这意味着早期的 CUDA 示例，包括最初的 CUDA SDK 中提供的示例，强调了完全合并的内存访问或在不可能的情况下使用共享内存。此外，建议在适当的情况下使用专用纹理和常量内存空间以减少延迟。最终结果产生了一些非常复杂的示例，这些示例使用了各种技巧来最大化性能，虽然这在早期非常重要，但随着连续几代的 GPU 引入了更好和更大的 GPU 内存缓存，这变得越来越不重要。不幸的是，目前许多学习材料，包括 CUDA SDK 示例和一些教科书，没有跟上这些变化的步伐，可能会使 CUDA 开发看起来比必要的复杂。在开发本书的示例时，我们发现在许多情况下，不使用共享内存或其他复杂技巧的简单代码的性能与早期 SDK 示例的基于技巧的代码一样好，甚至更好。[4]

第二个遗留问题是，第一个 CUDA 版本的 SDK 示例基本上是用 ANSI C 编写的，因此，代码中充斥着由显式的 malloc 和 free 语句管理的裸指针，并且相当冗长。遗憾的是，尽管 NVCC 编译器现在支持从 C++ 到 C++17，但许多示例并没有跟上。[5] 本书中使用现代的 C++ 来简化代码，同时保持了风格的简洁和可读性，避免了过多使用抽象。

到目前为止，NVIDIA 已经发布了八代以著名的物理学家或数学家命名的 GPU。每一代中存在不同的显卡，用于游戏、高性能计算和工作站应用。随着每一代的推出，GPU 的硬件和软件能力都得到了提升。命名细节的总结以及硬件性能的演变如表 A.1 和表 A.2 所示，表 A.2 很好地说明摩尔定律演化十年所带来的重大影响——GPU 的所有功能都得到了提升。单个 GPU 的核心总数已经稳步增加 20 倍，从 Fermi GTX580 的 512 个核心增加到

Ampere RTX3090 的 10 496 个核心——而且每个核心也变得更加强大。有趣的是，每个流多处理器（SM）上的核心数，虽然仍然是 warp 数量的 32 倍数，但走过了不同的轨迹。在早期的 Kepler 代中每个 SM 上的 warp 数量达到 6 个（192 个核心），然后在 Pascal 代中回落到 2 个（64 个核心）。由于许多内核函数性能受到 SM 数量的限制，而非核心数量的限制，因此尽管 Kepler 核心数量大大增加，但在大部分实际应用上并未得到明显的性能提升，也未能超过 Fermi。[6]

表 A.1　NVIDIA 从 2007—2021 年的各代 GPU

架构名	计算能力	GeForce（游戏）	Tesla（HPC）	Quodra（工作站）	芯片代号
安培（2020）	8.0～8.6	RTX 3090	A100	A6000	GA100, GA102, GA104, GA106
图灵（2018）	7.5	RTX 2080	T4	RTX 8000	TU102, TU104, TU106
伏特（2017）	7.0～7.2	TITAN V	V100	GV100	GV100
巴斯克（2016）	6.0～6.2	GTX 1080	P100, P40	P6000 P100	GP100, GP104, GP106
麦斯威尔（2014）	5.0～5.3	GTX 980	M60, M40	M6000	GM200, GM204, GM206
开普勒（2012）	3.0～3.7	GTX 680 GTX 780	K40, K80	K4000	GK104, GK110, GK210
费米（2010）	2.0～2.1	GTX 480 GTX 580	C2070	Quadro 4000	GF100, GF102, GF107, GF110
特斯拉（2007）	1.0～1.3	GTS 8800	C1060	FX 5800	G80, G92, GT200

在过去 10 年中每 TFlop 的功耗下降，是一个引人注目并且值得开心的节能效果，对于使用成千上万个 GPU 的高性能超级计算机尤其如此。例如，2001 年 11 月 TOP500 榜单中排名第二的计算机是橡树岭 Summit 系统，使用 27 648 个 V100 GPU，在高性能 Linpack 基准测试中达到约 150 000 TFlops 的性能。

当然，不仅是核心数量，其计算能力也随着时间的推移而得到了改善，其中许多改善都是在细微处的变化，如改进的原子操作、更快的内存和更好的缓存策略。

Volta 一代在计算核心设计上引入了一个阶梯式变化。与前几代相同，每个核心都可以执行 FP32 和 INT32 算术运算，但在 Volta 中一个核心可以同时执行这两种类型的操作，而在前几代中，一个核心只能在一个周期内执行其中一种操作。另一个重要的变化是放弃严格的 SIMT 原则，其中 warp 所有 32 个线程都以同步方式执行相同的指令。从 Volta 开始，各个线程都具有独立的程序计数器，而不是由 warp 中的所有线程共享一个程序计数器[7]。这破坏了旧版的内核函数代码，因为旧版代码假设 warp 的 32 个线程之间存在隐式同步，因此省略了本应在逻辑上需要的 __syncthreads() 调用。从 Volta 开始需要显式同步，因为现在线程可能不再同步执行。然而，每个 warp 本地的轻量级 __syncwarp() 函数可以用来执行这项任务，而不需要以线程块为范围并且昂贵的 __syncthreads() 函数。关于这方面的更多详细信息在第三章的协作组有介绍。

表 A.2 从 Kepler 到 Ampere 的 NVIDIA GPU

架构名 芯片 GPU		Kepler GK110B K40	Maxwell GM200 M40	Pascal GP100 P100	Volta GV100 V100	Ampere GA100 A100	Ampere GA102 A40	Ampere GA102 RTX3090	Turing TU102 RTX 2080Ti	Turing TU106 RTX 2070
计算能力		3.5	5.2	6.0	7.0	8.0	8.6	8.6	7.5	7.5
日期		2013 年 10 月	2015 年 11 月	2016 年 6 月	2017 年 6 月	2020 年 5 月	2020 年 10 月	2020 年 9 月	2018 年 9 月	2018 年 10 月
总核心数		2880	3072	3584	5120	6912	8704	10496	4352	2304
流多处理器数量		15	24	56	80	108	84	82	68	36
每个 SM 上的核心数		192	128	64	64	64	128	64	64	64
浮点 峰值 性能 (TFlop)	FP16	—	—	21.2	31.4	78	37.4	35.6	28.5	15.8
	FP32	**5.2**	**6.1**	**10.6**	**15.7**	**19.5**	**37.4**	**35.6**	**14.2**	**7.9**
	FP64	2.6	3.1	5.3	7.8	9.7	0.584	0.508	0.420	0.247
	TC 16/32	—	—	—	125	156	149.7	71	113.8	31.5
内存最大值 /GB		12	12	16	32	40	48	24	11	8
内存带宽 (GB/s)		**288**	**288**	**703**	**877**	**1215**	**696**	**936**	**616**	**448**
每个 SM 上寄存器 /K		64	64	64	64	64	256	256	64	256
每个 SM 上 L1+共享 /KB		64	24+96	24+64	128	164	128	128	96	96
L2缓存 /KB		1536	3072	4096	6114	40 000	6144	6144	5632	4096
制造 /nm		28	28	16	12	7	8	8	12	8
晶体管（$\times 10^9$）		7.1	8	15.3	21	52.2	28.3	28.3	18.6	10.8
最大功率 /W		235	250	300	300	400	300	350	260	185
每 FP32 TFlop 下降功率 /W		45	41	29	20	20.5	8.0	9.8	18.3	12
相对性能		**0.4**	**0.5**	**2.1**	**3.9**	**6.7**	**7.4**	**9.4**	**2.5**	**1.0**

从表 A.1 中可以看出，较新的 GPU 具有更高的计算能力。在大多数世代中，相同的通用架构可作为低端的 GeForce 游戏卡，没有图形功能但具有增强双精度性能的 Tesla 高性能计算卡，或既有图形又具有良好双精度性能的 Quadro 工作站卡。所列出名称的卡是各种类别中高端卡的示例，还有核心数量可能较少或较多的其他版本，例如 RTX 2080 有 2944 个核心，而 RTX 2070 有 2304 个核心，RTX 2080 Ti 有 4352 个核心。最后一列中的代号指的是底层芯片组架构，计算能力是向后兼容的，但是最新的驱动程序不再支持 CC 为 1 或 2 的级别。

本书中用来做性能测量的 GPU 是 RTX 2070，这是一款相对便宜的游戏卡。表 A.2 的最后一行显示其他 GPU 的相对性能，将 FP32 GFlops/s 和内存带宽（GB/s）的乘积作为度量标准。RTX 3090 是 2021 年 1 月发布的，最初价格约为 1400 英镑，相较于这个度量标准性能提高了 10 倍。

从 Pascal 开始，最近一个有趣的进展就是引入了以 FP32 两倍速度去进行 FP16 计算的硬件支持。虽然可以在代码中使用单个 FP16 变量，但只有通过操作存储在 32 位字中的一对 FP16 变量的内置函数，才能获得速度优势。之所以需要如此操作，是因为硬件将已有的 FP32 寄存器修改为并行操作的一对寄存器去进行 FP16 操作，这实际上就是 CUDA 支持的线程级 SIMD 操作的示例。Volta 与后来的架构通过引入张量核心（TC）来大量扩展 FP16 计算的用途，以支持混合 FP32 和 FP16 算术的 4×4 矩阵乘法，可以提供超过 100 TFlops 的计算峰值，如表 A.2 的 TC 16/32 行所示。尽管引入 TC 和 FP16 支持是为了机器学习应用，但很可能就发现这也能适合其他应用领域。

至于跨 GPU 通信领域在近期也有重要的进展。现在单个工作站里通常安装多个 GPU，过去都是通过主机的 PCIe 总线去管理数据在 GPU 中来回传递，最近的 Tesla 和 Quadro 系列卡都具备了 NVLINK，这是一种更快的 GPU 到 GPU 的直接互连技术。

A.2　CUDA 工具包

CUDA 开发人员需要从 NVIDIA 的网站上 [8]，安装适用于其系统的免费 NVIDIA 工具包或 SDK。工具包实际上有四个组件：设备驱动程序、CUDA 工具包本身、约 150 个示例集（在文档中称为"samples"）以及完整的 PDF 和 HTML 格式的文档。

CUDA 工具包涵盖了编译 CUDA 代码所需的各种软件，包括头文件、库文件和 NVCC 编译器。从 2007—2020 年的 CUDA 工具包版本发布历史如表 A.3 所示，每当有新的 CC 级别硬件出现时，都会发布一个新的工具包。工具包版本号与支持的最大 GPU CC 级别不同，早期的 Tesla 和 Fermi 代的支持分别是 7.0（2015 年）和 9.0（2017 年）版本的工具包。

特别值得注意的是 9.0 版本，它引入了对 Volta（CC 7.0）的支持，这对 warp 级别编程的管理进行重大更改，可能会影响较旧的代码。版本 7.5 也很有趣，因为它引入了对 C++11 特性的良好支持，可惜许多 NVIDIA 本身提供的示例集以及其他地方的 CUDA 教程示例，都未能充分利用 C++11 来简化代码。我们示例的一个特点是，在代码简化方面使用了这些特性。

表 A.3 CUDA 工具包的演进

版本	日期	支持 CC 值	添加的功能
11.0	2020 年 5 月	3.0～8.0	支持 Ampere
10.0	2018 年 9 月	3.0～7.5	支持 Turing 10.1（2019 年 2 月）和 10.2（2019 年 11 月）
9.2	2018 年 5 月	3.0～7.0	版本维护
9.1	2017 年 12 月	3.0～7.0	支持向 __global__ 函数传递 __restrict__ 引用的功能
9.0	2017 年 9 月	3.0～7.0	支持 Volta，张量核心，每个核心能同时执行 FP32 和 INT32。warp shuffle 支持 8 字节字段。引入协作组 __syncwarp( ) 或 __syncthreads( )，现在是 warp 级别编程的必需项。引入 warp vote 函数的新同步版本，添加 __activemask( )，结束对 Fermi 及以下的支持
8.0b	2017 年 2 月	2.0～6.2	支持 Pascal，全局和共享内存中用于 FP64 的 AtomicAdd
7.5	2015 年 9 月	2.0～5.3	支持 C++11 8.0a（2016 年 9 月），版本维护
7.0	2015 年 3 月	2.0～5.2	结束对 Tesla（CC<2.0）的支持，引入 CUSOLVER 库
6.5	2014 年 8 月	1.1～5.0	版本维护
6.0	2014 年 4 月	1.0～5.0	支持 Maxwell
5.5	2013 年 7 月	1.0～3.5	版本维护
5.0	2011 年 5 月	1.0～3.5	动态并行性，设备上的 FP16 操作，Funnel shift
4.2	2012 年 4 月	1.0～3.0	支持 Kepler，统一内存编程。为 CC≥3.0 引入 warp shuffle 函数 __shfl( ) 等
4.1	2012 年 1 月	1.0～2.1	引入 CUBLAS 库
4.0	2011 年 5 月	1.0～2.1	引入 cuRAND、cuFFT、cuSPARSE、NPP 和 THRUST 库
3.2	2010 年 11 月	1.0～2.1	版本维护
3.1	2010 年 6 月	1.0～2.1	版本维护
3.0	2010 年 3 月	1.0～2.0	支持 Fermi，全局和共享内存中 FP32 的原子函数以及共享内存中 INT64 的原子函数。有限的 FP16 纹理支持，三维螺纹块网格，引入表面
2.3	2009 年 7 月	1.0～1.3	支持一些 C++，包括函数模板和运算符重载
2.2	2009 年 5 月	1.0～1.3	支持固定内存
2.1	2009 年 1 月	1.0～1.3	添加 cudaMalloc3D( ) 和 cudaMalloc3DArray( )
2.0	2008 年 8 月	1.0～1.3	全局内存中 INT64 的原子函数和共享内存中 INT32 的原子函数，在设备代码中支持 FP64，引入了 warp vote 函数 __all( )、__any( ) 和 __ballet( )
1.1	2007 年 12 月	1.0～1.1	全局内存中 INT32 的原子函数
1.0	2007 年 6 月	1.0	支持 Tesla，首次发布

在 Windows 计算机上，Toolkit 通常安装在 C:\Program Files\ 下。在我的系统上，完整

路径是 C:\Program Files\NVIDIA GPU Computing Toolkit\CUDA\v10.1，如图 A.1 所示。

```
C:\Program Files\NVIDIA GPU Computing Toolkit\CUDA\v10.2>dir
 Volume in drive C has no label.
 Volume Serial Number is C294-8079

 Directory of C:\Program Files\NVIDIA GPU Computing Toolkit\CUDA\v10.2

31/08/2019  14:19    <DIR>          .
31/08/2019  14:19    <DIR>          ..
31/08/2019  14:19    <DIR>          bin
29/07/2019  06:27            56,048 CUDA_Toolkit_Release_Notes.txt
31/08/2019  14:19    <DIR>          doc
29/07/2019  06:27            60,244 EULA.txt
31/08/2019  14:19    <DIR>          extras
31/08/2019  14:19    <DIR>          include
31/08/2019  14:19    <DIR>          lib
31/08/2019  14:18    <DIR>          libnvvp
31/08/2019  14:19    <DIR>          nvml
31/08/2019  14:19    <DIR>          nvvm
31/08/2019  14:19    <DIR>          src
31/08/2019  14:19    <DIR>          tools
29/07/2019  06:28                23 version.txt
               3 File(s)        116,315 bytes
              12 Dir(s)  202,170,028,032 bytes free
```

图 A.1　Windows 10 上的工具包 10.2 版安装目录

最上层安装目录包含了关于版本发布说明和许可信息的 .txt 文件，以及所有基本组件的目录，其中一些目录在安装时添加到系统搜索路径中。一些重要目录包括：

- bin：可执行文件，包括 CUDA NVCC 编译器 nvcc.exe 和性能分析器 nvprof.exe。此目录中还保存了大量的 .dll 文件。
- doc：包含详细的 HTML 和 PDF 格式文档。《CUDA C++ 编程指南》是一个很好的入门指南，但也有针对深入学习的详细指南。还有各种库的指南，如 cuRAND 和 THRUST。CUDA_Samples 指南介绍了 SDK 中包含的示例。
- include：大量的 .h 文件用于编译 CUDA 代码。大多数用户代码在 .cu 文件中只需要明确包含 cuda_runtime.h，该文件会根据需要加载其他 .h 文件。如果你的代码混合了 .cu 和 .cpp 文件，那么 .cpp 文件（NVCC 不编译的文件）可能需要包含 vector_types.h 以访问 CUDA 类型（如 float3）的定义。
- lib：支持各种 CUDA 选项的大量 .lib 文件。例如，如果你的代码使用了 cuRAND，那么你将需要 curand.lib。
- src：一些用于 Fortran 支持的少量文件。
- tools：一个名为 "CUDA_Occupancy_Calculator.xls" 的文件，正如名称所示，可用于计算占用率。

在 Windows 上，工具包安装过程将向 Visual Studio C++ 添加一个插件，让你可以直接创建 CUDA 项目，而不需要使用 CUDA_Samples 指南中描述的过程。要让这个功能正常运作，就必须在安装 CUDA SDK 之前先安装 Visual Studio。

A.3 CUDA 示例

这些示例在 Windows 系统上通常安装在 C:\ProgramData 下。在我的系统上，安装在 C:\ProgramData\NVIDIA Corporation\CUDA Samples\v10.1，细节如图 A.2 所示。奇怪的是，在默认情况下，这是 Windows 的一个隐藏目录——我建议你尽快取消隐藏。[9]

```
C:\Program Files\NVIDIA GPU Computing Toolkit\CUDA\v10.2>dir
 Volume in drive C has no label.
 Volume Serial Number is C294-8079

 Directory of C:\Program Files\NVIDIA GPU Computing Toolkit\CUDA\v10.2

31/08/2019  14:19    <DIR>          .
31/08/2019  14:19    <DIR>          ..
31/08/2019  14:19    <DIR>          bin
29/07/2019  06:27            56,048 CUDA_Toolkit_Release_Notes.txt
31/08/2019  14:19    <DIR>          doc
29/07/2019  06:27            60,244 EULA.txt
31/08/2019  14:19    <DIR>          extras
31/08/2019  14:19    <DIR>          include
31/08/2019  14:19    <DIR>          lib
31/08/2019  14:18    <DIR>          libnvvp
31/08/2019  14:19    <DIR>          nvml
31/08/2019  14:19    <DIR>          nvvm
31/08/2019  14:19    <DIR>          src
31/08/2019  14:19    <DIR>          tools
29/07/2019  06:28                23 version.txt
               3 File(s)        116,315 bytes
              12 Dir(s)  202,170,028,032 bytes free
```

图 A.2　Windows 10 上 CUDA 示例目录

Samples 目录包含用于从源代码构建示例的 Visual Studio 项目和解决方案文件。在 Windows 上，安装程序还向 Visual Studio 添加了一个插件，帮助创建新的 CUDA 项目。

示例目录中有 150 多个示例程序，对于希望开发自己的代码的人来说，这是一个很自然的起点。事实上，这就是我们对本书中的一些示例所做的。然而，虽然这些示例确实说明了 CUDA 的全部特性，但它们通常非常冗长，并且是用基本的 C 风格编写的，这可能会使整个过程看起来比实际情况复杂得多。在这本书中，我们使用现代的 C++ 风格重新塑造了 SDK 代码中的思想，这种风格更紧凑，更易于理解，我们认为它很优雅。

如果你使用的是 Linux，则可以使用标准 Linux 工具安装工具包，NVIDIA 网站上提供了详细说明，用于构建 SDK 示例的 Makefile 包含在 SDK 中。

附录 A 尾注

1. 遗憾的是，这个历史悠久的网站现在已经消失了，但"gpgpu"仍然是一个非常有用的网络搜索关键词。

2. 对于有长期记忆的人来说，最近版本的 CUDA 包含一个用于协作组的 cg 命名空间，这有点令人混淆。敏锐的人会发现，这里的"c"并不是大写。

3. 自 2019 年 CUDA 10.1 发布以来，文档涵盖计算能力在 3.0～7.5 之间的内容，对 CC 级别 1 和 2 的支持现已结束。

4. 当然，这是个过于简化的说法，共享内存在某些情况下依旧非常有用。然而，对于声明为 const 的内核参数，编译器现在会自动使用常量内存，因此不需要显式使用常量内存。

5. 例如，当创建一个新的 CUDA 项目时，Visual Studio 中的 CUDA SDK 插件会提供一个名为 kernel.cu 的代码示例。不幸的是，即使到了 2022 年，这个示例仍然是用早期的 C 语言编写的，甚至使用了令人恐惧的 goto 语句来处理错误。

6. 为了公平起见，必须指出 Kepler 卡上的额外核心在游戏方面表现良好，当时游戏是 NVIDIA 的主要关注点。十年后，Turing 卡对于游戏和高性能计算都非常出色，并且具有用于人工智能的张量核心和用于图形的光线追踪（RT）单元等新硬件特性。

7. Volta 和 Turing 硬件通常要求线程的 PC 每个线程占用两个寄存器插槽。这可能会影响对每个线程寄存器需求苛刻的代码。

8. 网络链接 https://developer.nvidia.com/cuda-toolkit. 版本可用于 Windows 和 Linux 上，对 MacO 的支持以 10.2 版本结束。

9. 资源管理器（在 Windows10 中更名为文件资源管理器）是一个古老并且备受喜爱的工具，也在 MacOS 和 Linux 图形界面中使用。然而，微软有一些奇怪的默认选择，其中之一就是将 ProgramData 设置为隐藏目录，更糟糕的默认设置是"隐藏已知文件类型的扩展名"，这使得天真的用户更有可能单击病毒植入的邪恶 .exe 文件。在 Windows 10 上，也可以使用"文件资源管理器"–>"视图"–>"选项"下的"更改文件夹和搜索选项"来更改这些选项。

附录 B 原子操作

并行编程的核心在于许多线程同时运行，协作解决问题——那么如果两个或更多线程同时尝试写入同一内存位置会发生什么呢？这是所有使用共享内存的并行系统都需要面对的问题，也就是多个活动线程可以同时访问同一块内存。如果只是从共享内存中读取数据是不成问题的，事实上，NVIDIA GPU 配备了专用的常量内存块，专门用于解决这个事情，但写入共享内存会引发两个困难的问题：

（1）如果两个或更多线程同时写入同一内存位置会发生什么？在 NVIDIA 硬件上，会有一个线程成功而其他线程默默地失败，在大多数情况下都会导致不正确的结果。

（2）所谓的先写后读（read-after-write）问题，如果一些线程正在写入内存，而其他线程正在从中读取，我们如何确保在其他线程执行读取之前已完成必要的写入操作。现代计算系统使用的缓存层次结构，使得这个问题变得非常复杂——我们如何确保主存和所有缓存保持同步？这就是缓存一致性问题。

问题（1）可以通过在硬件或软件中执行原子操作来解决。如果两个或更多线程同时使用原子函数写入相同的内存位置，请求将在硬件中排队并依次执行。虽然每个线程都会成功执行，但不能保证执行的顺序。这些排队的操作称为原子操作，CUDA 提供了一系列在 GPU 上运行的原子函数，本附录将介绍这些函数。

我们必须指出，要解决问题（2）是更困难的，基本上是由程序员来同步线程以避免读写错误——各种 CUDA 同步函数是解决这个问题的关键。

B.1 atomicAdd

CUDA 的 atomicAdd 函数是典型的，下框中显示了 32 位整数版本。

```
int atomicAdd(int *old, int val);
  where
                   old  is variable to added to
                   val  is the variable to be added to
  result:          old = old+val
  return value:    original value of old;
```

这个函数在所有 CC≥1.1 的 GPU 上都可用，但在早期的 GPU 上，会要求更新的变量必须位于设备全局内存中。在所有现代 GPU（CC≥3.5）上也可以使用共享内存。随着 GPU 的世代变化，原子函数所支持的变量类型也在不断增加。AtomicAdd 现在支持的变量类型比其他任何原子函数都要多，完整的集合（直到 CC 11.2）如表 B.1 所示。请注意，原子函数不是模板函数，使用基于参数类型的标准 C/C++ 编译器函数选择。某些类型需要更高版本的 GPU 支持，64 位整数需要 CC≥3.5，double、half2 与 nv_bfloat162 需要 CC≥6.0，half 需要 CC≥7.0，而 nv_bfloat16 需要 CC≥8.0。

在早期 GPU 上，原子函数速度较慢，程序员都会尽量避免使用。在较新 GPU 上，它们的执行速度就明显快多了，尤其当只有少数线程实际竞争执行操作时。一个很好的例子是我们的快速归约内核函数，里面的 warp 中只有一个线程竞争去执行对输出数组的元素的加法操作。

表 B.1 原子函数

函数	支持的类型	作用
Add	int, uint, ullong, float, double, half, half2, nv_bfloat16, nv_bfloat162	acc = acc + val
Sub	int, uint	acc = acc - val
Exch	int, uint, ullong, float	acc = val
Min	int, uint, llong, ullong	acc = min(acc, val)　　　　　（续）
Max	int, uint, llong, ullong	acc = max(acc, val)
Inc	int	acc = (acc >= val) ? 0 : acc+1;
Dec	int	acc = (acc==0 || acc>val) ? val : acc-1
CAS	ushort, int, uint, ullong	acc = (acc == comp) ? val : acc
And	int, uint, llong, ullong	acc = acc & val (logical AND)
Or	int, uint, llong, ullong	acc = acc | val (logical OR)
Xor	int, uint, llong, ullong	acc = acc ^ val (logical exclusive OR)

注：1. 变量 acc 累积了原子函数的所有调用的结果。原子函数返回当前线程成功更新 acc 之前的 acc 值。请注意，在不同的线程之间可能会有所不同。

2. CAS（比较和交换）原子函数是一个例外，因为它接受 3 个参数。
   atomicCAS(type *acc, type comp, type val)

3. 表中这些原子函数在内核函数启动中，对单个 GPU 上所有线程都是原子的。对于 CC≥6.0 的最新 GPU，还有以下额外的形式是有效的：
   （1）atomicFun_block：这个操作对一个线程块中的所有线程都是原子的，但在线程块之间不是原子的。
   （2）atomicFun_system：这个操作在多个 GPU 之间以及托管内存方案中的主机内存上都是原子的。

4. 这张表适用于 CUDA SDK 11.5（2021 年 11 月）。

B.2 atomicCAS

atomicCAS 函数很有趣，因为它可以用来创建新的原子函数。示例 B.1 展示了使用 atomicCAS 为整数实现 atomicAdd 的示例。

示例 B.1 使用 atomicCAS 为整数实现 atomicAdd

```
// myatomic_add example of atomic function constructed using
// atomicCAS. This code is based on the example in section
```

```
// B14 of the CUDA C++ Programming Guide (SDK version 11.2)
10  __device__ int myatomic_add(int *acc, int val)
11  {
12    int acc_now = acc[0];
13    while(1) {
14      int acc_test = acc_now;  // current accumulator value
15      acc_now = atomicCAS(acc, acc_test, acc_now+val);
16      if(acc_test == acc_now) break;  // CAS test succeeded
17    }
18    return acc_now;
19  }
```

示例 B.1 的说明

- 第 10 行：myatomic_add 的参数和返回值，与标准的 atomicAdd 函数相同。
- 第 12 行：在执行此线程的开始时，输出参数 acc[0] 的值存储在 acc_now 中。请注意，acc[0] 中存储的值可能在代码执行过程中不断变化，因为其他线程会添加它们的贡献。
- 第 13～17 行：当前线程将在此循环中重复执行这三行代码，直到成功使用 atomicCAS。
  - 第 14 行：将 acc[0] 中的当前值复制到 acc_test 中。
  - 第 15 行：这是我们使用 atomicCAS 的地方，如果 acc_test 的值等于 acc[0]，表示 CAS 测试成功，并且将 acc[0] 的值替换成 acc[0]+val。如果只有一个线程调用 atomicCAS，那没什么问题，如果同时有许多线程调用，atomicCAS 函数最多只允许一个线程成功。重要的是，atomicCAS 返回值用于更新 acc_now，这是 atomicCAS 与该线程的 acc_test 进行比较时使用的值。
  - 第 16 行：如果调用 atomicCAS 后，acc_now 的更新值等于 acc_test，表示 CAS 测试已经成功，因此这个线程会退出 while 循环。
- 第 18 行：在退出函数时，我们返回在此线程成功调用 atomicCAS 开始时在 acc[0] 中的值。

我会将此函数评为相当棘手的代码；我们需要知道，atomicCAS 和所有其他内置的原子函数，在任何时候始终只允许一个线程成功。我们必须非常清楚，这个代码正在并行执行，但如果同时被许多线程调用，这段代码就会非常低效，因为它们的访问将被有效地序列化。在我们的快速归约示例中使用 warp 级归约，然后每个 warp 中只有一个线程调用 atomicAdd，事实证明，相比较于其他任何方法，这个即便不是更好的，也是一样好的。显然，你应该避免让 warp 中的所有 32 个线程同时调用原子函数，warp shuffle 函数在这里非常有帮助。

另一个要指出的重点是，上述版本的 atomicAdd 很可能始终比标准版本效率低，因为现代 GPU 硬件能直接支持常见的原子操作。

有趣的是，atomicCAS 的参数只采用整数类型——那么我们如何为浮点数或双精度数实现类似于 atomicAdd 的功能呢？答案是，如果 CAS 测试失败，那么 atomicCAS 什么也不做；如果成功，那么第三个参数只是简单地指向第一个参数的地址，没有执行任何算术操作，只要进行类型转换就可以使 atomicCAS 适用于浮点数，结果如示例 B.2 所示。

示例 B.2　使用 atomicCAS 为浮点实现 atomicAdd

```
    // myatomic_add example of atomic function constructed using
    // atomicCAS. This code is based on the example in section
    // B14 of the CUDA C++ Programming Guide (SDK version 11.2)
20  __device__ float myatomic_add(float *acc, float val)
21  {
22    float acc_now = acc[0];
23    while(1) {
24      float acc_test = acc_now; // current accumulator
25      acc_now = uint_as_float( atomicCAS( (uint *)acc,
                        __float_as_uint(acc_test),
                        __float_as_uint(acc_now+val) ) );

26      if(__float_as_uint(acc_test) ==
               __float_as_uint(acc_now)) break; // OK?
27    }
28    return acc_now;
29  }
```

示例 B.2 的说明

这个示例大部分与示例 B.1 相同，只是类型为 int 的参数现在改为了 float。

● 第 20 行：在这里，我们声明参数类型为 float 的 myatomic_add。

● 第 22 行：当前的累加器值 acc_now 也是 float 类型。

● 第 23~27 行：这个 while 循环与之前的相同。

■ 第 24 行：acc_test 也是 float 类型。

■ 第 25 行：我们希望 atomicCAS 调用的参数现在全都是 float 类型，而不是必需的 uint 类型。幸运的是，我们可以使用类型转换让 NVCC 编译这个语句。

对于第一个参数，我们使用标准的 C/C++ 类型转换，将指针类型转换为 uint 类型 (uint *)acc。这个类型转换告诉编译器，将指针视为指向 uint 对象的指针，但不会更改该对象中的位模式。然而，有一个隐含的假设，即这两个对象在内存中使用相同数量的字节——在这种情况下是 4 个字节。（对于双精度，等效的例程将使用 unsigned long long，因为这两个对象将是 8 个字节长。幸运的是，unsigned long long 是 atomicCAS 的另一种有效输入类型。）

至于第二个和第三个参数所传递的是值而不是指针，我们不能使用任何标准的 C/C++ 类型转换。例如，标准 C 的样式转换 (uint)acc_test，将会导致编译器将 acc_test 的值转换为实际的 uint 并将该新值传递给函数；因此 3.145 的值将被传递为 3。相反的，我们必须使用 CUDA 仅适用于设备的内置转换函数 __float_as_uint()，这正是我们所需要的，告诉编译器将未更改的 float 对象通过值传递给一个期望 uint 参数的函数。我们对第二个和第三个参数都使用了这个转换。

这是用来解决外部提供的库函数的用户界面问题的棘手代码。除非我们非常小心，否则很可能会出现错误。在这里，我们知道（或者更准确地说，我们希望假设）atomicCAS 不会对其参数执行任何实际的算术操作。它首先比较第一个和第二个参数，然后在成功时将第三个参数复制到第一个参数。这两个步骤对于相等大小的任何位模式都有效。

- 第 26 行：在这里测试当前线程的 CAS 测试是否成功。同样，我们进行比较时将位模式视为无符号整数，这与第 25 行的原因不同。两个浮点数可能都被设置为 nan 并返回 false（nan == nan）！可能导致无限循环，所以我们使用类型转换来解决这个问题。

第 28 行：完成后，我们将成功更新之前 acc[0] 的值作为浮点数返回。

这个版本的 atomicAdd 可能比标准版本效率低。请注意，这里使用了 CUDA 内置的 __float_as_uint() 转换，这是对 NVCC 编译器的指令，要将位模式视为 uint，但实际的位模式并没有被更改。由于我们只复制或比较两个浮点数，两者都使用了这个转换，所以可以获得正确的结果。然而，uint 和 float 必须具有相同的大小（4 字节）。

atomicCAS 函数也可以用于提供一个 MUTEX（互斥访问）标志，一组线程可以使用该标志来串行执行任何代码片段，但需要注意避免分歧线程之间的死锁。在 CUDA 中串行化单线程执行非常慢，显然应该避免。

附录 C   NVCC 编译器

CUDA 程序是使用 NVIDIA NVCC 编译器编译的，可以在 Visual Studio 中使用 NVIDIA 提供的构建工具隐式地完成，也可以在 Windows 或 Linux 的命令行中使用 NVCC 命令显式地完成。

C.1   构建命令

NVCC 期望将内核函数代码包含在扩展名为 " .cu" 的文件中，对于简单情况，整个程序可以包含在单个 " .cu" 文件中。这是我们在大多数示例中所做的。NVCC 将处理所有的 GPU 代码，但将剩余的主机代码传递给本地的 C++ 编译器，通常在 Windows 上使用 VC，而在 Linux 上使用 gcc。与所有现代编译器一样，可以指定许多选项来配置编译。如果你在 Visual Studio 上使用由 NVIDIA 提供的项目模板，或者在 Linux 上使用 makefile，则将为你提供适当的选项集，这绝对是开始使用 CUDA 的最佳方式。实际上，对于本书中的几乎所有示例，我们都坚持使用默认选项，除了我们经常使用的非默认 " -use_fast_math" 选项。示例 C.1 显示了由 Visual Studio 生成的完整 NVCC 命令行示例。

示例 C.1   Visual Studio 生成的 "构建" 命令

```
10  "%CUDA_PATH%\bin\nvcc.exe"
11  -gencode=arch=compute_75,code=\"sm_75,compute_75\"
12  --use-local-env
13  -ccbin "%VS2017INSTALLDIR%\VC\Tools\MSVC\14.16.27023\bin
            \HostX86\x64"
14  -x cu
15  -I"D:\Users\real\OneDrive\Code\inc"
16  -I"%NVCUDASAMPLES_ROOT%\common\inc"
17  -I"%CUDA_PATH%\include"
18  --keep-dir x64\Release
19  -maxrregcount=0
20  --machine 64
21  --compile
22  -cudart static
23  --use_fast_math
24  -DWIN32 -DWIN64 -DNDEBUG -D_CONSOLE -D_MBCS
25  -Xcompiler "/EHsc /W3 /nologo /O2 /Fdx64\Release\vc141.pdb
            /FS /Zi  /MD "
26  -o x64\Release\reduce4.cu.obj
27  "D:\all_code\vs17\Chapter2\reduce4\reduce4.cu"
```

示例 C.1 的说明

请注意，显示在 % 符号之间的变量是在 Windows 命令行环境变量中定义的，在 VS 输出中将扩展成它们的实际值。该命令可以作为单行输入，也可以使用 DOS^ 连续符号将其拆分成多行，该符号位于除最后一行之外的所有行的末尾。

● 第 10 行：使用显式路径运行 nvcc 可执行文件。

- 第 11 行：为 CC = 7.5（Turing）的设备生成 GPU 代码（此选择不是默认值）。
- 第 12 行：告诉 NVCC 本地环境变量已设置为运行本地 C++ 编译器（在此情况下为 VC）。
- 第 13 行：本地 C++ 编译器的路径。
- 第 14 行：输入文件为 .cu 文件。
- 第 15～17 行：这些是额外的目录，通过 -I 前缀指定搜索的 include 文件。
- 第 18 行：.exe 文件输出目录的相对路径。
- 第 19 行：每个线程的寄存器数上限，默认值是零，由编译器自由决定。指定大于 32 的值可能会降低内核函数的最大占用量。32 通常是最佳选择，但这可能需要重复调试以获得最佳性能。有关详细信息，请参阅 NVCC 参考手册。
- 第 20 行：为 64 位操作系统编译。
- 第 21 行：编译所有位于选项后的文件（这是默认值）。
- 第 22 行：指定 CUDA 运行时库；可能的选择为 none、shared 和 static，默认值为 static。
- 第 23 行：这是我们最喜欢的选项，可以使你的内核函数代码更快，但这不是默认值。--use_fast_math 标志还意味着额外的选项 --ftz = true，--prec-div = false，--prec-sqrt = false 和 --fmad = true。
- 第 24 行：这是传递给 VC 编译器的标准定义列表。
- 第 25 行：关键字 Xcompiler 引入了一组选项，用于主机 C++ 编译器，在这种情况下为 VC。
- 第 26 行：选项 -o 指定输出文件的名字，如果省略将会产生 a.obj 和 a.exe 文件。这个选项最好都用上。
- 第 27 行：这是要编译的文件，位于所有选项之后。它没有任何前缀，此处可以列出多个文件。

注意，在简单情况下，不需要像示例 C.1 中一样复杂；在我的 Windows10 系统上，可以使用框中显示的命令执行相同的编译：

```
D:\> nvcc -I"D:\Users\rea1\OneDrive\Code\inc" ^
         -I"%NVCUDASAMPLES_ROOT%\common\inc" ^
         -o reduce4.exe --use_fast_math reduce4.cu
```

其中 "^" 表示接下来是一行续行。第 17 行的 include 路径是默认的。在 Linux 上，可以定义环境变量 NVCC_PREPEND_FLAGS 和 NVCC_APPEND_FLAGS 来保存常用的字符。请注意，Visual Studio 为每个路径都单独加上 "-I" 标签，但单个 "-I" 后跟逗号分隔的路径列表也是有效的。在 "I" 和文件名之间也允许有一个空格：

```
D:\ >nvcc -I path1,path2 ^
         -o reduce4.exe --use_fast_math reduce4.cu
```

使用 -optf <file> 可以从 text 文件中读取一组常用的选项：

```
D:\ >nvcc -optf include.txt -o reduce4.exe reduce4.cu
where the file include.txt contains:
    -I "D:\Users\real\OneDrive\Code\inc"
    -I "C:\ProgramData\NVIDIA Corporation\CUDA
Samples\v11.2\common\inc"
    --use_fast_math
```

注意，Windows 参数（如 NVCUDASAMPLES_ROOT）在从文本文件中读取时不会被展开，因此必须替换为其实际值。

从 .cu 文件构建可执行程序文件的过程相当复杂。首先，NVCC 会将设备代码编译成 GPU 代码的汇编语言 PTX 文件。然后，PTX 文件会被转换成目标设备的机器码，并与来自主机编译器的代码合并，最终生成一个可执行文件。对此感兴趣的读者可以在 NVIDIA NVCC 参考指南中找到更多细节。

C.2 NVCC 选项

NVCC 提供的全部选项可以在 CUDA 编译器驱动程序 NVCC 参考指南中找到，该指南包含在 SDK 文档集中。这些选项根据其功能分组，以下列出了部分选项。NVCC 调用 NVLINK 程序将已编译的代码与库链接以构建可执行文件。用户应在 NVCC 命令行上包括 NVLINK 选项。以下列表中包含了 NVLINK 选项的子集。

NVCC 和 NVLINK 的选项

- 编译阶段
  - --ptx 或 -ptx：将所有 .cu/.gpu 输入文件编译为仅适用于设备的 .ptx 文件。此步骤将丢弃每个输入文件的主机代码。
  - --compile 或 -c：将每个 .c/.cc/.cpp/.cxx/.cu 输入文件编译为目标文件。
  - --link 或 -link：该选项规定了默认行为，编译和链接所有的输入。
  - --lib 或 -lib：将所有输入文件编译为目标文件（如果必要），并将结果添加到指定的输出库文件中。
  - --run 或 -run：将所有输入编译并链接成可执行文件并运行它。或者，如果输入是单个可执行文件，则在不进行任何编译或链接的情况下运行它。此步骤针对不想烦扰设置必要环境变量的开发人员；这些变量会被 NVCC 临时设置。
- 文件和路径规范
  - --output -file <file> 或 -o <file>：指定输出文件的名称和位置。当 NVCC 在非链接 / 归档模式下出现此选项时，仅允许一个输入文件。
  - --library <library>,... 或 -l <library>,...：指定要在链接阶段使用的库，但不包括库文件的扩展名。这些库在使用选项 --library-path 指定的库搜索路径中查找。

- ■ `-- include -path <path>,...` 或 `-I <path>,...`：指定 include 搜索路径。
- ■ `--cudart <opt>` 或 `-cudart <opt>`：指定要使用的 CUDA 运行时库类型：无 CUDA 运行时库、共享 / 动态 CUDA 运行时库或静态 CUDA 运行时库。此选项的允许值为 none、shared 或 static。默认值为 static。

● 用于指定编译器 / 链接器行为的选项

- ■ `--profile` 或 `-pg`：为 gprof 使用而对生成的代码 / 可执行文件进行检测（仅限 Linux ）。
- ■ `--debug` 或 `-g`：为主机代码生成调试信息。
- ■ `--device -debug` 或 `-G`：为设备代码生成调试信息，关闭所有优化，不用于分析；最好使用 `-lineinfo`
- ■ `--generate-line-info` 或 `-ineinfo`：为设备代码生成行号信息。
- ■ `--optimize <level>` 或 `-O`：为主机代码指定优化级别。
- ■ `--no-exceptions` 或 `-noeh`：禁用主机代码的异常处理。
- ■ `--shared` 或 `-shared`：在链接期间生成共享库。当需要其他链接器选项以进行更多控制时，请使用 `--linker-options`。
- ■ `--std <opt>` 或 `-std <opt>`：其中 opt 是 c++03、c++11、c++14 或 c++17 中的一个，用于选择特定的 C++ 方言。请注意，此标志还会打开主机编译器的相应方言标志。
- ■ `--machine <opt>` 或 `-m <opt>`：其中 opt 可以是 32 或 64，用于指定 32 位或 64 位架构。默认值为 64。

● 用于传递特定阶段选项的选项

- ■ `--compiler-options <options>,...` 或 `-Xcompiler <options>,...`：用于直接向主机编译器或预处理器指定选项。
- ■ `--linker-options <options>,.. .` 或 `-Xlinker <options>,...`：用于直接向主机链接器指定选项。

● 用于指导编译器驱动程序的其他选项

- ■ `--dryrun` 或 `-dryrun`：不执行 nvcc 生成的编译命令，而是列出它们。
- ■ `--verbose` 或 `-v`：列出此编译器驱动程序生成的编译命令，但不抑制其执行。
- ■ `--keep` 或 `-keep`：保留在内部编译步骤期间生成的所有中间文件。
- ■ `--keep-dir <dir>` 或 `-keep-dir <dir>`：在此目录中保留内部编译期间生成的所有中间文件。
- ■ `--save-temps` 或 `-save-temps`：此选项是 `--keep` 的别名。
- ■ `--clean-targets` 或 `-clean`：此选项会反转 NVCC 的行为。当指定时，将不执行任何编译阶段。相反，NVCC 本来会创建的所有非临时文件都将被删除。

■ --run-args <arg>,... 或 -run-args <arg>,...：与选项 --run 结合使用，用于为可执行文件指定命令行参数。

● 引导 GPU 代码生成的选项

■ --gpu-architecture <arch> 或 -arch <arch>：指定目标 GPU 的 CC 级别，例如，-arch=sm_75 适用于 CC=7.5 的 Turing 设备。生成的可执行文件将在所有指定 CC 级别及以上的设备上运行。当前（2021 年 12 月）最低支持的 CC 级别为 3.0，但低于 5.2 的级别已被弃用。这是一个重要的参数，我们建议始终明确使用你的目标设备的 CC 级别。

■ --gpu-code <code> 或 -code <code>：这控制所生成的 GPU 代码的 CC 级别。如果省略，则使用 -arch 设置的值，它通常是你所需要的值。更多有关信息，请参阅 NVIDIA 文档。

■ --maxrregcount <value> 或 -maxrregcoun <value>：这是 GPU 函数可以使用的寄存器的最大数量。实际上，此参数已过时，不应使用。编译器和运行时系统通常会为你进行优化。有经验的用户还可以在内核函数代码中使用《CUDA 编程指南》附录 B 中描述的启动边界功能，向编译器提供提示。

■ --use_fast_math 或 -use_fast_math：这是我们几乎一直使用的一个选项。如果对准确性有疑虑，可以尝试使用和不使用此标签并比较数值结果。在某些情况下，性能影响很大；在其他情况下，它几乎没有什么区别。经验丰富的用户可以省略此开关，并在内核函数代码中显式混合快速内置函数和较慢的标准版本，以优化速度和精度。此选项还意味着 --ftz=true、-prec -div=false、--prec -sqrt=false --fmad=true。

■ --extra -device -vect 或 ization 或 -extra -device -vect 或 ization：此选项在 NVVM IR[1] 优化器中启用更积极的设备代码向量化。我们没有尝试过这个选项。

● 用于引导 CUDA 编译的选项

■ --default -stream <value> 或 -default -stream <value>，其中 value 是 legacy、null 或 per-thread 之一：指定 GPU 工作将排队的默认流。我们建议使用默认的 per-thread，它是指 CPU 线程而不是 GPU 线程。这是本节中唯一的标志。

● 通用工具选项

■ --disable-warnings 或 -w：禁止所有警告消息。

■ --source - in -ptx 或 -src - in -ptx：将源代码与 PTX 代码交织在一起。只能与 --device-debug 或 --generate-line-info 一起使用。

■ --restrict - restrict：将所有内核函数指针参数视为 restrict。我们在所有示例中都明确这样做。

- ■ --resource -usage 或 -res -usage：显示 GPU 代码的资源使用情况，如寄存器和内存。当设置了 --relocatable-device-code=true 时，此选项意味着 --nvlink-options--verbose。否则，它意味着 --ptxas-options--verbose。
- ■ --help 或 -h：输出此帮助信息。
- ■ --version 或 -V：输出版本信息。
- ■ --options -file <file> 或 -optf <file>：从指定的文件读取命令行选项。
- NVLINK 选项
- 注意，许多 NVCC 选项也适用于 NVLINK，例如 -arch。在这里，我们仅列出 NVLINK 特定的选项。
  - ■ --library-path <path>,... 或 -L <path>,...：指定库搜索路径。
  - ■ --library <library-file>,... 或 -l <library -file>,...：指定链接阶段要使用的库文件。这些库在由 -L 选项给出的库搜索路径上搜索。
  - ■ --link-time-opt 或 -lto：执行链接时优化。

附录 C 尾注

1. NVIDIA NVVM IR 编译器是 LLVM IR 项目编译器的一个版本。有关更多信息，可以在 NVIDIA NVVM IR 规范参考手册中找到，该手册是 SDK 文档集的一部分。有关 LLVM 编译器基础设施项目的更多详细信息，请访问 https：//llvm.org/。

附录 D　AVX 与 Intel 编译器

本节我们讨论如何最好地访问 Intel CPU 的 SIMD 功能。正如第 1 章提到的，Intel 在 1977 年的 Pentium II 上添加了 MMX 指令，开始对浮点数和整数向量执行 SIMD 操作。[1]

在计算机上，诸如 x = y * z 的操作由硬件执行，首先将 y 和 z 加载到硬件寄存器中，然后使用 ALU 执行乘法，结果出现在另一个寄存器中，并最终将结果存储在 x 中。通常使用的寄存器只有足够的位来容纳单个变量，例如 32 位变量需要 32 位的寄存器。SIMD 硬件的想法是支持向量操作，例如 **X = Y * Z**，在其中同时对向量的相应分量执行乘法。为了使这项工作与例如 4 个 32 位浮点数的向量一起工作，寄存器需要宽度为 128 位以容纳所有向量分量，并且 ALU 需要升级以同时执行 4 个 32 位乘法。出于成本原因，SIMD-ALU 必须只支持最重要的操作。原始 MMX 硬件使用 64 位宽的寄存器并且仅支持整数运算。因此支持的向量类型是 2 个 32 位整数（I32）或 4 个 2 字节整数（I16）或 8 个 1 字节整数（I8）。后来版本使用更宽的寄存器支持更多组件。最新架构 AVX-512 使用 512 比特宽的寄存器，并支持同时对 16 个 4 字节向量进行操作。表 D.1 简要概述了历史，更多细节可以在线找到，例如 https://en.wikipedia.org/wiki/Advanced_Vector_Extensions。

表 D.1　英特尔处理器上 SIMD 指令集的演进

模型	年	名称	位	支持的数据类型					
				F64	F32	I64	I32	I16	I8
Pentium II	1997	MMX	64	—	—		支持	支持	支持
Pentium III	1999	SSE	128	—	支持	—	支持	64 位 MMX	
Pentium IV	2000	SSE2	128	支持	支持	支持	支持	支持	支持
Prescott	2004	SSE3	128	支持	支持	支持	支持	支持	支持
Core 2 Duo	2006	SSSE3	128	支持	支持	支持	支持	支持	支持
Penryn	2007	SSE4	128	支持	支持	支持	支持	支持	支持
Sandy Bridge	2011	AVX	256	支持	支持	支持	支持	支持	支持
Haswell	2013	AVX2	256	支持	支持	支持	支持	支持	支持
Knights Landing	2016	AVX-512	512	支持	支持	支持	支持	支持	支持

在表中，大多数模型都向后兼容早期版本。连续的几代包括许多其他改进，例如更宽的指令集，但这里没有详细说明。

D.1　MMX

第一批 MMX（多媒体扩展）指令于 1997 年添加到 Pentium II 中，以支持图形和音频处理，并且仅适用于整数。有趣的是，像 GPU 一样，最初的目的是支持 PC 上的娱乐而不是"严肃"的计算。新的 MMX 寄存器为 64 位，因此支持 2 个 4 字节整数或 4 个 2 字节整数或 8 个 1 字节整数同时操作。随后很快在 1999 年 Pentium III 上升级为 SSE（流式 SIMD 扩展）时添加了浮点能力。对于 SSE，寄存器宽度增加到 128 位，但仅支持 32 位浮点数的操作。不过 MMX 仍然可以用于整数。

连续的几代，不仅增加了操作寄存器的宽度，还增加了可用的指令集。最近的指令集非常丰富；这里没有讨论细节，如果你感兴趣，可以在英特尔网站上找到更多信息，可以在 https://software.intel.com/content/www/us/en/develop/home.html 里尝试搜索 avx2。

使用 AVX2 的 256 位宽寄存器的乘法运算如图 D.1 所示，该寄存器允许对 4 字节变量进行 8 次同时操作。

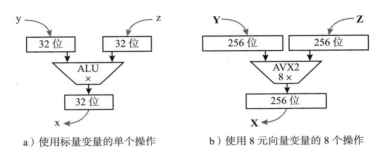

a）使用标量变量的单个操作　　　　b）使用 8 元向量变量的 8 个操作

图 D.1　标准标量和 AVX2 八分量向量乘法

一开始，程序员很难直接使用新硬件，基本上必须将手工制作的汇编代码插入程序中。渐渐地，线性代数等库开始出现，为程序员提供了更容易利用 SIMD 的途径。然而，库开发人员在保留对旧版本的支持的同时，努力跟上硬件的频繁更新，让这条路变得有局限性。最近，编译器已经开始在编译期间自动向量化代码，但这仅适用于编译器容易弄清楚向量化是否可能的代码片段。尽管如此，当前 PC 上运行的大部分软件很可能在一定程度上利用了 SIMD。

D.2　Intel ICC

Intel 提供一个 ICC 编译器，（并不意外）为 SIMD 指令提供最好的支持，可以从 https://software.intel.com/content/www/us/en/develop/tools/system-studio.html 获得，并提供免费的年度许可证，作为英特尔系统工作室开发包的一部分。这个编译器在 Windows 10 上提供了 Visual Studio 17 和 19 的安装插件，因此可以用作 Microsoft 编译器的替代品。集成 ICC 的 VS 属性页示例如图 D.2 所示，左侧面板上的灰色箭头指向 ICC 特定选项，右侧灰色箭头显示可以打开和关闭支持 SIMD 的位置。注意这个选项的默认值为 "未设置"（Not Set），实验表明这与 "无增强指令"（No Enhanced Instructions）相同 [2]。

如果你希望确保你的代码使用 SIMD 指令，那么 Intel SIMD 内部函数库是一个不错的选择。这是一个可调用 C++ 函数库，不需要使用任何花哨的汇编语言。示例 D.1 中演示了如何使用这个库来计算 saxpy 公式，x = a*x+y，其中 x 和 y 是长度为 size 的向量，重复 reps 次。

示例 D.1 为计算设置了基准，使用简单的 C++ 语言，在使用 Intel ICC 编译器编译时可达到约 3.5 GFlops/s 的性能。

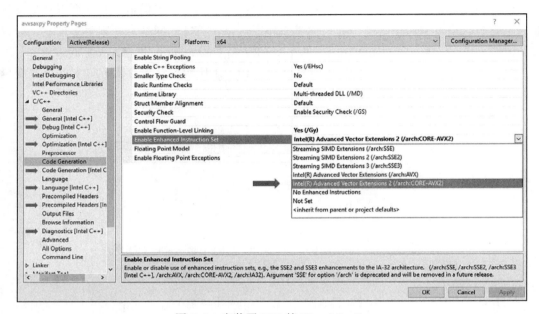

图 D.2　安装了 ICC 的 Visual Studio

示例 D.1　Intel ICC 和 VS 编译器的比较

```
01  // cpusaxpy:  a*x + y for vectors x and y
02  #include <stdio.h>
03  #include <stdlib.h>
04  #include "cxtimers.h"

05  int main(int argc,char *argv[])
06  {
07    signed int size = (argc >1) ? 2 << atoi(argv[1])
                                    : 1 << 10;
08    int reps = (argc >2) ? atoi(argv[2]) : 1000;

09    float a = 1.002305238f;  // 1000th root of 10

10    float *x = (float *)malloc(size*sizeof(float));
11    float *y = (float *)malloc(size*sizeof(float));
12    for(int k=0;k<size;k++) {x[k] = 1.0f;  y[k] = 0.0f;}

13    cx::timer tim;  // note order of loops
14    for(int i=0;i<reps;i++) for(int k=0;k<size;k++)
                              x[k] = a*x[k]+y[k];
15    double t1 = tim.lap_ms();
16    double gflops = 2.0*(double)(size)*(double)rep
                                /(t1*1000000);
```

```
17      printf("cpusaxpy: size %d, time %.6f ms check %10.5f
                    GFlops %.3f\n", size,t1,x[129],gflops);
18      free(x); free(y); // tidy up
19      return 0;
20  }

D:\ >cpusaxpy.exe 21 3000   (using Intel ICC compiler)
cpusaxpy: size 2097152, time 3635.091200 ms check 1000.09351
GFlops 3.462

D:\ > saxpy_vs.exe 21 3000  (using Microsoft VS compiler)
saxpy_vs: size 2097152, time 8080.932400 ms check 1000.09351
GFlops 1.557
```

示例 D.1 的说明

- 第 7~8 行：使用可选的用户输入设置 size 和 reps 的值。
- 第 9 行：将 saxpy 的常数 a 设置为 10 的 1000 次方根。
- 第 10~12 行：分配长度为 size 的浮点数组 x 和 y，并分别初始化为 1 和 0。我们在这里使用普通的 malloc 而不是容器类，因为我们在后面的 avx 版本中发现使用 std::vector 作为容器会显著降低性能。
- 第 13~15 行：一个执行 size*reps 次 saxpy 计算的计时循环。注意第 15 行中 x[k] 的值被改变了，这意味着循环不能针对 reps 索引 i 并行化，但循环可以针对 steps 索引 k 并行化。在实践中，这个版本的示例按照这里所示的循环顺序确实具有更好的性能[3]。
- 第 16 行：在这里计算性能，假设每次评估都需要两次操作。
- 第 17 行：输出结果，包括 x 的一个样本元素。

x 和 y 的元素分别初始化为 1 和 0，常量 a 设置为 10 的 1000 次方根，因此，对于 reps=3000，我们期望在第 15 行循环之后 x 的元素为 1000。当使用 Intel ICC 编译器编译时，程序运行速度比使用微软 Visual Studio 编译器快两倍多。这个例子中没有使用 GPU。

结果显示，使用 Intel ICC 编译器时性能约为 3.5 GFlops/s，使用 Visual Studio 时性能约为 1.6 GFlops/s。ICC 的结果在一定程度上取决于 size 值，size 值越小，性能越好，可能是由于内存缓存得到了改善，但 VS 编译的代码对 size 的值不太敏感。

D.3 英特尔内置函数库

示例 D.2 是对 D.1 的修改，使用英特尔内部函数库，显式地使用 AVX2 进行长度为 8 的 SIMD 向量运算。基本思想是将长向量 *x* 和 *y* 分成连续 8 个一组，并用这些组作为参数调用相关的内部函数。我们可以使用库定义的类型 __m256 来实现这个目的。类型 __m256 定义了一个长度为 256 字节的对象，它在包含 8 个 4 字节浮点数的 256 字节内存边界上对齐。还有其他类型的数据的等效定义，例如 __m256i 表示 8 个 4 字节整数，__m256d 表示 4 个 8 字节双精度浮点数。

示例 D.2　AVX2 的英特尔内部函数

```
01  // avxsaxpy: a*x + y for vectors x and y
02  #include <stdio.h>
03  #include <stdlib.h>
04  #include <immintrin.h>  // Intel Intrinsics Library
05  #include "cxtimers.h"

06  int main(int argc,char *argv[])
07  {
08    signed int size = (argc >1) ? 1 << atoi(argv[1]) :
                                    1 << 10;
09    int reps = (argc >2) ? atoi(argv[2]) : 1000;

      // 1000th root of 10
10    __m256  ma = _mm256_set1_ps(1.002305238f);

11    __m256 *mx = (__m256 *)malloc(sizeof(__m256)*size/8);
12    __m256 *my = (__m256 *)malloc(sizeof(__m256)*size/8);
13    for(int k=0;k<size/8;k++) mx[k] = _mm256_set1_ps(1.0f);
14    for(int k=0;k<size/8;k++) my[k] = _mm256_set1_ps(0.0f);

15    cx::timer tim;
16    for(int k=0;k<size/8;k++){
17      for(int i=0;i<reps;i++){     // x = a*x+y
18          mx[k] = _mm256_fmadd_ps(ma,mx[k],my[k]);
19        }
20      }
21    double t1 = tim.lap_ms();
                                  // get 8 elements
22    float check[8];  _mm256_storeu_ps(check,mx[7]);
23    double gflops = 2.0*(double)(size)*(double)reps/
                                    (t1*1000000);
24    printf("avxsaxpy: size %d, time %.6f ms check %10.5f
                GFlops %.3f\n",size,t1,check[7],gflops);
25    free(mx); free(my);  //tidy up
26    return ;
27  }

D:\ > avxsaxpy.exe 21 3000 (using Intel ICC compiler)
avxsaxpy: size 2097152, time 1302.000100 ms check 1000.09351
GFlops 9.664
```

示例 D.2 的说明

- 第 4 行：添加 immintrin.h 的包含是使用英特尔内部函数所必需的。
- 第 10 行：这创建了 __m256 对象 ma，包含 8 个缩放常数 a 的副本，相当于示例 D.1 的第 9 行。_mm256_fmadd_ps 函数返回一个 __m256 对象，包含其输入参数的 8 个副本。如果我们想用不同的数字填充向量，那么可以使用 _mm256_set_ps 函数，它提供 8 个单独的参数来指定所需的值。
- 第 11～12 行：这些相当于示例 D.1 的第 10～11 行，并创建维度为 size/8 的 __m256

对象数组 mx 和 my, 足以容纳 size 个 4 字节浮点数。这里我们再次使用普通的 malloc 而不是容器类。我们发现在这里使用 std::vector 会导致性能下降, 可能是由于内存对齐问题。

- 第 13~14 行: 使用 _mm256_fmadd_ps 函数再次将 mx 和 my 向量分别填充为 1 和 0。
- 第 15~21 行: 这是与示例 D.1 第 13~15 行等效的计时 saxpy 循环。注意数组索引 k 的外层循环只需要 size/8 次迭代, 因为我们每步处理八个浮点数。实际的 saxpy 计算在第 18 行使用 _mm256_fmadd_ps 函数执行, 返回前两个参数的乘积加上第三个参数。如果硬件支持, 则将使用单个 8 倍融合乘法和加法指令 (FMA)。
- 第 22 行: 此处使用 _mm256_storeu_ps 函数从 mx 向量的第八个元素 mx[7] 中提取一组八个结果值, 并将值存储在浮点数组 check 中。此函数名称中的 "u" 代表未对齐, 表示即使数组 check 没有对齐到 256 字节的内存边界也能正常工作。如果我们确定 check 的第一个元素正确对齐, 则可以省略函数名称中的 "u"。内部函数库包含许多带有和不带 "u" 功能的函数。

这个库的一个 "特性" 是, 存储到 __m256 对象的数字在内存中的顺序会被反转, 但是随后提取数字时并不会进行顺序反转操作。因此, mx[7] 中的 check[7] 实际上是对应到示例 D.1 中向量 x 的第 129 个元素。在这个特定示例中, x 和 y 中的所有值都相同。然而, 在实际的代码中应该会不同, 这个特性是错误滋生的温床。

- 第 23~27 行: 这些行与示例 D.1 中的第 16~20 行相同。

在 Intel 内部函数库中还有许多我们没有描述到的函数, 一个好地方是 https://software.intel.com/sites/landingpage/IntrinsicsGuide/, 这里列出了所有函数, 并提供许多复选框让我们选择感兴趣的函数, 然后可以单击各个函数名称以获取其参数的详细信息。

我们可以通过使用 OpenMP 并行化示例 D.2 中 size/8 的循环来获得更多的 CPU 性能, 这得到了 ICC 的很好支持, 只需与示例 D.3 一样添加一行额外代码, 我们还必须在项目属性页中指定对 OpenMP 的支持。(C/C++ => Language [Intel C++] => openMP Support)。

示例 D.3   使用 OpenMP 的 D.2 的多线程版本

```
. . .
15      cx::timer tim;
15.5    #pragma omp parallel for  // OpenMP
16      for(int k=0;k<size/8;k++){
. . .

D:\ > ompsaxpy.exe 21 3000
ompsaxpy: size 2097152, time 171.055100 ms check 1000.09351
GFlops 73.561
```

示例 D.3 的 CPU 性能超过 70 GFlops/s, 对于我的 4 核 Haswell i7 4790 CPU 来说令人印象非常深刻。

最后一步，我们将其与示例 D.4 中的 GPU 实现进行比较。

示例 D.4　用于与基于主机版本进行比较的 gpusaxpy 内核函数

```
10  __global__ void gpusaxpy(r_Ptr<float> x, cr_Ptr<float> y,
                             float a, int size, int reps)
11  {
12    int tid = blockDim.x*blockIdx.x+threadIdx.x;
13    while(tid < size){
14      for(int k=0;k<reps; k++) x[tid] = a*x[tid]+y[tid];
15      tid += gridDim.x*blockDim.x;
16    }
17  }

18  int main(int argc, char* argv[])
19  {
20    signed int size = (argc >1) ? 1 << atoi(argv[1]) :
                                    1 << 10;
21    int blocks  = (argc >2) ? atoi(argv[2]) : 288;
22    int threads = (argc >3) ? atoi(argv[3]) : 256;
23    int reps    = (argc >4) ? atoi(argv[4]) : 100;
24    float a = 1.002305238f;  // 1000th root of 10

25    thrustDvec<float> dev_x(size,1.0f); // set device vectors
26    thrustDvec<float> dev_y(size,0.0f); // x and y

27    cx::timer tim;
28    gpusaxpy<<<blocks,threads>>>(dev_x.data().get(),
                      dev_y.data().get(), a, size, reps);
29    cx::ok( cudaDeviceSynchronize() );
30    double t1 = tim.lap_ms();

31    float gpu_check = dev_x[129]; // copy D2H
32    double gflops = 2.0*(double)(size)*(double)reps/
                                   (t1*1000000);
33    printf("gpusaxpy: size %d, time %.6f ms check %10.5f
            GFlops %.3f\n", size, t1, gpu_check, gflops);
34    return 0;
35  }

D:\ > gpusaxpy.exe 24 576 512 6000
gpusaxpy: size 16777216, time 31.711400 ms check 1000187.81250
GFlops 6348.713

D:\ > gpusaxpy.exe 28 1152 512 6000
gpusaxpy: size 268435456, time 391.937800 ms check 1000187.81250
GFlops 8218.716
```

示例 D.4 的说明

这是一个非常标准的 CUDA 程序，只有头文件被省略了。

- 第 10～17 行：这些定义了内核函数 gpusaxpy，它接受五个输入参数，数据向量 x 和 y、缩放常数 a 以及迭代计数 reps 和 size。一个线程执行 reps 上整个循环，不同的线程可以处理向量的不同元素，我们使用常用的线程线性寻址来处理整个向量。

- 第 14 行：这是对 reps 上的 for 循环执行 saxpy 计算。

这里有个重要细节，就是代码似乎在循环中使用 x[k] 和 y[k] 作为变量，即使它们是对 GPU 主存的引用而不是存储在寄存器中的局部变量。通常在 CUDA 内核函数中必须避免这种会降低性能的情况，然而在这种情况下，测试表明编译器足够智能，为我们完成了将这些数组元素复制到局部寄存器的工作。在这种情况下，显式地使用临时变量进行循环，并没有什么区别，但在其他情况下可能会有所不同，因此你需要注意这个问题。

- 第 18～39 行：这是非常标准的主程序，只准备数据并启动内核函数。
- 第 20～23 行：用户提供的参数与之前相同，但增加了 threads 和 blocks。
- 第 25～26 行：创建并初始化用于 x 和 y 的设备 thrust 向量 dev_x 和 dev_y。注意，在所有向量元素都相等的简单情况下，我们可以使用类构造函数进行初始化。在本例中无须匹配主机向量。
- 第 27～30 行：运行内核函数的计时循环。
- 第 31～33 行：输出结果。

结果表明，当 size = 2^{24} 时，GPU 提供超过 6.3 TFlops/s 的性能，比最佳只适用于 CPU 的版本快约 85 倍。当 size = 2^{28} 时，GPU 提供 8.2 TFlops/s 的性能，提升约为 110 倍。

如果比较主机和 GPU 版本的代码，在我看来，CUDA 版本实际上看起来比 AVX 版本更清晰。但显然，在必须使用主机代码的地方，示例 D.3 比没有 AVX 支持的单核版本有了很大改进。然而，请注意，Intel 内部函数库仅限于线性代数类型问题，而 CUDA 内核函数可以编写以覆盖许多其他的问题类型。CUDA 成功的原因是它的通用性，巨大的性能提升潜力当然也是另一个激励。

这个附录的最后一课是，尝试在你的主机代码上使用 ICC 编译器是非常值得的，你可能仅通过重新编译就获得了性能提升。

附录 D 尾注

1. Amiri, Hossein, and Asadollah Shahbahrami. "SIMD programming using Intel vector extensions." Journal of Parallel and Distributed Computing 135 (2020): 83–100.

2. 请注意，如果你只为一台计算机编译，最好选择该计算机支持的最高选项。另一方面，如果你要编译以分发给一组异构的个人计算机，可能更明智的选择是关闭此选项或选择所有计算机都可能支持的最低选项，例如 SSE2。另请参阅关于代码是否广泛使用 Intel 内置 SIMD 函数的警告，与直觉相反，最好关闭此选项。

3. 结果证明，要从 ICC 或 VS 编译器中获得最佳结果相当棘手。例如，第 15 行中两个 for 循环的顺序很重要。对于这个问题，VS 编译器一直比 ICC 差。

附录 E　数字格式

本附录解释了数字（和其他数据）在计算机存储器中的实际存储过程。原则上，就算你再不了解这些内容，也能编写出良好的代码。然而，我们强烈建议你查看这些材料，因为这有助于你理解诸如无符号整数与有符号整数、浮点精度变量之间的差异，以及为什么边界对齐是很重要的特性等。

计算机中的所有信息都由一组开关的状态表示。每个开关可以是打开或关闭的（但不能是两者之间）。开关的状态是一个位（bit）信息，表示值为 0 或 1。实际上，计算机 DRAM 需要一个晶体管[1]和一个电容器来表示一个位（bit）信息，如果晶体管是打开（通电）的或关闭（不通电）的，那么电容器上的电压就会是低电压或高电压。所以出于电气原因，我们可能会选择"打开"表示 1，而"关闭"表示 0。

一组八位被称为一个字节（Byte），是计算机内存中最小的可寻址单元。使用二进制算术的约定，一个字节可以表示的整数范围为 0～255 之间，如图 E.1 所示。请注意，字节中的位从右到左按从 0 到 7 进行编号，如果设置了 128，则最高有效字节位于左侧。

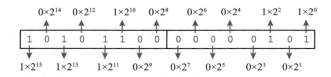

图 E.1　十六进制 AC05 对应的 16 位模式

E.1　十六进制符号

单个字节中的位模式也可以用两个十六进制数字表示。十六进制数字 [0～9，A～F] 表示数字 [0～15]，如图 E.2 所示。因此，单个字节的值可以用两个十六进制数字表示，例如：

$$[1001\ 1100] = 9C = 9 \times 16 + 12 = 156$$

十六进制表示法可以扩展到更多的位：

$$[0001\ 1111\ 0010\ 1100] = 1F2C = 1 \times 16^3 + F \times 16^2 + 2 \times 16^1 + C = 7980$$

十六进制表示法是 IBM 在 20 世纪 60 年代引入计算机领域的，当时他们占主导地位的 360 系列大型计算机是基于 8 位字节的，这些计算机在全球实际上建立了标准[2]。当时，手工进行十六进制运算是一种必要的编程技能，因为当你的程序崩溃时，唯一能生成的调试信息就是核心存储的十六进制输出。

二进制运算的工作方式与十进制运算类似，但使用 1+1 = 10（即 1+1 等于零进位 1），例如，

$$\begin{array}{r} 5 \\ +7 \\ \hline 12 \end{array} \quad \begin{array}{r} 0000\ 0101 \\ +0000\ 0111 \\ \hline 0000\ 1100 \end{array} = 12_{10}$$

这里的下标指示正在使用十进制。

乘以 2 会将二进制位向左移动一位，如果最高位为 1 那么就会丢失——这是一种溢出错误，会导致数学上的不正确结果。相类似的，除以 2 时会将所有位向右移动一位，并且最右边的位会丢失，这是一种下溢事件，意味着在除法运算中，整数会向下舍入到最接近的整数。一般来说，下溢没有溢出那么严重，只会导致精度损失，而不是潜在的灾难性错误。溢出也会在加法中发生，使用一字节数据的 255+1=0 是一个有趣的例子，这里发生的情况是，255 中的所有位都被设置，添加 1 会导致算术进位 1 一直向左传播而清除所有位，然后作为溢出丢失。与计算中经常发生的情况一样，我们注意到在正常算术中的 –1+1=0，我们可以让 255 代表 –1 而不是 +255。事实上，所有值 >127（即最左边的位设置为 1 的值）都是负数，这是二进制补码表示法，其中最左边的位是符号位。你可以通过翻转每个位的值然后加 1，将任何整数 n 转换为 $–n$。在 C++ 中，我们可以声明整数变量为有符号的或无符号的，具体取决于我们是想要更大的正整数还是允许在变量中使用正数和负数值。请注意，这不仅仅是外观上的差异，计算机硬件实际上会为有符号和无符号变量执行不同的机器指令。一个例子是，测试 [0100 0000] > [1000 0000] 是真还是假，具体取决于所涉及的变量是字符（真）或无符号字符（假）。

大整数和浮点数的值需要超过一个字节来保存。在实际应用中，通常使用 2、4 或 8 字节（注意始终是 2 的幂）。C++ 中的值如表 E.1 所示，整数的内部表示很直观，左边字节表示比右边字节具有更高的二次幂，图 E.1 显示了一个 2 字节的示例。

表 E.1　C++ 中的内部类型（适用于当前的 Intel PC）

类型	又名	无符号	位数	字节	值
bool	—	×	8	1	true 或 false
char	—	√	8	1	用于字符或短整型
short	short int	√	16	2	整数 $[-2^{15},+2^{15}]$ 或 $[0,+2^{16}-1]$
int	—	√	32	4	整数 $[-2^{31},+2^{31}]$ 或 $[0,+2^{32}-1]$
long	long int	√	32	4/8	整数 $[-2^{31},+2^{31}]$ 或 $[0,+2^{32}-1]$
long long	long long int	√	64	8	整数 $[-2^{63},+2^{63}]$ 或 $[0,+2^{64}-1]$
float	—	×	32	4	浮点型 $\pm 3.4\ 10^{\pm 38}$（大约 7 位有效数字）
double	—	×	64	8	浮点型 $\pm 1.7 10^{\pm 308}$（大约 16 位有效数字）
long double	—	×	64	8	在 Intel CPU 上可能 80 位

在图中，位模式可以写为十六进制的 AC05，如果解释为 16 位整数，则对应于有符号

值的 −4 493 710 或无符号值的 4 378 110。在现代计算机上，整数可以用 1、2、4 或 8 字节表示，如表 E.1 所示。这张表还包括浮点和布尔内置类型的详细信息。

E.2 整数和布尔类型

在 C 和 C++ 中总是用 0 表示布尔值 false，而所有其他值都被视为 true，这导致了一种懒惰的编程风格，其中在 if 语句中测试的是数值而不是布尔值。我对这种风格有些同情，让函数返回布尔错误代码而不是潜在更有用的数值错误代码，对我来说是一种浪费。在 CUDA 和我的代码中，许多函数返回 0 表示成功，其他值表示错误代码。

long int 类型属于 C 的遗留特性，C/C++ 标准并没有指定这种类型的长度值，反而指定这种类型的长度（也代表精度）至少与 int 相同。早期的 C 实践中，int 变量的长度为 2 个字节，与现代的 short 相同，而 long int 变量的长度为 4 个字节。在现代实践中，int 现在是 4 个字节，新类型 long long 是 8 个字节，因此 long int 可以说是多余的。long int 的另一个问题是，在 32 位代码中它可能会编译成 4 字节，在 64 位代码中会编译成 8 字节。我认为最好明确表明你的意图，并坚持使用 int 和 long long。

E.3 浮点数

浮点数的表示更复杂，如今几乎所有系统都符合 IEEE 标准 754，标准对单精度 32 位和双精度 64 位浮点数都有精确的规定，32 位值的位模式如图 E.2 所示，最小有效位 0～22 包含 2 的负幂的和（即小数）表示的实际值，位 23～30 中包含 8 位指数，位 31 中有一个符号位，还给出了恢复该值的精确公式。

注意，小数位总和中的前导 1，这隐含着向总和中添加一个额外的最高有效位。因此，32 位浮点数精度为 $\log_{10}[2^{24}]=7.225$ 位有效数字。定义中还隐含了一个信息，就是在 32 位浮点数中的正整数与负整数可以精确地表示到 2^{24}，这对于尽可能需要使用 float 变量的 CUDA 应用程序是非常有帮助的。在安全范围内，整数值能够可靠地存储到 float 变量中并从中恢复，使用 float 也能正常执行如加法之类的简单计算。

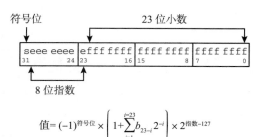

$$值= (-1)^{符号位} \times \left(1+\sum_{i=1}^{i=23} b_{23-i} 2^{-i} \right) \times 2^{指数-127}$$

图 E.2 IEEE 32 位浮点格式

另一个重要的细节是，8 位的指数通过 127 的偏置来处理正负指数。指数位 23～30 都为 0 是特殊情况，表示为 2^{-127} 这个最小可能指数，这些数字是非规格化的浮点数。在这种情况下，如果某些前导小数位也为 0 的话，那么所表示的值会小于 2^{-127}，并且不太精确。例如，一个小数的 13～22 位为 0，则这个值是由位 0～12 表示的二进制小数在乘以 2^{-137}。正如我们之前所看到的，如果在计算中出现非规格化数，它可能会对主机代码的性能产生灾难性的影响，硬件应该会使用编译器或运行时开关自动将其清除为 0。在 GPU 的代码中，可以通过 –use_fast-math 的一个选项来启动清除为 0 的功能。

双精度 64 位浮点数具有类似的布局，包括 1 个符号位、11 个指数位和 52 个小数位，其精度为 log10 $[2^{54}]$=16.256 位有效数字，这种格式中的整数可以精确表示到 2^{54}，详细信息总结在表 E.1 中。在 CUDA 程序中使用 double 变量始终需要小心，在便宜的卡中，每个时钟周期执行的双精度操作会远远少于浮点数，而所有的卡都需要双倍的内存带宽。

最近发布的 CUDA 版本，引入了 16 位的 half 浮点类型和其他专门用于优化张量核心计算的变体。这些类型在第 11 章中进行了讨论。

附录 E 尾注

1. 在撰写本文时，1 GB 的 DRAM 需要 10 英镑成本，因此每分钱能买到约 10 000 000 个晶体管，这些可能是有史以来成本最低的物品。
2. 那个时候，大多数非 IBM 计算机都使用每行有 7 个有效位的纸带，因此偏爱八进制表示法。曾经有激烈的争论，当时流传的一个故事是，希腊学者喜欢使用 " sexadecimal" 这个词，但 IBM 过于谨慎而不敢采用。在 ASCII 字符编码表中可以找到这个时代的回声，其中的基本字符集只使用 7 位。

附录 F   CUDA 文档和库

NVIDIA 为 CUDA 开发人员提供广泛的文档支持，可在 https://docs.nvidia.com 上在线获取，可以在线阅读也可以下载成 PDF 手册。在 SDK 11.2 之前的版本，会自动在本地计算机的"doc"目录中安装完整手册，包括 HTML 和 PDF 格式，从 SDK 11.2 开始就不再自动安装（可能是为了节省空间），但你还是可以快速下载单独的手册。本附录为可用内容提供简要指南，CUDA SDK 还包括许多有关使用这些库的有用示例，下面列出的手册来自上述网站的 CUDA 工具包文档部分。

F.1   CUDA 编程的支持

- CUDA C++ 编程指南（Programming Guide）：这本手册绝对是最好的起点，我们在整本书中都经常引用到。
- SDK 发行说明。
- Windows 和 Linux 的安装指南（Installation Guide）。
- 最佳实践指南（Best Practices Guide）：强烈推荐本指南，它涵盖本书中所讨论的许多思想，并提供显式 NVCC 特性的有趣细节以协助微调代码。例如，对于任何明确的 2 幂次数处理，像 x=index%256; y=index/256; 这样的表达式，将使用快速的移位操作，而不是使用速度较慢的 % 和 / 算式。
- 兼容性：适用于每种支持架构。
- 调优指南（Tunning Guide）：适用于每种支持架构，这些指南值得一读。

F.1.1   PTX 文档

PTX（Parallel Thread Execution，并行线程执行）是由 NVCC 创建的 GPU 汇编语言，尽管本书的讨论不涉及过多 PTX 的细节，但学习它确实能让我们更好地理解 GPU 硬件的实际工作原理。

- 内联 PTX 汇编：NVCC 编译器允许你使用 asm（"PTX 指令"）直接将 PTX 代码行注入 GPU 代码。你可能会在"专家"代码或某些 CUDA 库头文件中看到 asm 的使用。这本简短的手册通过示例解释了它是如何工作的。
- PTX ISA 应用指南：这是对单个 PTX 操作和相关 ISA（指令集架构）的详细解释。本质上，它详细解释了 CUDA 中所有暴露的机器码操作。这是一本参考手册，不是科普读物。
- PTX 互操作性：这是你需要在没有 CUDA 和 NVCC 帮助编写 GPU 汇编级内核函数的指南。它解释了应用程序二进制接口（ABI），它允许你的代码正确编译并与链接器接口以在特定的设备上运行。这是一本相对简短的手册。

F.1.2   CUDA API 参考

API 是应用程序的编程接口，在大多数情况下是一组执行特定任务的可调用函数。这些指南非常长，虽然对查找特定函数很有用，但绝对不适合睡前阅读。

- **CUDA 运行时 API**：这是一本大型手册，包含了你可以在主机或 GPU 代码中使用的所有 CUDA 函数的完整细节。在线版本最容易使用，因为可以通过关键字搜索快速找到特定函数。

- **CUDA 驱动 API**：本手册与上面相同，但是适用于 CUDA 驱动 API。CUDA 驱动 API 是我们在本书中一直使用的运行时 API 的替代方案。运行时 API 使用主机的 kernel<<< >>>(arguments)；接口，使启动内核函数变得简单。这种方法的缺点是它会自动处理从 GPU 内存中加载和删除内核函数代码。驱动 API 提供了对此及其他管理任务的精细控制，但代价是更为复杂的代码。由于本书的主旨是保持简单，因此我们建议始终使用运行时 API。

- **CUDA 数学 API**：这是一份重要的文档，涉及科学代码，其中描述了 GPU 代码中可用的内置数学函数。这个文档非常值得浏览。除了常见的 sin 和 cos 之外，还有许多快速的特殊函数，可能会有所帮助。书中使用的一个例子是 __ffs( )，它可以找到 32 位整数中设置为 1 的最低有效位的位置。

- **PTX 编译器 API**：它提供了有关各种 PTX 操作的更多信息。

F.2　CUDA 运算库

NVIDIA 提供一些重要的库，用于执行特定的计算任务。在大多数情况下，这些函数可以直接从主机代码调用，无须编写内核函数。此外还有一组开源示例，额外提供 SDK 中的示例（CUDA Library Samples），网址为 https://github.com/NVIDIA/CUDALibrarySamples。

- **cuBLAS**：这个库在 GPU 上提供 BLAS 库函数，有三个 API，为用户提供了不同程度的控制管理设备内存的能力。

- **NVBLAS**：该库旨在与使用 BLAS 依赖代码的现有基于 CPU 的项目配合使用，如果在本机 BLAS 库之前在链接步骤中包含 NVBLAS 库，则某些 level-3 BLAS 函数将被 cuBLAS 库中的版本替换，并自动在 GPU 上运行，而不是在 CPU 上运行。

- **cuFFT**：一组在 GPU 上运行的快速傅里叶变换例程。

- **cuRAND**：一个随机数库，在第 6 章中有详细介绍。

- **cuSPARSE**：该库是一组主机可调用函数，用于在通常至少有 95% 元素为 0 的稀疏矩阵上执行 GPU 线性代数运算。

- **cuSOLVER**：这是一组主机可调用函数，用于在密集和稀疏矩阵上进行 GPU 加速分解和线性系统求解，提供与 cuBLAS 和 cuSPARSE 库的高级接口。

- **NPP**：这个库致力于 2D 图像处理，包括正文中讨论的图像滤波类型，由一组大量的主机可调用函数组成。

- **NVRTC**（运行时编译）：这个库提供的工具，允许正在运行的主机程序动态编译和运行 GPU 内核函数代码。这与在执行之前使用 NVCC 编译所有内容的正常（和更简单的）方法形成对比。本手册中包含一些有用的示例。

- cuTensor：这是一个主机函数库，使用 GPU 张量核心对矩阵和张量执行缩并和归约等操作。这个库是 Thrust 和第 11 章中讨论的 warp 矩阵函数的可能替代方案，虽不包含在标准 SDK 中，但可以从 https://developer.nvidia.com/cutensor 下载，并且 https://docs.nvidia.com/cuda/cutensor/index.html 提供 HTML 文档。开源的 CUDA Library Samples 中包含了一些使用该库的示例。

F.3　NVIDIA OptiX

最新的 NVIDIA GPU，特别是基于 Turing TU102 和 Ampere GA102 芯片组的 GPU，拥有新的光线追踪（RT）硬件，每个 SM 配备一个 RT 单元。这些单元旨在加速游戏和其他可视化目的下对 3D 场景进行高质量渲染。CUDA 本身并不直接向程序员公开 RT 硬件，但支持通过对附加 OptiX 库中的对象进行函数调用来使用它。可以从 https://developer.nvidia.com/designworks/optix/download 下载 OptiX SDK，文档和示例代码已包含在下载文件中。

RT 单元旨在加速检测光线是否和物体的边界块相交，这正是我们在 8.8 节中讨论的问题，CUDA 代码在示例 8.21 中查找与轴对齐边界块的交点。使用 RT 核心可能进一步加速这一步骤，这对于检测电离辐射系统的模拟以及在层析重建中的正向和反向投影步骤都有潜在的用途。目前我们尚未详细探讨这一点，但预计应用程序将很快出现。需要注意的是，目前的 GPU 每个 SM 只有一个 RT 单元，因此性能提升可能有限。

F.4　第三方扩展

- Thrust：Thrust 提供了一个类似于 C++ 的 std::vector 的向量类，支持主机和 GPU 内存中的向量。向量可以在内存空间之间进行复制。支持类似于 C++ 算法库中的 GPU 加速算法，可以在 GPU 向量上运行，本书中我们将 Thrust 作为容器类使用。虽然它与 CUDA SDK 一起发布，但 Thrust 实际上是一个独立的项目，更多详情可在 https://thrust.github.io/ 上找到。
- CUB：这是另一个开源项目，提供主机级别的函数来执行诸如 reduce 等操作，其目的与 Thrust 类似，但与 Thrust 不同的是 CUB 并未包含在 CUDA SDK 中。简短的 NVIDIA 文档基本可从官方网站 https://nvlabs.github.io/cub/ 下载。
- CUDA C++ 标准库：这里指的是 libcu++ 项目，目的在提供许多 C++ 标准库（std）函数的等效内核函数代码。这是一组在 CUDA SDK 里的包含文件。网站 https://nvidia.github.io/libcudacxx/ 提供了更多细节，本书中并没有使用这些函数。

上面的列表包括你开发自己的 GPU 应用程序所需的大多数指南和参考手册。然而，NVIDIA 提供了更多面向广泛受众的文档，从游戏开发人员到大型 HPC 设施的管理员。其中许多可以直接从附录开头的链接中访问。

附录 G CX 头文件

我们的示例使用了一组经过一段时间开发的头文件，并为本书添加了一些内容。它们包含许多有用的函数，可以是实用工具，也可以是用于简化一些较复杂的 CUDA 部分（例如纹理）的包装器。大部分内容位于 cx（CUDA 示例）命名空间中，在示例中使用这个命名空间时是显式的。主要的 cx.h 文件中的一小部分常用定义不属于任何命名空间（例如 uint），这有助于保持我们的代码简洁。五个头文件如表 G.1 所示，完整的清单会在后面提供。显然在编译我们的示例时，CX 头文件应该在编译器使用的路径中。

表 G.1 CX 头文件

文件名	内容
cx.h	所有示例都使用的基本定义，包括短类型名称和指针包装器。cx::ok 在此定义
cxbinio.h	简单 C 风格的二进制 IO，我们经常用它来在磁盘上传输数据 （续）
cxtimers.h	一个简单的计时器类，具有非常紧凑的接口
cxtextures.h	用于简化 CUDA 纹理使用的包装器
cxconfun.h	一些有趣的定义，将一些数学函数定义为 constexpr，以便它们可以在编译时进行求值。在 PET 章节的 scanner.h 中使用了一次

这些头文件中都会在示例 G.1～G.10 中使用到，并在接下来的部分中详细讨论。

G.1 cx.h 头文件

这个基本的头文件几乎在所有示例中都会用到，它为许多算术数据类型定义了短别名，例如"ullong"代表"unsigned long long"。在我们的示例中广泛使用这些别名，一部分是为了减少冗长性。其他有用的定义是作为函数参数使用的指针类型的包装器。以下是代码的描述和完整清单。

示例 G.1 头文件 cx.h 第 1 部分

```
02   #pragma once
     . . .
11   // these for visual studio
12   #pragma warning( disable : 4244)// vebose thrust warnings
13   #pragma warning( disable : 4267)
14   #pragma warning( disable : 4996)// warnings: unsafe calls
15   #pragma warning( disable : 4838)// warnings: size_t to int

16   // macro #defines for min & max are usually bad news,
17   // the native CUDA versions compile to single instructions
18   #undef min
19   #undef max
20   // cuda includes
21   #include "cuda_runtime.h"
22   #include "device_launch_parameters.h"
```

```
23  #include "helper_cuda.h"
24  #include "thrust/host_vector.h"
25  #include "thrust/device_vector.h"
26  #include "thrust/system/cuda/experimental/
                            pinned_allocator.h"
27  // C++ includes
28  #include <stdio.h>
29  #include <stdlib.h>
30  #include <string.h>
31  #define _USE_MATH_DEFINES
32  #include <math.h>
33  #include <algorithm>
34  #include <float.h>   // for _controlfp_s

35  // for openCV GUI etc (ASCII escape)
36  #define ESC 27
```

- 第 12～15 行：抑制 Visual Studio C++ 中某些恼人的警告消息。
- 第 18～19 行：移除 #define 风格的 min 和 max 定义。这些害处大于好处。我们在主机代码中使用 std 版本，或者在内核函数代码中使用快速的 CUDA 内置函数。
- 第 21～26 行：包括大多数（但不是全部）常用的 CUDA 和 thrust 支持文件。
- 第 28～34 行：主机 C++ 头文件。
- 第 36 行：定义 ASCII 转义符号，仅在 Ising 示例中使用了一次。

示例 G.2　头文件 cx.h 第 2 部分

```
37  // these mimic CUDA vectors, e.g uchar4

38  using uchar  = unsigned char;
39  using ushort = unsigned short;
40  using uint   = unsigned int;
41  using ulong  = unsigned long;
42  using ullong = unsigned long long;
43  using llong  = long long;

44  // const versions of above

45  using cuchar  = const unsigned char;
46  using cushort = const unsigned short;
47  using cuint   = const unsigned int;
48  using culong  = const unsigned long;
49  using cullong = const unsigned long long;

50  // const versions of native types
51  using cchar   = const char;
52  using cshort  = const short;
53  using cint    = const int;
54  using cfloat  = const float;
55  using clong   = const long;
56  using cdouble = const double;
57  using cllong  = const long long;

58  // for CUDA (incomplete add as necessary)
59  using cint3 = const int3;
```

```
60  using cfloat3 = const float3;
61  // These to reduce verbosity in pointer arguments
62  // pointer variable data variable
63  template<typename T> using r_Ptr = T * __restrict__;
64  // pointer variable data constant
65  template<typename T> using cr_Ptr = const T *
                                            __restrict__;
66  // pointer constant data variable
67  template<typename T> using cvr_Ptr = T *
                                       const __restrict__;
68  // pointer constant data constant
69  template<typename T> using ccr_Ptr = const T *
                                       const __restrict__;

71  // thrust vectors aliases
72  template <typename T> using thrustHvecPin =
    thrust::host_vector<T,thrust::cuda::experimental::
                              pinned_allocator<T>>;
73  template <typename T> using thrustHvec =
                                 thrust::host_vector<T>;
74  template <typename T> using thrustDvec =
                                 thrust::device_vector<T>;

75  // get pointer to thrust device array
76  template <typename T> T * trDptr(thrustDvec<T> &a)
                              { return a.data().get(); }
77  //template <typename T> T * trDptr(thrustDvec<T> &a)
78  //   { return thrust::raw_pointer_cast(a.data()); }
```

- 第 37~57 行：对于本机类型的无符号和 const 版本的许多别名。前缀 'u' 表示无符号很常见，'c' 表示 const 不太常见。这些别名使函数声明更加紧凑。

- 第 59~60 行：两个 CUDA 类型的类似别名，如果需要可以添加更多。

- 第 62~69 行：为 C++ 指针定义了四个模板别名，使用了 restrict 关键字以及各种方式的 const。这些别名有助于管理指针及其 const 属性。
  - 第 63 行：r_Ptr 在不使用数据或指针常量的情况下定义，通常用于输出的数组。
  - 第 65 行：cr_Ptr 用于常量数据，但指针本身可以是变量，通常用于输入数组数据。
  - 第 67 和 69 行：定义 cvr_Ptr 和 ccr_Ptr，其中指针本身是常量，数据可以是变量或常量。这些版本未在提供的代码中使用。

- 第 72~73 行：定义了模板别名 thrustHvec 和 thrustDvec，用于创建 thrust 主机和设备向量，thrustHvecPin 用于固定内存中的主机向量。这些别名简化了创建 thrust 向量的过程。

- 第 76 行：大多数数组容器类，包括 std::vector 和 thrust::host_vector，都有一个成员函数 data()，它返回一个指向数据数组起始位置的原始指针。这对于传递给期望指针的函数是有用的，其中一个示例是在 cxbinio.h 中用于二进制 IO 所遗留的 fread 和 fwrite 函数。但如果可能的话，传递对实际容器对象的引用更好。在调用内核函数时不允许传递引用，必须传递数据指针。thrust 存在一个问题，尽管

thrust_device 向量确实具有 data() 成员函数，但这函数不会返回用于传递给内核函数的原始指针。如果 a 是 thrust 设备向量，那么 a.data().get() 确实会返回一个合适的原始指针。函数 trDptr 使用它从引用传递的 thrust_device 向量中返回一个原始数据指针，此函数是为了在主机上使用。

- 第 78 行：这里提到的 a.data().get() 函数是没有文档记录的，建议的替代方法是使用 thrust::raw_pointer_cast()，将 a.data() 或 &a[0] 作为一个参数。此处使用 raw_pointer_cast 显示了 trDptr 的替代定义，但在这个版本的 cx.h 中已注释掉，但如果你不喜欢使用无文档化的特性，可以取消注释。

在我们的示例中不使用 trDptr，而是更喜欢直接将 a.data().get() 用作内核函数参数，因为这种用法与我们在主机容器类中的惯例相匹配。如果我们使用 raw_pointer_cast 的替代版本，这里定义的 trDptr 包装器将显著减少生成的内核函数调用的冗长性。

- 第 79 行：这个头文件和所有其他 cx 头文件中的其他内容都在 cx 命名空间内。
- 第 81～83 行：定义了模板 constexpr 符号 pi、pi2 和 piby2，表示 π、2π 和 $\pi/2$。这些符号在编译时以最大精度计算，默认的模板类型被设置为 float，允许使用 cx::pi<> 和 cx::pi<double> 来表示 float 或 double 值。
- 第 84～88 行：解释了实用函数 tail 的用途，该函数返回字符串 s 中分隔符字符 c 之后的部分。此函数在 codecheck 中用于从完整文件名中剥离路径。

示例 G.3　头文件 cx.h 第 3 部分

```
79   namespace cx {// NB these are inside cx namespace

80   // fancy definition of pi, (default float)
81   template<typename T=float> constexpr T pi =
                     (T)(3.14159265358979932385L);
82   template<typename T=float> constexpr T pi2 =
                          (T)(2.0L*pi<T>);
83   template<typename T=float> constexpr T piby2 =
                          (T)(0.5L*pi<T>);
     // strip path from file name
84   const char *tail(cchar *s,char c)
85   {
86     const char *pch = strrchr(s,c);
87     return (pch != nullptr) ? pch+1 : s;
88   }

89   // Based on NVIDIA checkCudaErrors in helper_cuda.h
90   inline int codecheck(cudaError_t code, cchar *file,
                          cint line, cchar *call)
91   {
92     if(code != cudaSuccess){
93       fprintf(stderr,"cx::ok error: %s at %s:%d %s \n",
           cudaGetErrorString(code), tail(file,'/'),
           line, call);
94       exit(1);    // NB this to quit on error
95       //return 1; // or this to continue on error
96     }
```

```
97    return 0;
98  }

99  // this during development
100 #define ok(cuda_call) codecheck((cuda_call),
                 __FILE__, __LINE__, #cuda_call)
101 // or this for final release code
102 //#define ok(cuda_call) cuda_call;
      } // end namespace cx and file cx.h
```

- 第 90～100 行：定义了用于检查 CUDA 错误的宏 cx::ok，与 NVIDIA 的 helper_cuda.h 中的 checkCudaErrors 函数密切相关。使用这个宏能简化代码，并且可以更改为返回而不是直接退出程序。
  - 第 90 行：声明 codecheck 函数去执行所有的工作，参数包括 code（要执行的 CUDA 调用）、file（包含代码的文件的完全限定名称的 cstring）、line（包含调用 cx::ok 的代码行号的 cstring）和 call（包含 CUDA 调用的 cstring）。
  - 第 92 行：执行 CUDA 函数调用 code 并检查返回代码。
  - 第 93～94 行：如果发生错误，它会输出一个信息性消息并退出程序。请注意，使用 cudaGetErrorString 将 CUDA 错误代码转换为有意义的文本字符串。
  - 第 95 行：直接退出的一个替代方法是在这里返回一个非零错误代码。
  - 第 100 行：将 cx::ok 定义为宏。我们代码中很少使用到宏，但在这里编译器通过提供 cx::ok 检测到错误的文件名和行号，提供了额外的价值。
  - 第 102 行：将 cx::ok 定义为不执行任何操作的替代版本；在调试过的代码中，这可以用于提供略微更好的性能。

G.2 cxbinio.h 头文件

如果你不熟悉二进制输入 / 输出（IO），这是主机内存和磁盘之间传输数据的最有效方式，只传输二进制数据没有任何格式化，这意味着对于 double 等数据类型不会丢失精度。与格式化数据相比，输出的文件通常会比较小。

二进制 IO 需要三个简单的步骤，首先是"打开"文件进行读取或写入，然后执行一个或多个读取或写入操作，最后是"关闭"文件。如果你忘记关闭打开的文件，操作系统将在程序结束时自动关闭文件——但这不是好的做法，因为为打开的文件创建的句柄是稀缺资源。在此头文件中定义的函数如表 G.2 所示。

表 G.2 cxbinio.h 提供的 IO 功能

函数	描述
template <typename T> int **read_raw** (const char *name, T *buf, size_t len, int verbose=1)	将命名文件中的 len 长的字读取到 buf

（续）

函数	描述
template <typename T> int **write_raw** (const char *name, T *buf, size_t len, int verbose=1)	从 buf 向命名文件写入 len 长的字。现有文件将被覆盖
template <typename T> int append_raw (const char *name, T *buf, size_t len, int verbose=1)	将 len 长的字从 buf 附加到命名文件。如有必要，将创建一个新文件
template <typename T> int **read_raw_skip**(const char *name, T *buf, size_t len, size_t skip, int verbose=0)	从跳过字节后开始读取命名文件中的 len 长的字到 buf
template <typename T> size_t **length_of**(const char *name, int verbose=0)	返回命名文件的长度，单位为大小为 T 字节的字
int **can_be_opened**(const char *name)	如果可以打开命名文件，则返回 1，否则返回 0

我们使用 fopen、fread 和 fwrite 这些旧的 C 函数来实现这些例程，因为这些比 C++ 的 iostream 等效函数更简单地处理错误。在读取或写入文件时正确地进行错误检查是至关重要，例如，用户可能输入错误的文件名，或者在写入时磁盘可能已满。对于重要的 GPU 问题，文件大小可能会达到许多 GB，这意味着 32 位整数可能无法保存它们的大小。因此，在我们的函数中对于 len 和 skip 参数，会使用 size_t 而不是 int 或 uint，并且如果需要的时候，编译器会自动将用户提供的参数提升为 size_t。

简单二进制 IO 的一个缺点是用户必须在读取文件之前知道文件的大小。大多数标准二进制的文件格式，以几个字节的头部信息开头指定以下数据集的长度，头部通常包含其他信息。与使用头部不同，我们提供一个函数 length_of，这个函数将返回现有文件的字节数。

二进制文件的另一个问题是，在不同架构的计算机之间缺乏可移植性，特别是在不同字节顺序的系统之间，会导致字节交换错误。

在打开命名文件去进行写入或添加内容时需要特别小心，我们在打开语句中使用"wb"或"ab"参数，这将导致任何现有的同名文件被覆盖。如果这是你想要的，通常在开发代码时是可以接受的，但在其他情况下必须小心。在我们的示例中，命令行参数始终安排在输出文件名之前指定输入文件名。自 C++11 开始提供"wbx"参数，如果要打开现有文件，会引发错误，然后可以来询问用户是否要继续。我们的 can_be_opened 函数，可用来将文件传递给 cx 的读取或写入函数之前，先检查文件是否存在。

这些函数在我们的示例中广泛使用，但在这里我们提供另一个示例，说明它们如何用于合并一组文件。示例 G.4 后面是对 cxbinio 代码的详细描述。

示例 G.4　使用 cxbinio.h 合并一组二进制文件

```
01  #include "cx.h"
02  #include "cxbinio.h"

03  int main(int argc,char *argv[])
04  {
05    if(argc < 3){
06      printf("Usage binio <input tag> <output file>
                                  <input size>\n");
07      return 0;
08    }
09    // argv[1] is input file head - e.g. "test"
      // for test0000.raw to test0099.raw
10    // argv[2] is output file
      // argv[3] is input size in words
11    int size = (argc >3) ? atoi(argv[3]) : 1024;

      // define data type here, then implicit elsewhere
12    std::vector<ushort> buf(size);
13    int file = 0;
      // "9" is for head + nnnn.raw + \0
14    std::vector<char> name(strlen(argv[1])+9);
15    sprintf(&name[0],"%s%4.4d.raw",argv[1],file);

16    while(cx::can_be_opened(&name[0])){
17      if( cx::read_raw(&name[0],buf.data(),size,0)==0)
18        cx::append_raw(argv[2],buf.data(),size);
19      file++;
        // next file in sequence
20      sprintf(&name[0],"%s%4.4d.raw",argv[1],file);
21    }

22    printf("good files copied to %s\n",argv[2]);
23    return 0;
24  }
```

示例 G.4 的说明

这个程序将一组 N 个文件合并到一个单独的输出文件中，这些文件的命名方式如 slice0000.raw、slice0001.raw、…、slice0099.raw，其中 $N=100$。这些文件必须具有相同的数据类型和大小。

- 第 1~2 行：包含 cx.h 和 cxbinio.h。
- 第 5~8 行：检查是否有足够的用户参数，如果没有则输出一个有用的消息并退出。我们在许多示例的完整版本中使用这种方法来记录程序参数。
- 第 9~11 行：需要三个用户提供的参数，一个输入文件的头部名称、单一输出文件的完整名称以及输入文件的字数大小。数据类型（ushort）在这个简单示例代码中被硬编码。
- 第 12 行：在这里创建一个用于保存一个输入文件内容的向量 buf，注意模板类型参数（这里是 ushort）隐式地定义了在代码其余部分中使用的数据类型。编译器将自动使用 buf.data() 的类型作为 cxbinio 函数的模板类型，这些函数在第 16~18

行中使用。

- 第 13 行：变量 file 用于表示当前正在处理的文件的排名。
- 第 14 行：创建一个保存当前输入文件名称的 char 类型的向量 name，必须能够容纳由第 15 和 20 行的 sprintf 所生成的字符串。请注意，我们需要包含一个额外的字符来容纳 C 字符串的 "0" 终止字节，这种方法比声明一个固定大小的数组好，例如，"char name[256];"，并希望用户不会输入一个非常大的字符串。
- 第 15 行：使用 sprintf 创建第一个文件的完整名称，并将结果存储在 C 字符串 name 中。请注意使用 %4.4d 来创建 0 填充值。
- 第 16～21 行：这个 while 循环处理序列中的每个文件。
  - 第 16 行：调用 cx::can_be_opened 检查当前输入文件是否存在，如果不存在的话就会终止循环。
  - 第 17 行：调用 cx::read_raw 来读取当前文件，并检查返回值是否成功。我们使用可选的第四个参数来抑制函数的 "文件读取" 消息。
  - 第 18 行：调用 cx::append_raw 将 buf 的内容追加到输出文件。
  - 第 19 行：将变量 file 递增，指向序列中的下一个文件。
  - 第 20 行：使用 sprintf 更新 name 中的文件名，以便下次通过 while 循环时使用。
- 第 22～23 行：输出最终消息并退出。

运行 binio 程序对一组 10 个测试文件的示例，输出如下框所示。

```
D:\ >binio.exe test test_all.raw 1024
file test_all.raw appended
file test_all.raw appended
file test_all.raw appended
file test_all.raw appended
file test_all.raw appended
bad read on binio_test0005.raw got 3 items expected 1024
file test_all.raw appended
file test_all.raw appended
file test_all.raw appended
file test_all.raw appended
good files copied to test_all.raw
```
　运行binio示例对test0000.raw至test0009.raw等10个文件集的结果，文件的预期长度为1024个字，文件test0005.raw太短，未附加到输出文件中。

头文件 cxbinio.h 第 1 部分如示例 G.5 所示。

示例 G.5　头文件 cxbinio.h 第 1 部分

```
   . . .
06  #include <stdio.h>
07  #include <stdlib.h>
08  #include <string.h>
   . . .
```

```
20  namespace cx {
21  // read an existing file.
22  template <typename T> int read_raw(const char
            *name, T *buf, size_t len, int verbose=1)
23  {
24    FILE *fin = fopen(name,"rb");
25    if(!fin) { printf("bad open on %s for read\n",
                                name); return 1; }
26    size_t check = fread(buf,sizeof(T), len, fin);
27    if(check != len) {
28      printf("bad read on %s got %zd items expected
                          %zd\n", name, check, len);
29      fclose(fin); return 1;
30    }
31    if(verbose)printf("file %s read\n", name);
32    fclose(fin);
33    return 0;
34  }

35  // write to new file (CARE overwrites any existing
    //  version without warning)
36  template <typename T> int write_raw(const char
            *name, T *buf, size_t len, int verbose=1)
37  {
38    FILE *fout = fopen(name,"wb");
39    if(!fout) { printf("bad open on %s for write\n",
                                name); return 1; }
40    size_t check = fwrite(buf, sizeof(T), len, fout);
41    if(check != len) {
42      printf("bad write on %s got %zd items expected
                          %zd\n", name, check, len);
43      fclose(fout); return 1;
44    }
45    if(verbose)printf("file %s written\n", name);
46    fclose(fout);
47    return 0;
48  }

50  // append to existing file or create new file
51  template <typename T> int  append_raw(const char
            *name, T *buf, size_t len, int verbose=1)
52  {
53    FILE *fout = fopen(name,"ab");
54    if(!fout) { printf("bad open on %s for append\n",
                                name); return 1; }
55    int check = (int)fwrite(buf,sizeof(T),len,fout);
56    if(check != len) {
57      printf("bad append on %s got %d items expected
                          %zd\n", name, check, len);
58      fclose(fout);
69      return 1;
60    }
61    if(verbose)printf("file %s appended\n", name);
62    fclose(fout);
63    return 0;
64  }
65  // read len WORDS skipping first skip BYTES
66  template <typename T> int read_raw_skip(const char
```

```
                  *name, T *buf ,size_t len, size_t skip,
                                      int verbose=0)
67  {
68    FILE *fin = fopen(name,"rb");
69    if(!fin) { printf("bad open on %s for read\n",
                                name); return 1; }
70    if(fseek(fin,(long)skip,SEEK_SET)) {
71      printf("seek error on %s skip =%lld\n",
                        name,skip); return 1; }
72      size_t check = fread(buf,sizeof(T),len,fin);
73     if(check != len) {
74        printf("bad read on %s got %d items expected
                            %zd\n", name, check, len);
75        fclose(fin);
76        return 1;
77      }
78      if(verbose)printf("file %s read skiping %lld
                              bytes\n", name, skip);
79    fclose(fin);
80    return 0;
81  }
82  // returns length of file as bytes/sizeof(T)
    //i.e. type-T words
83  template <typename T> size_t length_of(const char
                                              *name)
84  {
85    FILE *fin = fopen(name,"rb");
86    if(!fin) { printf("bad open %s\n",name);
                                  return 0; } }
87    fseek(fin,0,SEEK_END);
88    long offset = ftell(fin);
89    size_t len = offset/sizeof(T);
90    fclose(fin);
91    return len;
92  }
93  // test if file exists and is available for reading
94  int can_be_opened(const char *name)
95  {
96    FILE *fin = fopen(name,"r");
97    if(fin==nullptr) return 0;
98    else fclose(fin);
99    return 1;
100 }
```

文件 cxbinio.h 的列表和详细描述如下。

示例 G.5 的说明

- 第 6～8 行：标准的头文件。
- 第 20 行：所有内容都在 cx 命名空间内。
- 第 22 行：声明了 read_raw 模板函数，参数包括 name（一个包含要读取的文件名称的 C 字符串）、buf（一个指向要读取数据的 T 类型数组的指针）、len（要写入的字数）和 verbose（控制输出的标志）。注意，name 可以包含路径。
- 第 24 行：以二进制读模式打开文件，如果发生错误时（例如文件不存在），则句柄

fin 将为 null。

- 第 25 行：如果打开不成功，则输出消息并返回。

- 第 26 行：使用 fread 执行读操作。注意，这里使用字长（这里是 sizeof(T)）和字数（这里是 len）两个参数指定要读取的数据量，函数返回实际读取的字数。

- 第 27～30 行：如果没有读取到正确数量的字，我们会输出错误消息，清理并返回带有非 0 的错误代码。

- 第 31～33 行：如果已读取到正确数量的字，那么我们可以选择输出文件名，并返回错误代码 0。

- 第 36～48 行：函数 write_raw 的代码几乎与 read_raw 相同，不同之处是我们使用 "wb" 而非 "rb" 打开文件以进行二进制写入，并在第 40 行调用 fwrite 而不是 fread。

- 第 50～64 行：这是函数 append_raw 的代码，几乎与 write_raw() 相同，只是输出文件使用 "ab" 而不是 "wb" 打开，这意味着数据会附加到文件的末尾，而不是覆盖任何以前的内容。如果文件原本不存在，就会创建一个新的，如同指定 "wb" 参数一样。

- 第 65～81 行：函数 read_raw_skip 的代码，与 read_raw 几乎相同，只是读取进程在跳过的第一个字节之后开始。skip 参数是此函数的附加输入参数，值得注意的是，用户有责任确保 skip 是 sizeof(T) 的倍数，否则可能会出现内存对齐问题。

- 第 83～92 行：函数 length_of 返回由模板参数 T 的大小决定的命名文件的长度，这个函数通过使用 fseek 将文件位置指针移动到文件的末尾，然后使用 ftell 来查找指针的值来实现。

- 第 94～100 行：函数 can_be_opened 执行你所期望的操作，尝试以读取的方式打开命名的文件，如果成功则返回 1，否则返回 0。

在结束讨论二进制 IO 之前，值得说明一点是，在 5.7 节中讨论的 ImageJ 程序是查看二进制文件内容的强大工具，其中一个选项是复制我们的示例 G.4，并将一系列二维图像导入为三维堆栈，然后就可以用多种方式查看和操作这样的三维堆栈。

G.3　cxtimers.h 头文件

这个简短的头文件使用现代 C++ <chrono> 头文件，实现一个简单的计时器对象。与大多数 PC 计时器一样，这个库允许你记录代码不同阶段的挂钟时间，因此可以通过时间差推断代码段的持续时间。与早期只有 25 ms 的较差分辨率的 C 和 C++ PC 计时器不同，这个基于 chrono 的计时器具有 1 微秒或更好的分辨率。头文件 cxtimers.h 如示例 G.6 所示。

示例 G.6　头文件 cxtimers.h

```
    . . .
16  // provides a MYTimer object for host bast elapsed time
    measurements.
17  // The timer depends on the C++ <chrono>
18  // usage: lap_ms() to returns interval since previous lap_ms(),
19  // start or reset.

21  #include <cstdio>
22  #include <cstdlib>
23  #include <chrono>

25  namespace cx {
26    class timer {
27    private:
28    std::chrono::time_point<std::chrono::high_resolution_clock>lap;
29    public:
30      timer(){ lap =
                std::chrono::high_resolution_clock::now(); }
31      void start() { lap =
                std::chrono::high_resolution_clock::now(); }
32      void reset() { lap =
                std::chrono::high_resolution_clock::now(); }

34      double lap_ms()
35      {
36        auto old_lap = lap;
37        lap = std::chrono::high_resolution_clock::now();
38        std::chrono::duration<double,std::milli>
                          time_span = (lap - old_lap);
39        return (double)time_span.count();
40      }
42      double lap_us()
43      {
44        auto old_lap = lap;
45        lap = std::chrono::high_resolution_clock::now();
46        std::chrono::duration<double,std::micro>
                          time_span = (lap - old_lap);
47        return (double)time_span.count();
48      }
49    };
50  }
```

示例 G.6 的说明

- 第 23 行：在这里包含了必要的头文件 <chrono>。
- 第 26 行：声明了计时器类。
- 第 28 行：声明了单个成员变量 lap，它的类型适合保存单个时间测量，用于保存一个间隔测量的开始时间。
- 第 30 行：这是默认的构造函数，也是唯一的构造函数，将 lap 设置为当前时间。因此，在简单的示例中，语句 cx::timer tim; 既创建了计时器对象 tim，又设置了间隔测量的起始时间。

- 第 31~32 行：两个成员函数 start 和 reset 都具有将间隔测量的起始时间重置为当前时间的相同效果，但在以后的版本中可能具有不同的功能。这些函数允许你重用先前创建的计时器。
- 第 34~40 行：成员函数 lap_ms 用当前时间更新 lap，并返回新旧 lap 值之间的时间间隔，以毫秒为单位，以 double 类型返回。请注意，lap 在此调用中被重置为当前时间。
- 第 42~49 行：此函数与 lap_ms 相同，只是时间间隔以微秒为单位返回。

要测量重叠的时间间隔，例如总作业持续时间以及作业内各个部分的时间，可以简单地创建多个计时器对象。每个计时器对象都可以用来测量不同的时间段。

G.4 cxtextures.h 头文件

CUDA 纹理在第 5 章中进行了介绍，但这些示例依赖于 cxtextures.h 头文件来创建和填充纹理。在这里，我们展示了需要执行这些任务的相对详细的代码。

纹理在设备上最终只是设备全局内存的一个区域，由主机分配和填充，这与我们在许多示例中使用的设备数组类似。然而，数组中的数据被组织成二维最近邻插值的最优数据，并通过特殊的纹理查找（或在 NVIDIA 的术语中称为提取）硬件来读取。设备内存由主机分配并用纹理对象包装后传递给设备。分配内存时，使用 cudaMallocArray 处理一维或二维纹理、使用 cudaMalloc3DArray 去处理三维纹理，普通的 cudaMalloc 和 thrust 都不适合这个目的。在主机上需要执行五个单独的步骤来创建一个纹理对象：

（1）使用 cudaMallocArray 或 cudaMalloc3DArray 分配设备内存。数组的维度和类型是通过创建一个特殊的 cudaChannelFormatDesc 结构，并将其作为参数传递给分配函数来指定的。注意，这是我们将数组类型指定为 cudaCreateChannelDesc 函数模板参数（在我们的代码中为 T）的地方。允许的类型包括 float、half 和 1、2 或 4 字节的整数。还允许长度为 2 或 4 的内置向量，例如 float2 和 float4，但不允许 float3。

（2）使用 cudaMemcpyToArray（一维或二维）或 cudaMemcpy3D（三维）将主机数据复制到分配的设备内存中。在传输到设备后，数据的布局可能会有所不同。

（3）创建一个 cudaResourceDesc struct，其中包含在步骤（1）中创建的数组指针。

（4）创建一个 cudaTextureDesc struct，其中包含指定纹理的各种可选属性的字段。可能的标志如表 G.3 所示，附有简要描述。

（5）声明一个 cudaTextureObject 的实例，并通过调用 createTextureObject 来设置其属性，其中包括在步骤（3）和步骤（4）中创建的结构体。

表 G.3　用于 cudaTextureDesc 的可能标志

模式	名称	说明
address	cudaAddressModeWrap	使用允许范围的坐标模（仅限归一化坐标）
	cudaAddressModeClamp	坐标被限制在有效范围内
	cudaAddressModeMirror	类似 warp 但反射，即 x → 1−x
	cudaAddressModeBorder	超出范围的坐标返回 0
filter	cudaFilterModePoint	最近的点
	cudaFilterModeLinear	线性插值
read	cudaReadMode	返回本机值
	cudaReadModeNormalizedFloat	对于有符号或无符号的 8 位和 16 位 int 类型，返回范围为 [−1, 1] 或 [0, 1] 的浮点值。返回归一化的值，使 1 对应于最大可能值
coordinate	cudaCoordNormalized† (or 1)	坐标归一化，对于 N 个像素，范围为 [0, 1−1/N]
	cudaCoordNatural† (or 0)	使用值的自然像素范围。对于 N 个像素，范围为 [0,N−1]
arraytype	cudaArrayDefault	标准纹理
	cudaArrayLayered	一维或二维纹理的堆栈
	cudaArraySurfaceLoadStore	类似于标准纹理，但也可以由内核函数写入
	cudaArrayCubemap	专门用于图形的纹理
	cudaArrayTextureGather	专门用于图形的纹理

> 注：1. 更多细节可以在《NVIDIA CUDA C++ 编程指南》中找到。
> 　　2. † 这些名称在 cxtextures.h 中定义；标准的 CUDA 只使用 0 或 1。

正如表中所示，硬件和 CUDA 支持多种可能的纹理类型。除了我们示例中使用的标准纹理类型之外，还有分层纹理和表面纹理。分层纹理可以看作是一堆一维或二维纹理，每个切片都可以单独寻址。分层二维纹理适用于处理一组电影帧或 MRI 切片，其中每个切片需要类似但独立的处理。表面纹理类似于标准纹理，但可以在内核函数代码中进行写操作。在内核函数执行期间，没有尝试在读取和写入之间维护纹理缓存的一致性，因此通常情况下，任何给定的内核函数应该只读取或写入一个表面。

标准纹理的最大尺寸在第 5 章的表 5.1 中显示。对于 CC≥6 的设备，一维或二维分层纹理的最大尺寸为 16 384 或 16 384 × 16 384，最多有 2048 层。有关其他纹理类型的限制和所需的 CC 级别的详细信息，请参阅《NVIDIA CUDA C++ 编程指南》的"计算能力"部分。

内核函数使用模板化函数 tex1D、tex2D 和 tex3D 从标准纹理中读取，如第 5 章所讨论的那样。其他纹理类型使用类似的函数，这些函数在 CUDA 编程指南中有解释。

cxtextures.h 头文件提供了 txs1D、txs2D 和 txs3D 等对象，用于创建标准纹理，并充当分配在设备内存中以容纳纹理的 cudaArray 的容器类。要使用这些类，你只需要提供指向包含数据的主机数组的指针。三个类的接口类似。要创建纹理，请为构造函数提供

int1、int2 或 int3 变量的数组大小，并提供选项标志列表，如下框所示：

```
    cx::txsND<T> mytexN(m, data, filteropt, addressopt, readopt,
normopt, arrayopt);
```

其中 m 的类型为 intN，N 为 1、2 或 3。选项从表 G.3 中选择。最后一个选项默认为
cudaArrayDefault，不应更改。T 是所需的数组类型，例如浮点型，data 是指向类
型为 T 的主机数组的指针。

　　成员函数 copyTo(T *data) 和 copyFrom(T *data) 可以由 mytexN 用于在主机和
GPU 纹理内存之间传输数据。此外，公共变量 n 和 tex 提供对纹理尺寸和纹理对象本身的
访问。因此，可以使用 mytexN.n 和 mytexN.tex 作为内核函数参数。

　　示例 G.7 ～示例 G.9 是 cxtextures.h 的清单和描述。

示例 G.7　头文件 cxtextures.h，第 1 部分

```
    . . .
06  #include "cuda_runtime.h"
07  #include "device_launch_parameters.h"
08  #include "helper_cuda.h"

09  #include <stdio.h>
10  #include <stdlib.h>
11  #include <string.h>

12  //==========================================================
13
14  // Provides the C++ classes txs1D, txs2D and txs3D which
15  // hold CUDA textures of the indicated dimension. These
16  // classes have a simple interface for creating textures.
17  // The user supplies data for the texture as a simple
18  // pointer to a host array. The class allocates and manages
19  // the device texture memory held in a texture object which
20  // can be passed to CUDA kernels. The user also specifies
21  // values for the five CUDA texture options:

22  // cudaTextureFilterMode:  Point or Linear
23  // cudaTextureAddressMode: Wrap, Clamp, Mirror or Border
24  // cudaTextureReadMode:    ElementType or NormalizedFloat
25  // cudaCoordMode:          Normalised or Natural (or 0 or 1)
26  // cudaArray:              Default, Layered, SurfaceLoadStore,
27  //                         CubeMap or TextureGather
28
29  //==========================================================

37  // CUDA does not define names for cudaCoordMode values
38  // which can be 0 or 1. Here cx defines names for these
39  // following the spirit of the other 4 options.
40  #define cudaCoordNormalized 1
41  #define cudaCoordNatural    0

42  namespace cx {  // the classes are in cx namespace
```

示例 G.8　头文件 cxtextures.h 第 2 部分—txs2D 类

```cpp
50  // class txs2D 2D-texture
51  template <typename T> class txs2D {
52    private:
53      cudaArray * carray;
54    public:
55      int2 n;
56      cudaTextureObject_t tex;

      // default constructor
57    txs2D(){ n ={0,0}; carray = nullptr; tex = 0; }

58    txs2D(int2 m, T *data,   // full constructor
          cudaTextureFilterMode filtermode,
          cudaTextureAddressMode addressmode,
          cudaTextureReadMode readmode,
          int normmode, int arrayType=cudaArrayDefault)
59    {
60      n = m; tex = 0; carray = nullptr;
61      cudaChannelFormatDesc cd = cudaCreateChannelDesc<T>();
62      cx::ok(cudaMallocArray(&carray,&cd,n.x,n.y,arrayType));

63      if(data != nullptr){
64        cx::ok(cudaMemcpyToArray(carray, 0, 0, data,
              n.x*n.y*sizeof(T), cudaMemcpyHostToDevice));
65      }

66      cudaResourceDesc rd ={};   // make ResourceDesc
67      rd.resType = cudaResourceTypeArray;
68      rd.res.array.array = carray;

69      cudaTextureDesc td ={};   // make TextureDesc
70      td.addressMode[0] = addressmode;
71      td.addressMode[1] = addressmode;
72      td.filterMode     = filtermode;
73      td.readMode       = readmode;
74      td.normalizedCoords = normmode;
75      cx::ok(cudaCreateTextureObject
                        (&tex, &rd, &td, nullptr));
76    }
77    // copy constructor
78    txs2D(const txs2D &txs2){ n = txs2.n; carray = nullptr;
                                              tex = txs2.tex; }

79    void copyTo(T *data) {
80      if(data != nullptr && carray != nullptr)
          cx::ok( cudaMemcpyToArray(carray, 0, 0, data,
              n.x*n.y*sizeof(T), cudaMemcpyHostToDevice) );
81      return;
82    }

83    void copyFrom(T *data) {
84      if(data != nullptr && carray != nullptr)
          cx::ok(cudaMemcpyFromArray(data, carray, 0, 0,
              n.x*n.y*sizeof(T), cudaMemcpyDeviceToHost) );
85      return;
86    }
```

```
     // destructor does nothing if this instance is a copy
87   ~txs2D() {
88     if(carray != nullptr){
89       if(tex != 0) cx::ok(cudaDestroyTextureObject(tex));
90       cx::ok(cudaFreeArray(carray));
91     }
92   }
93 };  // end class txs2D
```

示例 G.9　头文件 cxtextures.h 第 3 部分—txs3D 类

```
100 // class txs3D 3D-texture
101 template <typename T> class txs3D {
102   private:
103     cudaArray * carray;
104   public:
105     int3 n;
106     cudaTextureObject_t tex;
107   // default and copy constructors
108   txs3D(){ n ={0,0,0}; carray = nullptr; tex = 0; }
109   txs3D(const txs3D &txs2){ n = txs2.n; carray = nullptr;
                                 tex = txs2.tex; }
     // copy to or from data
110   void copy3D(T* data, cudaMemcpyKind  copykind)
111   {
112     cudaMemcpy3DParms cp ={0};
113     cp.srcPtr   =
           make_cudaPitchedPtr(data,n.x*sizeof(T),n.x,n.y);
114     cp.dstArray = carray;
115     cp.extent   = make_cudaExtent(n.x,n.y,n.z);
116     cp.kind     = copykind;
117     cx::ok(cudaMemcpy3D(&cp));
118   }
119   txs3D(int3 m, T *data,
             cudaTextureFilterMode filtermode,
120          cudaTextureAddressMode addressmode,
             cudaTextureReadMode readmode,
121          int normmode, int arrayType=cudaArrayDefault )
122   {
123     n = m; tex = 0; carray = nullptr;

124     cudaChannelFormatDesc cd =   // make ChannelDesc
                     cudaCreateChannelDesc<T>();

125     cudaExtent cx =   // make cudaExtent
               {(size_t)n.x,(size_t)n.y,(size_t)n.z};
126     cx::ok(cudaMalloc3DArray(&carray,&cd,cx,arrayType));
127     if(data != nullptr)
               copy3D(data, cudaMemcpyHostToDevice);

128     cudaResourceDesc rd ={};  // make ResourceDesc
129     rd.resType = cudaResourceTypeArray;
130     rd.res.array.array = carray;

131     cudaTextureDesc td ={};  // make TextureDesc
132     td.addressMode[0] = addressmode;
```

```
133    td.addressMode[1] = addressmode;
134    td.addressMode[2] = addressmode;
135    td.filterMode      = filtermode;
136    td.readMode        = readmode;
137    td.normalizedCoords = normmode;

138    cx::ok(
           cudaCreateTextureObject(&tex, &rd, &td, nullptr) );
139    }
140  void copyTo(T *data) {  // copy from data to texture
141    if(data!=nullptr && carray!=nullptr)
                copy3D(data,cudaMemcpyHostToDevice);
142  }
143  void copyFrom(T *data) {  // copy to data from texture
144    if(data!=nullptr && carray!=nullptr)
                copy3D(data,cudaMemcpyDeviceToHost);
145  }
146  ~txs3D() { // destructor does nothing if this instance is a copy
147    if(carray != nullptr) {
148      if(tex != 0) cx::ok(cudaDestroyTextureObject(tex));
149      cx::ok(cudaFreeArray(carray));
150    }
151  }
152 };  // end class txs3D
```

示例 G.9 的说明

请注意，这个头文件还包含了 tex1D 类的定义，它几乎与 tex2D 相同。实际上，CUDA 将长度为 nx 的一维纹理实现为具有维度 nx×1 的二维纹理。因此，在上述讨论中未列出和讨论 tex1D 类，但是完整的代码清单可以在代码存储库中找到。

- 第 1～39 行：这些行是不言自明的。
- 第 40～41 行：根据 NVIDIA 其他纹理模式的模型，定义了两种类型的坐标归一化模式的名称。
- 第 42 行：cx 命名空间从这里开始，用于头文件中的其他内容。
- 第 51～97 行：包含了 txs2D 模板类的定义。txs1D 类（未在此处显示）几乎与 txs2D 相同，只是 n 变成了 int1 变量，而 n.y 被替换为 1。
- 第 52～53 行：声明了一个私有变量 carray。这是指向用于保存纹理的 cudaArray 的指针。调用者不需要直接访问这个数组。
- 第 54～56 行：在这里声明了两个公共类变量：n 是一个 int2 变量，用于保存二维纹理的尺寸，而 tex 是要创建的二维纹理对象，适合作为参数传递给 GPU 内核函数。
- 第 57 行：这是默认的类构造函数；不打算使用它。
- 第 58～79 行：这是用于创建 txs2D 对象实例的构造函数。
- 第 58 行：构造函数的参数如下。
  - int2 m：m.x 和 m.y 是二维数组的尺寸。

■ `T *data`：指向用作纹理数据源的主机数组的指针。注意数据类型的模板参数 T。

■ `cudaTextureFilterMode filtermode`：所需的过滤模式。

■ `cudaTextureAddressMode addressmode`：所需的地址模式。

■ `cudaTextureReadMode readmode`：所需的读取模式。

■ `int normmode`：所需的归一化模式。

■ `int arrayType`：所需的数组类型。请注意，默认值为 `cudaArrayDefault`，因此调用者可以忽略此参数。这个参数用于未来的开发，不应更改。

● 第 60 行：类变量 n 被设置为 m，而其他类变量被清除。

● 第 61 行：使用 `cudaCreateChannelDesc<T>()` 声明并初始化 `cudaChannelFormatDesc` 变量 cd。唯一的参数是 T，但这里明显的简单性是误导；CUDA 使用专门的 `cudaCreateChannelDesc` 函数的实例来为全部有效的 T 选择提供不同的对象。使用早期版本的 SDK 可能在此处更加冗长。

● 第 62 行：在 GPU 内存中分配一个二维 CUDA 数组并复制一个指向 carray 的指针。请注意，我们将分配过程包装在 cx::ok 中以获得错误反馈。在此头文件中的大多数关键 CUDA 调用都这样做。

● 第 63~65 行：在这里将主机数据复制到 GPU 上；内存布局可能会发生变化。

● 第 66~68 行：创建 `cudaResourceDesc` rd 以保存指针 carray。

● 第 69~74 行：创建 `cudaTextureDesc` td 以保存纹理模式选项。

● 第 75 行：使用 rd 和 td 创建纹理对象 tex。

● 第 78 行：复制构造函数的定义。副本将持有公共变量的当前副本，但将 carray 设置为 null，以便副本的析构函数不会尝试释放资源。

● 第 79~82 行：copyTo 成员函数允许用户更改存储在纹理中的数据——显然，此调用仅在内核函数调用之间使用。请注意，不需要重新创建纹理来执行此操作。

● 第 83~86 行：copyFrom 成员函数允许从纹理复制数据回主机。通常情况下，这对于标准纹理来说不是很有用，但对于使用表面的类似代码来说可能很有用。

● 第 87~92 行：类析构函数，用于释放分配的资源。这种自动释放资源的方式是容器类帮助简化代码的原因。请注意，使用复制构造函数创建的类的副本在超出范围时不会释放资源。因此，有一个默认的假设，即此类的父实例将最后超出范围。如果你希望更加谨慎，可以在这里使用副本计数。

第 101~152 行：这些是 txs3D 类的主体，为三维纹理提供支持。

● 第 101~106 行：此类的开始与 txs2D 相同，其中包含成员变量 carray、n 和 tex 的相应声明，只是 n 由 int2 更改为 int3。

● 第 108~109 行：声明默认和复制构造函数。

● 第 110~118 行：这是一个新的成员函数 copy3D，用于在主机和 GPU 之间复制数据。对于三维纹理，需要使用 `cudaMalloc3DArray` 而不是 `cudaMallocArray` 来分配 GPU 内存。向或从这种三维数组传输数据比仅仅调用 cudaMemcpyToArray 或 cudaMemcpyFromArray 更详细。对于三维情况，我们需要 cudaMemcpy3D，并且此函数将 cudaMemcpy3DParms 对象作为其一个参数。由于我们需要执行此操作多次，因此为此任务编写了一个单独的函数。

■ 第 110 行：参数包括 data，指向主机数据的指针，以及指示传输方向的 cudaMemcpyKind 标志 copykind。还使用了类成员变量 carray 和 n。

■ 第 112 行：创建并清除 cudaMemcpy3DParms 对象 cp。

■ 第 113～116 行：根据 CUDA 示例书中的说明设置 cp 中的各个字段。实际上，二维和三维 cudaArray 类型都是使用 x 维度四舍五入为 512 字节的倍数来分配的；在第 113 行创建的 PitchedPtr 允许进行这种设置。请注意，此处未使用 n.z，但在第 115 行中使用了它。

■ 第 117 行：调用 cudaMemcpy3D——实际调用非常简洁。

● 第 119～139 行：这是用于创建 txs3D 对象实例的构造函数。参数与 txs2D 的参数相同，只是数组维度 m 由 int2 变为 int3 变量指定。

● 第 123～124 行：这与 txs2D 的 60～61 行相同。

● 第 125 行：在这里，我们创建一个 cudaExtent 对象，其中包含以字节为单位的数组维度。这种对象仅用于三维情况。

● 第 126 行：在这里，我们使用 cudaMalloc3DArray 而不是 cudaMallocArray 来分配数组。

● 第 127 行：在这里，我们调用 copy3D 将主机数据传输到新分配的 GPU 数组中。请注意，传输方向标志是 cudaMemcpyHostToDevice。

● 第 128～137 行：在这里，我们创建资源和纹理描述对象，这与以前的操作相同，只是在第 134 行中为 td 指定了第三维度。

● 第 138 行：在这里，我们最终创建了纹理。

● 第 140～150 行：这两个数据复制函数和类析构函数与以前相同，只是我们使用我们的 copy3D 函数而不是直接调用 CUDA 传输函数。

二维纹理中的元素和三维纹理的切片经过优化成局部的二维寻址，并在元素之间保持较小的步幅。下面将对此进行讨论。

G.5 莫顿顺序

根据 CUDA 文档，存储在 GPU 纹理内存中的数据被排序以优化二维寻址。布局是未指定的，并且可能在 SDK 版本之间发生变化。但是，很可能使用了莫顿顺序（Morton ordering）的某个版本。在本书的大部分内容中，我们使用行主序（row-major ordering），其中索引值沿 x 轴或行单调增加，并在 y 轴或行之间跳跃 x 维度的值。在莫顿顺序中使用线性地址，但 x 和 y 的地址位交错排列，因此对于包含在 int k 中的地址，x 由 k 的偶数位定义，而 y 由 k 的奇数位定义。如图 G.1 和图 G.2 所示。

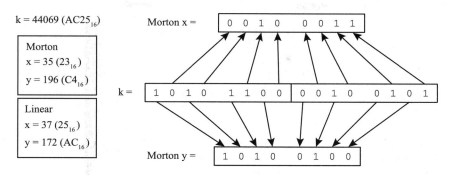

图 G.1　将二维数组索引解释为莫顿顺序和行主序

图 G.2 显示了两个 16×16 的数组，每个元素在内存中的位置显示在方框中。图 G.2a 显示了莫顿索引，图 G.2b 显示了传统的行主序索引。在莫顿索引中，x 和 y 的最近邻索引往往具有相似的值，但在使用传统的线性寻址时，这些索引相差 16。在莫顿索引中，随着越来越大的 2 的幂边界，索引跳跃越来越大。

170	171	174	175	186	187	190	191	234	235	238	239	250	251	254	255
168	169	172	173	184	185	188	189	232	233	236	237	248	249	252	253
162	163	166	167	178	179	182	183	226	227	230	231	242	243	246	247
160	161	164	165	176	177	180	181	224	225	228	229	240	241	244	245
138	139	142	143	154	155	158	159	202	203	206	207	218	219	222	223
136	137	140	141	152	153	156	157	200	201	204	205	216	217	220	221
130	131	134	135	146	147	150	151	194	195	198	199	210	211	214	215
128	129	132	133	144	145	148	149	192	193	196	197	208	209	212	213
42	43	46	47	58	59	62	63	106	107	110	111	122	123	126	127
40	41	44	45	56	57	60	61	104	105	108	109	120	121	124	125
34	35	38	39	50	51	54	55	98	99	102	103	114	115	118	119
32	33	36	37	48	49	52	53	96	97	100	101	112	113	116	117
10	11	14	15	26	27	30	31	74	75	78	79	90	91	94	95
8	9	12	13	24	25	28	29	72	73	76	77	88	89	92	93
2	3	6	7	18	19	22	23	66	67	70	71	82	83	86	87
0	1	4	5	16	17	20	21	64	65	68	69	80	81	84	85

240	241	242	243	244	245	246	247	248	249	250	251	252	253	254	255
224	225	226	227	228	229	230	231	232	233	234	235	236	237	238	239
208	209	210	211	212	213	214	215	216	217	218	219	220	221	222	223
192	193	194	195	196	197	198	199	200	201	202	203	204	205	206	207
176	177	178	179	180	181	182	183	184	185	186	187	188	189	190	191
160	161	162	163	164	165	166	167	168	169	170	171	172	173	174	175
144	145	146	147	148	149	150	151	152	153	154	155	156	157	158	159
128	129	130	131	132	133	134	135	136	137	138	139	140	141	142	143
112	113	114	115	116	117	118	119	120	121	122	123	124	125	126	127
96	97	98	99	100	101	102	103	104	105	106	107	108	109	110	111
80	81	82	83	84	85	86	87	88	89	90	91	92	93	94	95
64	65	66	67	68	69	70	71	72	73	74	75	76	77	78	79
48	49	50	51	52	53	54	55	56	57	58	59	60	61	62	63
32	33	34	35	36	37	38	39	40	41	42	43	44	45	46	47
16	17	18	19	20	21	22	23	24	25	26	27	28	29	30	31
0	1	2	3	4	5	6	7	8	9	10	11	12	13	14	15

a）莫顿索引　　　　　　　　　　　b）行主序索引

图 G.2　莫顿顺序和行主序中的二维数组地址

G.6　cxconfun.h 头文件

这是一组返回 constexpr 值的小型数学函数，因此可以在编译时用于计算头文件中的派生值。标准内置函数不能用于此目的，因为它们不返回声明为 constexpr 的值。我们用来计算函数的幂级数收敛良好，但这些函数可能不像运行时内置函数那样精确。cxconfun.h 头文件如示例 G.10 所示。

示例 G.10　cxconfun.h 头文件

```
14  //========================================================
15  // small set of constexpr math functions to be evaluated at
16  // compile time. Power series for sin and cos good for angles
17  // in [-2pi,2pi]. The tan function cuts off singularity at
18  // 10^9. We need to specify a fixed number of terms or
19  // iterations to keep compiler happy.
20  //========================================================
21  namespace cx {
        // factorial n only works for n <= 12
22      constexpr int factorial_cx(int n)
23      {
24          int k = 1;
25          int f = k;
26          while(k <= n) f *= k++;
27          return f;
28      }
        // sin(x) x in radians
29      constexpr double sin_cx(double x)
30      {
31          double s = x; int nit = 1;
32          double fnit = 1.0;
33          double term = x;
34          while(nit < 12) {  // compile time evaluation
35              term *= -x * x / (2.0*fnit*(2.0*fnit + 1.0));
36              s += term;
37              nit++; fnit++;
38          }
39      return s;
40      }
        // cos(x) x in radians
41      constexpr double cos_cx(double x)
42      {
43          double s = 1;
44          int nit = 1; double fnit = 1.0;
45          double term = 1.0;
46          while(nit < 12) {   // compile time evaluation
47              term *= -x * x / (2.0*fnit*(2.0*fnit - 1.0));
48              s += term;
49              nit++; fnit++;
50          }
51          return (float)s;
52      }
        // tan(x) x in radians
53      constexpr double tan_cx(double x)
54      {
55          double s = sin_cx(x);
56          double c = cos_cx(x);
57          double t = 0.0;
58          if(c > 1.0e-9 || c < -1.0e-09) t = s/c;
59          else if(c >= 0.0) t = s/1.0e-09;
```

```
60      else t = -s/1.0e-09;
61      return t;
62    }
      // square root of abs(x)
63    constexpr double sqrt_cx(double x)
64    {
65      // return root of abs
66      if(x < 0) x = -x;
67      // NB sqrt(x) > x if x < 1
68      float step = (x >= 1.0) ? x/2.0 : 0.5;
69      float s =    (x >= 1.0) ? x/2.0 : x;
70      int nit = 32;  // explicit for compile time evaluation
71      while(nit >0) {
72        if(s*s > x) s -= step;
73        else        s += step;
74        step *= 0.5;
75        nit-;
76      }
77      return s;
78    }
69  }
80  //   end file cxconfun.h
```

这些函数的代码很简单。我们对阶乘 n 使用了重复的乘法运算。在第 24 和 25 行使用的整数数据类型意味着对于 n > 12 会有溢出错误。这可以通过将类型更改为 double 来改进，可精确计算 n = 18，并给出 15 位有效数字的精度。也可以使用 unsigned long long 数据类型来进一步扩展精确范围。

sin 和 cos 函数对标准幂级数的前 12 项进行求和，这对小角度给出精确的结果，理想情况下应调整为在 $[-\pi, \pi]$ 范围内。tan 函数通过 sin 和 cos 的比值进行计算，且在 cos 为零的奇点附近进行截断。

平方根函数使用了 32 步的二分截断迭代，从一个猜测值开始。对于 x < 1 和 x > 1 的情况使用不同的猜测值。

我们的书中的示例只在 PET 章节中使用了一次 tan 函数。其他函数根本没有使用，我们也不声称这些函数中的任何一个都是高效的。

附录 H　AI 和 Python

GPU 目前最重要的应用之一是人工智能（AI）领域，准确来说是机器学习（ML）和深度学习方面。这个领域需要使用训练数据集来训练神经网络，以执行一些数据分析任务，例如在数字图像中识别猫。一旦训练完成，神经网络就可以用来处理新的数据。如今这些经过训练的网络每天都广泛用于各种任务。最近 NVIDIA 推出的一些 GPU 硬件创新，包括张量核心，都是专门针对这些应用的。

大多数 AI 开发者使用高级编程工具（通常是基于 Python 的）来链接预先存在的模块，以构建不同复杂度的神经网络，然后训练和部署它们。底层工具通常是用 C++ 编写的，并使用经过仔细优化的 CUDA 核。但是，大多数用户不需要接触这些细节。在本附录中，我们列出了一些 NVIDIA 为 AI 开发者提供的丰富的 AI 工具库。

最后，我们提到了一些可以绕过 C++，然后通过 Python 程序直接编写内核函数代码的方法。事实证明，生成的内核函数使用与本书一直使用的 CUDA 一样，只是 Python 维护接口数组。我们认为我们的书对这样的开发者肯定很有用。

H.1　NVIDIA AI 工具和库

以下是 NVIDIA 网站上 2021 年 1 月的可用工具简介，https://docs.nvidia.com/deeplearning/index.html。

- 优化过的框架

NVIDIA 优化框架，如 Kaldi、由 Apache MXNet 支持的 NVIDIA 优化深度学习框架、NVCaffe、PyTorch 和 TensorFlow（包括 DLProf 和 TF-TRT），为机器学习和人工智能应用提供了设计和训练自定义深度神经网络（DNNs）的灵活性。

- cuDNN

NVIDIA CUDA 深度神经网络（cuDNN）库是一个 GPU 加速的深度神经网络基元库。cuDNN 提供了高度调优的实现，用于标准例程，如前向和后向卷积、池化、归一化和激活层。全球的深度学习研究人员和框架开发人员都依赖于 cuDNN 来获得高性能的 GPU 加速。

- TensorRT

NVIDIA TensorRT 是一个面向高性能深度学习推理的 SDK，包括一个深度学习推理优化器和运行时，为深度学习推理应用提供低延迟和高吞吐量。NVIDIA TensorRT 的核心是一个 C++ 库，可以在 NVIDIA GPU 上实现高性能推理。TensorRT 使用训练好的网络（包括网络定义和一组训练参数），并生成高度优化的运行时引擎，用于执行该网络的推理任务。

- Triton Inference Server

NVIDIA Triton Inference Server（原名 TensorRT Inference Server）提供了一个针对 NVIDIA GPU 进行优化的云推理解决方案。这个服务器通过 HTTP 或 GRPC 提供推理服务，允许远程客户端请求服务器管理的任何模型的推断任务。

- NCCL

NVIDIA Collective Communications Library（NCCL）是一个多 GPU 集体通信原语库，具有拓扑感知性，并可轻松集成到应用程序中。集体通信算法利用多个处理器协同工作来聚合数据。NCCL 不是一个全面的并行编程框架，而是一个专注于加速集体通信原语的库。

- DALI

NVIDIA 的数据加载库（DALI）是一个高度优化的构建块集合和执行引擎，用于加速深度学习应用程序的输入数据预处理。DALI 以单一库的形式提供了针对不同数据管道的性能和灵活性，因此可以轻松地集成到不同深度学习训练和推断的应用程序中。

H.2 深度学习性能和文档

GPU 可以通过并行计算来加速机器学习操作，特别是可表示为矩阵乘法的许多操作，可以直接获得良好的加速效果。通过调整操作参数以高效地使用 GPU 资源，可以实现更好的性能。性能文档提供了我们认为最常用的技巧。

- DIGITS

NVIDIA 深度学习 GPU 训练系统（DIGITS）可用于快速训练高精度的图像分类、分割和目标检测任务的 DNN。DIGITS 简化了常见的深度学习任务，如管理数据，在多 GPU 系统上设计和训练神经网络，通过先进的可视化实时监测性能以及从结果浏览器中选择最佳性能模型进行部署。

- NVIDIA GPU 云

NVIDIA GPU 云（NGC）是一个针对深度学习和科学计算进行优化的 GPU 加速云平台。NGC 为 AI 研究人员提供快速、轻松访问由 NVIDIA 预集成和优化的性能引擎深度学习框架容器。

- DGX 系统

NVIDIA DGX 系统提供集成的硬件、软件和工具，用于运行 GPU 加速的 HPC 应用程序，例如深度学习、AI 分析和交互式可视化。

H.2.1 额外的深度学习资源

NVIDIA 开发者网页 https://developer.nvidia.com/deep-learning 是另一个有用的资源，包括以下链接：

- 深度学习 SDK：https://developer.nvidia.com/deep-learning-software。
- 深度学习框架：https://developer.nvidia.com/deep-learning-frameworks。
- Tensor Core 优化模型脚本：https://developer.nvidia.com/deep-learning-examples。

H.2.2 NVIDIA 的 Python 工具包

NVIDIA 提供了在 Python 中开发 CUDA 的支持，作为 C++ 的另一种选择。此支持基于 Anaconda Python 发行版，详情可在网页 https://developer.nvidia.com/how-to-cuda-python

找到。你还需要使用本书中其他地方使用的标准 CUDA SDK 来运行这些工具。

● PyCUDA

这是 Python 中内核函数编程的另一种选择，允许你编写完整的 C++ 内核函数，就像本书中使用的那样。可以从这开始：https://documen.tician.de/pycuda，但是这个项目现在由 NVIDIA 支持，并链接到 https://developer.nvidia.com/pycuda。

● NeMo

NVIDIA NeMo 是一款灵活的 Python 工具包，可让数据科学家和研究人员构建由可重用构建块组成的最先进的语音和语言深度学习模型，这些构建块可以安全地连接在一起，用于对话式 AI 应用程序。

附录 I C++ 的主题

这一部分的目的不是要教授 C++，而是强调了我们在长期编程生涯中发现的一些有用的主题。C++ 是一门庞大的语言，随着每个新版本的推出不断发展。我们期望读者对 C 的基础知识（它是 C++ 的一个子集）和 C++ 有一些了解，但不必是专家级的知识。本书侧重于为科学应用编写代码，涉及数据处理、模拟实验以及可能进行的理论计算。我们只使用了现代 C++ 的一些高级特性，虽然使用了一些 C++11 引入的特性，但不会深入探讨。我们在代码中并没有广泛使用面向对象编程（OOP）；有一些具有自己方法的类，但没有复杂的类层次结构。另一方面，我们确实使用了模板函数和为函数参数提供默认值等细节。我们的编程风格主要是基于算法的，我们认为具有基本编程经验的任何人都应该能够理解我们的代码。本书中提供的每一段代码都附有详细的逐行讨论，以帮助理解。

I.1 编程风格

尽管可能存在许多糟糕的风格，但没有一种编程风格可以称之为某种计算机语言的唯一"最佳"风格。在本书中，我们采用了比 CUDA SDK 更紧凑的编程风格，这反映出我们不是为大型团队的复杂项目去编写代码，而是在构建相对简单的程序，执行定义明确的单一计算任务，通常是数学任务。因此，我们特别倾向于使用简短的变量名称，例如将矩阵命名为 P，而不是如 image_point_spread_function 这样的名称，这使得我们的代码更像传统的数学文本，更重要的是允许将大段代码显示在书的一页上，这样可以提高我们快速理解其工作原理的能力。我们实际上会更进一步，我们认为 CUDA 内核函数代码可以是一种封装成并行算法的异常表达和优雅的方式，这些特点最好通过使用良好但紧凑的编码风格来呈现。

我们倾向于在循环计数器中使用单个字母的 int 或 uint 变量，可以选择 i、j、k、l、m 和 n 中的任意一个，这遵循古老的 Fortran 传统以及矩阵运算和类似应用中的数学符号惯例。同样，我们认为这样做可以使算法代码更容易理解。

我们还喜欢 RAII（Resource Acquisition Is Initialization，资源获取即初始化）。实际上，这意味着我们尽可能在单个语句中声明和初始化变量。令人烦恼的是，CUDA SDK 函数经常用于初始化作为函数参数传递的变量，在这些情况下，我们尽量将声明和初始化放在同一行代码中：

```
使用
float *a; cudaMalloc(&a, asize*sizeof(a));
而非
float *a;
cudaMalloc(&a, asize*sizeof(a));
```

因此，我们也相当喜欢 C/C++ 中的 (?:) 三元运算符，虽然这可能会使代码看起来有些晦涩，但只要用习惯就可以。三元运算符的有趣之处在于，它只返回一个值，可以在任何需要值的地方使用，而 if/else 语句就不是这样。一个很好的用法示例是，从用户可设置的命令行参数中设置变量，这将在下面的第 I.1.3 节中介绍。

我们不喜欢 C++ 的 <iostream> 类，尽管我们尝试过。如果你关心计算结果的布局，并想很好地控制有效数字的数量，那么这些类就太冗长了。相反的，我们使用紧凑的 printf，并且能够很好地控制最终的布局。

I.1.1 RAII 原则

RAII 是资源获取即初始化的缩写。实际上，这意味着我们喜欢在变量和对象声明的同时进行初始化，我们不喜欢旧的 Fortran 风格，在函数开始处声明变量名，远离它们首次使用的地方。这也包括 for 循环，我们喜欢在 for 循环的头部声明循环计数器，例如：for(int k=0;k<10;k++)。

I.1.2 Argc 与 Argv

我们总是以 type main(int argc, char *argv[]) 的形式声明我们的主函数，这使我们能够为主程序提供非常易实现的命令行用户界面。这实际上是最初的 Unix 操作系统中命令的使用机制，这些命令是用 C 编写的程序，这种传统在现代 Linux 操作系统中仍然存在，毫无疑问也存在于许多 Windows 命令行启动的应用程序中。如果你还不喜欢这些参数，那么 argc 是在启动程序时，在命令行上指定的用空格分隔的选项数量，argv 是一个字符串数组，其中字符串按照指定顺序包含各个选项。argv 的第一个元素始终是用于启动作业的程序名称，包括使用的任何显式路径。示例如框中所示。

```
指令：

C: >prog1.exe infile outfile 256 128

主程序的变量值：

argc = 5
argv[0] = prog1.exe    argv[1] = infile  argv[2] = outfile
argv[3] = 256          argv[4] = 128
```

I.1.3 C++ 的三元算子

这个从 C 继承的运算符有点奇怪，它的形式是：

$$(test) ? val1 : val2$$

其中，test 是返回布尔值 true 或 false 的逻辑测试，如果测试为 true，则表达式求值为 val1；如果测试为 false，则表达式的求值为 val2。该框显示了如何使用三元运算符从命令行选项（如果存在）或默认选项（如果不存在）设置参数的示例。

```
使用三元算子

int asize = (argc >4) ? atoi(argv[3]) : 256;

使用 if/else

int asize = 0;
if(argc >4) asize = atoi(argv[3]);
else  asize = 256;
```

这个示例展示了使用命令行的用户提供的第四个参数（默认值 256）设置一个数组大小参数的方法。我们的大多数示例都采用这种用户界面风格，这种简单方法的一个缺点是，用户必须以正确的顺序指定选项，并且必须先为所有选项明确提供值，然后是要更改默认值的选项。生产代码显然需要更健壮的方法，我们的代码库中的 cxoptions.h 代码是一个可能的选择。

I.2 函数参数和返回值

C++ 函数可以有任意数量的输入参数，并且可以返回一个单独的项。在我们的代码中，返回的项通常是一个 int 或 float 类型的数值，其他情况下也可以是 C++ 的对象或指针。参数通过以下三种方式传递给函数：

（1）通过值传递 在这种情况下调用函数时，编译器会复制要传递的项，并将副本传递给函数。在执行过程中，函数可能会更改它收到的值，但由于这些更改是在副本中进行，因此在被调用的函数返回时，调用者传递的项不会被更改。这种方法适用于传递单个数值，但对于传递数组来说存在问题，因为需要复制整个数组，对于大数组来说这既昂贵又不可行。

（2）作为指针 在这种情况下传递指向调用者内存空间中的项的指针。如果参数是数组 a，则指针以 *a 形式进行传递，函数可以像 a[index] 一样访问元素。如果参数是单个变量，则可以将参数作为 *a 或 a[0] 访问。如果使用指针，函数可以通过简单地写入来更改调用者版本的项。如果函数在函数参数列表中使用 int * const a 而不是简单的 int *a 来声明项的内容为常数，可以防止这种情况发生。

（3）作为引用 这种情况下函数接收到调用者内存空间中项的引用。如果以 int &a 形式传递引用，如果 a 是一个数组，其元素就可以像指针情况下的 a[index] 一样访问。如果 a 只是一个简单的变量，就像按值传递一样可以被读取或写入，但是任何更改都将被调用者看到，因为函数直接访问调用者版本的 a。可以通过声明参数 const int &a 来阻止更改 a 的内容。对大型对象而言，通过引用传递会比按值传递更好，除非有明确的原因要进行复制，例如，函数进行了不想让调用者看到的更改。

请注意，在 CUDA 程序中，主机传递给内核函数的参数必须按值传递，或者作为指向先前分配的 GPU 主存的指针传递。按值传递的项将自动复制到 GPU 内存中，如果可能的话，可以使用 GPU 常量内存空间来存储这些项。参数不能通过引用传递，CUDA 内核函数不能通过参数或返回值（必须声明为 void）将值返回给主机。如果你正在使用 CUDA 管理的内存分配，那么这些限制会被隐式解除，因为主机和 GPU 可能同时使用同一物理内存。

I.3 容器类别和迭代

在科学计算中的许多问题都涉及动态分配数组，我们非常喜欢使用 std::vector 这样的容器类来保存这种数组，因为它们在分配的对象超出作用域时，会自动释放内存分配，如此就消除了程序员需要记住显式释放分配内存的需要。在我们的示例中使用 thrust 向量来保存主机和设备数组，这样能让代码变得更加紧凑，对内核函数性能也没有影响。thrust 设备向量与 std::vector 有一个细微的不同之处，如果 A 是 std::vector 或 thrust::host_vector，那么成员函数 A.data() 将返回指向保存数组的内存缓冲区的指针。然而，如果 A 是 thrust::device_vector，那么成员函数 A.data() 存在但不返回指针，我们必须使用强制转换的 thrust::raw_pointer_cast(a.data()) 或 thrust::raw_pointer_cast(&a[0])。这两个转换实际上使用了未记录的 A.data().get() 函数，我们在大多数内核函数的参数示例中直接使用它，省去在代码中添加不必要的指针变量而混淆代码。

对于数值方面的工作，我们认为传统 for 循环是无法被超越的，因此在本书中我们一直使用简单的 for 循环。然而，C++ 引入了迭代器的概念，作为传统整数循环计数器的一种泛化。我们的示例 I.1 展示了在现代 C++ 中遍历向量元素的三种方法。

示例 I.1　C++ 的迭代程序

```
01   #include <stdio.h>
02   #include <stdlib.h>
03   #include <vector>

04   int main(int argc,char *atgv[])
05   {
06     std::vector<int> a(100); // vector of 100 elements
07     // set elements of a to (0,1,2...,99)

08     // Traditional for loop
09     // at each step k is an index to an element of the array
10     for(int k=0;k<100;k++) a[k] = k;
11     printf("a[20] = %d\n",a[20]);

12     // C++ iterator over the elements of a
13     // at each step iter is a pointer to an element of a
14     int k=100;
15     for(auto iter = a.begin(); iter != a.end();
                             iter++) iter[0] = k++;
16     printf("a[20] = %d\n", [20]);

17     // C++11 range-based loop,
18     // at each step iter is a reference to an element
```

```
19    for (auto &iter : a) iter = k++;
20    printf("a[20] = %d\n", a[20]);

21    return 0;
22  }

D:\  >iter.exe
a[20] = 20
a[20] = 120
a[20] = 220
```

示例 I.1 的说明

- 第 1~3 行：包含的头文件。
- 第 6 行：声明 a 为一个包含 100 个整型元素的数组。
- 第 10 行：初始化 a 的元素为 0，1，2，…，99。注意这里的循环计数器 k 既被用作算术值又被用作索引，这在数值工作中是常见的做法，但可以说是不良的风格。如果我们在 C++ 和 FORTRAN 之间切换索引，后者是从 1 开始而不是从 0 开始，那么我们必须记住更改涉及 k 的表达式，添加或减去 1。这是个会导致差 1 错误的重大潜在来源。第 15 和 19 行中替代的循环样式并未使用显式的算术循环计数器，因此混淆的机会较小。
- 第 11 行：输出元素 a[20] 以作为检查，我们期望的值是 20。
- 第 14 行：引入一个显式的算术变量 k，用于计算循环。
- 第 15 行：这是 C++ 中的迭代器样式循环，适用于标准库中的任何容器类，实际上应该适用于任何声称为容器类的东西，包括 thrust 类。迭代器变量 iter 通常是指向容器类元素的指针，然后循环只是使用指针变量作为循环计数器的标准 for 循环。在每次循环结束时，iter 将使用指针算术递增。成员函数 begin() 和 end() 分别返回指向数组第一个元素和超出数组最后一个元素的指针。

  因为在每次循环中 iter 都是指向当前元素的指针，所以我们使用 iter[0] 来引用它，用于访问向量 a 的所有元素。变量 k 在这里明确递增，将程序逻辑所需的算术与循环所需的算术分离开来。

- 第 16 行：输出元素 a[20] 以作为检查，我们期望的值是 120。
- 第 19 行：这是 C++ 11 中的基于范围的 for 循环，有效地表示"对于 iter 遍历 a 的所有元素，执行相关语句"。注意，在此版本中 iter 是对 a 的一个元素的引用，而不是指针，因此，我们在不使用索引的情况下设置其值。
- 第 20 行：输出元素 a[20] 以作为检查，我们期望的值是 220。

注意，第 19 行基于范围的循环隐藏了元素处理顺序的所有细节，这正是我们在并行程序中可能使用的语法。在第 19 行使用 k++ 分配值可能会被认为是潜在的错误，它只在元素实际按其自然顺序访问时才起作用——事实上，目前的 C++ 标准会保证当前语句将按照与标准 for 循环相同的顺序执行。

　　容器类在 C++ 中还有其他用途，std::vector 对象可以涵盖任何类型，包括任何内置或用户定义的类。标准库包含其他类型的容器类，如映射、列表和队列，这些类用于非数值工作，可以在线上或任何关于 C++ 的好书中找到更多信息。在本书中，我们不需要这些特性。

模板

　　我们非常喜欢 C++ 的模板化函数，对于编写一组对不同数据类型执行相同操作的函数问题，这是种优雅的解决方案。假设我们想要编写一个函数来计算类似 saxpy 线性组合 a*X+Y，其中 X 和 Y 是一种类型，a 是相同类型或不同类型。下框中显示了两个函数版本，一个标准版本，用于 X 和 Y 为 float、a 为 int 的情况，另一个模板版本适用于所有定义了（可能是重载的）* 和 + 操作符的类型。

标准函数

```
float saxpy1(float x, float y, int a) {return a*x+y;}
```

例如 float z = saxpy1(x,y,5); 这里的 x 与 y 都是 float 类型

模板函数

```
template <typename T, typename S> T saxpy2(T x, T y, S a)
{return a*x+y;}
```

例如 float z = saxpy2(x,y,5); 这里的 x 与 y 都是 float 类型 .

或 float3 z = saxpy2(x3,y3,5); 这里的 x 与 y 都是 float3 类型

　　模板函数的工作方式是，每当编译器在你的代码中找到对 saxpy2 的调用时，它将检查参数并将 T 替换为 x 和 y 的公共类型，将 S 替换为整个函数中 a 的类型。请注意，在这种情况下，函数的返回类型被指定为 T。编译器将为在整个程序中遇到的每种不同类型的组合生成单独的函数。通常，短模板函数将自动进行内联。有时，编译器需要帮助确定要使用的类型，在这种情况下，你可以显式指定类型，例如 saxpy2<float3, int>(x, y, 5)。CUDA 内核函数和设备函数可以是模板化的，启动模板内核函数时必须提供显式模板参数。

　　模板参数可以是由关键字 typename（或出于历史原因的 class）前导的类型，也可以是由关键字 int 前导的整数。模板化的整数值在编译器需要知道其值的情况下非常有用，例如，固定的数组维度或常量值，以及在需要提示展开 for 循环或其他优化的情况下也很有用。

　　模板还可以应用于 class 或 struct 的定义以及 constexpr 定义。

I.4　类型转换

在 C/C++ 中，在表达式中使用类型转换来改变对象中保存的值的类型，例如将一个浮点值转换为整数值。请注意，转换的是值，而不是对象的声明类型。（注意，与 Python 不同，在 Python 中命名变量的类型可以更改。）

对于算术工作，这在概念上很简单，但需要小心以避免意外的转换。在 C++ 中，类型转换还可用于更改类对象，通常将它们上下移动到类层次结构中——这可能变得非常复杂，但幸运的是，我们的书中不需要这些。

下面是一个将浮点数转换为整数的简单示例：

```
float pi = 3.145;

(1)  int p = pi;       // 隐式类型转换
(2)  int p = (int)pi; // 将浮点数转换为整数
(3)  int p = int(pi); // 类型转换的另一种形式
(4)  int p = static_cast<int>(pi); // C++推荐的形式
```

在第（1）行中，pi 中的值隐式地四舍五入为整数，并将结果存储在 p 中。四舍五入朝着 0 方向发生，因此 p 将保存值 3。语句 p = –pi; 将在 p 中存储值 –3。

第（2）行具有与（1）相同的效果，并将抑制任何编译器警告。非常重要的是，它告诉阅读代码的人，程序员打算进行转换。我们在整本书中都在数值表达式中使用这种形式的类型转换。

第（3）行是 C++ 中的替代版本，我们更喜欢（2），因为（3）很容易与函数语法混淆。

第（4）行是本例中推荐的 C++ 版本。大多数关于 C++ 的书都会告诉你类型转换是不可取的，丑陋的语法旨在阻止使用类型转换。在使用类时这可能是正确的，但在编写混合精度表达式以在 CPU 或 GPU 上实现最大计算性能时，这显然是不正确的。我们在整个代码中都大胆地使用了 C 风格的类型转换（类型（2））。

C 的类型转换风格也适用于指针，但在 C++ 中我们需要使用 reinterpret_cast 而不是 static_cast。在某些情况下，我们选择使用冗长的 C++ 版本以强调代码略微棘手的本质，我们的向量加载内核函数就是一个例子。

C++ 还有 const_cast 用于更改对象的常量属性，dynamic_cast 用于处理类。在本书中，我们都没有使用这两者。

I.5　Cstrings

C 和 C++ 中的 char 和 unsigned char 类型是 8 位整数类型，与其他 16 位、32 位和 64 位整数类型平等地处于同一地位。随着对混合精度算术的重新关注，它们发挥着重要的作用。

包含 ASCII 字符代码的 char 类型数组，长期以来一直用于表示 C 中的字符串，在按顺序从开头读取字符串时，在首次遇到 0 字符而终止。在一个没有错误的、良性用户的世界里，这种字符串是完全可以接受的。然而在现实世界中，由于 cstrings 使用的脆弱终止约定，已经成为许多错误的根源，并且使恶意攻击成为可能。C++ 引入了一个正式字符串类，它对字符串操作进行更健壮的管理。因此现在已经不推荐使用 cstrings。尽管如此，我们书中仍然在某些情况下使用 cstrings，主要是通过 argc 和 argv 变量处理命令行参数。

cstrings 一个有用的例子是将文件名传递给 cx::binio 例程 read_raw：

```
(1)  cx::read_raw("indata.raw",inbuf,1000);
(2)  cx::read_raw(argv[1],inbuf,1000);
其中read_raw声明为
(3)  int read_raw(const char *name, float *buf, int size);
```

在（1）行：我们使用要读取文件的名称的显式字符串文字来调用 read_raw。请注意，在 C 和 C++ 中，像这样的字符串文字都是 cstrings。

在（2）行：与（1）类似，只不过 cstring 包含在 char * argv[1] 中。这与命令行参数一起使用。

在（3）行：展示了 read_raw 用于 float 类型数据的声明，接收 cstring 的第一个参数被声明为 const char *name。const 限定符在现代 C++ 中是强制性的，可以缓解 cstrings 固有的一些危险。

I.6 Const

关键字 const 可以在 C 和 C++ 中用于限定声明中的类型。这意味着一旦初始化，声明的对象就不能被更改。有关 const 的所有细节的全面讨论可以在教材中找到，在这里我们简要描述了本书中的使用方法。

一些 C++ 教材非常强调代码中的 const 正确性，大致意味着在函数中不改变的所有项都必须声明为 const。我们的实验表明，在内核函数或设备函数参数中添加 const 关键字不会带来性能提升。这与 restrict 关键字形成对比，后者可以产生很大的性能差异。事实上，我们尝试在指向输入数据缓冲区的指针中使用 const，但对于如数组维度之类的标量参数，我们有时可能会省略。将这些参数声明为 const 是保护程序员不意外更改它们。这当然是良好的实践，但在简单情况下，特别是如果这些参数没有传递给其他函数，编译器可能会判断这些参数不会被更改，于是执行与它们被声明为 const 时的相同优化。

在多名程序员对代码做出贡献的大型项目中，使用 const 来保护代码免受在调用函数时发生的意外副作用要重要得多。

I.7 Max/Min

这些简单的函数在很多情况下都被广泛使用，特别是在数值代码中。奇怪的是，在早期的 C++ 版本中，它们并不是内置函数。使用 gcc 的 Linux 程序员依赖于内置的宏定义。

```
使用
#define max(a, b) ( a > b) ? a : b
#define min(a, b) ( a < b) ? a : b
或
#define max(a, b) ( (a) > (b)) ? (a) : (b)) )
#define min(a, b) ( (a) < (b)) ? (a) : (b)) )
```

这些宏在 Windows 平台的 Visual Studio 并没有自动提供，导致了可移植性问题。结果是，类似这样的宏在许多软件包中广泛存在。这些宏存在几个问题，首先它们涉及分支，因此在某些架构上可能不是实现这些函数最有效的方式，这适用于可以在单个指令中执行这些操作的 NVIDIA GPU。第二个问题是宏太强大了，它们由预处理器扩展，因此如果被定义，它们会防止使用这些函数任何更好的内置版本。第三，如果嵌套在复杂表达式中或者表达式用于参数，则它们并不总是起作用，框中的第二种形式是解决此问题的一种尝试，但即使这样也不总是有效。

现代 C++ 提供 max 和 min 函数作为标准库的一部分，因此我们在主机代码中使用 std::min 和 std::max 来确保获得最佳版本。对于设备代码，CUDA 提供了通用的 max 和 min 函数，可以使用适当的内置函数处理所有标准算术类型。如果担心它们可能被潜伏的宏覆盖，可以使用 fmaxf 和 fminf 来处理一对浮点数，使用 fmax 和 fmin 来处理一对双精度浮点数，以及使用 umax 和 umin 来处理无符号整数。

请注意，我们的 cx.h 头文件取消定义 max 和 min 符号，以帮助保护你的代码免受这些宏的影响，但取决于你使用的其他包含文件以及包含它们的顺序，这些宏可能被重新定义。

总的来说，宏在现代 C++ 中已经不推荐使用，它们通常可以由 C++ 的类型 using 语句、constexpr 值和 lambda 表达式的某种组合来替代。

推荐阅读

数据处理器：DPU编程入门

作者：NVIDIA技术服务（北京）有限公司　书号：978-7-111-73115-3

涵盖新一代计算单元
——DPU 的简介、技术优势及未来技术发展路径
基于 NVIDIA DOCA 软件框架开发软件定义、硬件加速的
网络、存储、安全应用程序与服务，实现"3U"一体的新一代数据中心

内容简介

　　本书定位为 NVIDIA BlueField DPU 和 NVIDIA DOCA 的入门学习参考，内容涵盖 DPU 的简介、技术优势及未来技术发展路径，包括 NVIDIA BlueField DPU 在结构通用化、功能多样化、应用广泛化和场景丰富化方面的前景展望，NVIDIA DOCA 软件框架开发环境配置，以及基于 NVIDIA BlueField DPU 利用 NVIDIA DOCA 软件框架的应用程序开发实践案例。读者可以通过本书对 DPU 硬件架构与软件开发有一个整体了解，学习如何启用 NVIDIA BlueField DPU 以及搭建 NVIDIA DOCA 软件开发环境，并通过深入了解 NVIDIA DOCA 应用程序开发用例来掌握如何实现软件定义、硬件加速数据中心基础设施的应用程序或服务，并据此开启自己的开发之旅。